U0238718

黄河流域生态保护和高质量发展

年度报告

（2021）

樊丽明　主编

山东大学出版社

SHANDONG UNIVERSITY PRESS

·济南·

图书在版编目(CIP)数据

黄河流域生态保护和高质量发展年度报告.2021/
樊丽明主编.—济南:山东大学出版社,2022.9
ISBN 978-7-5607-7547-0

Ⅰ.①黄… Ⅱ.①樊… Ⅲ.①黄河流域—生态环境保
护—研究报告—2021 Ⅳ.①X321.22

中国版本图书馆 CIP 数据核字(2022)第 107008 号

责任编辑　陈佳意
封面设计　王秋忆

出版发行　山东大学出版社
社　　址　山东省济南市山大南路 20 号
邮政编码　250100
发行热线　(0531)88363008
经　　销　新华书店
印　　刷　东港股份有限公司
规　　格　787 毫米×1092 毫米　1/16
　　　　　28.75 印张　532 千字
版　　次　2022 年 9 月第 1 版
印　　次　2022 年 9 月第 1 次印刷
定　　价　190.00 元

前　言

　　黄河流域沃野千里,文明繁衍生生不息。黄河是中华民族的母亲河,孕育了古老而伟大的中华文明。黄河发源于青藏高原巴颜喀拉山北麓,呈"几"字形流经青海、四川、甘肃、宁夏、内蒙古、山西、陕西、河南、山东等 9 个省区,全长 5464 公里,是我国第二长河。黄河流域西接昆仑、北抵阴山、南倚秦岭、东临渤海,横跨东中西部,是我国重要的生态安全屏障,也是人口活动和经济发展的重要区域,在国家发展大局和社会主义现代化建设全局中具有举足轻重的战略地位。保护黄河是事关中华民族伟大复兴的千秋大计,推动黄河流域生态保护和高质量发展是实现第二个百年奋斗目标新征程上必须贯彻的重大国家战略。

一

　　习近平总书记对黄河流域念兹在兹,多次发表重要讲话、做出重要指示批示,为黄河流域生态保护和高质量发展指明了方向,提供了根本遵循。在习近平总书记亲自擘画和推动下,2019 年 9 月 18 日,黄河流域生态保护和高质量发展上升为重大国家战略(以下简称"黄河战略")。习近平总书记强调,黄河流域生态保护和高质量发展,要共同抓好大保护,协同推进大治理,着力加强生态保护治理、保障黄河长治久安、促进全流域高质量发展、改善人民群众生活、保护传承弘扬黄河文化,让黄河成为造福人民的幸福河。推动黄河流域生态保护和高质量发展,具有深远历史意义和重大战略意义。保护好黄河流域生态环境,促进沿黄地区经济高质量发展,是协调黄河水沙关系、缓解水资源供需矛盾、保障黄河安澜的迫切需要,是践行"绿水青山就是金山银山"理念、防范和化解生态安全风险、建设美丽中国的现实需要,是强化全流域协同合作、缩小南北方发展差距、促进民生改善的战略需要,是解放思想观念、充分发挥市场机制作用、激发市场主体活力和创造力的内在需要,是大力保护传承弘扬黄河文化、彰显中华文明、增进民族团结、增强文化自信的时代需要。

"黄河战略"上升为国家战略,是继京津冀协同发展、长江经济带发展、长三角一体化发展、粤港澳大湾区建设之后的第五个具有空间属性的国家重大发展战略,为形成我国"四大板块＋五大战略"的多层次、全方位、高质量的区域协调发展大格局提供了重要支撑。经过 70 多年的努力,我国成功构建了"西部大开发、东北振兴、中部崛起、东部率先发展"的"四大板块"发展战略体系,基本上形成了较为合理的国土空间开发结构和经济社会分布格局,但也累积形成了两个亟须解决的突出矛盾:一是以京津冀、长三角、珠三角等城市群为代表的经济集聚区的发展规模与资源环境承载能力之间的矛盾,二是以长江流域和黄河流域为代表的经济发展带的生产力布局与生态安全格局之间的矛盾。"京津冀协同发展、长三角一体化发展、粤港澳大湾区建设"三大区域发展战略的主要目标就是统筹经济社会区域发展,协调解决发展规模与资源环境承载能力之间的矛盾;"长江经济带发展战略"和"黄河战略"的主要目标就是统筹流域经济高质量发展与生态环境保护,协调解决生产力布局与生态安全格局之间的矛盾。与长江经济带相比较,黄河流域的地理生态环境局限性更大,生态环境更脆弱,经济欠发达,亟须统筹协调生态环境保护和高质量发展之间的关系。将"黄河战略"上升到国家战略,是在习近平生态文明思想指导下,推动区域经济转型发展的一个重大信号;"南长江,北黄河"的协同推进,也是我国通过构建"南北呼应,东西交融"区域发展大格局、推动新时代生态文明建设和区域均衡发展的新探索。

首先,实施"黄河战略"是践行习近平生态文明思想的重大举措。黄河流域是我国重要的生态屏障,承担着防风固沙、生态保护和绿色发展的重要职能。黄河流域生态脆弱,西北部地区沙漠广布,中部黄土高原水土流失严重、灾害频发,黄河大部分河道处于干旱、半干旱地区,水资源保障形势严峻,且存在"地上悬河"的安全威胁。实施"黄河战略"是新时代建设生态文明的重大实践,是关系中华民族长远利益和可持续发展的战略举措。

其次,实施"黄河战略"是推动区域协调发展的重大创新。黄河流域各省区经济总量占我国经济总量的 1/4,然而其中大部分来自中下游省区。黄河流域内部经济发展呈阶梯状分布,具体表现为上游塌陷、中游崛起、下游发达,东中西内部经济发展并不协调,区域协调发展的提升空间较大。黄河流域流经的九省区中,除四川外全部位于北方地区,实施"黄河战略"有助于缓解南北经济空间失衡现象,缩小流域内东西部差距,使区域经济发展趋于均衡。

　　再次,实施"黄河战略"是拓展经济增长空间的重要途径。黄河流域在我国经济社会发展中具有十分重要的战略地位,拥有煤炭、石油、天然气等支撑经济发展的重要资源及维护国防安全的战略资源。黄淮海平原、汾渭平原、河套灌区是我国"粮食主产区",粮食和肉类产量占全国总产量的1/3左右。实施"黄河战略"有利于加快流域内要素资源的优化配置,培育经济增长的新动能和新引擎,挖掘广阔腹地蕴含的巨大内需潜力,促进经济增长空间从东部沿海向中西部内陆和沿河内陆延伸,形成上中下游优势互补、协作互动的区域发展新格局。

　　最后,实施"黄河战略"是实现共同富裕的重要部署。黄河流域九省区集聚的人口较多,上中游省份均为欠发达省份,相对贫困人口多,是我国实现共同富裕的主战场和聚焦地。同时,黄河上中游地区是我国少数民族人口集聚区,很多又与革命老区和相对贫困地区叠加,实施"黄河战略"有利于推动实现共同富裕,构建和谐社会,维护民族团结,实现中华民族大家庭的繁荣稳定。

　　2021年10月8日,中共中央、国务院印发《黄河流域生态保护和高质量发展规划纲要》,这是指导当前和今后一个时期黄河流域生态保护和高质量发展的纲领性文件,是制定实施相关规划方案、政策措施和建设相关工程项目的重要依据。2021年10月20~21日,习近平总书记亲临黄河入海口考察,关注黄河流域生态保护和高质量发展这一"国之大者"。10月22日,习近平总书记在山东省济南市主持召开深入推动黄河流域生态保护和高质量发展座谈会并发表重要讲话。习近平总书记强调,要科学分析当前黄河流域生态保护和高质量发展形势,把握好推动黄河流域生态保护和高质量发展的重大问题,咬定目标、脚踏实地,埋头苦干、久久为功,确保"十四五"时期黄河流域生态保护和高质量发展取得明显成效,为黄河永远造福中华民族而不懈奋斗。习近平总书记指出,落实好黄河流域生态保护和高质量发展战略部署,坚定不移走生态优先、绿色发展的现代化道路,要坚持正确政绩观,准确把握保护和发展的关系;要统筹发展和安全两件大事,提高风险防范和应对能力;要提高战略思维能力,把系统观念贯穿到生态保护和高质量发展全过程;要坚定走绿色低碳发展道路,推动流域经济发展质量变革、效率变革、动力变革。

二

　　为了更好地学习领悟和贯彻落实习近平总书记的重要讲话精神,更好地服务重大国家战略,2020年11月,中国科协、山东省人民政府、山东大学三方经过协商,决定依托山东大学合作建设黄河国家战略研究院(以下简称"研究院")。以研究院为平台,协同沿黄省区政府、高等院校、科研院所、科协所属团体等智力资源,形成智库创新网络,优化智库创新生态,促进各方在资源、领域、区位、学科、人才、方法、机制、渠道等方面的优势集聚,产出全系列全方位的智库成果,把研究院建设成为国内外具有重要影响力的黄河流域生态保护和高质量发展的咨政助企服务平台、科学研究汇聚中心、人才培养示范基地,为推动黄河流域生态保护和高质量发展提供有效智力支撑。研究院的主要任务就是深入贯彻新发展理念,坚持互联网思维、和合融通理念、"小中心大协同"模式,按照平台共建、优势互补、协同创新、成果共享的原则,围绕《黄河流域生态保护和高质量发展规划纲要》,着力搭建跨学科、跨领域、跨地区、跨行业、跨部门协同创新平台,吸引整合海内外研究人才和资源,开创黄河流域生态保护和高质量发展科技智库新局面。

研究院成立以来,主要完成了以下几项主要工作:

一是搭建并完善了研究院内部架构。2020 年 11 月,山东大学整合校内资源设立了黄河国家战略研究院内设机构,成立了十个研究中心,分别为:黄河流域生态保护和环境治理研究中心、黄河生态产品价值实现研究中心、黄河流域经济高质量发展研究中心、黄河流域制度创新与新旧动能转换研究中心、黄河流域社会治理与区域合作研究中心、黄河文化与文明研究中心、黄河国家文化公园研究中心、黄河战略生态健康研究中心、黄河流域基础设施环境低影响建造技术研究中心、黄河流域"双碳"研究中心。各研究中心围绕服务"国之大者"开展了卓有成效的工作。

二是举办了首届黄河发展论坛。2020 年 12 月,首届黄河发展论坛在济南成功举办,时任山东省委书记刘家义会见与会专家学者代表并进行了座谈交流,时任山东省委副书记、省长李干杰出席会议并致辞,副省长凌文主持会议,30 多位院士、专家做了主题发言,参会专家学者近 300 人。会议形成了一批智库成果,经新闻媒体广泛报道,获得良好社会反响。

三是开展了智库成果研究与上报。研究院完善了运行机制,开展了黄河流域生态保护和高质量发展研究,《发挥山东在黄河流域生态保护和高质量发展中的龙头作用》等多项研究成果获得山东省委省政府主要领导的批示,《构建黄河流域生态保护和高质量发展的多维合作机制》《黄河流域产业生态化和生态产业化的战略方向和主要路径》等成果上报中央和国家部委。

四是启动了《黄河流域生态保护和高质量发展年度报告(2021)》的研究和编写工作。2021 年年初,研究院通过委托课题形式安排部署了年度报告的研究与编制工作。年度报告共设置七个子课题,分别为:"黄河流域生态保护与环境治理""黄河流域生态文明指数""黄河流域经济高质量发展与乡村振兴""黄河流域新旧动能转换""黄河流域文化产业发展""黄河流域旅游产业与文旅融合发展""黄河流域区域合作：政策实践"。

五是举办了大型学术研讨会议。2021年6月,"黄河流域生态产品价值实现"高峰论坛成功举办,论坛发布了黄河生态文明指数,刘旭、王文兴、吴丰昌等院士发表主题演讲。2021年8月,"新时代的黄河文明"学术研讨会成功召开,来自国内外著名高校和研究机构的200多名学者参加研讨。2021年11月,"黄河流域产业高质量发展学术研讨会"成功召开,来自中国社科院、国家发改委、中国人民大学、南开大学等单位的300多名专家学者参加会议。

六是创设"黄河大讲堂"。2021年4月,研究院创设并举办了首期"黄河大讲堂",原山东省政协党组副书记、副主席李殿魁做了"做好黄河水文章"的主题讲座,多家新闻媒体进行了直播、转播和后续报道,产生了广泛的社会影响。随后,邀请国内外著名学者围绕黄河流域生态保护和高质量发展,举办了多期"黄河大讲堂"。

七是积极服务山东,参与决策咨询。2021年6月和11月,研究院多名学者参加"山东黄河流域生态保护和高质量发展专家行"活动,为省委省政府决策提供调研成果。研究院研究人员积极参加"黄河战略"的宣传和解读,先后多次参加省委省政府主要领导召开的专家咨询会议,并在《光明日报》《大众日报》《济南日报》等媒体发表多篇理论文章。新旧动能转换起步区建设方案获国务院批复后,研究院研究人员多次接受驻济媒体采访,并参加10多场次的大型报告会,解读和宣传黄河流域生态保护和高质量发展规划方案,引起良好的社会反响。

八是发起成立"国家区域重大战略高校智库联盟"。经过多次协商和精心筹备,研究院与北京大学首都发展研究院、南开大学京津冀协同发展研究院、上海财经大学长三角与长江经济带发展研究院、武汉大学中国中部发展研究院、暨南大学粤港澳大湾区经济发展研究中心等单位共同发起成立"国家区域重大战略高校智库联盟"。2021年12月17日,国家发改委、教育部等单位的领导出席智库联盟成立仪式,各发起单位授牌挂牌。

三

开展黄河流域生态保护和高质量发展的跟踪研究和动态评价,撰写年度报告,为国家相关部委和流域各省区提供决策参考,是研究院的一项常规性工作。《黄河流域生态保护和高质量发展年度报告(2021)》分为以下七个部分。

第一部分是"黄河流域生态保护与环境治理"。该课题从生态保护与高质量发展的关系出发,科学、客观评估了黄河流域生物多样性和自然保护建设成效,分析了黄河流域生态保护和环境治理中存在的问题,并对今后黄河流域生态保护治理提出了对策和建议,以期为黄河流域生态保护和高质量发展国家战略提供科学依据。该部分的研究结果表明:(1)黄河流域东西跨度大,环境和生物类型多样,具有重要的生态重要性;上中下游生态、问题、原因各有不同,需采取不同保护和恢复措施。(2)黄河流域自然保护地体系框架基本形成,生态保护成效显著,生态治理和修复取得重大进展,生态环境呈好转趋势。(3)黄河流域生态系统脆弱,植被退化和水土流失严重,水沙关系影响黄河生态系统的完整性和稳定性,必须贯彻以水而定、量水而行的方针。(4)黄河流域特有物种和资源物种多样,种质资源与区域绿色发展密切相关,乡土生物多样性面临环境变化和生物入侵的双重威胁,亟待系统保护。(5)在黄河流域生态保护治理中,需要完善以国家公园为主体的保护地体系,在关键生境建立自然保护地,实行严格的生态保护和管理,提升保护地生态功能;对流域尺度进行全局规划,在关键生境实施一批重要生态系统保护和生态修复工程,构建生态廊道和生物多样性保护网络,优化生态安全屏障体系;积极探索生态产品价值实现机制,统筹推进流域协同共治。

第二部分是"黄河流域生态文明指数"。该课题以中国生态文明指数双基准评估方法为核心,以发展状态指标为主体,兼顾经济、社会和环境领域的协调发展,构建了包含绿色环境、绿色生产、绿色生活、绿色创新4个领域、8个指数、16个指标的评估体系,测算得出黄河流域62个地级及以上城市、全国324个地级及以上城市2015年与2019年的生态文明指数,分析了黄河流域生态文明发展的总体状况、年际变化、模式路径,精确反映了黄河流域生态文明发展水平,实现了评估结果的可比较、可重复、可应用。研究结果显示:(1)黄河流域生态文明发展仍任重道远。黄河流域生态环境本底差、高质量发展不充分、流域发展不平衡,严重制约黄河流域生态文明发展。(2)黄河流域生态文明发展进入快车道。流域污染防治攻坚和环境质量提升对生态文明建设贡献巨大,黄河流域脱贫攻坚成效显著,脱贫攻坚战取得全面胜利,脱贫速度超过全国平均水平,农民可支配收入快速增加。(3)黄河流域生态文明发展模式有待改进。黄河流域生态文明发展模式进步城市数量偏少,落后于长江经济带、京津冀、长三角、珠三角地区城市的进步速度。

第三部分是"黄河流域经济高质量发展与乡村振兴"。该课题聚焦黄河流域经济发展方式的转变,分析新时代背景下黄河流域实现经济高质量发展的条件和路径,探讨了黄河流域九省区创新发展动力不足的原因及其突破机制;以习近平新时代中国特色社会主义思想为指导,讨论了黄河流域经济绿色高质量发展的驱动机制,系统研究了黄河上下游生态补偿机制促进区域经济协调发展的机制;聚焦沿黄城市群问题,探讨如何推动黄河流域城市群的经济高质量发展,如何推动黄河流域的乡村振兴与共享发展;以开放的视野重新审视黄河流域通过融合国内国际双循环、推动流域经济高质量发展的可能路径。此外,该课题附黄河流域经济高质量发展指数,基于五大发展理念和省级数据,量化分析了黄河流域经济高质量发展的水平和趋势。研究结果显示:(1)黄河流域各省区创新能力提升较快,但仍然落后于长江流域。为发掘创新发展的新动能,黄河流域各地区需要依托自然资源禀赋,借助国家发展战略,结合市场需求,积极探索经济发展的创新驱动力。(2)黄河流域绿色发展的本底较好,但从全流域来看,生态状况不容乐观,特别是经济发展带来的环境污染和水资源问题尤为突出。(3)黄河流域城市群高质量发展需要进一步优化空间布局,建立区域之间的协同合作机制和横向生态补偿机制。(4)黄河流域乡村振兴成效显著,下一步需要做好衔接,以城带乡共享成果,实现城乡共同富裕。

第四部分是"黄河流域新旧动能转换"。该课题从宏观、微观以及资源配置的角度出发,以国家高新区、国家经开区、上市公司以及土地配置为新旧动能转换的着力点,分析不同主体或生产要素的发展情况。国家高新区新旧动能转换的研究主要包括:(1)以沿黄省区45个国家高新区的面板数据为样本,从时间动态以及空间分布角度分析了黄河流域国家高新区在经济发展、研发投入产出、产业结构以及创新效率四个方面的发展情况。(2)以济南、西安、郑州国家高新区为典型案例,分析国家高新区在推进新旧动能转换、践行绿色发展方面做出的突出贡献,找出各自的比较优势和面临的问题,以期更好发挥黄河流域国家高新区在发展新兴产业、优化产业结构、引领创新等方面的作用。国家经开区在传统优势产业集聚方面发挥了突出作用,承担的是升级传统产业、改造旧动能的任务。国家经开区的研究主要包括:(1)以黄河流域51个国家经开区为研究样本,从区域差异视角分析了黄河流域国家经开区在经济总量、外向型经济、产业结构三个方面的发展情况。(2)以郑州经开区和明水经开区为典型案例,对其经济发展和对外开放等发展状况以及各自的优势和问题做深入剖析,以期更好发挥黄河流域国家经开区在升级传统产业、改造旧动能方面的作用。研究发现,黄河流域国家高新区和国家经开区在区域经济发展中的引领地位和带动作用需进一步加强,尤其是科研院所、企业和政府缺乏协同合作,创新效率较低,技术效率和规模效率需提高;同时,黄河流域国家高新区和国家经开区存在区域间和区域内发展不均衡的问题,东、中、西梯度发展格局明显,区域协调性需增强,园区经济发展与生态环境之间的矛盾需破解。

第五部分是"黄河流域文化产业发展"。该课题以黄河流域文化产业为研究对象,运用官方统计数据和调查资料,按照产业分析与政策分析相结合、行业结构分析与区域结构分析相结合、宏观质性分析与热点案例分析相结合的要求,分析黄河流域文化产业发展现状与特点,系统阐述黄河流域文化产业发展的资源格局与行业格局,并聚焦问题对黄河流域文化产业高质量发展提出了系统的意见和建议。首先,对黄河流域文化产业发展总体情况进行概述,阐述黄河流域文化产业发展的国内定位与区域概况,剖析黄河流域文化产业发展困境。其次,对黄河流域文化产业发展类型进行分析,通过对黄河流域文化资源类型以及特色文化、新闻出版、电影电视、动漫游戏、文化旅游、演艺文博、数字文化等产业类型的分析,系统揭示黄河流域的文化资源禀赋、行业发展现状、产业发展特色等,展现黄河流域文化产业发展全貌。再次,从国家战略定位、现实基础与发展环境、文化产业发展规模、文化产业发展结构、文化产业创新能力等角度入手,分析黄河流域和长江流域文化产业发展特点及路径。最后,总结黄河流域文化产业高质量发展的问题,并从政策、文化、产业、技术、创新五大维度入手,研究提出推动实现黄河流域文化产业体制机制创新、文化产业特色化发展,优化黄河流域文化产业发展格局等政策建议。

第六部分是"黄河流域旅游产业与文旅融合发展"。该课题主要着眼于黄河流域旅游产业要素、旅游营销与品牌建设以及黄河国家文化公园的建设与进展,研究黄河流域旅游产业与文旅融合发展现状。首先,旅游产业要素研究以黄河流域九省区作为研究对象,从 A 级旅游景区、国家自然保护区、国家森林公园、重点文物保护单位等产业要素出发,阐述黄河流域文旅产业的总体发展情况,研究发现黄河流域各省区的文旅要素数量丰富,但省际差异较大。同时,基于GIS软件,利用核密度分析、标准差椭圆分析、点数据空间分析等方法,深入探析黄河流域九省区的 4A 级景区和 5A 级景区空间分布特征。在此基础上,进一步提出黄河流域文旅产业融合发展可能存在缺乏区域协调机制、生态保护情况不甚乐观、旅游产品开发质量有待提高等问题,并从分省区和九省区联合角度分别提出相应的发展对策。其次,文旅品牌与营销研究阐述了黄河流域文旅品牌体系建设、文旅营销推广及其形象与口碑。最后,黄河国家文化公园建设与文旅融合研究系统梳理了国家文化公园建设的政策背景、布局以及沿黄各省区国家文化公园的规划与落实,这不仅为黄河国家文化公园建设创造了良好的政策环境,也为新时代文化资源和文化遗产保护传承利用奠定了基础。

　　第七部分是"黄河流域区域合作:政策实践"。该课题总结了黄河流域区域治理的政策进展和实践机制,并深入分析当前沿黄省区政府合作的实践案例,为进一步推动流域合作治理深度发展提供理论和实践指导。首先,该课题统计了国家层面的政策文本和沿黄九省区出台的省级政策文本并加以分析,归纳出不同层级政府以及同一层级、不同地区的政府在黄河流域治理过程中的侧重点和发展方向。研究发现:中央政府层面,各部委协同推进政策出台,政策内容全面,覆盖生态保护、财政支持等方面。地方政府层面,黄河上游水源地区更加注重生态环境的养护,推行差异化发展策略;中游地区宏观把脉流域发展,实行生态优先策略;下游三角洲地区采取全面擘画、综合推进的策略。其次,通过对沿黄省区政府具体合作案例的描述,展示地方政府的机制体制创新及其实行生态产品利益补偿和政府联盟来推动区域合作的实践。最后,通过对实践案例的分析和评估发现,黄河流域合作治理起步晚、资金能力有限,流域各省区经济社会发展不均衡和产业同质化恶性竞争的现象并存,产业布局需要调整,国土空间利用也有待进一步优化。除此之外,当前黄河流域各层级政府部门在合作治理过程中的功能发挥有待提升,黄河分水方案严重落后于经济社会发展需要,区域合作治理尚未形成多元合力。为更好地推动黄河流域区域合作机制的完善,政府部门应当在协同治理理论指导下,完善顶层设计,制定政策规划,运用多种政策工具,充分发挥市场、企业、专家、媒体、社区、公民等多元主体的力量,这样才能真正推动黄河流域高质量发展,创作好新时代的"黄河大合唱"。

　　编写年度报告是黄河国家战略研究院服务黄河流域生态保护和高质量发展的一次初步尝试。由于研究能力、时间精力和数据资料等方面的原因,本书难免存在不完善之处,希望得到各界的指正和帮助,我们将在后续研究中进一步改进和深化。

编　者

2022 年 8 月

目　录

第一部分 黄河流域生态保护与环境治理[*]

黄河是中华民族的母亲河,悠久的历史孕育了伟大的中华文明,黄河的保护是事关中华民族伟大复兴的千秋大计。黄河流域是我国重要的生态屏障和经济地带,在我国经济社会发展和生态安全方面具有重要而独特的地位。历史上,受生产力水平和社会制度的制约,黄河屡治屡决的局面始终没有根本改观,黄河沿岸人民的美好愿望一直难以实现。新中国成立后,党和国家极为重视对黄河的治理和开发,开展了大规模的黄河生态治理工作,取得了举世瞩目的成就。党的十八大以来,党中央着眼于生态文明建设全局,明确了"节水优先、空间均衡、系统治理、两手发力"的治水思路,黄河流域经济社会发展和百姓生活发生了很大的变化。2019 年 9 月 18 日,习近平总书记在黄河流域生态保护和高质量发展座谈会上指出,保护黄河是事关中华民族伟大复兴的千秋大计,要把黄河流域生态保护和高质量发展上升到国家战略。习近平总书记强调,要贯彻新发展理念,遵循自然规律和客观规律,统筹推进山水林田湖草沙综合治理、系统治理、源头治理,改善黄河流域生态环境,优化水资源配置,促进全流域高质量发展,改善人民群众生活,保护传承弘扬黄河文化,让黄河成为造福人民的幸福河。为深入贯彻习近平总书记重要讲话和指示批示精神,2021 年 10 月 8 日中共中央、国务院颁布了《黄河流域生态保护和高质量发展规划纲要》。黄河流域生态保护和高质量发展,同京津冀协同发展、长江经济带发展、粤港澳大湾区建设、长三角一体化发展一样,是重大国家战略。

黄河发源于青藏高原,流经青海、四川、甘肃、宁夏、内蒙古、山西、陕西、河南、山东 9 省区,全长 5464 公里,是我国仅次于长江的第二大河。自古以来,中

---

* 承担单位:山东大学黄河国家战略研究院、山东大学生命科学学院、山东大学环境研究院;课题负责人:王仁卿;课题组成员:刘建、郑培明、张淑萍、刘潇、陈浩。

华民族始终在同黄河水旱灾害做斗争，而今我国在防洪减灾和水沙治理方面取得明显成效。黄河流域生态环境总体向好，随着三江源等重大生态保护和修复工程的推进，上游水源涵养能力逐步提升，中游黄土高原蓄水保土能力显著增强，生物多样性状况明显好转。但是，黄河流域生态环境依然脆弱，水资源保障形势严峻，不仅存在"地上悬河"的安全威胁，而且流域水质受沿岸工农业污染状况尚未得到根本缓解。流域土地利用竞争加剧，对自然和半自然生态系统的破坏和转换压力依然很大，耕地和人工林的生态适应性和可持续性正在经受考验。因此，进一步加大黄河流域的生态保护和环境治理十分必要，实施"黄河流域生态保护和高质量发展"战略，与长江经济带一样共抓大保护，成为新时代我国生态文明建设的又一重大实践，这是关系中华民族长远利益和可持续发展的战略之举。

黄河流域流经的地区在我国经济社会发展中具有十分重要的地位，2019年流域沿线 9 个省区总人口 4.2 亿人，占全国人口的近 1/3；地区生产总值23.9 万亿元，占全国的 1/4。黄河流域是我国能矿资源富集区，煤炭、石油、天然气、有色金属和稀土等重要战略性资源丰富，是我国重要的能源、原材料和重化工基地。黄河流域省份特别是黄淮海平原、汾渭平原、河套灌区是我国农产品主产区，粮食和肉类产量占全国总产量的 1/3 左右。实施"黄河流域生态保护和高质量发展"战略不仅有利于加快流域地区产业转型升级和经济高质量发展，而且有利于培育我国经济增长的新动能和新引擎。

黄河流域 9 省区集聚的人口较多，尤其是河南、山东、陕西等都是人口大省，上中游的青海、甘肃、宁夏、川西、蒙西、陕北等地区属于我国经济社会欠发达地区，是乡村振兴的主战场。黄河上游地区是我国少数民族人口集聚区，很多与革命老区、贫困地区、高寒山区、荒漠化地区等叠加。因此，实施"黄河流域生态保护和高质量发展战略"有利于构建和谐社会，维护民族团结，实现中华民族繁荣稳定；既有利于促进我国东西部之间协调发展，也考虑到了统筹南北方之间的均衡发展。

当前黄河流域仍存在一些突出困难和问题。黄河流域自然生态本底脆弱和水资源量有限，大部分地区属于干旱半干旱地区，经过长期发展已处于生态系统负荷"过满状态"，社会经济受到生态系统承载力的严重制约。这集中表现在水资源严重短缺、生态破坏、环境污染，其中，水资源严重短缺已经成为影响保护和发展工作的主要瓶颈问题。同时，随着人口的持续增加，人类生产和生活对生态环境造成的压力与日俱增，尤其是生态脆弱地区大量超载人口长期靠依附于土地资源的农牧业维持生计，未得到非农产业化转移。中上游地区适合人口和产业集聚的区域二、三产业发展规模有限，不具备吸纳生态脆弱地区过载的农牧业人口的能力；一些能矿资源富集区域，资源开发长期处于采掘和粗加工阶段，高附加值的中高端产业严重缺失。过去已执行的诸如三北防护林建设工程、退耕还林还草政策、风沙源治理工程、天然林保护工程等生态恢复保护举措和扶贫、移民、农业结构调整等富民措施虽都取得了显著成效，但往往都仅注重生态或发展的某一个方面，缺乏将生态保护与经济发展有机结合的"纲举目张"整体性和联动性战略。究其原因，既有先天不足的客观制约，也有后天失养的人为因素。可以说，这些问题，表象在黄河，根子在流域。习近平总书记在不同场合反复强调，"绿水青山就是金山银山"，处理好黄河流域生态保护和高质量发展的关系十分重要。

黄河流域已经建立了较为系统的自然保护地体系，按生态价值和保护强度高低依次分为国家公园、自然保护区、自然公园三类，涵盖内陆湿地、野生动物、野生植物、森林生态、古生物遗迹、地质遗迹、草甸草原、荒漠生态、海洋生态等。为了对黄河流域进行生态保护和功能提升，各地还开展了水土保持和土地综合整治、天然林保护、三北防护林体系建设等，典型的生态修复工程有三江源区黄河水塔生态修复工程、黄土高原水土流失综合治理、秦岭生态保护和修复、贺兰山生态保护和修复、黄河下游生态保护和修复、黄河重点生态区矿山生态修复、山东沿黄九市黄河下游绿色生态走廊暨生态保护重点项目等，相关工程的结验值得深入总结。

本报告对黄河流域生态保护相关内容进行汇总、整理、评估，数据主要来自各地公布和发表的数据、著作、论文，以及部分实地调查结果，主要数据为2019～2020年数据。本报告以习近平生态文明思想为指导，从生态保护和高质量发展的关系出发，科学、客观评估生物多样性和自然保护建设成效，分析存在的问题，并对今后黄河流域生态保护提出对策和建议，以期为黄河流域生态保护和高质量发展国家战略提供科学依据。

一、黄河流域生态保护基础和成效

（一）生态环境概况

黄河流域横跨青藏高原、内蒙古高原、黄土高原和华北平原四个地貌单元、三大地形阶梯，地势起伏大，地貌、土壤和生态系统类型丰富多样；跨越中温带、暖温带等多个温度带和干旱区、半干旱区、半湿润等多个干湿地区，气候复杂多样。由于黄河流域大部分地区位于干旱、半干旱地区,水资源十分贫乏,而水沙关系不协调和水污染严重又加剧了流域水资源的短缺,制约了流域生态系统的平衡。黄河流域分布有世界上面积最大的黄土分布区——黄土高原,水土流失和植被破坏严重,流域生态环境脆弱。受制于流域气候条件、水资源条件,加之流域频繁的人为干扰活动,黄河流域生态系统脆弱,对水土资源开发活动响应强烈。

受海拔、气温、日照、季风等影响,黄河流域具有丰富的生境类型,形成了各具特色的植被、生态系统和景观。例如兰州以西地区以高寒草甸和高寒草原为主,仅在湟水谷地部分分布有温带草原。兰州以下至内蒙古高原部分植被以草原类型为主,间杂部分灌木。黄河流域的西部和西北部,气候干燥,降雨稀少,以荒漠植被为主,分布有腾格里沙漠、乌兰布和沙漠、库布齐沙漠、毛乌素沙地等沙漠和沙地。

黄河出内蒙古高原后,流入黄土高原,森林和中生灌丛的发育十分微弱,植被分布极为稀疏,且受人类长时间开发活动影响,原始植被已破坏殆尽。流域南部的秦岭、东部的支脉伏牛山及太行山脉西麓、吕梁山地和中条山,山势高峻,植被垂直分异规律明显,分布有针叶林、落叶阔叶林、灌丛、草甸等植被。

黄河下游林带属落叶阔叶林带,流域范围内受人类活动影响,多为人工栽培植被分布,即人工林、经济林、水浇农田和旱作农田,下游大堤内侧滩地主要被利用为旱作农田。黄河三角洲内无地带性森林植被类型,植被的分布受水分、土壤含盐量、潜水水位与矿化度、地貌类型以及人类活动的影响,木本植物很少,以草甸景观为主,植物区系的特点是植被类型少、结构简单、组成单一。在天然植被中,以滨海盐生植被为主,其次为沼生和水生植被。灌木柽柳分布范围较广,阔叶林仅在部分地区有分布。

根据地貌的不同,黄河流域主要包含十类典型生态类型区:上游有河源生态区、高原河谷生态区、河套平原生态区、鄂尔多斯高原生态区四类,中游有黄土高原生态区、汾渭平原生态区、山地生态区三类,下游有冲积平原生态区、鲁中丘陵生态区、河口三角洲生态区三类。

依据相关资料,黄河河道可分为上、中、下游。其中,上游是指河源至内蒙古自治区托克托县河口镇,河道长 3471.6 公里,流域面积 42.8 万平方公里,占全河流域面积的 53.8%;中游是指内蒙古自治区托克托县河口镇至河南省荥阳市桃花峪,河道长 1206.4 公里,流域面积 34.4 万平方公里,占全流域面积的 43.3%;下游是指河南省荥阳市桃花峪至入海口,河道长 785.6 公里,流域面积 2.3 万平方公里,仅占全流域面积的 3%。

1.黄河上游地区

黄河源区。该区具有海拔高、气温低、较干燥等高原大陆性气候特点,社会经济活动相对较弱。青藏高原孕育了独特的生物区系和植被类型,分布、栖息着许多青藏高原特有种,生物种类相对较为丰富,除湟水谷地分布着温带草原外,绝大部分地区为高寒草甸和高寒草原。该区湿地资源丰富,是许多珍稀、特有水禽以及土著鱼类——高原冷水鱼的重要栖息地。该区具有重要的涵养水源功能,地表水径流量占黄河地表水径流总量的38.4%。受地形地貌、气候等因素影响,黄河源区生态环境具有脆弱性、敏感性、典型性等基本特点。

上游其他区域。河套平原区降水量少,干燥度和蒸发量大,植被类型以荒漠草原、盐生草甸草原和农田植被为主,是我国重要的农业生产基地,人类活动频繁。鄂尔多斯高原区气候干旱,属风沙地貌,植被覆盖度较低,处于干旱半干旱区向半湿润区、戈壁沙漠向黄土、草原化荒漠向草原的过渡区,是各种景观类型的交错集中地,区内物种繁多,且多为单种科和寡种属,其生物多样性的保护极为重要。高原内盐碱湖泊湿地众多,生境特殊。由于鄂尔多斯高原人类活动频繁,高原植被破坏现象严重。

黄河上游地区包含以下四类典型生态类型区。

一是河源生态区。该区位于海拔 3000 米以上的青藏高原地区;气候类型为高原半干旱气候或大陆性高原气候,蒸发量为 850 毫米;土壤类型为高山草原土、高山草甸土;植被类型为高寒草原、草甸;环境特征为地势高,气候寒冷干燥,降雨偏少,日照时数长,生长季节短,人类活动少;生态特征以高寒草原植被为主,生物量较大,生境特殊,形成了独特的生物区系,栖息着许多青藏高原特有种,湿地资源丰富,具有重要的生态意义,受低温影响,该地区生态环境脆弱。

二是高原河谷生态区。该区位于海拔 3300～4500 米的青藏高原地区;气候类型为高原半干旱气候或大陆性高原气候,蒸发量为 850 毫米;土壤类型为灰钙土、栗钙土、高山草甸土、亚高山草甸土;植被类型为高寒草甸、草原;环境特征为气候寒冷干燥,山势陡峭,河道狭窄,人类活动少;生态特征以高寒沼泽化草甸和草本沼泽为主,植被覆盖度高,生境特殊,形成了独特的生物区系,栖息着许多青藏高原特有种,湿地资源丰富,具有重要的生态意义,生态环境脆弱。

三是河套平原生态区。该区位于海拔 900～1200 米的鄂尔多斯高原地区;气候类型为大陆性干旱半干旱半湿润气候,蒸发量为 1400～1800 毫米;土壤类型为灰钙土、灌淤土、风沙土、棕钙土、盐土;植被类型为荒漠草原、盐生草甸草原、灌丛以及人工植被;环境特征为干燥度和蒸发量大,降水量少,河道宽广,人类活动干扰严重;生态特征为该区是重要的灌溉农业区,农业生态系统特征明显,植被类型丰富,以半干旱草原、干旱荒漠草原、农田植被为主。

四是鄂尔多斯高原生态区。该区位于海拔 1300～1500 米的鄂尔多斯高原地区;气候类型为温带季风气候,蒸发量为 1400～1800 毫米;土壤类型为栗钙土、灰钙土、风沙土、棕钙土、黄绵土;植被类型为典型草原、荒漠草原、灌丛;环境特征为气候干旱,风沙地貌,风蚀严重,高原内盐碱湖泊众多;生态特征为该区位于生态地理过渡带,具有复杂多样的环境条件和生态特点,生境独特,内陆盐沼湿地资源丰富,西鄂尔多斯国家级自然保护区的部分植物种类为地中海子遗物种,生态环境脆弱。

2.黄河中游地区

黄河中游地区横跨黄土高原、汾渭盆地及崤山、熊耳山、太行山山地等。黄土高原土质疏松,坡陡沟深,植被稀疏,暴雨集中,水土流失严重,生态环境脆弱;汾渭盆地气候适宜,土质肥沃,物产丰富,人类活动频繁,植被以农田植被为主,是重要的农业产区;崤山、熊耳山、太行山山地海拔高,是重要的自然地理分界线,生境和地形复杂,生物多样性较高。由于泥沙含量大,黄河中游地区水系鱼类组成简单,在平原河段河道宽浅,摆动频繁,形成大面积的河漫滩湿地。

黄河中游地区包含以下三类典型生态类型区。

一是黄土高原生态区。该区位于海拔 1000～1200 米的黄土高原地区;气候类型为暖温带半干旱气候,蒸发量为 900～1400 毫米;土壤类型为黄绵土、潮土;植被类型以落叶阔叶灌丛和草丛为主,灌丛植被类型包括沙棘灌丛、虎榛子灌丛、黄刺玫灌丛、白刺花灌丛、荆条灌丛、酸枣灌丛、三裂绣线菊灌丛、胡枝子灌丛等,草丛包括早熟禾草丛、赖草草丛、白羊草草丛、白茅草丛等;环境特征为气候干旱,蒸发量大,土质疏松;生态特征为植被覆盖度较低,生产力不高,生物多样性较低,生态环境脆弱,水土流失严重。

二是汾渭平原生态区。该区位于海拔 325～800 米的汾渭盆地地区;气候类型为半湿润半干旱气候,蒸发量为 900～1200 毫米;土壤类型为黄垆土、潮土、褐土;植被类型为阔叶林;环境特征为水资源丰富,气候适宜,土质肥沃,人为干扰严重;生态特征为该区是重要的农业区,农田生态系统特征明显,农业生产对流域水资源耗用量较大。

三是山地生态区。该区位于海拔 1000 米以上的太行山、吕梁山、中条山、秦岭余脉地区;气候类型为暖温带季风气候,蒸发量为 700 毫米;土壤类型以棕壤、褐土为主;地带性植被类型为暖温带阔叶林,主要植被类型包括华北落叶松林、太白红杉林、油松林、白皮松林、华山松林、侧柏林、栓皮栎林、辽东栎林、橿子栎林等;环境特征为海拔高,地形复杂,是重要的自然地理分界线;生态特征为该区位置重要,生境类型复杂,植被类型多样,生物多样性较高。

3.黄河下游地区

在黄河下游地区,黄河流经黄淮海平原、鲁中丘陵、黄河三角洲。黄淮海平原气候温和,地势平坦,是黄河流域重要的农业区。受人类活动影响,农田生态系统、人工生态系统特征明显。黄河下游主河道淤积严重,旱涝灾害严重,防洪形势严峻。黄河两岸大堤内外侧形成大面积的滩地、背河洼地(沼泽湿地),呈带状分布。湿地物种资源丰富;鲁中丘陵生境复杂,植被覆盖度较高,生物多样性较高。黄河三角洲地域广阔,处于海陆生态交错区,生物多样性较高,湿地资源丰富。

黄河下游地区包含以下三类典型生态类型区。

一是冲积平原生态区。该区位于海拔 100 米以下的黄淮海平原地区;气候类型为暖温带大陆性季风气候,蒸发量为 1000～1200 毫米;土壤类型为潮土;植被类型为阔叶林;环境特征为气候温和,水资源紧缺,地势平坦,河道宽阔,泥沙淤积严重,人为干扰严重;生态特征为该区是重要的农业区,农田生态系统、人工生态系统特征明显,旱涝灾害严重,湿地呈带状分布,物种丰富。

二是鲁中丘陵生态区。该区位于海拔 400～1000 米的鲁中山地地区;气候类型为暖温带大陆性季风气候,蒸发量为 1000～1200 毫米;土壤类型为黄垆土、褐土;植被类型为阔叶林;环境特征为气候温和、湿润,人为活动频繁;生态特征为生境复杂,植被覆盖度较高,生物多样性较高。

三是河口三角洲生态区。该区位于海拔 15 米以下的黄河入海口地区;气候类型为暖温带半湿润大陆性季风气候,蒸发量为 1000～1200 毫米;土壤类型为滨海盐土、潮土;植被类型为草本沼泽;环境特征为地势平坦,气候温和,淡水资源贫乏,成陆时间短;生态特征为该区咸淡水生境交替,是典型的生态交错区,生物多样性较高,湿地自然资源丰富,生态环境脆弱。

(二)生物多样性保护评估

1.黄河流域生物多样性地位

黄河流域在我国国土生态安全格局中具有重要地位,特别是在生物多样性保护和生态功能维持方面,黄河流域中的多个地区具有国家战略意义。

《中国生物多样性保护优先区域范围》(2015 年)划定的 35 个生物多样性

保护优先区域中,涉及黄河流域的有 6 处,包括羌塘-三江源、祁连山、西鄂尔多斯-贺兰山-阴山、六盘山-子午岭、秦岭以及太行山生物多样性保护优先区域。

《全国生态功能区划(修编版)》(2015 年)在全国划定了 63 个重要生态功能区,其中涉及黄河流域的有 10 处,包括三江源水源涵养与生物多样性保护重要区、甘南山地水源涵养重要区、川西北水源涵养与生物多样性保护重要区、祁连山水源涵养重要区、西鄂尔多斯-贺兰山-阴山生物多样性保护与防风固沙重要区、鄂尔多斯高原防风固沙重要区、黄土高原土壤保持重要区、秦岭-大巴山生物多样性保护与水源涵养重要区、太行山区水源涵养与土壤保持重要区以及鲁中山区土壤保持重要区。

山水林田湖草生态保护修复工程共 25 个试点中,涉及黄河流域的有 7 处,包括甘肃祁连山、青海祁连山、宁夏石嘴山、内蒙古乌梁素海、陕西黄土高原、河南太行山以及山东泰山。

就黄河不同流域而言:青海是源头区和干流区,四川是重要湿地生态功能区;陕西省位于黄河流域中游,地理位置重要、生态功能突出,在抓好黄河流域生态保护和高质量发展上具有义不容辞的责任和使命;黄河流域河南段河道形态复杂,在黄河下游治理中河南区域是重中之重;黄河下游三角洲是生物多样性的基因库,山东省在促进黄河流域生态健康方面具有特殊意义。

2.黄河流域典型生物多样性

(1)黄河流域生态系统多样性

黄河流域生态系统类型以草地生态系统、农田生态系统、森林生态系统、湿地生态系统、荒漠生态系统等为主,2018 年前三者面积占全流域面积的比例分别为 48.35%、25.08%和 13.46%,其中草地在中上游地区广泛分布,农田主要分布在上游的宁夏平原和河套平原、中游的汾渭平原、下游的黄淮海平原,森林主要分布在中上游的山区。2000～2018 年,流域内农田生态系统面积占比持续下降,森林、水域面积占比略有增加,草地面积占比先降后升;聚落面积占比持续上升,从 2000 年的 2.20%增至 2018 年的 3.57%。黄河流域上游地区以草地生态系统为主,面积占比约为 60%;中游地区以农田、草地和森林生态系统为主;下游地区以农田生态系统为主,面积占比超过 65%。2000～2018年,上游地区农田、荒漠生态系统面积略有下降,森林、草地、水域、聚落面积增加;中游地区农田面积下降明显,聚落面积持续增加,其他类型面积较为稳定;下游地区农田、草地面积持续下降,水域、聚落面积稳定增加。

（2）黄河流域物种多样性

黄河流域景观类型多样，生物资源丰富，已有生物多样性研究以典型地区的生境变化和物种多样性调查为主。黄河流域生物多样性丰富，拥有多样的动植物资源、真菌资源等。黄河上、中、下游地区生物多样性差异较大，黄河上游地区以三江源区域为典型，中游以中游湿地生物多样性较为丰富，下游则是以黄河三角洲为主的生物多样性区域。

①黄河上游地区——三江源区域

三江源区域有多种多样的植物和真菌资源。野生维管束植物约 2238 种，加上栽培植物约 2308 种，分属 87 科 474 属，占全国植物总数的 8%。其中种子植物占全国种子植物总数的 8.5%；乔木植物有 11 属，占总属数的 2.3%；灌木植物 41 属，占 8.7%；草本植物 422 属，占 89%。属国家保护的有麦吊云杉（*Picea brachytyla*）、红花绿绒蒿（*Meconopsis punicea*）、冬虫夏草（*Ophiocordyceps sinensis*）3 种。

三江源区域的动物种类主要由适应高原的特殊北方种类组成。哺乳类约 85 种，隶属 8 目 20 科，包括藏羚（*Pantholops hodgsonii*）、鼠兔（*Ochtona thibetana*）等；鸟类约 237 种，隶属 16 目 41 科，包括黑颈鹤（*Grus nigricollis*）、雪鸡（*Tetraogallus himalayensis*）等；爬行类和两栖类种类贫乏，约 15 种，隶属 7 目 13 科，包括西藏沙蜥（*Phrynocephalus theobaldi*）、西藏蟾蜍（*Bufo tibetanus*）等；鱼类约 44 种，隶属 3 目 5 科 17 属。其中，国家Ⅰ级保护动物有藏羚、野牦牛（*Bos mutus*）、藏野驴（*Equus kiang*）、雪豹（*Panthera uncia*）、金钱豹（*Panthera pardus*）、白唇鹿（*Cervus albirostris*）、黑颈鹤、金雕（*Aquila chrysaetos*）、玉带海雕（*Haliaeetus leucoryphus*）、胡兀鹫（*Gypaetus barbatus aureus*）等 16 种。

②黄河中游——中游湿地区域

中游湿地区域有植物 110 科 405 属约 936 种，其中苔藓植物有 13 科 17 属约 27 种；蕨类植物有 11 科 12 属约 20 种；种子植物有 85 科 376 属约 889 种，在种子植物中有裸子植物 2 科 2 属约 2 种，被子植物 83 科 374 属约 887 种。此外，已查明的藻类植物有 26 科 54 属 160 多种。

中游湿地区域有鸟类 17 目 44 科约 239 种，是华北、西北地区鸟类最为丰富的地区之一。在鸟类中有古北界种类 157 种、东洋界种类 39 种、广布种类 44 种，分别占该地区鸟类总数的 65.3%、16.3% 和 18.4%。区系明显表现出该地区从古北界向东洋界过渡的特征。本区域的湿地鸟类有 9 目 19 科约 111 种，仅湿地鸟类中就有属于国家Ⅰ级重点保护的玉带海雕、白尾海雕（*H. albi-*

cila)、东方白鹳（*Ciconia boyciana*）、黑鹳（*C. nigra*）、丹顶鹤（*Crus japonensis*）、白头鹤（*G. monacha*）、白鹤（*G. leucogeranus*）、大鸨（*Otis tarda*）、遗鸥（*Larus relictus*）9 种；国家 II 级重点保护种类有 13 种，包括角鹏鹏（*Podicep auritus*）、斑嘴鹈鹕（*Pelecanus onocrotalus*）、黄嘴白鹭（*Egretta eulophotes*）、白琵鹭（*Platalea leucorodia*）、白额雁（*Anser albifrons*）、大天鹅（*Cygnus cygnus*）、小天鹅（*Cygnus columbianus*）、鸳鸯（*Aix galericulata*）、灰鹤（*G. grus*）、白枕鹤（*G. vipio*）、蓑羽鹤（*Anthropoides virgo*）等。

中游湿地区域哺乳动物仅有 2 目 2 科约 3 种，分别是水麝鼩（*Chimmarogale styani*）、北小麝鼩（*Crociura suaveolens*）和水獭（*Lutra lutra*）。

中游湿地区域爬行动物有 2 目 3 科约 16 种，以蛇目游蛇科种类为优势类群（14 种）。种群数量较大的有白条锦蛇（*Elaphe dione*）、黑眉锦蛇（*E. taeniura*）、虎斑游蛇（*Rhabdophis tigrnus*）等，稀有种类有鳖（*Trionyx sinensis*）和乌龟（*Chinemys reevesii*）。

中游湿地区域两栖类动物有 2 目 5 科约 14 种，以蛙科种类为优势类群，占总数的 50%。常见的种类有中华蟾蜍（*Bufo gargarizans*）、花背蟾蜍（*B. raddei*）、泽蛙（*Rana limnocharis*）、黑斑蛙（*R. nigromaculata*），国家 II 级保护物种大鲵（*Andrias davidianus*）仅在河南省新安县黄河支流入口处可见到。

中游湿地区域现有的鱼类为 7 目 12 科约 82 种，其中以鲤形目鲤科鱼类为优势类群，共 58 种，占总种数的 70.7%。特产种类有多纹颌须鮈（*Gnathopogon polytenig*）、中间颌须鮈（*G. intermedius*）、似铜鮈（*Gobio coriparoides*）等。该区域主要经济野生鱼类有马口鱼（*Opsariichthys bidens*）、青鱼（*Mylopharyngodon piceus*）、草鱼（*Ctenopharyngodon idellus*）、鳡鱼（*Elopichthys bambusa*）、银鮊（*Xenocypris argentea*）、鲫鱼（*Carassius auratus*）等 20 余种。

中游湿地区域的无脊椎动物、原生动物、腔肠动物、轮形动物、环节动物、软体动物、节肢动物等多达 589 种。

③黄河下游——黄河三角洲国家级自然保护区

黄河三角洲国家级自然保护区内自然分布的高等植物仅 43 科 115 属约 171 种，以被子植物为主。根据对保护区植物区系中各科所含种数的统计分析，种数在 30 种以上的只有禾本科，种数在 20～30 种的只有菊科，种数在 10～20 种的是藜科、莎草科和豆科，种数在 4～10 种的有 5 个科，以上 10 科共计 72 属 118 种共同构成了黄河三角洲植物区系的主体。属于国家二级保护植物的野大豆（*Glycine soja*）在保护区内有较广泛的分布。

黄河三角洲国家级自然保护区内动物资源比较丰富，共有各种野生动物

1524 种,同时包括陆生动物与海洋动物类群。其中陆生脊椎动物 300 种,陆生无脊椎动物 583 种,水生生物 641 种。在水生生物中,海洋性水生动物 418 种,属于国家重点保护的海洋兽类有江豚(*Neophocaena phocaenoides*)、宽喙海豚(*Turslops truncatus*)、斑海豹(*Phoca largha*)、小须鲸(*Balaenoptera acutorostrata*)、伪虎鲸(*Pseudorca crassidens*)5 种;陆生性水生生物 223 种,其中淡水鱼类 108 种,属国家重点保护鱼类有达氏鲟(*Acipenser dabryanus*)、白鲟(*Psephurus gladius*)、松江鲈(*Trachidermus fasciatus*)3 种。保护区内共有鸟类 265 种,占全国鸟类总种数的 22.3%,其中属于国家一级重点保护鸟类有白鹳(*Ciconia ciconia*)、中华秋沙鸭(*Mergus squamatus*)、白尾海雕、金雕、丹顶鹤等 7 种,属于国家二级重点保护鸟类有大天鹅、小天鹅、斑嘴鹈鹕等 33 种,世界上存量极少的稀有黑嘴鸥(*Larus saundersi*)在自然保护区内有较多分布;另外有 152 种鸟类被列入《中日保护候鸟及其栖息环境协定》,每年的五六月份都会有 200 多万只鸟类在保护区内中转、栖息或繁殖。

黄河流域典型生物情况见表 1 至表 3。

表 1　黄河流域典型动物汇总

	鱼类(种)	两栖类与爬行类(种)	鸟类(种)	哺乳类(种)
上游地区	44	15	237	85
中游地区	82	30	239	3
下游地区	陆生脊椎动物 300 种,陆生无脊椎动物 583 种,水生生物 641 种			

表 2　黄河流域典型植物汇总

	科	属	种
上游地区	87	474	2308
中游地区	110	405	936
下游地区	43	115	171

表 3　黄河流域典型动植物

	动物	植物
上游地区	藏羚、鼠兔、黑颈鹤、雪鸡、西藏沙蜥、西藏蟾蜍	麦吊云杉、红花绿绒蒿、冬虫夏草
中游地区	水麝鼩、水獭、玉带海雕、东方白鹳、白条锦蛇、黑眉锦蛇、中华蟾蜍	胡枝子、香蒲、芦苇
下游地区	江豚、斑海豹、金雕、丹顶鹤、白鲟、松江鲈	柽柳、盐地碱蓬、芦苇、刺槐

（3）黄河流域遗传多样性

黄河流域植物种群的遗传多样性受到许多因素的影响和约束。根据各种因素对基因作用方式和机制的不同，可分为内在因素和外部因素。植物基因突变、繁育系统、自然选择、遗传漂变、基因流等内在因素可直接导致等位基因数量和频率的变化。黄河流域复杂的环境、气候变化、人为干扰等外部因素可通过间接的方式，如对植物繁育（育种）方法的完善、定向消除基因、影响遗传漂变等，最终改变植物群体的遗传多样性和遗传结构。

①野大豆的遗传多样性

野大豆是黄河流域的广布种，其居群存在着较高水平的遗传多样性，居群内遗传分化程度较高且居群间的遗传多样性较高。以黄河三角洲国家级自然保护区野大豆为例，根据遗传一致度进行聚类分析表明，东营5个县区与无棣县的6个野大豆居群、滨州4个县市区与高青县的5个野大豆居群，其分别聚成了两支，之后再与寿光的野大豆居群聚在一起，最后再与济南的野大豆聚在一起，这可能与它们之间的生活环境、地理位置、地区迁徙等因素有关。各居群间存在一定的遗传分化，遗传变异主要存于居群内。野大豆居群间存在微弱的基因交流，这可能与野大豆的自花传粉与炸荚繁殖等生殖特征有关，而遗传漂变更可能是导致黄河三角洲地区野大豆各居群之间遗传分化的原因之一。野大豆所处的地理位置是影响其居群遗传分化的主要因素。除此之外，居群遗传分化还可能受温度、气候、土壤类型、土壤盐碱度等因素的影响。黄河三角洲野大豆可分为四大分支——ⅰ济南分支、ⅱ寿光分支、ⅲ东营分支、ⅳ滨州分支，无棣县与东营区系聚为一支，高青县与滨州区系聚为一支。

②芦苇（*Phragmites australis*）的遗传多样性

芦苇是沿黄省份的广布种，尤其是黄河三角洲、南四湖和宁夏平原等地，分布极为广泛。黄河三角洲、南四湖和宁夏平原芦苇在形态、物候等性状上存在显著差异，黄河三角洲新生湿地的芦苇有黄河中上游和周边地区两个来源。自然芦苇种群的表型变异主要受环境影响，南四湖是中国东部的淡水湖泊，生境适宜，芦苇的株高、叶长、叶宽等形态性状均显著大于黄河三角洲、宁夏平原地区。宁夏平原位于中国西北地区，降水较少，芦苇生长季较短，开花等物候较早。黄河三角洲在地理位置上与南四湖邻近，而在地理成因上与宁夏平原同属黄河的冲积平原，这样的地理特征造就了其谱系来源的复杂性，遗传关系上介于其他两个区域芦苇种群之间，而其内部遗传结构不明显。

③柽柳（*Tamarix chinensis*）的遗传多样性

柽柳是沿黄省份的广布种，对柽柳叶绿体基因组序列进行失配分布、中性检验和扩展贝叶斯天际图分析,发现柽柳种群的扩张与现代黄河形成和更新世气候密切相关,物种分布模型预测结果也表明两种柽柳种群在更新世时期发生了扩张。研究表明,黄河上游地区的遗传多样性水平相对较高,黄河中、下游地区的遗传多样性水平较低。

④黄河鲤(*Cyprinus carpio*)的遗传多样性

黄河鲤(*Cyprinus carpio*)是黄河流域的广布种,保持丰富的遗传多样性对黄河鲤群体非常重要。各黄河鲤种群之间有一定的遗传分化,没有近亲繁殖现象,有较为丰富的遗传多样性。黄河鲤的种子资源目前尚处于安全状态。目前,竞争性鱼类放流、酷渔滥捕、水质污染和富营养化等因素虽未对黄河鲤遗传资源造成严重危害,但不能放松警惕,因为黄河鲤DNA各个位点上的有效等位基因数还比较少,个别位点遗传分化系数也超过了种群间无遗传分化的标准。因此,保持必要的群体数量,特别是野生群体的数量是减少近交衰退现象的有效手段,对黄河鲤资源应制定并严格执行相关政策,对其资源合理开发利用并加以保护。

(4)黄河流域农业种质资源

黄河流域有丰富的农业种质资源,典型农业用地主要包括河西走廊、河套平原和黄淮海平原三大部分。

①上游河西走廊

河西走廊包括酒泉、张掖、武威、金昌、嘉峪关5个地级市共20个县市区,全区人口397.8万,平均14人/公顷,占甘肃省总土地面积的60.69%。其中耕地面积87.4万公顷,占全省的16.92%;有效灌溉面积65.63万公顷,占全省灌溉面积的65.82%。区内光热资源丰富,年平均太阳辐射量5800～6400 Mj/m²,日照时数2919～3289小时,≥10℃积温2000℃～3670℃,年降雨量50～500毫米,年平均降水100毫米左右,年平均气温日较差13℃～16℃,无霜期130～170天,属于灌溉农业区,也是作物高产优质最适宜气候带。河西走廊主要种植的粮食作物有16种,品种有109个;油料作物6种,品种有29个;糖料作物1种,品种有2个;蔬菜瓜类作物32种,品种有222个;果树13种,品种有123个;绿肥4种,品种有8个。以上共计72种农作物资源,品种493个。

②中游河套平原

河套平原主要地区位于巴彦淖尔市,地理坐标为105°12′～109°53′ E、40°13′～42°28′ N。这里地域辽阔,土地资源丰富,为经济发展提供了得天独厚的条件。河套平原主要粮食作物为小麦和玉米,主要经济作物为葵花、甜菜、瓜果、蔬菜,并且该地区还大面积种植优质牧草。其粮食作物、经济作物、优质牧草占比大致为 52.2%、41.4%、6.3%。

③下游黄淮海平原

华北平原是中国三大平原之一、中国人口最多的平原、中国东部大平原的主要组成部分,位于 114°～121°E、32°～40°N,北抵燕山南麓,南达大别山北侧,西倚太行山、伏牛山,东临渤海和黄海,跨越京、津、冀、鲁、豫、皖、苏 7 个省市。华北平原地势平坦、河湖众多,总面积 30 万平方公里,占中国陆地总面积的 3.1%。黄淮海平原是华北平原的重要组成部分,土层深厚,土质肥沃,主要粮食作物有小麦、水稻、玉米、高粱、谷子和甘薯等,经济作物主要有棉花、花生、油菜、芝麻、大豆和烟草等。黄淮海平原是中国重要的粮棉油生产基地,是以旱作为主的农业区。黄河以北的农作物原以两年三熟为主,粮食作物以小麦、玉米为主,主要经济作物有棉花和花生;随灌溉事业发展,一年两熟制面积不断扩大。黄河以南大部分地区可一年两熟,以两年三熟和三年五熟为主,复种指数居华北地区首位;粮食作物也以小麦、玉米为主,20 世纪 70 年代以来沿河及湖洼地区扩大了水稻种植面积,经济作物主要有烤烟、芝麻、棉花、大豆等。此外,黄淮海平原还盛产苹果、梨、柿、枣等。

黄河流域主要农作物情况见表 4。

表 4 黄河流域主要农作物

	区域	主要作物
上游河西走廊	酒泉、张掖、武威、金昌、嘉峪关	72 种农作物资源,品种 493 个
中游河套平原	巴彦淖尔市	小麦、玉米、葵花、甜菜、瓜果、蔬菜、牧草
下游黄淮海平原	东部大平原的主要组成部分	小麦、水稻、玉米、高粱、谷子、甘薯、棉花、花生、油菜、芝麻、大豆、烟草

(三)自然保护地建设评估

黄河流经的 9 省区中,与黄河流域范围密切相关的典型自然保护地共计162 处,包括 3 处国家公园(分别为三江源国家公园、大熊猫国家公园和祁连山国家公园)、34 处国家级自然保护区、86 处省级自然保护区、16 处市级保护区、23 处县级保护区(见附表)。黄河流域自然保护地保护类型涵盖内陆湿地、野生动物、野生植物、森林生态、古生物遗迹、地址遗迹、草甸草原、荒漠生态、海洋生态等 9 大类,其中内陆湿地是黄河流域最典型的自然保护地。

黄河河流生态系统中,位于水陆交错带的湿地是联系陆地生态系统和水生生态系统的桥梁与纽带,具有保持物种多样性、涵养水源、调节气候、拦截和过滤物质流、稳定毗邻生态系统及净化水质等重要生态功能。湿地生态系统是河流生态系统的重要组成部分,同时,湿地又和森林、草原、沙漠等生态系统一起构成了流域生态系统,且与流域其他生态系统相互影响、相互制约,甚至相互转变。流域生态演替和退化的诸多方面,如林草覆盖率降低、水土流失、荒漠化面积扩大以及河流廊道水生和陆生动植物减少等,都与流域内湿地的赋存状态变化有密切关系。湿地是维护流域生态安全,尤其是水生态安全的重要基础,湿地与森林、草原等生态系统一起对维持流域生态完整性和结构稳定性发挥着重要作用。受流域地理、气候、水资源、人类干扰等因素影响,黄河水生生态系统简单而脆弱,但许多土著或特有鱼类具有重要遗传与生态保护价值,是我国高原鱼类的资源宝库。综上所述,湿地和鱼类栖息地质量、数量是黄河河流健康的重要标志,国家相关部门划定的湿地自然保护区、水产种质资源保护区、重要生态功能区等是河流生态系统重要的组成部分,是黄河流域重要的生态保护目标。黄河穿越多种地貌类型,干流及支流迂回于山脉和平原之间,加上黄河自身多泥沙及摆动频繁的特点,形成了黄河流域相对丰富的湿地资源。流域主要保护湿地包括黄河源区高寒湿地、上游湖泊湖库湿地、沿河洪漫湿地(河道湿地)、河口三角洲湿地,具体包括黄河源区湿地、若尔盖草原区湿地、宁夏平原区湿地、内蒙古河套平原区湿地、毛乌素沙地湿地、小北干流湿地、三门峡库区湿地、下游河道湿地、河口三角洲湿地等。

为保护黄河流域湿地资源,相关部门在黄河流域共建立各级湿地自然保护区 29 个,其中 22 个自然保护区与黄河干流有直接或间接的水力联系,是流域主要保护湿地。

1.黄河源区高寒湿地

黄河源区高寒湿地属于自然湿地,位于青藏高寒湿地区,生态功能主要是涵养水源、调节黄河水量,其次是维护流域生态平衡、维持生物多样性、调节区域气候等。该区域主要包括三江源国家公园、祁连山国家公园、孟达国家级自然保护区等。高寒沼泽植被和高寒草甸植被是该区域最重要和最典型的植被类型,鸟类中古北界种类占明显优势,从居留型上分析,夏候鸟、留鸟占优势,旅鸟、冬候鸟所占比例很小,鸟类区系组成具有青藏高原的典型特征。黄河源区湿地主要生态问题是沼泽退化、湖泊萎缩、冰川退缩、土地沙漠化等,生态环境十分脆弱,生态系统结构单一,导致黄河源区湿地退化不可忽略的原因是人类干扰,如过度放牧、疏干沼泽等。

2.上游湖泊湖库湿地

上游湖泊湖库湿地属于半人工湿地,主要由引黄灌溉退水在低洼处形成的半人工水域组成,在维护区域生物多样性的基础上,能够承接区域农灌退水,提供社会服务功能,如旅游开发、芦苇收割、水产养殖等。该区域主要包括玛曲青藏高原土著鱼类省级自然保护区、黑河湿地省级自然保护区等。其地理位置独特,是中国西北部水鸟迁徙的重要驿站,鸟类组成以夏候鸟和旅鸟为主,冬候鸟较少。上中游湖泊湿地绝大部分位于中国西北内陆干旱区,降水稀少,地表水严重不足,地下水更是缺乏。大多湖泊与黄河无直接水力联系,其湿地的形成和维持主要是靠黄河农灌退水提供水源,黄河过境水是其最主要的可用水源。由黄河生态系统的水资源要素分析可知,该类型的大多数湿地属流域的竞争性用水对象。

上游水库湿地属人工湿地的范畴,因水库调度功能而具有调蓄洪水和提供水禽栖息生境的作用。该区自然植被属干旱草原类型,湿地植物主要有芦苇、香蒲等。湿地动物夏候鸟占绝对优势,旅鸟和留鸟次之,冬候鸟较少。湿地景观以黄河水面为主体,库区湿地演化变迁与水库的运用方式、黄河来水来沙条件等密切相关。对库区淤滩进行围垦、大坝筑堤、围滩造田等是上游水库湿地的主要威胁因子。

3.黄河沿河洪漫湿地

黄河沿河洪漫湿地的形成、发展和萎缩与黄河水沙条件、河道边界条件、水利工程建设等息息相关。该区域主要包括运城湿地省级自然保护区、南海子湿地省级自然保护区等。特殊的地理位置和独特的社会背景,使黄河中下游河道湿地具有季节性、地域分布呈窄带状、人类活动干扰极强等区别于其他湿地类型的基本特征。黄河沿河湿地大部分位于黄河中下游,人口密集,人类活动频繁,环境压力和保护难度大,湿地周边经济的发展对湿地的依赖性极强,人与湿地争水、争地现象日趋严重。湿地围垦现象严重是黄河中下游湿地保护面临的主要威胁,据统计,目前已有60%以上的河漫滩被开垦为农田和鱼塘,部分河段河漫滩开垦率高达80%;其次是黄河水沙情势变化,洪水漫滩概率减小,湿地水资源补给困难。

4.河口三角洲湿地

河口三角洲湿地是我国暖温带地区最广阔、最完整和最年轻的原生湿地生态类型,具有重要的保护价值。该区域主要指的是黄河三角洲国家地质公园。在黄河三角洲生态系统的平衡和演变中,淡水湿地是维持河口系统平衡和生物多样性保护的生态关键要素,具有十分重要和不可替代的生态价值与功能。河口湿地的主体生态功能是维护流域生态安全、保护生物多样性、提供珍稀鸟类栖息地,以及防止海水入侵、调节气候等。河口湿地主要生态问题是自然湿地面积逐年萎缩,湿地质量、功能不断下降,湿地的自然演替规律遭到破坏;其次是湿地污染严重。

(四)生态修复典型工程评估

近年来,由于自然与人为原因,黄河流域生态破坏严重。为了对黄河流域进行生态修复,政府大力开展水土保持和土地综合整治、天然林保护、三北等防护林体系建设、草原保护修复、沙化土地治理、河湖与湿地保护修复、矿山生态修复等工程。完善黄河流域水沙调控、水土流失综合防治、防沙治沙、水资源合理配置和高效利用等措施,开展小流域综合治理,建设以梯田和淤地坝为主的拦沙减沙体系,持续实施治沟造地,推进塬区固沟保塬、坡面退耕还林、沟道治沟造地、沙区固沙还灌草,提升水土保持功能,有效遏制水土流失和土地沙化;大力开展封育保护,加强原生林草植被和生物多样性保护,禁止开垦利用荒山荒坡,开展封山禁牧和育林育草,提升水源涵养能力;推进水蚀风蚀交错区综合治理,积极培育林草资源,选择适生的乡土植物,营造多树种、多层次的区域性防护林体系,统筹推进退耕还林还草和退牧还草,加大退化草原治理,开展林草有害生物防治,提升林草生态系统质量;开展重点河湖、黄河三角洲等湿地保护与恢复,保证生态流量,实施地下水超采综合治理。

1.三江源区黄河水塔生态修复工程

三江源区地处青藏高原腹地的青海省西南部,是我国重要的生态功能调节区、气候变化敏感区和生物多样性高度集中区,有"中华水塔"的美誉,其中黄河、长江、澜沧江地表径流的49%、25%、2%分别来源于此。该区域草原和水资源比较丰富,起着重要的生态调节功能,对我国的生态系统具有重要和广泛的影响。根据《青海省生态环境建设规划》,要突出抓好长江、黄河、黑河源头,环青海湖地区,东部干旱山区,龙羊峡库区,柴达木盆地等区域的生态环境保护、建设和水土治理工作,大力加强天然林、草原和野生动植物资源保护,加大退化草地治理恢复力度,加快防护林体系建设。从根本上治理三江源区生态环境,必须将高原的天然林保护纳入国家重点天然林保护建设规划,通盘考虑,重点保护与治理,增强源头水土保持和水源涵养功能。

2.黄土高原水土流失综合治理

以渭北、陇东、晋西南等地为重点,开展水土保持和土地综合整治,实施小流域综合治理,建设涵盖塬面、沟坡、沟道的综合防护体系。以太行山、吕梁山、湟水流域等地为重点,加强林草植被保护和修复,以水定林定草,实施封山育林(草)、退耕还林还草、草地改良,稳定和提高黄土高原地区植被盖度。以库布其、毛乌素等地为重点,通过人工治理与自然修复相结合、生物措施与工程措施相结合,建设完善沙区生态防护体系。

3.秦岭生态保护和修复

全面加强大熊猫、金丝猴、朱鹮等珍稀濒危物种栖息地保护和恢复,积极推进生态廊道建设,扩大野生动植物生存空间。切实加强天然林及原生植被保护,开展退化林分修复,提高自然生态系统质量和稳定性。

4.贺兰山生态保护和修复

全面保护天然林资源,实施封山育林、退牧还林,加强水源涵养林、防护林建设和退化林修复。全面清理和退出 300 多个矿山矿点,并开展矿山生态修复。加强防风固沙体系建设,加强水土流失预防。加强珍贵稀有动植物资源及其栖息地保护。

5.黄河下游生态保护和修复

根据黄河下游滩区用途管制政策,因地制宜退还水域岸线空间,开展滩区土地综合整治,保护和修复滩区生态环境。加强黄河下游湿地特别是黄河三角洲生态保护和修复,促进生物多样性保护和恢复,推进防护林、廊道绿化、农田林网等工程建设。

6.黄河流域重点生态区矿山生态修复

大力开展历史遗留矿山生态修复,实施地质环境治理、地形重塑、土壤重构、植被重建等综合治理,恢复矿山生态。黄河流域生态保护修复取得重大进展,京津冀周边及汾渭平原废弃露天矿山生态修复项目主体已全部完工,进入竣工验收阶段,这些项目累计治理面积 2859 公顷。在黄河流域重点地区,山西省大力开展废弃露天矿山生态修复,在 6 市 29 县(市、区)实施了 1223 公顷治理修复任务。同时,山西省扎实推进汾河中上游山水林田湖草生态保护修复工程试点项目,总投资 83.07 亿元,涉及 2 个市和 6 个县(市、区)共 81 个项目,治理面积 1472.95 平方公里;项目完成后,可综合治理地表塌陷及地质灾害面积 74.77 平方公里,水源涵养面积 233 平方公里,农用地整治面积 44.10 平方公里,沟坡治理面积 34.09 平方公里。探索推进国家全域土地综合整治项目,争取国家试点项目 20 个,通过项目实施,可新增耕地面积 4.3 万亩,调整基本农田面积 4000 余亩,结余建设用地面积 8000 余亩,有力保障了山西省乡村振兴用地需求。

此外,黄河流域还涉及三江源自然保护区生态保护建设工程、三北防护林工程、天然林保护工程、退耕还林工程、退牧还草工程、青海湖流域生态综合治理工程、黄河重要补水区生态综合治理工程、川西高原（甘孜、阿坝藏区）生态综合治理工程、祁连山总体规划、三江源二期工程等。

（五）生态廊道建设

与生态廊道相关的概念起源可追溯至 1959 年，美国学者威廉·怀特（William White）首次提出了绿道（greenway）的概念，并在北美和欧洲国家受到高度重视和关注。生态廊道被视为具有保护生物多样性、过滤污染物、防止土壤流失、调控洪水等生态功能的廊道类型，是支撑生态系统运作的重要部分。

景观生态学中的廊道（corridor）是指不同于周围景观基质的线状或带状景观要素，而生态廊道（ecological corridor）是指具有保护生物多样性、过滤污染物、防止水土流失、防风固沙、调控洪水等生态服务功能的廊道类型。生态廊道主要由植被、水体等生态性结构要素构成，它和"绿色廊道"（green corridor）表示的是同一个概念。美国保护管理协会（Conservation Management Institute，USA）从生物保护的角度出发，将生态廊道定义为供野生动物使用的狭带状植被，通常能促进两地间生物因素的运动。通过建立生态廊道实现生物多样性保护、河流污染控制等多种生态功能，同时满足人类日益增长的亲近自然的需要，已成为现代景观及城市规划领域的共识。生态廊道包括三种基本类型：线状生态廊道（linear corridor）、带状生态廊道（strip corridor）和河流廊道（stream corridor）。线状生态廊道是指全部由边缘种占优势的狭长条带；带状生态廊道是指有较丰富内部种的较宽条带；河流廊道是指河流两侧与环境基质相区别的带状植被，又称滨水植被带或缓冲带（buffer strip）。

河流是高度动态的生态系统，易受周围景观的影响，因此，河流生态学强调要把河流及其附近的土地视作一个整体来研究。在景观生态学中，把河流与其附近的土地定义为河流廊道，认为河流沿岸土地具有重要的功能意义。用四维框架模型来描述河流生态系统，即纵向（上游—下游）、横向（洪泛区—高地）、垂向（河道—基底）和时间分量（每个方向随时间变化）。在纵向上，河流是一个线性系统，常表现为交替出现的浅滩和深塘，浅滩增加水流的紊动，促进河水充氧，干净的石质底层是很多水生无脊椎动物的主要栖息地，也是鱼类觅食的场所；深潭还是鱼类的保护区和缓慢释放到河流中的有机物储存区。河道的一个典型特征是蜿蜒曲折，天然河道很少是直的。与直线河流相比，弯曲河流呈现更多的生态环境类型，拥有更复杂的动物和植物群落。在横向上，大多数河流廊道由三部分组成，即河道、洪泛区、高地边缘过渡带。洪泛区是河道一侧或两侧受洪水影响、周期性淹没的高度变化的区域。洪泛区可拦蓄洪水及流域内产生的泥沙,这种特性可使洪水滞后。高地边缘过渡带是洪泛区和周围景观的过渡带,因此,其外边界也就是河流廊道本身的外边界。该区常受土地利用方式改变的影响。在垂向上,河流可分为水面层、水层区和基底区。对于许多生物来讲,基底起着支持(如一般陆上和底栖生物)、屏蔽(如穴居生物)、提供固着点和营养来源(如植物)等作用。基底的不同结构、组成物质的不同稳定程度,及其含有的营养物质的性质和数量等,都直接影响着水生生物的分布。

从河流廊道的角度来研究河流生态系统的功能,对指导河流生态修复有重要意义。随着空间和时间的变化,水与其他物质、能量和生物在河流廊道内发生相互作用。这种作用提供了维持生命所必需的功能,如养分循环、径流污染物的过滤、吸收并逐渐释放洪水、提供鱼和野生动物的栖息地、补充地下水、保持河流流量。河流廊道作为一个整体发挥着重要的生态功能,可概括为以下几方面:栖息地、通道、过滤、屏障、源和汇。栖息地作用:河流廊道特殊的空间结构,适合生物生存、繁殖、迁移,并提供食源。栖息地的功能受廊道的宽度和连接度影响,宽度大、连接度高可提高栖息地的质量。通道作用:河流廊道输送水和泥沙,流动的水输送并储存食物。其他物质和生物通过河流廊道移动。过滤或屏障作用:如岸边植被带可控制非点源污染、降低径流中污染物的含量,截留径流中的有机物。源和汇:源为相邻的生态系统提供能量、物质和生物;汇与源的作用相反,从周围吸收能量、物质和生物。例如,河流堤岸常作为河流泥沙的来源,而在洪水来临时,堤岸常作为汇,形成新的泥沙淤积。可以说,黄河生态廊道的建设是保护黄河、让黄河可以进一步可持续发展的至关重要的一环。

2019 年 9 月之后,黄河流域生态保护和高质量发展正式上升为重大国家战略。山东省作为黄河生态廊道建设的下游重要省份之一,2019 年已经初步建立起"总体规划＋专项规划＋政策措施"三位一体的规划政策体系,并且配套重大项目建设,建立了省级重点项目动态储备库,仅在 2019 年就开工建设了 10 大类、390 个重点项目,其中有近 100 个生态保护的项目。时至今日,经过努力,山东沿黄地区已设立各级各类自然保护地 90 个,自然保护地面积达 74 万公顷。眼下,山东正积极创建黄河口国家公园,整合优化黄河三角洲国家级自然保护区周边 8 个自然保护地,并且积极组织湿地保护修复、水系连通、互花米草治理等一系列项目。

山东省于 2021 年 3 月 13 日,举行沿黄 9 市一体打造黄河下游绿色生态走廊暨生态保护重点项目开工活动,集中开工 93 个项目,总投资 427 亿元,年度计划投资 152 亿元,涵盖湿地保护修复、生物多样性保护、滩区湖区生态修复保护等多种类型。相关项目是贯彻落实习近平总书记关于黄河流域生态保护和高质量发展重要讲话精神的实际行动,是落实"共同抓好大保护、协同推进大治理"重大要求的具体实践,是统筹发挥黄河下游防洪护岸、水源涵养、生物栖息功能的重点工程。

最新颁布的《山东省"十四五"生态环境保护规划》(以下简称《规划》),明确了"十四五"时期生态环境保护 10 项重点任务,并明确指出强化三水(水资源、水生态、水环境)统筹,推进黄河流域生态保护与环境治理,对黄河流域生态保护等工作进行了具体部署。可以说,《规划》对黄河生态廊道建设的重要性进一步进行了诠释,并且明确了"十四五"时期山东省对于黄河生态廊道建设等生态环境保护工作的指导思想、基本原则和主要目标,科学谋划了重点任务、主要举措和保障措施,确定了"时间表""路线图",对深入推进黄河的生态环境保护、促进黄河可持续发展具有十分重要的意义。

(六)重要生态产品

2010 年,国务院发布的《全国主体功能区规划》提出了生态产品的概念,认为"人类需求既包括对农产品、工业品和服务产品的需求,也包括对清新空气、清洁水源、宜人气候等生态产品的需求",将生态产品与农产品、工业品和服务产品并列为人类生活所必需的、可消费的产品,重点生态功能区是生态产品的主要产区。生态产品不只是农产品、林产品及其副产品这种可以直观进入市场价值的产物,也包括水源涵养、土壤保育、气候调节等不易进入市场进行量化的生态系统价值。

1.黄河上游重要生态产品——以青海省为例

青海省作为黄河上游省份,有着重要的自然地位和经济地位,从 2000 年开始,青海省经济的年均增长率达到 20% 以上。2020 年,青海省的地区生产总值为 3005.92 亿元。其中,第一产业产值为 334.3 亿元,同比增加 10.73%。青海省畜牧业经济较为发达,全省各类牲畜的存栏数为 2975.2 万头(只),肉类总产量为 37 万吨,奶类产量为 36.9 万吨,羊毛羊绒的产量达 1.54 万吨,禽蛋 1.4 万吨。

青海由于独特的地理位置和气候条件,有着极高的生物多样性价值以及储量丰富的自然资源。在野生动植物资源方面,青海省是我国重要的保护区域。截至 2020 年,青海省境内有经济动物 400 种以上,野生动物 250 多种,国家一级保护动物 10 多种,野生牦牛 500 万头以上,仅陆栖脊椎动物就有 270 余种;野生植物群落中,经济植物有 1000 余种,药用植物 680 余种;多种野生动植物是国家一、二类重点保护对象。

在矿产资源方面,截至 2020 年,青海省已发现的矿产资源多达 120 种,探明储量的就有 110 种。有色金属、黄金资源储量较高,非金属资源已发现 36 种,其中 5 种位列全国第一。在石油、天然气资源方面,青海省已发现 16 个油田、6 个气田,石油储量多达 12 亿吨,天然气储量达 2937 亿立方米。

青海省有着丰富的水资源,在水权交易也被视为生态产品实现的重要一环的现在,青海省无疑有着极为丰富的生态产品。在水能资源方面,青海省河流数量较多,且水量大,如黄河、通天河、湟水、大通河等。省内水能资源蕴藏量达 2165 万千瓦,年发电量可达 770 亿千瓦时。

三江源国家公园作为青海省的代表区域,在水源涵养方面有着极为重要的作用,作为长江、黄河、澜沧江的发源地,多年平均径流量 499 亿立方米,其中长江 184 亿立方米、黄河 208 亿立方米、澜沧江 107 亿立方米,水质均为优良。国家公园内湖泊众多,面积大于 1 平方公里的有 167 个,其中长江源园区 120 个、黄河源园区 36 个、澜沧江源园区 11 个,以淡水湖和微咸水湖居多。截至 2020 年,雪山冰川总面积 1247 平方公里,河湖和湿地总面积 14.5 万平方公里。

2.黄河下游重要生态产品——以山东省为例

山东省作为黄河下游省份,有着相当重要的经济地位和自然地位;并且山东省是中国经济第三大省和人口第二大省,截至 2019 年年末,山东省常住人口 10070.21 万人,地区生产总值 71067.5 亿元,人均地区生产总值 70653 元。农产品以及相关联的第一产业的产品产出,是山东省生态产品价值的主要实现手段。2019 年,山东省农林牧渔业增加值 5476.5 亿元,按可比价格计算,比上年增长 1.7%;粮食总产量 1071.4 亿斤,增加 7.5 亿斤,连续 6 年过千亿斤;无公害农产品、绿色食品、有机农产品和农产品地理标志获证产品 10110 个,增长 9.1%。

2019 年,山东省林地面积 35500 平方公里,活立木总蓄积量 13040.5 万立方米,森林覆盖率 17.95%;全年猪牛羊禽肉产量 698.6 万吨,比上年下降 17.7%;禽蛋产量 450.6 万吨,比上年增长 0.7%;牛奶产量 228 万吨,比上年增长 1.3%;水产品总产量(不含远洋渔业产量)781.9 万吨,其中,海水产品产量 664.8 万吨,淡水产品产量 117.1 万吨;专业远洋渔船 525 艘。

2019 年,山东省除险加固大中型病险水库 18 座、小型病险水库 1205 座、大中型病险水闸 61 座,防洪治理受灾重要河道 9 条;完成大中型灌区续建配套与节水改造项目 43 处,新增、恢复、改善灌溉面积 246 万亩;综合治理水土流失面积 1285 平方公里;健康养殖示范面积 1100 平方公里,新增国家级、省级水产健康养殖示范场分别为 34 处、37 处;农作物耕种收综合机械化率超过 87%,畜禽粪污综合利用率 87%。

与此同时,山东省有着丰富的生物资源。山东省内有各种植物 3100 余种,其中野生经济植物 645 种。树木 600 多种,分属 74 种 209 属,以北温带针、阔叶树种为主。果树 90 种,分属 16 科 34 属,山东因此被称为"北方落叶果树的王国"。中药材 800 多种,其中植物类 700 多种。陆栖野生脊椎动物 500 余种,其中,兽类 73 种、鸟类 406 种(含亚种)、爬行类 28 种、两栖类 10 种。陆栖无脊椎动物特别是昆虫,种类繁多。国家一、二类保护动物 71 种,其中国家一类保护动物 16 种。

山东黄河三角洲国家自然保护区作为山东省的代表区域,有着丰富的生物资源,同时作为中国沿海最大的海滩自然植被区,区域内淡水浮游植物共有 8 门 41 科 97 属 291 种,海洋浮游植物有 4 门 116 种,自然分布的维管束植物有 46 科 128 属 195 种,栽培植物有 26 科 63 属 83 种。野生植物以菊科、禾本科、豆科、藜科居多。整个自然保护区范围内,植被覆盖率为 55.1%,以自然植被为主,占植被总面积的 91.9%。保护区内植物物种组成较为单一且植物区系组成较为简单,而其中耐盐植物较为丰富,共计 71 种,占保护区内所有植物物种的 36.41%。这是由区域的独特地理位置和水文-土壤特性所决定的。森林覆盖率为 17.4%,主要为自然柳林和人工刺槐(*Robinia pseudoacacia*)林、人工杨树(*Populus* sp.)林等,人工刺槐林达 0.56×10^4 公顷。区内国家二级保护植物野大豆分布十分广泛,初步调查其分布面积约 0.43×10^4 公顷;还有芦苇沼泽 26.51×10^4 公顷,天然草地 12.07×10^4 公顷等;植被主要以盐地碱蓬(*Suaeda salsa*)、芦苇、柽柳和白茅(*Imperata cylindrica*)等为主;在滨海湿地,随着水文等环境梯度的变化,植物群落的异质性较为明显。可以说黄河三角洲在中国乃至全世界都有着重要的生态价值,其生物多样性价值是山东省必不可少的生态产品之一。

作为黄河上游和下游的代表区域,青海省和山东省的生态产品有着较为明显的区别,前者是以自然资源为代表的较难进行生态产品价值实现的生态系统服务,后者是以农产品输出为主的生态产品,但两者均为生态产品的重要构成,是当今社会发展以及"提供更多优质生态产品以满足人民日益增长的优美生态环境需要"的重要一环。

(七)政策法规等建设

黄河有关法律法规见表5。

表 5　黄河有关法律法规

	立法目的	施行日期
黄河保护立法	为了加强黄河流域生态环境保护,实行水资源节约集约利用,保障黄河长治久安,保护传承弘扬黄河文化,推动高质量发展,让黄河成为造福人民的幸福河,制定本法	征求意见
商丘市黄河故道湿地保护条例	为了加强黄河故道湿地保护,维护黄河故道湿地生态功能和生物多样性,促进黄河故道湿地资源可持续发展,根据有关法律、法规,结合本市实际,制定本条例	20211001
河南省黄河河道管理办法	为加强黄河河道管理,保障防洪安全,发挥黄河河道及治黄工程的综合效益,根据《中华人民共和国河道管理条例》《河南省黄河防汛条例》《河南省黄河工程管理条例》及其他有关法律、法规规定,结合本省实际,制定本办法	20180309
陕西省秦岭生态环境保护条例	为了保护秦岭生态环境,改善秦岭在调节气候、保持水土、涵养水源和维护生物多样性等方面的生态功能,筑牢国家重要生态安全屏障,促进人与自然和谐共生,推进生态文明建设,实现经济社会可持续发展,根据有关法律、行政法规,结合本省实际,制定本条例	20170301
山东黄河三角洲国家级自然保护区条例	为了加强山东黄河三角洲国家级自然保护区的保护和管理,维护湿地生态系统和多样性,根据《中华人民共和国自然保护区条例》等有关法律、法规,结合实际,制定本条例	20170501
淄博市黄河河道管理办法	为加强黄河河道管理,保障防洪安全,发挥黄河河道兴利除害等社会和生态效益,根据《中华人民共和国水法》《山东省黄河河道管理条例》等法律法规,结合本市实际,制定本办法	20110701
黄河河口管理办法	为加强黄河河口管理,保障黄河防洪、防凌安全,促进黄河河口地区经济社会可持续发展,根据《中华人民共和国水法》《中华人民共和国防洪法》和《中华人民共和国河道管理条例》等法律、法规,制定本办法	20050101
中华人民共和国水法	为了合理开发、利用、节约和保护水资源,防治水害,实现水资源的可持续利用,适应国民经济和社会发展的需要,制定本法	20021001

	立法目的	施行日期
山东省黄河河道管理条例	为加强黄河河道管理,保障防洪安全,充分发挥黄河河道兴利除害等社会与生态效益,根据《中华人民共和国水法》《中华人民共和国河道管理条例》等法律、法规,结合本省实际,制定本条例	19980101
中华人民共和国自然保护区条例	为了加强自然保护区的建设和管理,保护自然环境和自然资源,制定本条例	19941201
中华人民共和国河道管理条例	为加强河道管理,保障洪安全,发挥江河湖泊的综合效益,根据《中华人民共和国水法》,制定本条例	19880610

二、黄河流域生态保护存在的问题

黄河是中华民族的母亲河,黄河流域是我国重要的生态屏障、生态廊道和经济地带。"黄河宁,天下平。"习近平总书记在黄河流域生态保护和高质量发展座谈会上指出,当前黄河流域仍存在一些突出困难和问题,这些问题,表象在黄河,根子在流域。黄河流域生态环境问题关键在水,上游水源涵养,中游水土流失,下游水资源短缺,中下游干旱、水患、污染,流域生态系统退化,都关系到水。黄河流域生态保护的突出问题表现在上游生态系统退化、中游水土流失、下游和河口生态系统质量有待提升、生态破坏导致物种多样性下降、生物入侵的威胁、重要经济物种遗传多样性丧失等方面(郜国明等,2020;陈怡平等,2019)。

识别黄河流域生态保护问题及其与水源涵养、水文动态、水资源量、水环境质量、水供给服务和流域高质量发展的关系,是做好流域生态保护,提升水源涵养能力,减少水土流失,改善水环境质量,保障水供给,保护生物多样性,促进区域绿色发展和高质量发展的重要前提。治理黄河,重在保护,要在治理。因此,下文结合流域不同河段生态环境和水文特征,从生态系统脆弱性、典型生态系统物种多样性、重要经济物种遗传多样性三个方面解析黄河流域不同河段和全流域面临的生态保护问题,为生态保护和高质量发展规划设计提供参考。

(一)生态系统保护面临的问题

1.各类生态系统脆弱敏感,影响生态系统功能

黄河发源于青藏高原巴颜喀拉山北麓的约古宗列盆地,自西向东流经青

海、四川、甘肃、宁夏、内蒙古、陕西、山西、河南和山东 9 个省区,最后流入渤海(殷万东等,2020)。唐乃亥水文站以上为黄河源区,源区到河口镇水文站为上游,河口镇到桃花峪为中游,桃花峪到入海口为下游(赵亚辉等,2020)。黄河流域自西向东跨越青藏高原、内蒙古高原、黄土高原和华北平原 4 个地貌单元以及干旱、半干旱、半湿润等气候区,形成了复杂多样的地貌类型和植被类型。黄河源区植被以高寒草甸、高寒草地为主,源区以下上游以荒漠草原、典型草原和荒漠化草原为主,中游以山地森林、灌草丛和农业植被为主,下游以暖温带落叶阔叶林和农业植被为主,河口三角洲以芦苇草甸、柽柳灌丛、盐地碱蓬滩涂为主(曹文红、张晓明,2020)。

黄河流域多年平均降水量为 466 毫米,由东南向西北递减。流域大部分地区属于干旱半干旱地区,降水集中在夏秋七八月份(张宗娇等,2016)。黄河上游以畜牧业为主,中下游以旱地农业为主,人为活动历史悠久,影响强烈。流域水文和环境受气候变化、人为活动的双重影响,干支流径流和流域环境变化具有极大的不确定性,容易形成干旱和洪涝灾害(马柱国等,2020)。流域总体干旱,降雨时空差异大,人为活动影响剧烈,生态系统组成简单,导致高寒草甸、荒漠草原、若尔盖湿地、黄土高原、河口三角洲湿地等重要生态系统均脆弱敏感,特别容易退化。生态系统服务受土地利用、气候变化、人为影响的共同作用,呈现高度的时空异质性和动态的权衡与协同关系(Zhang Y 等,2021;Fang L 等,2021)。张骞等(2019)将青藏高寒区的草地划分为 5 个典型脆弱生态区,其中 3 个与黄河流域有关。

黄河流域生态系统脆弱敏感,具体到不同河段,情况又有差异。黄河源区高寒植被主要受气候变化特别是气候暖化和过度放牧活动影响,水源涵养能力下降;源区以下上游河段各类生态系统受气候变化、水土流失、梯级水电开发等因素的共同影响,生态系统退化问题突出;中游黄土高原水沙关系不协调,威胁黄河和各类生态系统安全;下游城市和乡村生态系统密集,城市、乡村和农田生态系统主要受到洪涝、干旱、污染等因素的影响,森林、湿地、河流等自然半自然生态系统主要受到污染、旅游、开发等人为活动的威胁(马柱国等,2020;孙远等,2020)。因此,针对不同河段、不同生态系统特点和影响因素,因地制宜,精准施策,进行生态保护十分必要。

2.高寒草地容易退化,影响源头区水源涵养能力

唐乃亥水文站以上的黄河源区,以 16% 的流域面积,贡献 37% 以上的产流量,是黄河径流的重要集水区,具有"黄河水塔"之称。高寒草地是黄河源区最重要的植被类型,占源区面积的 80% 以上。草地覆盖能够通过调节地表的水分、能量和辐射,进而影响水文过程、水热循环和区域气候,草地退化可能引发水土流失、土地荒漠化、冰川退缩、冻土退化。多项研究表明,与 20 世纪 70 年代相比,草地退化是黄河源区最主要的土地利用变化特征,常表现为草地面积减少、质量下降和荒漠化土地面积的增加。以玛多县为例,20 世纪 70 年代中期至 2000 年,玛多县约有 70% 的天然草场面积发生退化,其中大部分为重度退化。2004 年之后,由于源区进入暖湿周期,加上草地修复、退牧还草等生态建设工程的实施,草地覆盖状况有所好转(郑子彦等,2020)。

草地退化受到气候变化和过度放牧的双重影响,其中过度放牧是导致草地退化的主要因素。研究表明,黄河源区自 1951 年以来经历了显著的暖湿化过程。2000 年以来,气温和降水快速增加,进而引发冰川积雪消融加剧、湿地面积增加、蒸散发增加和冻土层退缩等后果(孙建、刘国华,2021)。然而,由于各个环节水分损耗的加剧以及人类活动的影响,这种增湿并没有转换为有效的水资源,黄河源区唐乃亥水文站的天然河川径流量呈现减少的趋势(郑子彦等,2020)。

草地退化受到自然和人为因素的共同驱动,自然因素包括气候变暖、冻土活动、鼠害、杂害草入侵等,人为活动则与过度放牧、围栏管理等因素有关(孙建、刘国华,2021)。气候变暖影响高寒草甸的动态与格局,放牧和围栏管理则对高寒草地具有重要影响。高寒草甸和草地退化均表现在优势物种下降、杂害草增加、生产力下降,以及土壤肥力、水源涵养能力等生态系统功能受损,轻度退化的草地物种多样性水平会有所增加,进一步退化则走向物种多样性降低(李世雄等,2020;张帆等,2021)。过度放牧是导致草地持续退化的重要因素,牦牛和藏羊放牧时间长,载畜量长期超过草地承载力是主要因素(郭丽、石生光,2017)。

在气候变化和人类活动的双重影响下,高寒草甸和草地退化对黄河径流的影响具有不确定性,尽管气候暖湿化有利于草地恢复和降水增加,但持续过度放牧导致草地退化、荒漠化和盐渍化,地表蒸散增加,水源涵养能力并未因暖湿化增加。1956~2016 年,唐乃亥水文站以上集水区净流量主要受气候变化和植被水源涵养能力影响,径流量有所下降;兰州水文站以上集水区净流量显著下降,天然径流量减少趋势为 0.84×10^8 立方米/年。在气候变化和草地退化的共同影响下,作为水资源的最直接来源,黄河源区河川径流量持续减少,生态保护和水资源面临巨大挑战(郑子彦等,2020)。

3.黄土高原水土流失量减少,水沙关系不协调仍然突出

黄河穿越腾格里沙漠、宁夏河东沙地、乌兰布和沙漠、库布齐沙漠、毛乌素沙地,流域西北片属于干旱区以及半干旱偏旱气候,植被为荒漠、荒漠草原以及沙生植被等,荒漠化过程发育,而且在波动性气候和人类活动驱动下,经历绿洲化与荒漠化的反复(姚文艺等,2020)。特别严重的问题是,沿河的几个流沙片带,在风力作用下,向黄河输入沙性物质,尤以鄂尔多斯的砒砂岩地区的粗砂输入为剧,是黄河河道淤积的主要物质基础。

黄土高原地处黄河流域第二阶梯,是半湿润、半干旱、干旱气候和森林、草原、荒漠植被的交错区,也是人类活动强烈的农牧交错区(曹文洪、张晓明,2020)。黄河流域南部秦岭、中条山一带山地气候湿润,以暖温带落叶阔叶林为主,生物多样性较为丰富;北部黄土高原以灌丛、矮林和草地为主。受气候变化和强烈人为活动的影响,黄土高原植被长期过度砍伐、放牧或开垦,土壤侵蚀呈现高密度、强深度、危害大等特点,熟化土层被径流冲刷进入黄河,成为黄河泥沙的主要来源。1960 年以前,潼关水文站年均输沙量为 15.92 亿吨,水土流失是诱发中下游河床高悬和洪涝隐患的重要因素。1960 年以来,经过长期的水土保持和生态综合治理,黄土高原水土流失量持续减少,2000 年以来进入锐减期,2000~2016 年潼关水文站的年均输沙量仅为 2.41 亿吨(姚文艺等,2020)。

近年来,山水林田湖草沙系统治理取得了显著成效,退耕还林还草显著提升了黄土高原植被覆盖度,有效缓解了这些地区的水土流失(Wu 等,2021;李婷等,2019)。据 2021 年 9 月 24 日《陕西日报》报道,陕西省启动了黄河流域生态空间治理十大行动,黄河流域植被覆盖度达到 60.68%,860 万亩流动沙地得到固定或半固定。但是,在宏观气候变化和强烈人为活动的大背景下,黄土高原整体蒸散发量和城乡水资源消耗量持续上升,而径流量、土壤储水量却呈现下降趋势,使得生态修复治理与水沙平衡的关系更为复杂(朱青等,2021;马柱国等,2020)。黄土高原水沙关系不协调的问题未能根本改变,来沙量减少的同时,径流量也减少了,年均来沙系数仍高于下游河道汛期冲淤平衡的临界值,且时空分布很不均匀。部分流域遭受暴雨时产生高含沙洪水的风险仍然存在(姚文艺等,2020),黄土高原仍然是黄河流域土壤侵蚀最为剧烈的地区。因此,自然生态、社会经济条件和土壤侵蚀的空间异质性需要更为科学精准的多样化综合治理模式(王雁林等,2021;曹文洪、张晓明,2020)。同时,山水林田湖草沙综合治理还要密切结合绿色发展转型和乡村振兴,提升生态产品供应能力和价值实现能力,在生态承载力范围内实现"既要绿水青山,也要金山银山"(姜德文,2020)。

4.下游农业生态系统环境压力大,受干旱、洪涝和污染多重影响

地处黄河下游的河南省和山东省都是重要的农业大省,农业生态系统健

康关系着国家粮食和食品安全。由于黄河中上游来水来沙的不确定性,加之黄河河床升高和区域湿地面积减少,长期水资源短缺和极端降雨诱发的洪涝灾害成为限制下游地区特别是引黄灌区农业持续健康发展的重要因素(郑利民等,2019)。同时,农业面源污染和工业污水导致的地表水污染与水量不足,加剧了区域水资源短缺,甚至导致地下水污染和过量开采,下游地区地下水硝酸盐(NO_3^-)平均含量高达 45.3 毫克/升(贾永锋等,2021)。另外,污染的地表水随灌溉进入农田,导致土壤污染特别是土壤中重金属污染加剧,研究发现部分引黄灌区土壤重金属浓度与黄河水中重金属浓度有显著相关性(陈怡平、傅伯杰,2019)。同时,农业面源污染又可随雨水和农田退水进入地表水和地下水,交互作用,影响区域农业健康发展和水环境质量(于元赫等,2018;张鹏岩等,2013)。

5.黄河三角洲湿地存在退化风险,环境变化是主要因素

黄河三角洲湿地是我国东部最年轻的陆地,保存着中国暖温带地区最广阔、最完整、最年轻的湿地生态系统,是维持鱼类、鸟类和潮间带生物多样性的国际重要湿地。自然保护区内现有各种野生动物 1555 种,其中水生动物有 641 种。水生动物中属国家一级重点保护动物的有白鲟、达氏鲟 2 种,属国家二级重点保护动物的有松江鲈等 7 种。鸟类 296 种,其中国家一级重点保护动物有丹顶鹤、白头鹤、白鹤、东方白鹳、黑鹳、大鸨、金雕、白尾海雕、中华秋沙鸭、遗鸥 10 种。国家二级重点保护动物有大天鹅、疣鼻天鹅(Cygnus olor)、灰鹤、白枕鹤、蓑羽鹤、白琵鹭、黑脸琵鹭等 49 种(朱书玉等,2011)。

由于黄河三角洲湿地植物群落组成结构简单,以芦苇草甸、柽柳灌丛和盐地碱蓬为主,湿地植物群落和生态系统的维持受到黄河来水来沙和海水的交互作用。来自黄河的淡水是维持芦苇草甸和沼泽的必要条件,黄河来水来沙是新生湿地维持和扩大的必要因素,因此黄河来水来沙的可持续性是黄河三角洲湿地生态系统维持的前提条件(安乐生等,2017;王雪宏等,2015)。黄河来水不足、干旱和过度开发等是黄河三角洲湿地退化的重要原因。2002 年起实施的湿地恢复工程,取得了显著成效,增加了湿地面积和生物多样性水平(朱书玉,2011)。但是,现代河口三角洲范围内,湿地退化、盐渍化的趋势仍然存在,未来黄河来水的稳定维持和国家公园的规划建设可能从根本上扭转湿地退化的趋势,使黄河三角洲湿地生物多样性得到更好的保护(孙工棋等,2020)。

6.多种生态系统外来物种增多,生物入侵威胁流域生态安全

黄河流域地形、气候、生境复杂多样,本地生态系统组成和结构简单,脆弱

敏感,利于外来物种的定居、繁衍和扩张。对黄河流域九省区的资料分析和调查发现:流域入侵植物多达 194 种,以菊科和豆科植物为最多;入侵动物多达 90 种,以昆虫和鱼类为最多;世界自然保护联盟(IUCN)公布的最危险的 100 种入侵物种中,有 16 种在黄河流经九省区建立了自然种群;而生态环境部公布的 71 种有重大危害的外来入侵物种名单中,已有 40 种入侵黄河流域。危害较大的入侵植物有凤眼蓝(*Eichhornia crassipes*)、大米草(*Spartina anglica*)、互花米草(*S. alterniflora*)、黄顶菊(*Flaveria bidentis*)、烟粉虱(*Bemisia tabaci*)、红蚁(*Solenopsis invicta*)、泥螺(*Bullacta exarata*)、虹鳟(*Oncorhynchus mykiss*)等(殷万东等,2020)。

各类生态系统中,均发现外来入侵物种的足迹。其中,入侵物种较多的生态系统类型有路域生态系统、农田生态系统、荒野生态系统、淡水生态系统、湿地生态系统、果园生态系统等。九省区中,四川、山东、河南、陕西、山西、甘肃、内蒙古的外来入侵植物均达到 80 种以上,外来入侵动物达到 30 种以上;宁夏、青海的外来入侵生物相对较少,可能与其环境条件严苛、人为活动相对较少、数据不充分有关。外来入侵物种中,有意引进的外来物种最多,占到 45% 以上,发达的交通网络和物种自然扩散也起到了推动作用(殷万东等,2020)。总体而言,黄河流域生态系统组成和结构简单,对外来物种入侵的影响敏感,抵抗能力弱。生物入侵极易诱发本地生物多样性丧失和生态系统功能受损,在生态保护中应给予高度重视,建立精准防控体系。

从全流域来看,生物入侵的隐患已经在逐步显现。因为黄河流域各类生态系统均较为脆弱,特别是水生生态系统、农田生态系统和草地生态系统,物种组成简单,对生物入侵非常敏感,很容易形成严重的生物入侵事件。尽管上游和源头气候相对寒冷干旱,但虹鳟已经在黄河上游干流的部分河段建立了自然繁殖的种群,成为主要的外来鱼种,对土著鱼类的多样性造成威胁(唐文家、何德奎,2015)。因此,黄河流域应在全域、省区以及更小的管理尺度上采取系统的入侵生物防控策略,建立生物入侵的监测和防控体系。

(二)物种多样性面临严重威胁

1.水生物种多样性面临生境改变和水污染的挑战

水生生物特别是鱼类多样性是河流湿地生态系统的重要组成部分,也是河流生态系统健康和生态产品持续供给的重要保障。据统计,黄河流域记录到淡水鱼类 147 种,分属于 12 目 21 科 78 属,以鲤形目种类最多,有 115 种,主要是鲤科和条鳅科的种类。与长江等水系相比,虽然黄河水系的鱼类多样性水平不高,但特有性和受威胁程度较高,进行生态保护必要性大。黄河水系的鱼类中,有 69 种中国特有鱼类,其中 27 种为黄河水系特有,24 种为受威胁物种。黄河上游的鱼类种类较少,但特有性高,有黄河特有鱼类 16 种,具有青藏高原鱼类区系的特征;中下游鱼类物种数均超过上游物种数的 2 倍,但特有物种数和受威胁物种数显著低于上游(赵亚辉等,2020)。

鱼类也是对生境改变、污染和外来种入侵非常敏感的水生生物类群。黄河水系鱼类赖以生存繁衍的生境受到水电开发、水文变动、水污染、外来物种入侵、过度捕捞等多种因素的影响,种类和数量都显著减少,近期鱼类调查仅捕获到历史记录鱼类的 53.06%(赵亚辉等,2020)。不同河段和支流,鱼类的特有性、濒危性和生态环境、受威胁因素有很大差异,生态保护应该因地制宜,提出有针对性的保护策略。

以黄河上游甘肃省为例,96 种土著鱼类中,甘肃省特有鱼类 21 种,列入《中国濒危动物红皮书——鱼类》和《中国物种红色名录》的鱼类分别有 6 种和 13 种,梯级水电开发对产漂流性卵鱼类、洄游性鱼类和激流生境鱼类的影响较大,在黄河靖远段分布的洄游性北方铜鱼数量急剧减少。各级各类自然保护区和水产种质资源保护区在鱼类多样性生态保护中发挥了积极作用,但全面的鱼类种质资源评估和更有效、更充分的生境保护亟待引起重视(王太等,2020)。

根据对相关文献的不完全统计(赵亚辉等,2020;王太等,2020;牛乐等,2020;商书芹等;2020;沈红保等,2019;唐文家等,2006;高玉玲等;2004),黄河流域水系受威胁的鱼类、水产见表 6。有的种类已经被列为珍稀濒危保护物种,有的种类表现为野生种群数量的显著下降。

表 6　黄河流域受威胁的鱼类物种(不完全统计)

类别	中文名	拉丁名	分布省区	濒危收录情况
珍稀濒危种类	北方铜鱼	*Coreius septentrionalis*	甘肃、陕西、山东	国家一级保护动物《中国濒危动物红皮书——鱼类》《中国物种红色名录》《国家重点保护野生动物名录》
	秦岭细鳞鲑	*Brachymystax lenok tsinlingensis*	甘肃、陕西	国家二级保护动物《中国濒危动物红皮书——鱼类》《中国物种红色名录》《国家重点保护野生动物名录》

续表

类别	中文名	拉丁名	分布省区	濒危收录情况
珍稀濒危种类	骨唇黄河鱼	*Chuanchia labiosa*	青海、甘肃	《中国濒危动物红皮书——鱼类》
	极边扁咽齿鱼	*Platypharodon extremus*	青海、甘肃	《中国濒危动物红皮书——鱼类》
	黄河高原鳅	—	—	《重点流域水生生物多样性保护方案》
	平鳍鳅鮀	*Gobiobotia homalopteroidea*	甘肃	《中国濒危动物红皮书——鱼类》
	似鲇高原鳅	*Triplophysa siluroides*	青海、甘肃	《中国濒危动物红皮书——鱼类》
	黄河雅罗鱼	*Leuciscus chuanchicus*	青海、甘肃	《中国物种红色名录》
	乌苏里拟鲿	*Pseudobagrus ussuriensis*	青海、甘肃	《重点流域水生生物多样性保护方案》
	唇鱼骨	*Hemibarbus laboe*	青海、甘肃	《重点流域水生生物多样性保护方案》
	刺鮈	*Acanthogobio guentheri*	青海、甘肃	《中国物种红色名录》
	黄河鮈	*Gobio huanghensis*	青海、甘肃	《中国物种红色名录》
	兰州鲇	*Silurus lanzhouensis*	甘肃、陕西	《中国物种红色名录》
	厚唇裸重唇鱼	*Gymnodiptychus pachycheilus*	青海、甘肃	《中国物种红色名录》
	长薄鳅	*Leptobotia elongata*	甘肃	《中国物种红色名录》
	中华鮡	*Pareuchiloglanis sinensis*	甘肃	《中国物种红色名录》
	赤眼鳟	*Squaliobarbus curriculus*	甘肃、陕西	《中国物种红色名录》
	大鼻吻鮈	*Rhinogobio nasutus*	甘肃	《中国物种红色名录》
	圆筒吻鮈	*Rhinogobio cylindricus*	甘肃	《中国物种红色名录》
	黄河高原鳅	*Triplophysa pappenheimi*	甘肃	《中国物种红色名录》
	斜口裸鲤	—	青海	《青海省重点保护水生野生动物名录(第一批)》
	花斑裸鲤	*Gymnocypris eckloni*	甘肃	《中国物种红色名录》
	中华鲟	*Acipenser sinensis*	河南、山东	《世界自然保护联盟濒危物种红色名录》,极危 国家一级保护动物
	刀鲚	*Coilia ectenes*	山东	《世界自然保护联盟濒危物种红色名录》,濒危 《国家重点保护野生动物名录》

续表

类别	中文名	拉丁名	分布省区	濒危收录情况
数量下降种类	鲤（黄河鲤鱼野生种群）	*Cyprinus carpio*	河南、山东	—
	多鳞白甲鱼	*Onychostoma macrolepis*	陕西	《重点流域水生生物多样性保护方案》
	棒花鮈	*Gobio rivuloides*	山东	—
	短须颌须鮈	*Gnathopogon imberbis*	山东	—
	黄颡鱼	*Pelteobagrus fulvidraco*	山东	—
	寡鳞飘鱼	*Pseudolaubuca engraulis*	山东	—
	达氏鲟	*Acipenser dabryanus*	山东	—
	中华绒螯蟹	*Eriocheir sinensis*	山东	《重点流域水生生物多样性保护方案》
	鳗鲡	*Anguilla japonica*	陕西、河南、山东	—

2.湿地物种多样性面临干旱、生境退化和污染的影响

黄河流域自源区到河口,分布着湖泊、河流、沼泽、坑塘等天然湿地生态系统和稻田、鱼塘、藕塘等人工湿地生态系统,流域湿地总面积为 391 万公顷。这些分布广泛、类型多样的生态系统具有维持湿地物种多样性、调蓄水源、防洪排涝、净化水质、食物供给等多种生态系统功能,是保障流域生态安全和保持物种多样性的重要生态屏障(孙工棋等,2020)。湿地生态系统的很多物种是重要的资源物种,植物如芦苇、香蒲(*Typha orientalis*)、菰(*Zizania latifolia*)、欧菱(*Trapa natans*)、芡实(*Euryale ferox*)、莲(*Nelumbo nucifera*)、泽泻(*Alisma plantago-aquatica*)、野慈姑(*Sagittaria trifolia*)、荇菜(*Nymphoides peltata*)等;动物如虾蟹类、贝类、鱼类等(李帅等,2015;梁玉等,2009)。同时,流域湿地如鄂陵湖、扎陵湖、乌梁素海、黄河三角洲湿地也是水鸟栖息、繁衍和迁徙停歇的重要场所,对于维持全球鸟类多样性具有重要价值(段菲、李晟,2020;孙工棋等,2020)。然而,由于气候变化、干旱、过度开发、污染等多种因素的影响,随着湿地生态系统的萎缩退化,湿地物种多样性也面临巨大的威胁。

对于黄河上游,威胁湿地物种多样性的因素主要是气候变化和过度放牧导致的湿地萎缩,其后果是物种多样性减少和区域水源涵养能力下降。对于中下游人口密集区而言,威胁湿地物种多样性的因素主要是干旱、污染和过度开发。在黄河中下游区域,干旱导致湿地面积锐减和湿地物种消失,污染则直接威胁湿地物种的生存。过度开发占用大量湿地用于城乡建设,不仅造成湿地物种多样性的减少,更大大损害了区域水源调蓄能力,导致极端降雨事件发生时洪水无处排泄,极易造成重大洪涝灾害,威胁城乡生态安全和人民群众生命财产安全(傅声雷,2020)。因此,湿地生态保护需要在流域、省区、市县等行政管理层次科学设计,系统谋划,精准施策,切实保护湿地生物多样性和生态系统功能(曹越等,2020)。

3.草地物种多样性面临过度放牧和气候变化的干扰

黄河流域有高寒草原、高寒草甸、荒漠草原、典型草原、荒漠化草原、河口草甸等多种类型的草地生态系统,这些分布广泛、类型多样的生态系统孕育了丰富的草地物种多样性。上游高寒草地有重要的牧草如紫花针茅(*Stipa purpurea*)、线叶嵩草(*Kobresia capillifolia*),药用植物如甘草(*Glycyrrhiza uralensis*)、草麻黄(*Ephedra sinica*),珍贵特产如发菜(*Nostoc flagelliforme*)、冬虫夏草(*Cordyceps sinensis*)、蕨麻(*Potentilla anserina*),濒危植物如紫点杓兰(*Cypripedium guttatum*)、肉苁蓉(*Cistanche deserticola*),濒危动物如藏羚、普氏原羚(*Procapra przewalskii*)等(马莉贞,2012)。中游荒漠草原和干旱草原有优良牧草羊草(*Leymus chinensis*)、大针茅(*Stipa grandis*)、针茅(*Stipa capillata*),药用植物蒙古黄耆(*Astragalus mongholicus*)、红景天(*Rhodiola rosea*),濒危植物四合木(*Tetraena mongolica*)、半日花(*Helianthemum songaricum*),濒危动物野马(*Equus ferus*)、蒙古野驴(*Equus hemionus*)等(刘哲荣,2017;王永志,1994)。下游河口草甸有纤维植物芦苇、香蒲,濒危植物野大豆、罗布麻(*Apocynum venetum*),以及大量濒危保护鸟类如黑颈鹤、蓑羽鹤、东方白鹳等(朱书玉,2011)。

受到气候变化、持续过牧、过度采挖捕猎、环境退化等多种因素的影响,黄河流域草地生态系统退化严重。草地逆行演替甚至沙漠化、盐渍化导致优良牧草、资源物种种类和数量急剧减少,有毒有害植物增加。退化草地在持续的人为压力下越来越脆弱,加入外来物种入侵,本地物种和珍稀濒危动植物数量下降,区域生态系统功能和生态安全受到威胁。

4.森林物种多样性面临人为活动的多重影响

黄河流域处于干旱半干旱地区,森林发育受到一定限制。森林生态系统主要分布在秦岭、黄龙山、中条山、太岳山、吕梁山、太行山等地,这些地区也是流域生物多样性最为丰富的地区。黄河中下游是暖温带森林的重要分布区,但是该区域人口密集,城乡和农业景观占据主导地位(马莉贞,2012;吴征镒,

1980；王仁卿、周光裕，2000）。

　　黄河流域森林面积虽少，却是区域生物多样性最为丰富的生态系统类型之一。从黄河源区到下游有针叶林、阔叶林、针阔混交林等，孕育了很多珍稀濒危物种。以植物为例，兰科植物从源区到下游的森林均有分布，但也是对森林退化最为敏感的珍稀濒危植物类群。兰科植物仅在发育良好的天然林和天然次生林中有少量分布，可以作为温带森林健康的指示类群之一。山东省兰科植物种类和濒危情况见表 7。

表 7　山东省兰科植物种类和濒危情况

中文名	拉丁名	中国珍稀濒危植物名录	CITES	IUCN
密花舌唇兰	*Platanthera hologlottis*	II	II	LC
二叶舌唇兰	*Platanthera chlorantha*	II	II	LC
细距舌唇兰	*Platanthera bifolia*	II	—	—
尾瓣舌唇兰	*Platanthera mandarinorum*	—	—	—
蜻蜓舌唇兰	*Platanthera souliei*	II	—	NT
十字兰	*Habenaria sagittifera*	II	II	VU
细葶无柱兰	*Amitostigma gracile*	—	—	—
蜈蚣兰	*Cleisostoma scolopendrifolium*	II	—	—
北火烧兰	*Epipactis xanthophaea*	II	II	LC
朱兰	*Pogonia japonica*	II	II	NT
角盘兰	*Herminium monorchis*	II	II	NT
绶草	*Spiranthes sinensis*	II	II	LC
小斑叶兰	*Goodyera repens*	II	II	LC
天麻	*Gastrodia elata*	II	II	—
紫点杓兰	*Cypripedium guttatum*	I	II	EN
羊耳蒜	*Liparis japonica*	II	—	CR

　　由于黄河流域的森林生态系统主要分布在人类活动强烈的中下游，持续受到采伐、放牧、旅游开发等人为影响，物种多样性面临生境变化、滥采、生物入侵等多种因素的威胁。各级各类森林保护区数目虽多，但是面积较小，管理水平有限，物种多样性较低等问题比较突出。黄河中下游特别是黄土高原的退耕还林工程对于提高森林覆盖率和生产力起到了显著作用（朱青等，2021），但是恢复的森林多为人工林或经济林，对于生物多样性的保育效果还有待

提升。

黄河流域的物种多样性水平虽然与长江流域无法相比,但是黄河流域独特的生态环境和生态系统孕育了很多特有物种和珍稀濒危保护物种,黄河流域的湿地更是为迁徙鸟类提供了不可替代的栖息地。但是,由于生态环境和生态系统的脆弱性,黄河流域的物种多样性面临生境退化、污染、干旱、捕猎采挖等多重因素的影响。物种多样性保护要从生态环境保护、生态系统保护和物种种群的保护等不同层面系统设计,精准施策。

(三)重要经济物种遗传变异丰富,亟待保护

1.重要水产种类和数量减少

黄河流域水系记录到 149 种鱼类,其中很多是重要水产,如著名的黄河鲤鱼从黄河上游至下游均有分布,是黄河流域的主要水产,也是象征黄河文化的重要生态产品。黄河上游鱼类有很多属于黄河特有鱼种和濒危鱼种,对上游环境具有独特的适应性和种质价值,是鱼类多样性和育种的重要种质资源(赵亚辉等,2020)。黄河中下游虽然鱼类特有性不高,但物种多样,四大家鱼产业化程度高、产量大,也形成了一些经济性状优异的地方品种。

由于梯级水电开发、生境改变、水污染、过度捕捞等多重因素的影响,从上游到下游,野生土著鱼类的种类和数量均在减少,特别是很多洄游鱼类的数量在急剧减少(Wang 等,2021;王太等,2020)。在中下游地区,水污染已经导致很多鱼类在部分河流湿地绝迹,如秦岭细鳞鲑、花鳗鲡、中华鲟、白鲟等。黄河三角洲河口湿地丰富的鱼、虾、蟹和贝类不仅是当地居民赖以生存的重要水产,也是湿地鸟类的食物;然而,由于黄河来水不稳定,湿地退化、生境改变、过度捕捞等因素的影响,黄河三角洲的水产数量非常不稳定。

野生鱼类是重要的生物多样性和水产种质资源,对于维持水生态系统平衡和水产育种具有不可替代的价值。黄河流域水产受到威胁的典型例子是北方铜鱼和黄河鲤鱼,二者都是洄游产卵的鱼类,前者是濒危的珍稀物种,后者是数量逐渐减少的经济鱼类。黄河北方铜鱼,俗名鸽子鱼、尖嘴、沙嘴子、黄头鱼,是中国的特有物种,仅分布于黄河水系,是典型的产漂流性卵的洄游鱼类,肉质鲜美。历史上北方铜鱼从青海贵德到山东都有分布,由于过度捕捞和水电梯级开发,北方铜鱼的生境显著改变,部分产卵场和洄游线路受到破坏,导致其天然种群数量急剧下降,被列为国家一级保护动物和 IUCN 极危物种(赵亚辉等,2020;王太等,2020)。黄河鲤鱼适应性强,从上游到河口都有分布,是具有重要经济价值和黄河文化标志的重要水产,也是洄游产卵的鱼类。由于

生境改变、水电开发、污染、过度捕捞等因素,黄河鲤鱼的野生种群数量也在持续减少,甘肃、河南、山东等河段均建立了保护黄河鲤鱼野生种群的水产种质保护区(王太等,2020;张超峰等,2016;钟立强等,2011)。

黄河流域重要水产分布具有显著的空间异质性,不同河段的水产种类、受威胁因素和程度均有显著差异。水产种质保护应因地制宜、因鱼而异,针对不同河段和因素提出精准有效又与流域整体生态保护协调的保护策略。

2. 重要地方畜禽品种面临遗传侵蚀

黄河流域生态环境多样而独特,孕育了一些地方适应性强、经济价值高的地方畜禽品种,有些品种在适应性和优良性状上具有不可替代性,需要在品种保护上给予顶层设计,列入生态保护的目标。影响比较大的地方畜禽品种如甘南牦牛、藏羊,宁夏滩羊,陕北白绒山羊,山东汶上芦花鸡、莱芜黑猪、莱芜黑山羊等(韩海霞等,2018;王冬林,2010;郭淑珍等,2009;胡自治等,1984)。这些地方品种均具有独特的遗传组成、适应性及经济性状和种质价值,是畜牧业和畜禽养殖的独特地方品种和重要的育种资源。

由于无序的品种选育、杂交育种和外来畜禽品种推广渗透,有些地方畜禽品种正面临极高的遗传侵蚀和丧失风险。这主要表现为外来品种替代地方品种,外来品种通过人工或共同养殖时自然杂交渐渗侵蚀地方品种基因库,生态环境和生产方式改变导致地方品种养殖量急剧减少等情况(罗清尧等,2017;陈守云、徐海涛,2010)。虽然有些地方品种如甘南牦牛和宁夏滩羊的不可替代性已经被杂交品种的环境不适应性证实,但产业化品种对地方品种挤压和侵蚀仍然非常普遍(郭丽、石生光,2017)。特别是在经济发达的中下游地区,农业现代化和产业化养殖正导致小众的地方品种逐渐减少,如山东黑猪、黑山羊、黄牛、毛驴等。畜禽品种关系到国计民生和生态安全,对其种类和遗传多样性的保护刻不容缓。

3. 重要果树和观赏树种急需种质保护

黄河流域地处北温带和暖温带,有很多生态和经济价值俱佳的地方果树品种。如宁夏枸杞、陕西苹果、山西太谷壶瓶枣、交城骏枣、稷山板枣、保德油枣、汾阳核桃、永济青柿、山东乐陵小枣、夏津古桑、阳信鸭梨、烟台苹果、莱阳梨等著名地方果树品种家喻户晓,有的形成了地方支柱产业,成为乡村振兴的生态树和摇钱树(刘宝尧,2016;王照红等,2014;张毅,2004)。然而,由于中下游地区的快速发展和城市化,一些地方果树品种和古树正在从乡村消失,导致重要抗逆和经济性状相关基因流失,规模化种植园区因追求良种化和高产量也不能保存这些地方品种和基因。因此,对地方果树品种及其种质多样性的保护应尽快列入生态保护的框架之中。

黄河流域还有一些地方适应性和经济价值极高的观赏树种,有些种类兼有园艺和重大经济价值,如甘肃苦水玫瑰、河南南阳月季、山东平阴玫瑰、洛阳牡丹、菏泽牡丹等,都是重要的花卉品种(彭志云等,2020;张静菊等,2020)。另外,山东的苹果属观赏植物资源也非常丰富,不仅形成了具有本地适应性的品种群,观赏性状也富于变化,成为海棠类育种的重要种质资源库(闫然,2020)。然而,由于育种技术滞后和引种无序,这些地方种质资源面临退化和混淆的风险,应正本清源,给予保护和可持续利用。如平阴玫瑰通过注册地理标志品种和药食同源植物助力品种保护和玫瑰产业化,起到了积极的作用(张静菊等,2020;赵军等,2020)。

4.重要地方作物和蔬菜地方品种急需种质保护

黄河流域是中华文明的发祥地,农业耕作历史悠久,也是我国主要传统作物青稞、谷子、高粱、豆类等的重要栽培区域。地方作物品种多样,中上游如甘肃红秃头小麦、内蒙古糯高粱、山西沁州小米特别适合旱作农业,是发展干旱半干旱地区节水农业、粮食产业的优良种质(王海岗等,2019)。黄河下游河南和山东河漫滩出产的黄河大米因吸收了来自黄土高原泥沙的丰富营养,具有独特的品质和风味。另外,黄河流域还是我国豆类种植的重要地区,有多样的大豆、绿豆、红小豆、豇豆、扁豆、蚕豆等油料、淀粉和蔬菜用豆类,以及多种豆类的野生近缘种如野大豆、两型豆、救荒野豌豆等,是世界上有名的豆类种质资源中心(Primack 等,2014)。黄河三角洲的野大豆种群具有耐盐、抗病等多重优良性状,已被多次用于国内外大豆优良品种的杂交和分子育种(宁凯等,2020)。这些地方作物品种及其野生近缘种是极其宝贵的农业种质资源,在黄河流域生态保护中应给予统筹考虑。

黄河流域多样的气候和生境也孕育了丰富而独特的地方特色蔬菜品种,如兰州百合、山东三辣(章丘大葱、苍山大蒜、莱芜生姜)、山东潍县萝卜等,都是地方特色鲜明而且产业化良好的地方蔬菜品种(苑金婷,2020)。在农业产业化的洪流中,有很多不能脱颖而出的地方品种,如山东鸡腿葱、大白皮蒜、红根韭菜和陕西肉豆角(秋紫豆)等风味独特但产量低的品种正面临被湮没的命运,这对于蔬菜种质多样性和种质资源保护是非常大的损失(李艺潇等,2020;朱应德,2020;田保华,2011;菊增强,1994)。建议大力挖掘具有地方特色的地方蔬菜和野菜品种,从农业、生态、流域高质量发展的多重视角去设计这些种质的保护、维持和利用,为流域产业生态化、生态保护和高质量发展提供基础和弹性。

三、黄河流域生态保护对策和建议

针对黄河流域生态保护取得的成效和存在问题,提出保护对策和建议如下。

(一)加强生态保护

1.加强自然保护地体系建设

黄河流域生态系统丰富多样,但生态环境脆弱而敏感,建设以国家公园为主体的自然保护地体系是维护黄河流域生态安全和实现经济社会可持续发展的重要举措。目前黄河流域自然保护地包括国家公园和各类各级自然保护区,但各类自然保护区尤其是市县级别保护区管理还不规范,部分重要生境还缺乏相应级别的保护地。应结合黄河流域生态保护红线划定方案,在水生生物重要栖息地和关键生境建立自然保护区、水产种质资源保护区或其他保护地,实行严格的保护和管理。统筹协调保护地与人类活动之间的关系,优化保护地空间布局,提高保护地生态功能,在科学论证和依法审批的基础上,优化确定保护地功能区范围,合理规范涉及自然保护地的人类活动。强化水生生物重要栖息地完整性保护,对具有重要生态服务功能的区域进行重点修复,完善自然保护地体系。

2.加强自然保护地监管

自然保护地功能提升是一个长期工程,有关地方人民政府要依法落实各类保护地管理机构和人员,在设施建设和运行经费等方面提供必要保障。加强各类自然保护地的监管和规范化建设,进一步完善机构设置、人员配备和功能定位,同时国家及地方政府有关部门要持续开展专项督查检查行动,及时查处和有效制止水生生物保护地违法开发利用和保护职责不落实等行为,切实提升自然保护地生态功能和社会功能。

3.实施珍稀濒危物种拯救行动

实施对秦岭细鳞鲑、兰州鲇、川陕哲罗鲑、野大豆、黄河鲤鱼、黄河刀鱼等濒危物种的抢救性保护行动。在一些大型水利水电站建立配套的鱼类增殖设施。对秦岭细鳞鲑、兰州鲇等实施就地保护行动,利用人工繁育等技术保证濒危鱼类的补充和增殖,推动濒危鱼类种群的重建和恢复。有条件的地区可以通过建立水生生物保护区等工程,最大限度地保护濒危物种。

深化水生生物保护研究,加快珍稀濒危水生生物人工驯养和繁育技术攻关,开展生态修复技术集成示范,形成一批可复制、可推广的水生生物保护模式和技术。建设黄河干流和支流重要水生生物物种基因库和活体库,强化珍稀濒危物种遗传学研究,提升物种资源保护、保存和恢复能力。

4.全面加强生物多样性保护

针对国家和地方重点保护的野生动植物物种,科学制定相关名录和保护政策,依法对破坏生物资源和生物多样性的违法行为进行查处和惩戒。同时,根据不同物种的受威胁程度,制定保护规划,完善管理制度,落实保护措施,着力开展珍稀濒危物种人工繁育和种群恢复工程,全方位提升黄河流域生物多样性保护能力和水平。

(二)开展生态修复

1.实施生态修复工程

生态修复工程是实现生态恢复的重要抓手,应统筹山水林田湖草整体保护、系统修复、综合治理,在流域尺度进行全局规划和布局。在重要水生生物产卵场、索饵场、越冬场和洄游通道等关键生境实施一批重要生态系统保护和修复工程,构建生态廊道和生物多样性保护网络,优化生态安全屏障体系,消除已有不利影响,恢复原有生态功能,提升生态系统质量和稳定性,确保生态安全。在闸坝阻隔的自然水体之间,通过江湖连通和设置过鱼设施等措施,满足水生生物洄游习性和种质交换需求,在已有大型水电站大坝的区域,在附近支流进行当地物种的生态保护,实现干流开发与支流保护的补偿。

2.优化完善生态需水调度

深入研究黄河干支流水库群蓄水及运行对当地流域水生态的影响,开展基于水生生物需求、兼顾其他重要功能的综合调度,最大限度降低大型水坝等人类活动对水生生物生境和生态系统功能的不利影响。建立健全黄河流域江河湖泊生态用水保障机制,明确并保障干支流基本的生态流量和入海量,确保河道不断流,维护黄河流域生态用水的平衡。

3.科学开展增殖放流

通过科学研究确定适合黄河流域的增殖放流机制,科学确定放流种类,合理安排放流数量,加快恢复黄河流域水生生物种群适宜规模。增加经费投入,开展放流效果跟踪评估研究,为增殖放流效果评估提供技术支撑。开展科普教育,严禁向天然开放水域放流外来物种、人工杂交或有转基因成分的物种,防范外来物种入侵和种质资源污染。

（三）推进黄河生态廊道建设

1.实施增绿扩量，推进生态廊道建设

黄河生态廊道建设是构建黄河流域绿色生态安全屏障和完善生态网络空间的重要基础，是促进生态文明建设的重要载体。黄河流域大部分属于我国的干旱半干旱地区，沙漠、沙地分布较多，还有不少农牧交错带，整体生态环境比较脆弱。通过打造沿黄森林生态网络，把黄河生态廊道建成绿色廊道、生态廊道、安全廊道、人文廊道、幸福廊道。在黄河干支流实施生态廊道建设应遵循以下的基本原则：政府主导、社会参与，尊重自然、生态优先，因地制宜、分类施策，科学规划、统筹兼顾。

在黄河生态廊道建设中，针对流域廊道范围内的宜林地、无立木林地、裸露地、坡耕地等坚持生态保护和修复的综合治理思路，大力实施人工造林、封山育林、飞播造林、退耕还林还草还湿等多种措施推进森林植被覆盖建设。在廊道建设中有机统筹防洪护岸、涵养水源、生物栖息、滩区治理、生态调度等重点生态保障工程体系，挖掘提升生态廊道的多重价值，实现防洪安全、生态保护、经济发展的协调共赢。

2.强化黄河生态廊道范围生态修复，提升森林质量

对黄河生态廊道范围内高陡边坡、采石（砂）场、堆积地、非法港口码头、废弃工矿地以及排污纳污等区域，采取工程、生物等多种治理措施，科学实施生态修复，选择抗逆性好的乡土树种，进行乔、灌、花、草相结合的栽植复绿。通过开展山水林田湖草系统修复、耕地草原森林河流湖泊休养生息，加速推进黄河干流及其一级支流沿线（岸）区域生态修复，加强黄河水体资源和地下资源的保护和利用，加快河道生态整治、沿岸防护林建设等工程，着力修复生态环境。

针对黄河生态廊道范围内生态功能退化或丧失、景观破坏严重的林分，采取抚育间伐、林窗补植补造、择伐更新等措施，按照近自然经营理念，调整和优化树种结构，改善林相景观，精准提升林分质量，促进森林正向演替，提升廊道内森林系统的质量和生态功能。

3.推进黄河生态廊道沿线美丽乡村建设

立足黄河流域乡土特色和地域特点，着力推进乡村振兴战略，充分挖掘生态廊道沿线城镇村庄的绿化潜力，拓展绿化空间，融入黄河流域山水林田湖草沙等自然风貌。把推进黄河生态廊道与沿线美丽乡村建设结合，科学配置具有地方特色的树林、树种，实施城镇村庄绿化、庭院美化、污水生态净化等工

程。通过构建绿色开放空间,满足居民休闲游憩、文化生活需求,大力提升生态宜居水平,提高沿线居民参与生态廊道建设的积极性。

(四)促进生态产品价值实现

1.提高对生态产品价值的认识

生态产品价值实现作为生态文明建设新时代的重要内容,是国家核心竞争力的组成部分,也是新时代推进高质量发展的必然要求。2016年,《关于健全生态保护补偿机制的意见》提出"以生态产品产出能力为基础,加快建立生态保护补偿标准体系"。生态产品的内涵不仅包括自然要素和自然系统的完整性,如山青、水清、天蓝、宜人气候等,以及食物链的完整、生态功能的健全等系统性服务,也包括自然属性的物质和文化产品,如水资源、野生动植物资源。在新的时代背景和发展战略中,生态产品是指生态系统通过生物生产和与人类生产共同作用,为人类福祉提供的最终产品或服务。应该通过广泛宣传提高全社会对生态产品价值的认识,落实"绿水青山就是金山银山"的生态理念。

2.开发生态产品价值

根据人类劳动参与程度,生态产品分为公共性生态产品和经营性生态产品。公共性生态产品包括人居环境产品(清新空气、干净水源、安全土壤)和生态安全产品(物种保育、气候变化调节、生态系统减灾);经营性生态产品包括物质原料产品(农林产品、生物质能、纳米涂料)和精神文化产品(旅游休憩、健康休养、文化产品),是人类劳动参与度最高的生态产品,可以通过生产流通与交换过程在市场交易中实现其价值。黄河流域生态产品丰富,但开发不足,应该进一步开发具有黄河流域特色的生态产品、特色农牧产品、特色旅游线路等,提高生态产品价值,同时支持地方政府进行生态产品价值核算,逐步推进生态产业的标准化、实用化、市场化。

3.完善生态补偿机制

部分生态产品为公共性生态产品,具有跨区域性,开展区域生态补偿是这部分生态产品价值实现的主要途径。要积极探索生态产品价值实现机制,将"2030年碳达峰、2060年碳中和"目标纳入黄河流域生态文明建设全局,认真落实《支持引导黄河全流域建立横向生态补偿机制试点实施方案》,以持续改善黄河流域生态环境质量和推进水资源节约集约利用为核心,立足黄河流域各地生态保护治理的实际,遵循保护责任共担、流域环境共治、生态效益共享的原则,探索建立多元化的全流域生态补偿模式。

按照"谁贡献,谁受偿"的原则,明确受偿对象。生态产品依附于自然资源或由自然资源生产,要结合黄河流域国土空间规划,科学划定生态空间,加快完善以森林、草原、耕地、水域、矿产等为主的自然资源资产产权制度改革,对于森林、草原、耕地、水域等自然资源资产,统筹推进所有权、承包权和经营权三权分置,为生态产品的所有者提供制度上的保障。

按照"谁受益,谁补偿"的原则,明确补偿主体,建立生态产品价值实现机制。对于明确的生态产品使用者,鼓励建立横向生态补偿机制,通过生态产品使用付费,拓展生态建设投入的资金来源渠道。对于不好明确的生态产品使用者,由上级财政或中央财政安排引导资金进行纵向生态补偿,可通过政府购买的形式实现生态产品价值。同时由中央和黄河流域相关省份联合设立黄河流域生态补偿基金,以点带面形成多元化的生态补偿政策体系。

统筹开展流域各地区生态系统生产总值核算,通过生态系统生产总值的变化情况反映生态产品质与量的变化情况,可以很大程度上反映不同区域对生态建设贡献的差异,为确定补偿额度提供相应参考。对于黄河流域而言,还要围绕入黄水量、入黄水质、入黄泥沙量等特色指标的变化情况,合理确定生态补偿的额度。同时,要补偿与赔偿相结合实行更加严格的生态环境赔偿制度,依托黄河流域生态产品价值核算,开展生态损害评估,提高生态环境的违法成本,实现权责对等。

(五)加强区域协同治理

1.推进流域协同共治

统筹考虑黄河流域生态系统的整体性和经济发展的关联性,加快形成中央统筹协调、地方政府协同配合的全流域区域协同治理机制。完善黄河全流域水沙调控体系,统筹推进上游地区的水土涵养、中游地区的水土流失治理和下游的标准化堤防建设,实现治水与治沙协同、干流与支流协同、水中与岸上协同、上中下游协同。建立黄河全流域生态环境监测网络,共建共享生态环境、自然资源、水利等大数据管理和监测平台,打造资源、环境、生态三类调查监测体系。根据黄河流域不同区域间经济的关联性,加强区域合作互动,加快形成优势互补高质量发展的经济布局。

2.推进部门协同治理

围绕生态治理和高质量发展,建立黄河流域跨部门协同治理机制。加快形成发展改革、水利、财政、生态环境、自然资源、农业农村等跨部门协同工作机制,构建共抓生态大保护、共推黄河大治理、共谋经济高质量发展的良好局面。加快建立黄河流域跨界水质联防联控机制,推进环境联合执法监管、污染事件联合应急处置、污染防治协同会商处理、环境信息共享等机制,统筹推进以大气、水、土壤和矿山环境为重点的污染综合治理。

3.加强黄河流域水资源调配

为了从根本上缓解黄河流域水资源短缺的问题,需要深入实施严格的流域水资源管理制度。开展黄河流域水资源承载力的综合评估,建立水资源分区管控体系。统筹各区域用水总量、用水效率,明确各区域用水的刚性需求和约束,优先保证黄河干流、渭河、大通河等流域的生态水流量,建立覆盖全流域的水资源总量控制体系,完善流域水资源分配、水权转让、水量调度、排污入河许可和水生态补偿制度,实行水资源消耗总量和强度双控政策,严格限制水资源短缺地区高耗水项目的建立。从法律法规、空间管控、规划统筹、利益平衡等重点环节建立流域水资源保障体系,打造流域水资源高效循环利用的新型城市高质量发展模式。

4.提升协同执法监管能力

加强立法工作,推动完善相关法律法规。加强执法队伍和装备设施建设,引导退捕渔民参与巡查监督工作,形成与保护管理新形势相适应的监管能力。完善行政执法与刑事司法衔接机制,依法严厉打击严重破坏资源生态的犯罪行为。强化水域污染风险预警和防控,及时调查处理水域污染和环境破坏事故。健全执法检查和执法督察制度,提升黄河流域协同执法监管能力。

5.建立黄河流域产业创新绿色发展激励机制

发挥创新的核心驱动作用,通过创新驱动推进黄河流域传统产业的改造升级和战略性新兴产业的培育壮大。通过创新驱动和生态环境胁迫相结合,不断完善黄河流域产业创新绿色发展的激励机制,合力构建支撑黄河流域高质量发展的现代产业体系。积极落实国家"碳达峰、碳中和"的目标要求,开展碳排放综合评价,并将碳排放评价纳入规划环境影响评价,统筹减碳与减污,制定黄河流域低碳发展方案,倒逼黄河流域绿色低碳发展。

(六)加强政府职能

1.严格落实责任

将黄河流域生态保护和生态修复工作纳入黄河流域地方人民政府绩效考核体系,明确黄河流域地方各级人民政府在生态保护方面的主体责任,明确任务清单、时间节点及资金投入要求,定期考核验收,形成共抓黄河流域生态保护的强大合力。

2.强化督促检查

各个职能部门做好分工,发展改革、水利、财政、生态环境、自然资源、农业农村等有关部门要按照职责分工,建立健全沟通协调机制,适时督查和通报相关工作落实情况。对在黄河干(支)流生态保护工作中做出显著成绩的,按照国家有关规定予以表彰。对工作推进不力、责任落实不到位的,依法依规严肃处理,对生态保护不力的地方人民政府进行追责和问责。

3.完善信息发布机制

定期公开黄河水生生物和水域生态环境状况,吸引公众参与并接受公众监督。积极开展黄河水生生物保护宣传,鼓励各类媒体加大公益广告投放力度。加强黄河文化遗产保护和开发,挖掘黄河流域珍稀特有水生生物及其栖息地历史文化内涵和生态价值,营造全社会关心支持黄河流域生态保护的良好氛围。

四、生态保护案例

(一)黄河三角洲生物多样性保护和湿地修复

黄河三角洲是我国重要的河口海岸带,其作为黄河下游重要的国家公园有着湿地生态发展和科学研究的重要价值。

1.黄河三角洲生物多样性资源

首先是黄河三角洲生境的复杂性。生境复杂性决定了物种的多样性,在黄河三角洲滨海湿地中,位于潮上带的各湿地类型生境最具复杂性和多样化特征,生物物种也最多;潮间带滩涂湿地生境最单一、最不稳定,生物种数最少。按照生物的主要分布范围或活动范围划分,黄河三角洲潮上带各湿地类型、潮间带滩涂湿地和潮下带浅海湿地中动植物种数不同。潮上带各湿地类型中共有动植物1490种,包括维管束植物298种、淡水浮游植物291种、陆生动物901种;潮间带滩涂湿地中有海洋性水生动物193种;潮下带浅海湿地中共有动植物537种,包括浮游植物116种、浮游动物79种、底栖动物222种、鱼类112种、其他动物8种。

其次是黄河三角洲内,生物的生态适应类型复杂。因位于海陆交错带,黄河三角洲滨海湿地的不同位置、气候、地貌、土壤和水文等生境条件差异较大,湿地生物的生态适应类型也复杂多样。

植物的生态适应类型:黄河三角洲滨海湿地的维管束植物有一年生草本植物、多年生草本植物、灌木、乔木4个生活型,草本植物在种类组成上处于绝对优势,木本植物种类贫乏。按照对地表积水条件和土壤水分、含盐量等生态因子的适应特征,分盐生植物、水生植物、湿生植物、陆地中生植物和旱生植物等5个生态类群,这体现了湿地自然环境条件特别是水生态条件的多样性,为属于各种生态适应类群的植物提供了必要的生存条件。在维管束植物的5个生态类群中,以禾本科、菊科、豆科和苋科等为主的陆地中生植物种类最多,共有144种,虽然陆地中生植物种类最多,但是50多种盐生植物、水生植物、湿生植物构成了湿地植被的建群种和优势种。海洋浮游植物按对海水温度、盐度适应的状况,分为低温低盐型、低温高盐型、偏高温低盐型、高温高盐型和广温广盐型5类。

动物的生态适应类型:陆生动物中鸟类区系的季节型构成特点为旅鸟种类最多,占总种数的50%以上,候鸟种数次之,留鸟种数所占比例最小。陆生性水生动物中,淡水鱼类有湖泊定居性鱼类、河道性鱼类、河湖洄游性鱼类和过河洄游性鱼类4种生态类型,其中湖泊定居性鱼类种类多、群体大,鲤科的大部分鱼类属于这种生态类型。

最后是生物区系的地理分布成分有一定规律性。黄河三角洲滨海湿地维管束植物区系中蕨类植物种数较少,地理分布成分构成没有明显的规律性,种子植物有67科194属,按照属的地理分布成分划分,有51属属于热带分布区类型,81属属于温带分布区类型,49属世界分布属,13属属于其他地理分布区类型。区系中种子植物温带分布属最多,反映出湿地植被具有一定的地带性特征,热带分布属、世界分布属较多分别表明海洋性气候对湿地植被特征的影响及湿地植被的隐域性特征。陆生动物中,昆虫区系的地理分布成分以古北界种类为主,其次是古北界和东洋界共有的广布种,东洋界种类较少。鸟类区系中古北界种最多、广布种次之、东洋种最少,但除去旅鸟和冬候鸟外,在黄河三角洲滨海湿地繁殖的留鸟和夏候鸟以广布种和古北界种为主,东洋界成分也占有一定的比重,具有明显的两界过渡特征。两栖动物主要由广布种和古北界种组成,其中广布种3种、古北界种2种、东洋界种1种。爬行动物以广布种为主,其次是古北界种,区系中虽有东洋界成分,但总体上具有较明显的古北界特征。兽类区系的地理分布成分也以古北界为主。水生动物中,淡水鱼类区系的地理成分有中国江河平原种类、出现在古近纪早期的较古老种类和已经适应淡水生态环境的海水种类。底栖动物在数量上占优势的一些广温低盐种基本属于印度洋—太平洋区系的暖水性成分。

2.黄河三角洲面临的主要生态问题

受自然因素和人为因素的影响,黄河三角洲滨海湿地出现了很多问题,包括国家重点保护物种和濒危物种的保护、生物多样性保护和湿地修复的问题。

　　首先是生物多样性存在的问题。由于风暴潮的侵袭,高盐度的海水带来大量的盐分,淹没大面积的土地,造成大面积的土壤盐渍化。在低洼地区,土壤盐分含量高达 1‰ 以上,随着海滩向内陆的推进,盐生植物逐渐增多,形成单一优势的肉质盐生植物群落,在柽柳分布区发育以柽柳为主的灌丛。随着地势的升高,地表盐分含量降低,有机质增加,形成了一定的抗盐草甸植被,植物种类逐渐增多,主要有蒿属、獐牙菜属和欧蕨。适宜的地理位置和生态环境有利于外来生物的入侵和生存。研究发现,害虫入侵有 1/2 是人为引入的结果。入侵的主要地区是港口、铁路和公路两侧,以及周边的建筑工程所用的进口设备。山东省位于黄河下游,生态环境多样,交通发达,外来害虫易于入侵和传播。此外,山东省为暖温带落叶阔叶林地区,植物资源丰富,为外来害虫的生存提供了有利条件。防治相对薄弱也加速了害虫的入侵。目前,我国尚没有专门用于防治外来有害生物的专项资金,一定程度上影响了外来有害生物的预警、防治和控制。林业主管部门隔离试验苗圃的隔离设施和设备不完善,不能满足隔离试验种植的要求。许多外来害虫只有在大面积发生时才会被发现,这使得阻断和扑灭工作更加困难。

　　其次是湿地质量存在的问题。由于黄河三角洲特殊的地理位置,黄河调水往往处于无序状态。在黄河流域出现干旱的情况下,黄河三角洲会出现断流,随着时间的推移,中断时间将延长,停水频率将升高。黄河三角洲的自然保护分为南北两部分,以南方为主体。在黄河水流路径周围,由于黄河水的不断补给,南方湿地面积不断扩大,物种相对丰富。然而,由于黄河泥沙的不断沉积,以及水与泥沙的冲刷效应调节河道,水越来越难以进入原始湿地,一些湿地正面临着干涸的危险。而位于黄河桥口河路末端的保护区北部,由于常年缺水,海岸线不断受到侵蚀。

3.黄河三角洲湿地保护与恢复

　　针对上述问题,黄河三角洲实行了以补水为主的湿地保护与恢复措施。黄河三角洲湿地保护与恢复工程源于 20 世纪 90 年代,在《中国 21 世纪议程》中,黄河三角洲开发被列为优先发展项目,而黄河三角洲湿地生态系统同时也被列入中国湿地保护行动计划优先项目,因而如何处理好湿地开发与保护的关系就显得尤为重要。1995～1997 年,联合国开发计划署(UNDP)援助实施了"支持黄河三角洲可持续发展"项目,该项目成为 UNDP"支持中国 21 世纪议程"的第一个项目。虽然 1992 年黄河三角洲国家级自然保护区的建立对湿地保护发挥了巨大作用,但并不能遏制滨海湿地减少和退化的趋势。由于水文过程是决定湿地类型形成与维持的最重要因素,所以黄河水利委员会、黄河三角洲、国家级自然保护区管理局等有关部门以引黄补水作为主要手段对退化湿地进行了初步恢复。根据国务院授权,基于"维持黄河健康生命"治河新理念,黄河水利委员会自 1999 年开始对黄河水量实行统一调度,始于 2002 年的调水调沙不仅疏通了黄河输水河道,而且也为黄河三角洲湿地生态保护输送了充沛的淡水资源,使黄河入海口地区的湿地得到有效恢复,生态效益凸显。更为重要的是,湿地恢复工程大大增加了三角洲湿地面积,部分恢复了三角洲湿地的生态功能,促进了整个黄河三角洲生态系统的良性循环与稳定。依据 2020 年汛期对黄河三角洲生态补水前中后期湿地恢复区的水体淹没频率、水面面积和地表水分指数的监测和分析,清水沟和刁口河流路湿地水体淹没频率较高,大多介于 0.6～0.8,刁口河、清水沟流路湿地水体淹没频率为 0.6～0.8 的面积分别为 2.6 平方公里和 41.88 平方公里。生态补水前,清水沟、刁口河流路湿地水面面积都较小,随着湿地补水的进行,补水区内原本为非水面的区域逐渐被水淹没,保护区内芦苇长势变好;生态补水结束后一段时间(至 9 月、10 月),水面面积逐步下降,但湿地水面面积仍大于生态补水前。生态补水前,清水沟、刁口河流路湿地地表水分指数均值都呈下降趋势,随着湿地补水的开展,黄河水的补给使得湿地生态系统水分得以补充,地表水分指数均值随之增大;生态补水结束后一段时间(至 9 月、10 月),地表水分指数缓慢下降,黄河三角洲生态补水前中后期 LSWI 均值的变化展现出生态补水对湿地保护区生态恢复的正向作用。

2000 年以来,科技部、国家林业局、山东省政府、东营市政府和黄河三角洲国家级自然保护区管理局等有关部门针对黄河三角洲退化湿地相继启动了一系列恢复工程。2003 年,东营市政府、垦利县政府在保护区实施了野生大豆保护与恢复工程。2003 年,国家林业局全面实施自然保护区湿地生态恢复工程,初期完成恢复面积 5 万亩。2006 年、2008 年分别完成恢复面积 10 万亩、15 万亩。2005 年,中日韩三国实施的黑嘴鸥繁殖地保护与恢复工程启动,对鸟类食物补给区的部分退化湿地进行恢复。2006 年,科技部启动"十一五"科技支撑计划"黄河三角洲生态系统综合整治技术与模式",对主要退化湿地进行了恢复示范。2008 年,黄河水利委员会结合调水调沙,首次对黄河下游实施生态调度,增加河口湿地的淡水补给,扩大湿地恢复面积。此外,近年来,各级部门还通过实施湿地生态环境监测、人工湿地公园建设、油田滚动式开发、污染物总量控制以及提高公众参与等措施加强对现有湿地的保护和恢复。如无棣县围绕"生态无棣"建设主题,坚持发展经济与保护生态环境并重的原则,加大对湿地和河流的治理。东营市为防止滥垦土地破坏湿地做出规定,在保护区、小岛河及莱州湾滩涂等重要湿地内一律禁止开垦或随意变更土地用途。

上述措施对于黄河三角洲的湿地保护以及生物多样性保护都有着极为重要的作用,生物多样性的保护以及湿地所能提供的水源涵养功能均是重要的生态系统服务功能,也是重要的生态产品。如今黄河三角洲国家级自然保护区的生物多样性保护以及湿地修复都取得了一定的成效,其已成为推进落实黄河流域生态保护和高质量发展战略、建设黄河口国家公园的重要区域。

4.黄河口国家公园建设

黄河三角洲是我国三大河口三角洲之一,是黄河入海地带的扇形冲积平原和海陆交错带,呈扇状凸出于渤海湾与莱州湾之间。黄河三角洲拥有中国暖温带保存最完整、最广阔、最年轻的湿地生态系统,分布着中国沿海最大面积的新生湿地自然植被。黄河三角洲区域,以盐地碱蓬、獐毛、白茅、芦苇、柽柳等为建群种的植被具有代表性和典型性。黄河三角洲动植物资源丰富,有维管植物近 500 种,野生动物 1600 多种,其中鸟类 360 多种,多数为重要的保护类群。1992 年国务院批准建立了"山东黄河三角洲国家级自然保护区",2013 年国际湿地组织将保护区正式列入《国际重要湿地名录》。黄河三角洲生物多样性保护与恢复关系到黄河流域重要生态屏障的构建和区域生态安全,黄河流域生态保护和高质量发展也因此被上升为国家战略。习近平总书记在黄河流域生态保护和高质量发展座谈会上的重要讲话明确指出,黄河生态保护要充分考虑上中下游的差异,下游的黄河三角洲是我国暖温带最完整的湿地生态系统,要做好保护工作,促进河流生态系统健康,提高生物多样性。2020 年 1 月 3 日,习近平总书记主持召开中央财经委员会第六次会议,专题研究黄河流域生态保护和高质量发展的国家战略问题,并建议设立黄河口国家公园。建立黄河口国家公园,在黄河下游生态保护中具有重大的生态和历史意义。国家林草局和山东省正在策划落实和推进黄河口国家公园的建设。

(二)山水林田湖草沙综合治理和生态补偿

1.水土流失综合治理生态工程:延河流域退耕还林(草)工程

退耕还林(草)工程自 1999 年起在黄土高原地区实施,旨在通过植被修复控制水土流失,提升植被覆盖度和土壤保持能力。延河流域是黄土高原典型的丘陵沟壑区,沟间地以丘陵为主,梁、峁状丘陵大约占流域沟间地的 80%,水土流失面积接近流域总面积的 80%,是黄河中游水土流失最严重的区域之一。实施退耕还林(草)工程后,植被覆盖明显改善,土壤侵蚀显著下降。朱青等

（2021）对延河流域 2000～2015 年植被恢复与土壤保持服务的系统评估表明，实施退耕还林（草）后，区域均一化植被指数（NDVI）以每十年 0.0245 的速度递增，84% 的区域植被覆盖改善，9.6% 的区域明显改善，其中 70% 以上是上游退耕的 25° 以上陡坡，小部分是下游退耕还草的平缓坡耕地。研究发现，随着植被覆盖增加，土壤侵蚀模数有所下降，土壤保持量呈现增加趋势，土壤保持量增加又促进了植被恢复。但是受地形、降水、植被覆盖、土壤特性的影响，土壤侵蚀呈现明显的季节和空间异质性，中覆盖度以上的植被才能有效抑制水土流失，而干旱的气候又限制植被特别是林地的发育，通过植被修复完全控制水土流失还有技术问题需要解决（朱青等，2021）。

植被修复与水沙平衡的关系也有待进一步研究。对于以干旱气候为主的黄土高原，生态保护修复和山水林田湖草沙综合治理既要减沙，又要增流，还要促进区域脱贫和高质量发展，必须要因地制宜，宜林则林、宜灌则灌、宜草则草、宜农则农、宜牧则牧，生态保护修复、综合治理与特色生态产业相结合，探索多元化途径和模式。

2. 生态补偿：陕西渭河基流生态补偿和调度层次化方案

生态流量是保证河流生态系统功能的最小流量，也称为基本生态流量，即基流。渭河是黄河中游的重要支流，其生态流量保障对于渭河健康和黄河径流补充都具有重要意义。刘铁龙（2020）提出了一套保障渭河干流宝鸡峡至魏家堡河段基流的生态补偿和调度层次化方案，对于黄河干支流的基流保障、防止断流具有一定的借鉴意义。

2015 年，根据国务院发布的《水污染防治行动计划》（"水十条"）中关于维持河湖生态用水需求、重点保障枯水期生态基流的要求，陕西省水利行政主管部门提出了渭河主要控制断面 3 级生态流量指标，即允许个别枯水年份鱼类生存空间缩小（可以保障鱼类在某些河段生存）的最小生态流量（也称基本生态流量）、保证鱼类基本生存空间的低限生态流量和与天然生态状况接近且以最小月天然径流量均值为标准的适宜生态流量。其中，渭河干流宝鸡峡林家村断面 3 级流量指标分别为 5.4 立方米/秒、8.6 立方米/秒、12.8 立方米/秒，魏家堡断面 3 级流量指标分别为 8.4 立方米/秒、11.6 立方米/秒、23.5 立方米/秒。

充分考虑经济效益、社会公正以及生态可持续性三大基本目标，以人与自然和谐发展为原则，刘铁龙（2020）提出了层次化需水理论及需水等级划分的原则和方法，依次保障生活用水、农业用水、工业和第三产业用水以及生态环境用水。结合生态流量保障目标和需水等级划分，提出基于最小生态流量的水生态保障义务、基于低限生态流量的水生态补偿过渡、基于适宜生态流量的水生态补偿责任三个层次的水生态补偿方案。

（1）基于最小生态流量的水生态保障义务

基于层次化需水的理论和原则,河流最小生态流量需要无条件得到保障,这部分生态流量的切实保障是流域各利益相关方的义务,不存在补偿的问题。

（2）基于低限生态流量的水生态补偿过渡

基于低限生态流量下泄造成利益相关方的损失,同时考虑具体补偿对象的社会经济负担等因素,按照低限生态流量与最小生态流量之间的全年水量差额对相关单位进行一定程度的补偿,为单位转型及人员安置留下一定的缓冲空间。

（3）基于适宜生态流量的水生态补偿责任

根据渭河流域生态流量调度方案,到 2030 年,渭河干支流主要断面应达到适宜流量。在考虑基于适宜生态流量的水生态补偿责任时,主要依据是适宜生态流量下泄造成利益相关方的损失(相比于水生态保障义务情景下的效益),同时考虑供水侧和需水侧相关单位的用水总量、用水效率等指标,对补偿标准进行折算,以达到鼓励节约、惩罚浪费、提高效率的目的。

该方案的思路有一定新颖性和可操作性,可先在支流小尺度河段上试点,取得经验后,提出因地制宜的优化推广方案,在合适的时机推广到流域或干流河段。

3.农业种质资源保护:山西谷子核心种质库筛选

谷子是黄河流域干旱半干旱地区广泛种植的粮食作物,也是营养丰富、粮草兼用的旱作农业重要作物品种。山西省南北跨越 6 个纬度,谷子种植资源丰富,品种多样。大同、忻州、吕梁、晋中和长治是山西谷子的主产地,著名的沁州黄小米即产自山西长治。王海岗等(2018)对 5627 份山西谷子的表型多样性和遗传多样性进行了系统分析,结果表明不同地市谷子品种的表型变异和遗传变异丰富。基于表型变异分析,抽取 595 份谷子构建了山西谷子地方品种核心初选种质。对核心初选种质的田间种植实验、表型变异观测和遗传变异的 SSR 分析表明,核心种质较好地代表了山西谷子种质的表型和遗传多样性,并证实了山西谷子具有晋北、晋中、晋南的生态地理分化和春谷、夏谷的共存。

该案例对于评估和保护黄土高原旱作农业重要作物种质多样性具有一定的示范性,可逐步推进对黄河流域重要特色作物和经济物种的种质评估和保护(王海岗等,2019)。

五、主要评估结论

结论 1

黄河流域东西跨度大,环境和生物类型多样,具有较高的生态重要性;上中下游各有不同,需采取不同保护和恢复措施。

黄河流域横跨青藏高原、内蒙古高原、黄土高原和华北平原四个地貌单元、三大地形阶梯,地势起伏剧烈,地貌、土壤类型多样,生境丰富。受海拔、气温、日照、季风等影响,黄河流域形成了极为丰富的流域生境类型和河流沿线各具特色的生物群落。多样的流域生境类型孕育了黄河流域丰富的生物多样性。黄河流域在生物多样性保护和生态功能维持方面具有重要地位。黄河流域的多个地区被划定为全国生物多样性保护优先区域、全国重要生态功能区、山水林田湖草生态保护修复工程实施地等。黄河流域生态系统类型以草地生态系统、农田生态系统和森林生态系统为主,2018 年三者面积占全流域面积的比例分别为 48.35%、25.08%和 13.46%,其中草地在中上游地区广泛分布,农田主要分布在上游的宁夏平原、河套平原以及中游的汾渭平原和下游地区,森林主要分布在中上游的山区。黄河流域物种多样性丰富,上、中、下游地区物种多样性有一定的差异,黄河上游以三江源区域为典型,中游以湿地生物多样性较为丰富,下游则是以黄河三角洲为代表的生物多样性区域。黄河流域遗传多样性受到内在因素和外部因素的影响和约束,遗传多样性极为丰富,其中比较典型的如野大豆、黄河鲤的遗传多样性等。

结论 2

黄河流域自然保护地体系框架基本形成,生态保护成效显著,生态治理和修复取得重大进展。

黄河流域自然保护地体系较为完善,包括 3 处国家公园(分别为三江源国家公园、大熊猫国家公园和祁连山国家公园),32 处国家级自然保护区,88 处省级自然保护区,16 处市级保护区及 23 处县级保护区,共计 162 处。黄河流域自然保护地保护类型涵盖了内陆湿地、野生动物、野生植物、森林生态、古生物遗迹、地质遗迹、草甸草原、荒漠生态、海洋生态等 9 大类,其中内陆湿地是黄河流域最典型的自然保护地。近年来,由于自然与人为原因,黄河流域生态破坏严重。为了对黄河流域进行生态修复,政府大力开展水土保持和土地综合整治、天然林保护、三北等防护林体系建设、草原保护修复、沙化土地治理、河湖与湿地保护修复、矿山生态修复等工程,典型的生态修复工程有三江源区黄河水塔生态修复工程、黄土高原水土流失综合治理、秦岭生态保护和修复、贺兰山生态保护和修复、黄河下游生态保护和修复、黄河重点生态区矿山生态修复、山东沿黄九市黄河下游绿色生态走廊暨生态保护重点项目等。

结论 3

黄河流域生态系统脆弱,植被退化和水土流失严重;水沙关系制约着黄河生态系统的完整性和稳定性,必须贯彻以水而定、量水而行的方针。

黄河流域气候干旱、地形复杂、农业和经济活动强烈,高寒草地和高寒草甸、若尔盖湿地、黄土高原、河口三角洲湿地等重要生态系统脆弱敏感,生物多样性面临气候变化、生物入侵和生境变化的共同影响,流域生态保护面临多重挑战。黄河流域的关键问题在水,根子在流域。黄河源区是黄河径流的重要集水区,气候变化、植被覆盖和人为影响共同影响源区径流。1951 年以来的气候暖湿化趋势有利于降水增加、冰川消融、植被发育和径流增加,但持续的草地退化和蒸散发却限制了降水向黄河径流的转化,源区径流不增反降。退耕还林还草工程的实施显著改善了黄土高原植被,抑制了水土流失,显著减少了入河泥沙量,但是植被恢复也达到了区域水承载能力上限并增加了蒸散发量,减少了入河径流量,水沙关系不协调问题仍然突出。黄河下游人口稠密、经济发达,工农业和生活用水持续增加,水资源匮乏和水质性缺水并存,污染、极端干旱和洪涝威胁区域生态和经济安全。生态保护要根据不同河段生态系统特点、受威胁因素和高质量发展目标精准施策,以水定城、以水定地、以水定人、以水定产,积极开展生态补偿,科学修复退化的生态系统,保障干支流生态基流和生态系统服务持续稳定,筑牢黄河水塔,协调水沙关系,保护生物多样性,提升生态环境质量,促进流域产业生态化和生态产业化,为区域生态安全和绿色发展提供保障。

结论 4

黄河流域特有物种和资源物种多样,种质资源与区域绿色发展密切相关,乡土生物多样性面临环境变化和生物入侵的双重威胁,亟待系统保护。

黄河流域上、中、下游多样而独特的生态环境孕育了丰富而独特的生物多样性。上游水产和动植物虽然各类物种数目较少,但是特有性和濒危性均较高,具有重要的保护价值。中下游各类物种数目相对较多,特有性比上游低,经济物种和农业品种相对较多,产业化程度相对较高,但种质保护面临巨大挑战。黄河三角洲河口湿地是国际重要湿地,丰富的潮间带底栖生物为迁徙鸟类提供了丰富的食物,但是面临黄河径流减少、湿地退化、过度开发等因素的威胁,亟待通过国家公园建设提升保护力度,扭转生境退化的趋势。黄河流域各省区均具有地方适应性的特色作物、畜禽、花卉、果树品种,对这些种质资源进行编目和保护迫在眉睫。气候变化、生物入侵、人为影响是威胁黄河流域生物多样性的重要因素,要分清主次,积极应对,以自然保护地体系建设为契机,切实保护和科学利用生物多样性,为乡村振兴和高质量发展提供支撑。

结论 5

完善以国家公园为主体的保护地体系,在关键生境建立自然保护地,实行严格的生态保护和管理,提升保护地生态功能。

黄河流域生态系统丰富多样,但是由于黄河流域水资源的短缺,生态系统脆弱敏感,建设以国家公园为主体的自然保护地体系是维护黄河流域生态安全和实现经济社会可持续发展的重要举措。目前黄河流域的自然保护地建设已经取得初步成效,但各类自然保护区尤其是市县级别保护区管理还不规范,部分重要生境还缺乏相应级别的保护地,应结合黄河流域生态保护红线划定方案,在关键生境建立针对性的自然保护地,实行严格的生态保护和管理。统筹协调人类活动与自然保护地之间的关系,在科学论证和依法审批的基础上,确定保护地功能区范围,优化调整自然保护地空间布局,对具有重要生态服务功能的干流和支流进行重点生态修复,提升保护地生态功能。立足于加强保护地建设、提升保护地功能、强化污染源防控、实施珍稀濒危物种拯救行动等方面,全面加强黄河流域生态系统和生物多样性保护。

结论 6

在流域尺度进行全局规划,在关键生境实施一批重要生态系统保护和生态修复工程,构建生态廊道和生物多样性保护网络,优化生态安全屏障体系。

实施生态修复工程是实现生态恢复的重要抓手,应统筹山水林田湖草整体保护、系统修复、综合治理。在重要水生生物产卵场、索饵场、越冬场和洄游通道等关键生境实施一批重要生态系统保护和生态修复工程,通过构建生态廊道和生物多样性保护网络,可以优化生态安全屏障体系。黄河流域的生态修复首先应该保证在现有生态状况不继续恶化的情况下,在整个流域尺度统筹生态因素和影响因子进行全局规划,构建全流域、各要素之间的利益协调联动机制,不仅要保证经济发展,更要维护生态安全。在重点修复工程、优化完善生态调度、推进水产行业健康养殖、科学开展增值放流、推进生态廊道建设等几个层面开展工作。同时,加强生态修复后的监测评估和生态修复相关法规的宣传,是保证生态修复工程取得预期效应并且营造良好的法治环境,使生态保护理念深入人心的关键。

结论 7

积极探索生态产品价值实现机制,开发黄河特色生态产品,建立区域生态补偿,促进黄河流域生态产品价值实现。

生态产品价值实现作为生态文明建设新时代的重要内容,也是新时代推进高质量发展的必然要求。应该通过广泛宣传提高全社会对生态产品价值的认识,落实"绿水青山就是金山银山"的生态理念。黄河流域生态产品丰富,但生态产品开发严重不足,要积极探索生态产品价值实现机制,因地制宜地进一步开发黄河流域不同区块的生态产品、特色农牧产品、旅游线路等,提高生态产品利用效率与使用价值。对具有跨区域性意义的生态产品,应进行多区域、多部门的政府合作,开展区域生态补偿,保证这部分生态产品价值实现。将"碳达峰、碳中和"目标纳入黄河流域生态建设全局,认真落实《支持引导黄河全流域建立横向生态补偿机制试点实施方案》,以持续改善黄河流域生态环境质量和推进水资源节约集约利用为核心,立足黄河流域各地生态保护治理的实际,遵循"保护责任共担、流域环境共治、生态效益共享"的原则,探索建立多元化的全流域生态补偿模式,实现全流域区域协同治理和可持续发展,进一步提升黄河流域生态保护治理水平,最终实现产业生态化和生态产业化。

结论 8

建立黄河流域跨部门协同治理机制,统筹推进流域协同共治,落实各地主体责任,促进全流域的可持续发展。

建立黄河流域跨部门协同治理机制,统筹考虑黄河流域生态系统的整体性和经济发展的关联性,加快形成发展改革、水利、财政、生态环境、自然资源、农业农村等跨部门协同工作机制。为了从根本上缓解黄河流域水资源短缺的问题,需要深入实施严格的流域水资源管理制度。统筹各区域用水总量、用水效率,明确各区域用水的刚性需求和约束,优先保证黄河干流、渭河、大通河等流域的生态水流量,建立完善的黄河流域水资源分配、水权转让、水量调度、排污入河许可和水生态补偿制度。从法律法规、空间管控、规划统筹、利益平衡等重点环节建立流域水资源保障体系,通过创新驱动推进黄河流域传统产业的改造升级和战略性新兴产业的培育壮大,打造流域水资源高效循环利用的新型城市高质量发展模式。此外,针对黄河流域生态保护,还应加强政府监管职能,严格落实黄河流域地方各级人民政府在生态保护方面的主体责任,建立健全沟通协调机制,完善信息发布机制,接受公众监督,营造全社会关心支持黄河流域生态保护的良好氛围,促进全流域的可持续发展。

附表 黄河流域主要自然保护地名录

序号	保护地名称	省区	所在行政区域	总面积(公顷)	主要保护对象	保护类型	类别/级别	始建时间	主管部门
1	三江源国家公园	青	玉树州,果洛州等	4210000	珍稀动物、湿地、森林、草甸、冰川等	内陆湿地	I/1	20160301	林业
2	大熊猫国家公园	甘	迭部县	2713400	大熊猫为主的野生动物资源	野生动物	I/1	20181029	林业
		陕	佛坪县						
		陕	太白县						
		陕	洋县						
		陕	周至县						
3	祁连山国家公园	甘	酒泉、张掖等		湿地、冰川、珍稀动植物及森林	森林生态	I/1	20170901	林业
		青	海北、海西等		湿地、冰川、珍稀动植物及森林				
4	若尔盖国家湿地公园	川	若尔盖县	166571	高寒沼泽湿地及黑颈鹤等野生动物	内陆湿地	II/1	19940818	林业
5	太统一崆峒山国家级自然保护区	甘	平凉市	16283	山地落叶阔叶次生林、文化遗址	森林生态	II/1	20011101	林业
6	兴隆山国家级自然保护区	甘	榆中县	33301	森林生态系统	森林生态	II/1	19850509	林业
7	连城国家级自然保护区	甘	永登县	47930	森林生态系统及祁连柏、青杆等物种	森林生态	II/1	20010413	林业

续表

序号	保护地名称	省区	所在行政区域	总面积（公顷）	主要保护对象	保护类型	类别/级别	始建时间	主管部门
8	尕海—则岔国家级自然保护区	甘	碌曲县	247431	候鸟等野生动物、石林	野生动物	II/1	19951001	林业
9	阳城莽河国家级自然保护区	晋	阳城县	5600	猕猴及温带暖带森林植被	野生动物	II/1	19831201	林业
10	庞泉沟国家级自然保护区	晋	交城县、方山县	10466	褐马鸡及森林生态系统	野生动物	II/1	19801201	林业
11	五鹿山国家级自然保护区	晋	蒲县、隰县	20617	褐马鸡及其生境	野生动物	II/1	19930101	林业
12	芦芽山国家级自然保护区	晋	宁武、岢岚、五寨	21453	褐马鸡及华北落叶松、云杉次生林	野生动物	II/1	19801201	林业
13	历山国家级自然保护区	晋	垣曲县、沁水县等	24800	森林植被及金钱豹、金雕等野生动物	森林生态	II/1	19831201	林业
14	滨州贝壳堤岛与湿地国家级自然保护区	鲁	滨州市	80480	贝壳堤岛、湿地、珍稀鸟类、海洋生物	海洋海岸	II/1	19981001	海洋
15	黄河三角洲国家级自然保护区	鲁	东营市	153000	河口湿地生态系统及珍禽	海洋海岸	II/1	19901227	林业
16	鄂尔多斯遗鸥国家级自然保护区	蒙	鄂尔多斯市	14770	遗鸥及其生境	野生动物	II/1	19910101	林业
17	鄂托克旗恐龙遗迹化石国家级自然保护区	蒙	鄂托克旗	46410	恐龙足迹化石	古生物遗迹	II/1	20000701	国土

续表

序号	保护地名称	省区	所在行政区域	总面积（公顷）	主要保护对象	保护类型	类别/级别	始建时间	主管部门
18	内蒙古贺兰山国家自然保护区	蒙	阿拉善左旗	67710	水源涵养林、野生动植物	森林生态	II/1	19921027	林业
19	乌拉特梭梭林—蒙古野驴国家级自然保护区	蒙	乌拉特后旗	68000	梭梭林、蒙古野驴及荒漠生态系统	荒漠生态	II/1	19851001	林业
20	大青山国家级自然保护区	蒙	呼和浩特市	226544	森林生态系统	森林生态	II/1	20030101	林业
21	西鄂尔多斯国家级自然保护区	蒙	鄂托克旗	555849	古老残遗种濒危植物及其生境	野生植物	II/1	19861201	环保
22	沙坡头国家级自然保护区	宁	中卫市	13722	自然沙生植被及人工植被、野生动物	荒漠生态	II/1	19840901	环保
23	六盘山国家级自然保护区	宁	西吉县	26667	水源涵养林及野生动物	森林生态	II/1	19820509	林业
24	罗山国家级自然保护区	宁	同心县	33710	水源涵养林	森林生态	II/1	19820701	林业
25	白芨滩国家级自然保护区	宁	灵武市	74843	天然柠条母树林及沙生植被	荒漠生态	II/1	19850104	林业
26	哈巴湖国家级自然保护区	宁	盐池县	84000	荒漠生态系统、湿地生态系统	荒漠生态	II/1	20030301	林业
27	贺兰山国家级自然保护区	宁	银川市	206266	森林生态系统、野生动植物资源	森林生态	II/1	19820701	林业
28	孟达国家级自然保护区	青	循化撒拉族自治县	17290	森林生态系统及珍惜生物物种	森林生态	II/1	19800401	林业

续表

序号	保护地名称	省区	所在行政区域	总面积(公顷)	主要保护对象	保护类型	类别/级别	始建时间	主管部门
29	雷寺庄天然森林保护区	陕	韩城市	60439	褐马鸡及其生境	野生动物	II/1	20010101	林业
30	黄龙山褐马鸡国家级自然保护区	陕	黄龙县、宜川县	60439	褐马鸡及其生境	野生动物	II/1	19981101	林业
31	秦岭细鳞鲑国家级自然保护区	陕	陇县	6559	细鳞鲑及其生境	野生动物	II/1	20040101	水利
32	子午岭国家级自然保护区	陕	富县	40621	森林生态系统	森林生态	II/1	20011101	林业
33	太白山国家级自然保护区	陕	太白县、眉县、周至县	56325	森林生态系统、自然历史遗迹	森林生态	II/1	19650909	林业
34	周至金丝猴国家级自然保护区	陕	周至县	56393	金丝猴等野生动物及其生境	野生动物	II/1	19880509	林业
35	豫北黄河故道国家级自然保护区	豫	新乡市	24780	天鹅、鹤类等珍禽及湿地生态系统	内陆湿地	II/1	19961129	环保
36	太行山猕猴国家级自然保护区	豫	济源、焦作、新乡	56600	猕猴及森林生态系统	野生动物	II/1	19980818	林业
37	黄河湿地国家级自然保护区	豫	洛阳市吉利区	68000	湿地生态系统、珍稀鸟类	内陆湿地	II/1	19950801	林业
38	铁布省级自然保护区	川	若尔盖县	20000	梅花鹿等珍稀动物	野生动物	II/2	19650101	林业
39	曼则唐省级自然保护区	川	阿坝县	165874	湿地及珍稀野生植物	内陆湿地	II/2	20010608	林业

续表

序号	保护地名称	省区	所在行政区域	总面积（公顷）	主要保护对象	保护类型	类别/级别	始建时间	主管部门
40	仁寿山省级自然保护区	甘	陇西县	520	森林生态系统	森林生态	II/2	19970101	环保
41	铁木山省级自然保护区	甘	会宁县	749	森林及天然灌木、灰雁	森林生态	II/2	19930901	林业
42	贵清山省级自然保护区	甘	漳县	1400	野生动植物资源	野生动物	II/2	19920101	林业
43	刘家峡恐龙足迹群省级自然保护区	甘	永靖县	1500	恐龙足迹化石	古生物遗迹	II/2	20011101	国土
44	黄河石林省级自然保护区	甘	景泰县	3040	地质遗迹	地质遗迹	II/2	20010301	其他
45	崛吴山省级自然保护区	甘	白银市辖区	3715	天然次生林	森林生态	II/2	20020114	林业
46	哈思山省级自然保护区	甘	白银市辖区	8400	森林及云杉、油松	森林生态	II/2	20020114	林业
47	寿鹿山省级自然保护区	甘	景泰县	10875	森林生态系统及林麝等物种	森林生态	II/2	19800701	林业
48	黄河三峡湿地省级自然保护区	甘	永靖县	19500	湿地生态系统及水生动植物	内陆湿地	II/2	19950101	林业
49	文县大鲵省级自然保护区	甘	迭部县	20308	大鲵及其生境	野生动物	II/2	20030101	农业
50	秦岭细鳞鲑省级自然保护区	甘	漳县	25330	细鳞鲑及其生境	野生动物	II/2	20040601	农业
51	玛曲青藏高原土著鱼类省级自然保护区	甘	玛曲县	27416	土著鱼类及其生境	野生动物	II/2	20050101	农业
52	黄河首曲省级自然保护区	甘	玛曲县	37500	珍稀鸟类及生境	野生动物	II/2	19920101	林业
53	岷县双燕省级自然保护区	甘	岷县	64000	森林、自然景观	森林生态	II/2	20000301	林业

续表

序号	保护地名称	省区	所在行政区域	总面积（公顷）	主要保护对象	保护类型	类别/级别	始建时间	主管部门
54	太子山省级自然保护区	甘	康乐县	84700	水源涵养林及野生动植物	森林生态	II/2	20030901	林业
55	洮河省级自然保护区	甘	卓尼县	470017	森林生态系统	森林生态	II/2	20040101	林业
56	灵空山省级自然保护区	晋	沁源县	1334	森林及野生动植物	森林生态	II/2	19930101	林业
57	天龙山省级自然保护区	晋	阳曲县	2867	森林生态系统及金雕、褐马鸡	森林生态	II/2	19930101	林业
58	崤山省级自然保护区	晋	阳城县	10009	森林生态系统	森林生态	II/2	20020701	林业
59	管头山省级自然保护区	晋	吉县	10140	天然白皮松木	森林生态	II/2	20050101	林业
60	紫金山省级自然保护区	晋	朔州市朔城区	11420	天然次生林	森林生态	II/2	20020601	林业
61	贺家山省级自然保护区	晋	保德县	13416	森林生态系统及褐马鸡	森林生态	II/2	20050101	林业
62	八缚岭省级自然保护区	晋	晋中市榆次区	15267	森林生态系统及金钱豹	森林生态	II/2	20020601	林业
63	人祖山省级自然保护区	晋	吉县	15940	森林生态系统及褐马鸡、原麝	森林生态	II/2	20020620	林业
64	四县垴省级自然保护区	晋	祁县	16000	森林生态系统及金钱豹、黄羊	森林生态	II/2	20020601	林业
65	团员山省级自然保护区	晋	石楼县	16477	森林及褐马鸡，金钱豹等野生动植物	森林生态	II/2	20020301	林业
66	韩信岭省级自然保护区	晋	灵石县	16638	森林生态系统及珍稀动植物	森林生态	II/2	20020601	林业

续表

序号	保护地名称	省区	所在行政区域	总面积(公顷)	主要保护对象	保护类型	类别/级别	始建时间	主管部门
67	蔚汾河省级自然保护区	晋	兴县	16890	森林生态系统及褐马鸡、原麝	森林生态	II/2	20020601	林业
68	绵山省级自然保护区	晋	介休市	17827	天然油松林及金钱豹等珍稀动植物	森林生态	II/2	19930101	林业
69	超山省级自然保护区	晋	平遥县	18560	森林生态系统	森林生态	II/2	20020601	林业
70	薛公岭省级自然保护区	晋	离石区	19977	森林生态系统及褐马鸡	森林生态	II/2	20020301	林业
71	红泥寺省级自然保护区	晋	安泽县	20700	落叶阔叶林和针阔混交林	森林生态	II/2	20050101	林业
72	陵川南方红豆杉省级自然保护区	晋	陵川县	21440	南方红豆杉及其生境	野生植物	II/2	20001201	林业
73	云顶山省级自然保护区	晋	娄烦县	23029	森林生态系统及金钱豹	森林生态	II/2	20020601	林业
74	涑水河源头省级自然保护区	晋	绛县	23144	森林生态系统	森林生态	II/2	20020301	林业
75	太宽河省级自然保护区	晋	夏县	23947	森林生态系统及金钱豹、金雕	森林生态	II/2	20020301	林业
76	凌井沟省级自然保护区	晋	娄烦县	24920	森林生态系统及金钱豹、金雕	森林生态	II/2	20010601	林业
77	黑茶山省级自然保护区	晋	兴县	25741	森林生态系统及褐马鸡	森林生态	II/2	20020301	林业

续表

序号	保护地名称	省区	所在行政区域	总面积(公顷)	主要保护对象	保护类型	类别/级别	始建时间	主管部门
78	汾河上游省级自然保护区	晋	娄烦县	27000	森林生态系统及褐马鸡、金钱豹	森林生态	II/2	20020601	林业
79	铁桥山省级自然保护区	晋	和顺县	38974	油松次生林及金钱豹	森林生态	II/2	20020601	林业
80	孟信脑省级自然保护区	晋	左权县	39300	森林生态系统及金钱豹	森林生态	II/2	20020301	林业
81	桑干河省级自然保护区	晋	朔州市朔城区	60787	迁徙水禽及其生境	野生动物	II/2	20020301	林业
82	运城湿地省级自然保护区	晋	运城市	86861	天鹅等珍禽及其越冬栖息地	野生动物	II/2	20020301	林业
83	长清寒武纪地质遗迹省级自然保护区	鲁	济南市长清区	262	寒武纪底层结构	地质遗迹	II/2	20010401	国土
84	鲁山省级自然保护区	鲁	淄博市	4000	森林生态系统	森林生态	II/2	19860826	林业
85	徂徕山省级自然保护区	鲁	泰安市	10915	森林生态系统	森林生态	II/2	19991101	林业
86	泰山省级自然保护区	鲁	泰安市	11892	森林生态系统	森林生态	II/2	20060202	林业
87	南海子湿地省级自然保护区	蒙	包头市东河区	1585	湿地生态系统及鸟类	内陆湿地	II/2	20011201	其他
88	准格尔地质遗迹省级自然保护区	蒙	准格尔旗	1739	恐龙化石	古生物遗迹	II/2	19990101	国土
89	乌拉特恐龙化石省级自然保护区	蒙	乌拉特后旗	3249	恐龙化石	古生物遗迹	II/2	20000101	国土
90	库布其省级自然保护区	蒙	杭锦旗	15000	柠条及其生境	野生植物	II/2	20000928	林业

续表

序号	保护地名称	省区	所在行政区域	总面积(公顷)	主要保护对象	保护类型	类别/级别	始建时间	主管部门
91	梅力更省级自然保护区	蒙	包头市九原区	22667	天然侧柏林	森林生态	II/2	20001201	林业
92	乌梁素海鸟类省级自然保护区	蒙	乌拉特前旗	29333	水禽及其生境	野生动物	II/2	19930301	林业
93	白音杭尔省级自然保护区	蒙	杭锦旗	36000	四合木、半日花等珍稀植物及其生境	野生植物	II/2	20000901	林业
94	巴音杭盖省级自然保护区	蒙	达尔罕茂明安联合旗	49650	荒漠草原生态系统	荒漠生态	II/2	20011201	林业
95	毛盖图省级自然保护区	蒙	鄂托克前旗	83246	荒漠植被及野生动植物	荒漠生态	II/2	20030101	林业
96	杭锦淖尔省级自然保护区	蒙	杭锦旗	85750	黄河滩涂湿地及大鸨、天鹅等珍禽	内陆湿地	II/2	20030101	林业
97	阿左旗恐龙化石省级自然保护区	蒙	阿拉善左旗	90570	恐龙化石	古生物遗迹	II/2	19990601	国土
98	乌拉特后旗省级自然保护区	蒙	乌拉特后旗	116902	侧柏林及天然次生林	森林生态	II/2	20030101	林业
99	鄂托克旗甘草省级自然保护区	蒙	鄂托克旗	144800	甘草及荒漠生态系统	野生植物	II/2	20030101	林业
100	腾格里沙漠省级自然保护区	蒙	阿拉善左旗	1006450	沙漠生态系统	荒漠生态	II/2	20030101	林业
101	东阿拉善省级自然保护区	蒙	阿拉善左旗	1071548	荒漠生态系统	荒漠生态	II/2	20030101	林业
102	云雾山省级自然保护区	宁	固原市	4000	干草原生态系统	草原草甸	II/2	19820401	农业

续表

序号	保护地名称	省区	所在行政区域	总面积（公顷）	主要保护对象	保护类型	类别/级别	始建时间	主管部门
103	党家岔省级自然保护区	宁	西吉县	4100	湿地生态系统及野生动植物	内陆湿地	II/2	20021201	其他
104	石峡沟泥盆系剖面省级自然保护区	宁	中宁县	4500	泥盆系、第三系地质剖面及古生物群	地质遗迹	II/2	19900228	国土
105	沙湖省级自然保护区	宁	平罗县	5580	湿地生态系统及珍禽	内陆湿地	II/2	19970127	其他
106	西吉火石寨省级自然保护区	宁	固原市	9795	地质遗迹及野生动植物	地质遗迹	II/2	20021201	其他
107	青铜峡库区省级自然保护区	宁	青铜峡市	19500	湿地生态系统	内陆湿地	II/2	20020701	环保
108	南华山省级自然保护区	宁	海原县	20100	水源涵养林及野生动物	森林生态	II/2	20041213	林业
109	大通北川河源区省级自然保护区	青	西宁市	198300	森林生态系统	森林生态	II/2	20051001	林业
110	黄龙铺—石门地质剖面省级自然保护区	陕	洛南县、蓝田县	100	远古界岩相地质剖面	地质遗迹	II/2	19870101	国土
111	太白湑水河省级自然保护区	陕	太白县	5343	大鲵、细鳞鲑、哲罗鲑等水生动物	野生动物	II/2	19900501	农业
112	洛南大鲵省级自然保护区	陕	洛南县	5715	大鲵及其生境	野生动物	II/2	19990401	其他
113	泾渭湿地省级自然保护区	陕	西安市灞桥区	6353	湿地及水禽	内陆湿地	II/2	20011101	林业
114	千湖湿地省级自然保护区	陕	千阳县	7156	湿地生态系统及珍稀水禽	内陆湿地	II/2	20060101	林业

续表

序号	保护地名称	省区	所在行政区域	总面积(公顷)	主要保护对象	保护类型	类别/级别	始建时间	主管部门
115	黑河湿地省级自然保护区	陕	周至县	13126	湿地生态系统	内陆湿地	II/2	20060101	林业
116	柴松省级自然保护区	陕	富县	17640	金钱豹、金雕、黑鹳等野生动物	野生动物	II/2	20040101	林业
117	石门山省级自然保护区	陕	旬邑县	30049	森林生态系统	森林生态	II/2	20000702	环保
118	黄龙山省级自然保护区	陕	黄龙县	35563	金钱豹、金雕等珍稀野生动物	野生动物	II/2	20040101	林业
119	合阳黄河湿地省级自然保护区	陕	合阳县	57348	湿地生态系统、珍禽	内陆湿地	II/2	19960201	林业
120	青要山省级自然保护区	豫	新安县	4000	大鲵及其生境	野生动物	II/2	19881101	林业
121	开封柳园口省级自然保护区	豫	开封市	16148	湿地及冬候鸟	内陆湿地	II/2	19940609	林业
122	熊耳山省级自然保护区	豫	嵩县	34000	森林生态系统	森林生态	II/2	20041201	林业
123	郑州黄河湿地省级自然保护区	豫	郑州市	38007	湿地生态系统及珍稀鸟类	内陆湿地	II/2	20041201	林业
124	日干桥市级自然保护区	川	红原县	107536	高山草地	草原草甸	II/3	20000101	林业
125	严波也则山省级自然保护区	川	阿坝县	442519	珍稀野生动植物	野生动物	II/3	20010108	林业
126	腊山市级自然保护区	鲁	东平县	2867	森林生态系统	森林生态	II/3	20000501	林业
127	柳埠市级自然保护区	鲁	济南市历城区	3420	防护林	森林生态	II/3	20010101	林业

续表

序号	保护地名称	省区	所在行政区域	总面积（公顷）	主要保护对象	保护类型	类别/级别	始建时间	主管部门
128	鱼山市级自然保护区	鲁	东阿县	5333	森林生态系统、历史遗迹	森林生态	II/3	20040901	其他
129	景阳冈市级自然保护区	鲁	阳谷县	5333	森林及野生动植物	森林生态	II/3	19941001	其他
130	原山市级自然保护区	鲁	淄博市博山区	13914	石灰岩山地森林生态系统	森林生态	II/3	19860629	林业
131	阿贵庙市级自然保护区	蒙	准格尔旗	107	荒漠植被及其生境	野生植物	II/3	19870101	林业
132	摇林沟市级自然保护区	蒙	清水河县	5170	黄羊、梅花鹿及其生境	野生动物	II/3	19971001	林业
133	红召县级自然保护区	蒙	卓资县	10500	森林生态系统	森林生态	II/3	20040217	环保
134	辉腾锡勒市级自然保护区	蒙	察哈尔右翼中旗	16750	草原、冰川遗迹	草原草甸	II/3	19980801	环保
135	府谷杜松市级自然保护区	陕	府谷县	6368	杜松林	森林生态	II/3	19820101	林业
136	爷台山市级自然保护区	陕	淳化县	10000	金钱豹、锦鸡、水曲柳等野生动植物	野生动物	II/3	20030101	林业
137	翠屏山市级自然保护区	陕	永寿县	19200	森林生态系统	森林生态	II/3	20030101	林业
138	榆横臭柏市级自然保护区	陕	榆林市榆阳区	25966	臭柏群落	森林生态	II/3	20000101	林业
139	温泉市级自然保护区	豫	济源市	163	岩溶温泉	地质遗迹	II/3	19990301	国土
140	包座县级自然保护区	川	若尔盖县	143848	湿地及野生动植物	内陆湿地	II/4	20030101	林业
141	喀哈尔乔湿地县级自然保护区	川	若尔盖县	222000	高原湿地生态系统	内陆湿地	II/4	20030101	林业
142	引黄济青渠首鸟类县级自然保护区	鲁	博兴县	300	鸟类及其生境	野生动物	II/4	19921201	林业

续表

序号	保护地名称	省区	所在行政区域	总面积（公顷）	主要保护对象	保护类型	类别/级别	始建时间	主管部门
143	宋江湖湿地县级自然保护区	鲁	郓城县	350	湿地生态系统及鸟类	内陆湿地	II/4	20051201	其他
144	马庄流域县级自然保护区	鲁	邹平县	1247	森林植被、水源	森林生态	II/4	19911001	林业
145	东平湖县级自然保护区	鲁	东平县	16000	湿地生态系统	内陆湿地	II/4	20060201	林业
146	中水塘温泉县级自然保护区	蒙	凉城县	53	地热温泉	地质遗迹	II/4	19990101	国土
147	大漠沙湖县级自然保护区	蒙	杭锦旗	300	白天鹅等珍禽及其生境	野生动物	II/4	20000101	林业
148	黑虎山—鹰嘴山县级自然保护区	蒙	清水河县	3000	野生动物及其生境	野生动物	II/4	20000701	环保
149	东西天摩岭县级自然保护区	蒙	和林格尔县	3000	野生药用植物及其生境	野生植物	II/4	20010101	环保
150	石人湾县级自然保护区	蒙	呼和浩特市赛罕区	3000	天鹅、黑鹳等珍禽及其栖息地	野生动物	II/4	20000101	环保
151	红花敖包县级自然保护区	蒙	固阳县	6000	荒漠草原生态系统	草原草甸	II/4	20050301	环保
152	白二爷沙坝县级自然保护区	蒙	和林格尔县	8000	荒漠生态系统及野生动植物	荒漠生态	II/4	19960301	林业
153	春坤山县级自然保护区	蒙	固阳县	9500	山地草甸草原	草原草甸	II/4	19990101	环保
154	岱海县级自然保护区	蒙	凉城县	13121	湖泊湿地生态系统	内陆湿地	II/4	19990701	环保
155	马头山县级自然保护区	蒙	凉城县	18000	野生动物及其生境	野生动物	II/4	19980101	林业

续表

序号	保护地名称	省区	所在行政区域	总面积(公顷)	主要保护对象	保护类型	类别/级别	始建时间	主管部门
156	上高台县级自然保护区	蒙	卓资县	19000	森林及野生动植物	森林生态	II/4	19980101	林业
157	蛮汉山县级自然保护区	蒙	凉城县	30000	森林及野生动植物	森林生态	II/4	19980101	林业
158	大荔沙苑县级自然保护区	陕	大荔县	5000	荒漠生态系统	荒漠生态	II/4	19991202	环保
159	神木臭柏县级自然保护区	陕	神木市	7902	臭柏林	森林生态	II/4	19760101	林业
160	红碱淖县级自然保护区	陕	神木市	21700	湿地及珍禽	内陆湿地	II/4	19960101	林业
161	嵩县大鲵县级自然保护区	豫	嵩县	600	大鲵及其生境	野生动物	II/4	19881101	农业
162	栾川大鲵县级自然保护区	豫	栾川县	800	大鲵及其生境	野生动物	II/4	19960101	农业

注:I.国家公园:以保护具有国家代表性的自然生态系统为主要目的,实现自然资源科学保护和合理利用的特定陆域或海域。

II.自然保护区:保护典型的自然生态系统,珍稀濒危野生动植物种的天然集中分布区,有特殊意义的自然遗迹的区域。

III.自然公园:保护重要的自然生态系统,自然遗迹和自然景观,具有生态,观赏,文化科学价值,可持续利用的区域。

参考文献

[1]Primack R B，马克平，蒋志刚.保护生物学[M].北京:科学出版社,2014.

[2]王仁卿,周广裕.山东植被[M].济南:山东科技出版社,2000.

[3]吴征镒.中国植被[M].北京:科学出版社,1980.

[4]张汉珍.黄河三角洲地区常见海洋生物图集[M].北京:海洋出版社,2018.

[5]安乐生,周葆华,赵全升,等.黄河三角洲植被空间分布特征及其环境解释[J].生态学报,2017,37(20):6809-6817.

[6]曹文洪,张晓明.新时期黄河流域水土保持与生态保护的战略思考[J].中国水土保持,2020(9):44-47.

[7]曹越,侯姝彧,曾子轩,等.基于"三类分区框架"的黄河流域生物多样性保护策略[J].生物多样性,2020,28(12):1447-1458.

[8]陈守云,徐海涛.中国地方畜禽资源的保护及其利用[J].青海畜牧兽医杂志,2010,40(3):36-37.

[9]段菲,李晟.黄河流域鸟类多样性现状,分布格局及保护空缺[J].生物多样性,2020,28(12):1459-1468.

[10]范月君,侯向阳.三江源区黄河水塔功能影响机制及驱动分析的研究及展望[J].青海畜牧兽医杂志,2017,1(4):51-54.

[11]傅声雷.黄河流域生物多样性保护应考虑复杂的空间异质性[J].生物多样性,2020,28(12):1445-1446.

[12]高玉玲,连煜,朱铁群.关于黄河鱼类资源保护的思考[J].人民黄河,2004,26(10):17-19.

[13]郜国明,田世民,曹永涛,等.黄河流域生态保护问题与对策探讨[J].人民黄河,2020,42(9):112-116.

[14]郭丽,石生光.甘南牧区"幼畜肉生产系统"建设模式初探[J].畜牧兽医杂志,2017,36(5):52-53.

[15]郭淑珍,牛小莹,赵君,等.甘南牦牛与其他良种牛屠宰性能及牛肉食用品质对比分析[J].畜牧兽医杂志,2009,28(4):9-11.

[16]韩海霞,刘展生,曹顶国.山东省家禽品种资源保存现状及对策分析[J].家禽科学,2018(6):3-5.

[17]胡自治,张尚德,卢泰安,等.滩羊生态与选育方法的研究 Ⅱ.滩羊的

草原生态特征[J].甘肃农业大学学报,1984(2):19-29.

[18]贾永锋,赵萌,尚长健,等.黄河流域地下水环境现状、问题与建议[J].环境保护,2021,49(13):20-23.

[19]姜德文.水土保持的核心要义是山水林田湖草沙系统治理[J].中国水利,2020,904(22):39-41.

[20]菊增强.肉豆角——秋紫豆[J].农家科技,1994(8):13-13.

[21]李世雄,王玉琴,王彦龙,等.黄河源区不同退化阶段高寒草甸植被特征[J].青海畜牧兽医杂志,2020,50(2):27-34.

[22]李帅,张婕,上官铁梁,等.黄河中游湿地植物分类学多样性研究[J].植物科学学报,2015,33(6):775-783.

[23]李婷,罗颖,吕一河.黄土高原不同尺度生态系统保护与修复模式及其生态效应[J].环境生态学,2019,1(1):80-83+90.

[24]李艺潇,吴迪,马培芳,等.186份韭菜种质农艺性状遗传多样性分析[J].山东农业科学,2020,52(9):23-28.

[25]李政海,王海梅,刘书润,等.黄河三角洲生物多样性分析[J].生态环境,2006,15(3):577-582.

[26]梁玉,刘月良,房用,等.黄河三角洲湿地两岸植被特征分析[J].东北林业大学学报,2009,37(10):16-17,25.

[27]刘铁龙.渭河基流保障生态补偿及调度方案层次化分析[J].人民黄河,2020,42(3):40-43.

[28]罗清尧,庞之洪,浦亚斌.中国主要畜禽种质资源数据集[J].中国科学数据,2018,3(2):1-11.

[29]马莉贞.青海省珍稀濒危保护植物的就地保护研究[J].安徽农业科学,2012,40(11):6760-6763+6811.

[30]马柱国,符淙斌,周天军,等.黄河流域气候与水文变化的现状及思考[J].中国科学院院刊,2020(1):52-60.

[31]宁凯,徐化凌,毕云霞,等.黄河三角洲野生大豆种质资源的保护与利用[J].农业科技通讯,2020,579(3):176-178+181.

[32]牛乐,寇晓梅,张乃畅,等.黄河上游刘家峡以上河段水电开发对土著鱼类资源影响及保护措施体系分析[J].水电站设计,2020,36(3):75-78.

[33]彭志云,宋海慧,魏正平.甘肃苦水玫瑰产业现状与发展思路[J].甘肃科技,2020,36(2):7-12.

[34]沈红保,李瑞娇,吕彬彬,等.渭河陕西段鱼类群落结构组成及变化

研究[J].水生生物学报，2019，43(6)：1311-1320.

[35]孙工棋，张明祥，雷光春.黄河流域湿地水鸟多样性保护对策[J].生物多样性，2020，28(12)：1469-1482.

[36]孙建，刘国华.青藏高原高寒草地：格局与过程[J].植物生态学报，2021，45(5)：429-433.

[37]孙远，胡维刚，姚树冉，等.黄河流域被子植物和陆栖脊椎动物丰富度格局及其影响因子[J].生物多样性，2020，28(12)：1523-1532.

[38]唐文家，何德奎.青海省外来鱼类调查（2001～2014年）[J].湖泊科学，2015，27(3)：502-510.

[39]唐文家，申志新，简生龙.青海省黄河珍稀濒危鱼类及保护对策[J].水生态学杂志，2006，26(1)：57-60.

[40]王冬林.浅谈甘南牦牛资源现状及开发对策[J].甘肃畜牧兽医，2010，40(4)：45-48.

[41]王海岗，温琪汾，穆志新，等.山西谷子核心资源群体结构及主要农艺性状关联分析[J].中国农业科学，2019，52(22)：4088-4099.

[42]王太、陈彦龙、陈圣灿.甘肃省水产种质资源现状与保护[J].中国水产，2020，539(10)：50-53.

[43]王雪宏，栗云召，孟焕，等.黄河三角洲新生湿地植物群落分布格局[J].地理科学，2015，35(8)：1021-1025.

[44]王雁林，马园园，陈新建，等.秦岭陕西段山水林田湖草一体化生态保护修复探讨[J].国土资源情报，2021(6)：3-7.

[45]王永志.内蒙古的部分珍稀濒危动物[J].当代畜禽养殖业，1994(11)：32-32.

[46]王照红，陈传杰，郭光，等.夏津古桑群保护现状及开发利用[J].北方蚕业，2014，35(4)：50-51.

[47]姚文艺，高亚军，张晓华.黄河径流与输沙关系演变及其相关科学问题[J].中国水土保持科学，2020，18(4)：5-15.

[48]殷万东，吴明可，田宝良，等.生物入侵对黄河流域生态系统的影响及对策[J].生物多样性，2020，28(12)：1533-1545.

[49]于元赫，吕建树，王亚梦.黄河下游典型区域土壤重金属来源解析及空间分布[J].环境科学，2018，39(6)：2865-2874.

[50]张超峰，韩曦涛.郑州黄河鲤种质资源现状及保护对策[J].河南水产，2016(1)：4-6.

[51]张帆，李元淳，王新，等.青藏高原高寒草甸退化对草地群落生物量及其分配的影响[J].草业科学，2021，38(8):1451-1458.

[52]张静菊，解洪涛，郭永来.蓬勃发展的平阴玫瑰产业[J].生命世界，2020，370(8):36-38.

[53]张路，肖燚，郑华，等.2010年中国生态系统服务空间数据集[J].中国科学数据(中英文网络版)，2018，3(4):11-23.

[54]张鹏岩，秦明周，闫江虹，等.黄河下游滩区开封段土壤重金属空间分异规律[J].地理研究，2013，32(3):421-421.

[55]张骞，杨晓渊，郭婧，等.青藏高寒区退化草地生态恢复:退化现状、恢复措施、效应与展望[J].生态学报，2019，39(20):7441-7451.

[56]张宗娇，张强，顾西辉，等.水文变异条件下的黄河干流生态径流特征及生态效应[J].自然资源学报，2016(12):2021-2033.

[57]赵军，葛丽君，俄国庆.花开泉涌"玫"好平阴[J].走向世界，2020，711(21):62-65.

[58]赵亚辉，邢迎春，周传江，等.黄河流域淡水鱼类多样性和保护[J].生物多样性，2020，28(12):1496-1510.

[59]郑利民，傅建国，王军涛，等.黄河下游引黄节水型生态灌区的构建[J].自然科学，2019，7(3):145-152.

[60]郑子彦，吕美霞，马柱国.黄河源区气候水文和植被覆盖变化及面临问题的对策建议[J].中国科学院院刊，2020，35(1):61-72.

[61]钟立强，张成锋，周凯，等.四个鲤鱼种群ITS-1序列的遗传变异分析[J].湖泊科学，2011，23(2):271-276.

[62]朱青，周自翔，刘婷，等.黄土高原植被恢复与生态系统土壤保持服务价值增益研究——以延河流域为例[J].生态学报，2021,41(7):2557-2570.

[63]朱书玉，王伟华，王玉珍，等.黄河三角洲自然保护区湿地恢复与生物多样性保护[J].北京林业大学学报，2011,33(S2):1-5.

[64]朱应德.莱芜地方品种大白皮蒜的无公害高产高效栽培技术[J].农业科技通讯，2020，584(8):320-322.

[65]商书芹，王帅帅，殷旭旺.济南市黄河流域鱼类群落结构及多样性研究[C]//2020(第八届)中国水生态大会论文集.2020:1-16.

[66]王海岗，温琪汾，穆志新，等.山西谷子地方品种的核心种质构建[C]//2018中国作物学会学术年会论文摘要集.2018:175.

[67]陈怡平，傅伯杰.关于黄河流域生态文明建设的思考[N].中国科学

报，2019-12-20(6).

[68]李帅.黄河中游湿地植物多样性研究[D].太原：山西大学，2016.

[69]刘宝尧.青海地方核桃种质资源遗传多样性研究[D].西宁：青海大学，2016.

[70]刘哲荣.内蒙古珍稀濒危植物资源及其优先保护研究[D].呼和浩特：内蒙古农业大学，2017.

[71]田保华.葱属种质资源遗传多样性研究[D].太原：山西大学，2011.

[72]闫然.山东省海棠种质资源收集，保存和良种选育[D].泰安：山东农业大学，2020.

[73]苑金婷.济南市农产品区域品牌建设研究[D].泰安：山东农业大学，2020.

[74]张毅.山东果树种质资源及其多样性研究[D].泰安：山东农业大学，2004.

[75]Fang L，Wang L，Chen W，et al. Identifying the impacts of natural and human factors on ecosystem service in the Yangtze and Yellow River Basins[J]. Journal of Cleaner Production，2021，314：127995.

[76]Wang J，Chen L，Tang W，et al. Effects of dam construction and fish invasion on the species，functional and phylogenetic diversity of fish assemblages in the Yellow River Basin[J]. Journal of Environmental Management，2021，293(11)：112863.

[77]Wu H，Guo B，Xue H，et al. What are the dominant influencing factors on the soil erosion evolution process in the Yellow River Basin？[J]. Earth Science Informatics，2021：1-17.

[78]Zhang Y，Lu X，Liu B，et al. Spatial relationships between ecosystem services and socioecological drivers across a large-scale region：A case study in the Yellow River Basin[J]. Science of The Total Environment，2021，766：142480.

第二部分 | 黄河流域生态文明指数[*]

　　生态文明建设是关系中华民族永续发展的根本大计,黄河流域生态保护和高质量发展已上升为重大国家战略。生态兴则文明兴,生态衰则文明衰,客观评价黄河流域生态文明发展水平,深入剖析黄河流域生态文明发展的驱动与制约因素,有利于明确黄河流域生态文明发展水平在全国的定位,为进一步提高黄河流域生态文明发展水平,推动黄河流域生态保护和高质量发展提供参考。

　　本研究以中国生态文明指数双基准评估方法为核心,以发展状态指标为主体,兼顾经济、社会和环境领域的协调发展,构建了包含绿色环境、绿色生产、绿色生活、绿色创新4个领域、8个指数、16个指标的评估体系,计算了黄河流域62个地级及以上城市、全国324个地级及以上城市2015年与2019年的生态文明指数,分析了黄河流域生态文明发展的总体状况、年际变化、模式路径,精确反映了黄河流域生态文明发展水平,实现了评估结果的可比较、可重复、可应用。

　　首先,黄河流域生态文明发展仍任重道远。2019年,黄河流域生态文明指数得分为68.31分,较全国平均水平低2.63分,落后于长江经济带、长三角、珠三角的同期水平,约相当于长江经济带2015年的水平。黄河流域城市在全国排名整体比较靠后,仅5个城市的生态文明指数得分位居全国前100名,过半的城市得分位列全国最后100名。生态环境本底差、高质量发展不充分、流域发展不平衡是黄河流域面临的突出困难和问题,严重制约黄河流域生态文明发展。

---

　　* 承担单位:山东大学黄河国家战略研究院;课题负责人:张林波;课题组成员:张文涛、刘开迪、吴舒尧、宋洋、梁田、黄玉花、王超、蔡灵敏、张琳、郝超志、王昊、史栋升、相文静。

其次,黄河流域生态文明发展进入快车道。与 2015 年相比,2019 年黄河流域生态文明指数得分提升了 5.62 分,增幅略高于全国平均水平,也高于长三角、珠三角地区的同期增幅。黄河流域城市生态文明发展水平普遍提升,中、高速增长城市共有 57 个,累计占比达 91.80％,37 个城市的生态文明发展水平进步了 1 个等级。黄河流域污染防治攻坚贡献巨大,环境质量提升是黄河流域生态文明指数得分提高的主要原因;黄河流域脱贫攻坚成效显著,脱贫攻坚战取得全面胜利,脱贫速度超过全国平均水平,农民可支配收入快速增加。

最后,黄河流域生态文明发展模式有待进步。黄河流域和谐共生城市数量较少,占比为 17.74％,落后全国总体水平超过 13 个百分点。黄河流域生态文明发展模式进步城市数量偏少。2015～2019 年,黄河流域仅 13 个城市的生态文明发展模式实现了进步,占比为 20.97％,落后于全国总体水平 7.43％,也落后于长江经济带、京津冀、长三角、珠三角地区城市的进步速度。

提升黄河流域生态文明发展水平,一是持续推进生态环境质量改善,加强黄河流域生态环境治理的顶层设计,完善黄河流域环境治理体系。二是深入打好污染防治攻坚战,坚持大气、水、土壤的污染防治方向不变和力度不减,统筹推进农业面源污染、工业污染、城乡生活污染防治。三是全力巩固脱贫攻坚成果,探索生态产品价值实现,巩固扶贫成效,接续推进全面脱贫与乡村振兴有效衔接。四是促进生态文明区域协调发展,构建流域上中下游生态环境保护联动机制,实现黄河流域生态保护的跨区域协同,支持黄河流域主要城市群、城市圈的发展,建立健全城乡融合发展体制机制。五是着力促进全流域高质量发展,借力科技创新驱动产业绿色转型升级,加强黄河流域文化产业发展。

一、评估年限和评估对象

本研究以 2015 年为基准年,以 2019 年为评估年。

黄河流域包括黄河干支流流经的山东省、河南省、山西省、陕西省、内蒙古自治区、宁夏回族自治区、甘肃省、四川省和青海省 9 省(自治区)的 69 个地级城市(自治州、盟)与省直管县,其中,7 个城市有超过 3 项以上指标数据缺失,不纳入评估,评估城市共 62 个(见表 1)。

黄河生态文明指数评估以全国(不含港、澳、台地区)324 个评估城市的生态文明指数结果为参照,以长江经济带、京津冀地区、长三角、珠三角[①]等国家重大区域发展战略地区为比较对象(见表 2)。

---

① 因香港、澳门特别行政区未纳入本次评估,故报告中以"珠三角"代替"粤港澳大湾区"。

表 1　黄河流域评估城市

	地级城市(自治州、盟)
山东省	东营市、滨州市、德州市、淄博市、济南市、泰安市、聊城市、济宁市、菏泽市
河南省	濮阳市、安阳市、鹤壁市、新乡市、开封市、郑州市、焦作市、洛阳市、三门峡市、济源市*
山西省	晋城市、运城市、临汾市、长治市、晋中市、吕梁市、太原市、阳泉市、朔州市、忻州市、大同市
陕西省	榆林市、延安市、铜川市、渭南市、咸阳市、宝鸡市、西安市、商洛市
内蒙古自治区	乌兰察布市、包头市、呼和浩特市、巴彦淖尔市、鄂尔多斯市、乌海市、阿拉善盟*
宁夏回族自治区	石嘴山市、银川市、吴忠市、中卫市、固原市
甘肃省	武威市、兰州市、陇南市、白银市、庆阳市、平凉市、天水市、定西市、临夏回族自治州、甘南藏族自治州
四川省	阿坝藏族羌族自治州
青海省	西宁市、海东市、海北藏族自治州*、海南藏族自治州*、黄南藏族自治州*、果洛藏族自治州*、海西蒙古族藏族自治州*、玉树藏族自治州

注:标 * 城市存在 3 个以上指标数据缺失,不纳入本次评估。

表 2　国家重大区域发展战略

	黄河流域	长江经济带	京津冀	长三角	珠三角
发展战略	黄河流域生态保护和高质量发展	依托黄金水道推动长江经济带发展	京津冀协同发展	长三角区域一体化发展	珠三角一体化发展
确立时间	2019 年	2016 年	2018 年	2018 年	2009 年
涉及地区	青海、四川*、甘肃*、宁夏、内蒙古*、陕西*、山西、河南*、山东*	上海、江苏、浙江、安徽、江西、湖北、湖南、重庆、四川、云南、贵州	北京、天津、河北	上海、江苏、浙江、安徽	广东*
城市数量	69	130	13	41	9
国土面积(万平方公里)	356.84	202.77	21.88	35.81	5.5
GDP(亿元)	132149.66	455650.04	83901.42	237252.56	86899.05
人口总量(万人)	21890.36	57037.32	10995.95	22714.04	6446.89

注:标 * 省份为非全部城市属于相关战略区域。

二、指标体系与评估方法

(一)评估指标体系

根据生态文明建设导向,贯彻高质量发展要求,体现"五位一体"的总体战略布局,遵循可获取、可重复、可比较的评估原则,以生态环境质量改善为研究核心,以发展状态指标为主体,构建包含绿色环境、绿色生产、绿色生活、绿色创新4个领域的8个指数层,共计16个指标的三级评估指标体系(见表3)。

表3 黄河流域生态文明指数指标体系

领域层	指数层	指标层	单位
绿色环境	生态状况指数	生境质量指数	—
	环境质量指数	环境空气质量	—
		地表水环境质量	—
绿色生产	产业优化指数	人均 GDP	元
		第三产业增加值占 GDP 比重	%
	资源效率指数	单位建设用地 GDP	万元/平方公里
		单位用水量 GDP	万元/吨
		单位农作物播种面积化肥施用量	吨/公顷
绿色生活	城乡协调指数	城镇化率	%
		城镇居民人均可支配收入	元
		城乡居民收入比	—
	城镇人居指数	人均公园绿地面积	平方米/人
		建成区绿化覆盖率	%
绿色创新	科技能力指数	R&D 经费投入强度	%
		每万人 R&D 人数	人
	教育投入指数	教育经费支出强度	%

该评估指标体系是在 2017 年中国生态文明指数指标体系基础上进一步完善得到,具体调整如下:

第一,绿色设施领域更新为绿色创新领域。原有绿色设施领域共有城市生活污水处理率、城市生活垃圾无害化处理率和自然保护区面积占比 3 个指标。根据统计,全国有 92% 以上城市的城市生活污水处理率和城市生活垃圾无害化处理率超过 90%,各城市的自然保护区面积也相对稳定,城市间差距与自身年际变化均不明显。创新驱动发展背景下,为表征黄河流域高质量发展的科技发展状况,从科技和教育两个角度分别选取 R&D 经费投入强度、每万人 R&D 人数、教育经费支出强度等指标进行评估。

第二,绿色生产领域的产业效率指数更新为资源效率指数。原有产业效率指数包括主要水污染物和主要大气污染物排放强度指标,相关统计数据在 2017 年之后各地级城市(自治州、盟)未再公布。结合黄河流域生态本底差、水土流失严重、最大矛盾是水资源短缺等发展特点,选取单位用水量 GDP 指标评估其资源效率状况。

各指标含义如下:

· 生境质量指数:参照《生态环境状况评价技术规范》(HJ192-2015)中生境质量指数的计算方法修改,林地、草地、水域湿地、耕地权重系数分别更改为 0.32、0.21、0.26、0.21,计算生境质量指数后乘以该地区自然保护区面积占比的 10% 作为调节因子,即为该地区最终的生境质量指数。

· 环境空气质量:用年均空气质量指数(Air Quality Index,AQI)表征。

· 地表水环境质量:用城市水质指数(City Water Quality Index,CWQI)表征,具体方法参照《城市地表水环境质量排名技术规定(试行)》。

· 人均 GDP:地区生产总值(Gross Domestic Product,GDP)与地区常住人口的比值。

· 第三产业增加值占 GDP 比重:第三产业增加值占 GDP 的比重。

· 单位建设用地 GDP:每平方公里建设用地所生产的 GDP。

· 单位用水量 GDP:每吨水资源使用量所生产的 GDP。

· 单位农作物播种面积化肥施用量:每公顷农作物播种面积的化肥施用量(折纯量)。

· 城镇化率:城镇常住人口占常住总人口的比例。

· 城镇居民人均可支配收入:城镇居民可用于最终消费支出和储蓄的总和。

· 城乡居民收入比:城镇居民人均可支配收入与农村居民人均可支配收入之比。

· 人均公园绿地面积:市辖区城镇公园绿地面积的人均占有量。

· 建成区绿化覆盖率:市辖区城市建成区的绿化覆盖面积占建成区的百分比。

· R&D 经费投入强度：全社会 R&D 内部经费支出占 GDP 的比重。

· 每万人 R&D 人数：每万人地区常住人口 R&D 人数。

· 教育经费支出强度：一般公共预算支出中教育支出总额占 GDP 的比重。

（二）指数评估方法

以地级及以上城市为单元，采用综合加权指数法评估城市生态文明指数（Eco-Civilization，ECC），以各地级城市（自治州、盟）生态文明指数平均值计算各省份、区域和国家生态文明指数。公式如下：

$$ECC = \sum_{i=1}^{n} A_i \cdot W_i$$

其中，A_i——第 i 个指标分值，W_i——第 i 个指标权重，n——评估指标数量。

生态文明指数越高，代表生态文明发展水平越高。对生态文明指数得分划分评价等级，A、B、C 等级分别表示城市生态文明发展能达到世界先进水平、国家良好水平、国家达标水平（见表 4）。

表 4　中国 ECC 得分等级划分

等级	得分	内涵
A（优秀）	$[80, 100]$	生态文明发展整体上达到世界先进水平，各领域均位于我国或世界先进水平，无明显短板或制约因素
B（良好）	$[70, 80)$	生态文明发展整体上达到我国良好水平，各领域发展较为均衡协调，大部分指标达到我国先进水平，少数方面仍存不足或短板
C（一般）	$[60, 70)$	生态文明发展整体上达到我国达标水平，各领域基本能够达到国家相关要求，各领域发展较为均衡，但部分指标仍有较大差距
D（较差）	$[0, 60)$	生态文明发展整体上未能达到我国达标水平，各领域存在突出短板或多个制约因素

（三）数据收集整理

1.数据收集与处理

黄河生态文明指数基础数据类型主要包括年鉴统计数据、环境监测数据和文献资料数据。年鉴统计数据来源于国家、省级、地级统计年鉴、统计公报以及专题公报等；环境监测数据来源于中国环境监测总站；文献资料来源于各类相关报纸、期刊文章。

评估指标体系中,生境质量指数、环境空气质量、地表水环境质量以及部分建设用地面积数据取自中国环境监测总站,GDP、第三产业增加值、农作物播种面积、化肥施用量、城镇化率、城镇居民人均可支配收入、城乡居民收入、R&D经费内部支出、R&D人数、教育经费以及部分建设用地面积、用水量数据取自省级、地级统计年鉴、公报,部分用水量数据取自水资源公报,公园绿地面积、建成区绿化覆盖率数据取自中国城市统计年鉴。

在数据收集基础上,按照统一规范过滤无效数据、转换原始数据格式、清洗数据噪音、校验数据准确性。其中,缺失指标用所在省份各城市该指标的最低值替代。

2020年,国家统计局正式实施地区生产总值统一核算改革,统一核算2019年地区生产总值。本报告参照国家统计局的核算改革,按照各城市最新统计数据,更新了所有评估城市2015年和2019年的GDP及相关指标数据并作检验核实。

2.数据标准化

采用双基准渐进法对指标进行标准化处理。对每项指标设定 A 和 C 两个基准值,A 值为该项指标优秀值,对应标准化分值为 80 分;C 值为达标或合格值,对应标准化分值为 60 分。每个指标根据距离两个基准值的远近赋分(见图 1)。

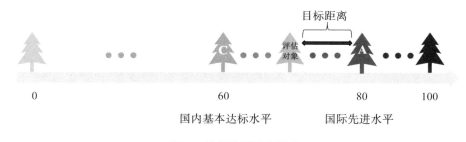

图 1 双基准渐进法原理

以世界先进水平为优秀(A)值标准,以我国基本达标为及格(C)值标准。基准值的确定优先依据国家或部门行业标准、国家相关规划或其他要求、国内外城市的类比值。对于没有明确参考依据的部分指标,采用以百分位数法确定的值为基准值(见表5)。

表5　生态文明指标基准选取原则

序号	指标	基准值		选取依据
		A 值	C 值	
1	生境质量指数	70	45	百分位数法确定 A 值与 C 值
2	环境空气质量	50	100	综合考虑我国及欧盟、美国、世界卫生组织的空气质量标准,依据我国《环境空气质量标准》(GB3095-2012),空气质量为"优"时为 A 值,"良好"时为 C 值
3	地表水环境质量	3	10	综合考虑我国水质状况,利用百分位数法确定 A 值与 C 值
4	人均 GDP	80000	20000	根据世界银行 2015 年划定的高收入国家人均 GDP 划定 A 值,根据《全面建设小康社会的基本标准》中关于我国小康水平人均 GDP 标准划定 C 值
5	第三产业占比	65	40	根据 2015 年主要高收入国家的均值划定 A 值,根据 2015 年高收入国家的最低值划定 C 值
6	单位用水量 GDP	30	60	根据百分位数法确定 A 值,根据全国平均用水效率划定 C 值
7	单位建设用地 GDP	42000	28000	百分位数法确定 A 值与 C 值
8	单位农作物播种面积化肥施用量	0.225	0.55	根据国际上公认的安全上限 0.225 吨/公顷化肥施用量为 A 值,根据百分位数法确定 C 值
9	城镇化率	60	40	根据 2015 年主要高收入国家的平均值划定 A 值,根据主要高收入国家的最低值划定 C 值
10	城镇居民人均可支配收入	70000	20000	根据 2015 年高等收入国家人均国民收入划定 A 值,根据《全面建设小康社会的基本标准》中关于城镇居民人均可支配收入的标准划定 C 值
11	城乡居民收入比	1.2	2.5	根据世界各国城乡居民收入比在工业化不同阶段的发展规律划定 A 值与 C 值
12	人均公园绿地面积	30	9	根据百分位数法确定 A 值,根据《城市园林绿化评价标准》(GB50563-2010)中Ⅱ级标准划定 C 值
13	建成区绿化覆盖率	45	34	根据百分位数法确定 A 值,根据《城市园林绿化评价标准》(GB50563-2010)中Ⅱ级标准划定 C 值
14	R&D 经费投入强度	2.5	0.8	根据主要高收入国家的均值划定 A 值,根据百分位数法确定 C 值

续表

序号	指标	基准值 A 值	基准值 C 值	选取依据
15	每万人 R&D 人数	43.5	11.5	根据主要高收入国家的均值划定 A 值,根据百分位数法确定 C 值
16	教育经费支出占比	4	2	根据百分位数法确定 A 值,根据我国财政性教育经费占 GDP 比重平均水平划定 C 值

世界银行《国别收入分类方法》将国家按照人均国民总收入(Gross National Income,GNI)划分为高收入国家、中高收入国家、中低收入国家、低收入国家。考虑到我国的 GDP 和 GNI 差别不大,参考世界银行的划定方法,本报告将我国评估城市按照人均 GDP 进行收入水平划分(见表6)。

表6 地区收入水平等级划分标准

等级	世界银行划分标准(人均 GNI,美元) 2015 年	世界银行划分标准(人均 GNI,美元) 2019 年	本报告划分标准(人均 GDP,元) 2015 年	本报告划分标准(人均 GDP,元) 2019 年
高收入	(12735,+∞)	(12375,+∞)	(79339,+∞)	(85511,+∞)
中高收入	[4126,12735]	[3996,12375]	[25705,79339]	[27612,85511]
中低收入	[1046,4125]	[1026,3995]	[6517,25704]	[7090,27611]
低收入	[0,1045]	[0,1025]	[0,6516]	[0,7089]

注:美元兑人民币货币汇率(年平均价)取自《中国统计年鉴》(2020),2015 年为 6.23,2019 年为 6.91。

3.指标权重系数

根据《全国主体功能区规划》和各省(自治区、直辖市)的主体功能区规划方案,确定全国评估城市的主体功能区类型。

按照各类主体功能区定位要求分别确定差异化权重系数(见表7)。指标权重的确定充分体现"绿水青山就是金山银山"的理念,突出绿色环境的权重系数。优化开发区强调产业优化,重点开发区强调产业优化和绿色设施,农产品主产区注重协调发展,重点生态功能区突出生态保护。

表7 各类主体功能区评价指标权重系数

领域层及指数层		主体功能区类型 优化开发区	主体功能区类型 重点开发区	主体功能区类型 农产品主产区	主体功能区类型 重点生态功能区
绿色环境		0.35	0.30	0.35	0.35
1	生态状况指数	0.3		0.35	
2	环境质量指数	0.7		0.65	

领域层及指数层		主体功能区类型			
		优化开发区	重点开发区	农产品主产区	重点生态功能区
	绿色生产	0.25	0.30	0.25	0.25
3	产业优化指数	0.40		0.60	
4	资源效率指数	0.60		0.40	
	绿色生活	0.20	0.20	0.25	0.25
5	城乡协调指数	0.40		0.45	
6	城镇人居指数	0.60		0.55	
	绿色生产	0.20	0.20	0.15	0.15
7	科技能力指数	0.60		0.50	
8	教育投入指数	0.40		0.50	

三、黄河流域生态文明指数总体状况

（一）黄河流域生态文明发展仍任重道远

1.黄河流域生态文明发展水平相对落后

2019 年，黄河流域生态文明指数得分为 68.31 分，较全国平均水平低 2.63 分，整体处于 C 级一般水平，与京津冀地区分差达 1.93 分，落后于长江经济带、长三角、珠三角均超过 5 分（见表 8）。生态文明水平落后长江经济带 4 年，约相当于长江经济带 2015 年的水平。

表 8　黄河流域 ECC 情况及全国对比

地区	生态文明指数得分	各等级城市占比			
		A	B	C	D
黄河流域	68.31	0	32.26%	67.74%	0
长江经济带	73.35	7.20%	76.00%	16.80%	0
京津冀	70.24	7.69%	38.46%	53.85%	0
长三角	73.83	17.07%	56.10%	26.83%	0
珠三角	76.60	22.22%	77.78%	0	0
全国	70.94	4.32%	54.94%	39.20%	1.54%

2.黄河流域生态文明发展等级偏低

黄河流域无 A 级城市,以 B 级和 C 级城市为主,C 级城市比重最大。除黄河流域外,其他重点区域均有 A 级城市,且占比超过 7％,长三角、珠三角的 A 级城市占比已超过 17％。黄河流域 B 级及以上城市占比为 32.26％,较全国整体水平低 22.68％,在五大重点区域中处于最低水平,不足长江经济带、长三角的 1/2,不足珠三角的 1/3。黄河流域 C 级城市占比达 67.74％,超过 B 级城市占比的 2 倍,较全国平均水平与五大重点区域的平均水平分别高出 28.54％、35.34％(见表 8 和图 2)。

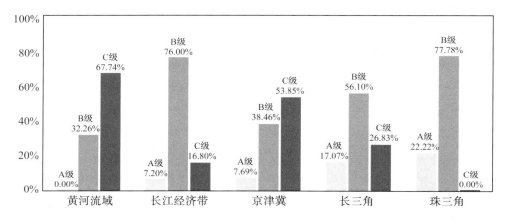

图 2　重点区域各等级城市占比

3.黄河流域城市生态文明指数在全国排名不突出

黄河流域城市在全国排名整体比较靠后,仅 5 个城市的生态文明指数得分位居全国前 100 名,过半的城市得分位列全国最后 100 名。西安市、兰州市、济南市、郑州市、西宁市生态文明指数得分在黄河流域评估城市中位列前 5 名,分别得分 76.61、76.36、75.44、74.66、73.75 分(见表 9),首位城市西安市仅位列全国第 36 名。

表 9　黄河流域前 5 位城市 ECC 及领域层得分

位序	城市	ECC	绿色环境	绿色生产	绿色生活	绿色创新
1	西安市	76.61	70.33	82.44	69.22	84.66
2	兰州市	76.36	71.38	83.58	68.18	81.18
3	济南市	75.44	64.98	87.25	71.38	77.49
4	郑州市	74.66	62.67	86.06	73.32	76.91
5	西宁市	73.75	78.87	73.68	70.04	69.90

专栏1　中国生态文明指数总体状况

我国生态文明整体达到良好水平。2019年，我国生态文明指数得分为70.94，达到B级良好水平(见表Z-1)。全国324个评估城市中，属于A、B、C、D等级的城市个数占比分别为4.32%、54.94%、39.20%、1.54%。14个城市的生态文明指数得分超过80分，属于优秀等级。全国生态文明指数得分达到良好及以上水平的城市达到192个，超过评估城市总数的59.26%，良好及以上水平的城市多分布在沿海地区及长江经济带地区，多为中高等收入地区，且区域发展协调度较高。

2019年，全国生态文明指数排名前10的城市依次为杭州市、厦门市、福州市、丽水市、绍兴市、广州市、长沙市、珠海市、台州市、宁波市，生态文明指数得分均超过80分，平均得分为81.48分，比全国平均水平高出10.54分，达到A级水平。

前10名城市多分布在浙江省与福建省，生态文明发展水平优秀，各领域发展比较均衡。除丽水市与台州市为中高等收入地区外，其余8个城市均为高收入地区。前10名城市的地表水环境质量、单位建设用地GDP、城镇化率、每万人R&D人数等指标均全部实现优秀水平，人均GDP全部达到约10000美元。

表Z-1　全国前10名城市ECC及领域层得分

位序	城市	ECC	绿色环境	绿色生产	绿色生活	绿色创新
1	杭州市	83.17	82.45	91.42	74.51	82.81
2	厦门市	82.93	82.25	88.90	76.45	81.49
3	福州市	81.38	83.63	86.83	74.71	76.51
4	丽水市	81.15	88.23	76.90	72.04	86.94
5	绍兴市	81.08	83.05	84.26	75.11	79.61
6	广州市	81.07	76.99	88.77	79.50	80.17
7	长沙市	81.07	79.52	89.14	74.23	78.14
8	珠海市	81.06	78.97	88.32	79.71	77.02
9	台州市	80.95	86.52	80.98	73.79	79.69
10	宁波市	80.89	80.44	88.09	74.47	79.11
全国平均		70.94	75.33	67.25	69.05	70.55

(二)黄河流域生态文明发展存在明显短板

　　生态环境本底差、高质量发展不充分、流域发展不平衡是黄河流域面临的突出困难和问题,严重制约黄河流域生态文明发展。2019 年,黄河流域产业优化指数、城乡协调指数等在五大重点区域中均排在最后一名,生态状况指数、环境质量指数显著落后于全国平均水平(见图 3)。16 项生态文明发展水平评估指标中,单位建设用地 GDP、生境质量指数、城乡居民收入比等 3 项指标得分低于全国平均水平逾 4 分,且未达到及格水平;近半数城市的 R&D 经费投入强度、每万人 R&D 人数也仍处于 D 级水平(见图 4)。

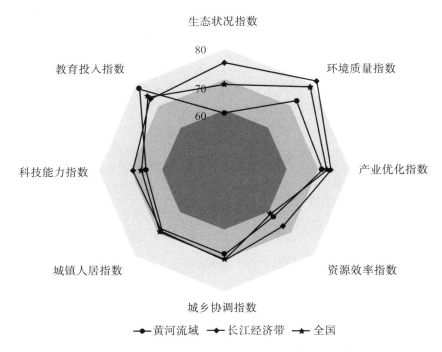

图 3　2019 年黄河流域、长江经济带、全国生态文明指数层得分

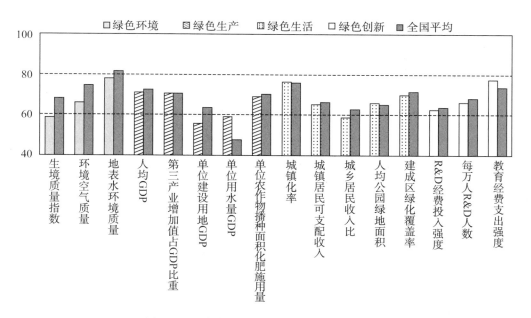

图 4　2019 年黄河流域生态文明指数指标得分

1.经济发展质量整体较低

(1)经济发展水平相对滞后

2019 年,黄河流域人均 GDP 为 59852.58 元,落后全国平均水平 12492.18 元。黄河流域 GDP 总量小、人均 GDP 低,城均 GDP 为 2086.3 亿元,不足上海市的 1/18;仅郑州市的 GDP 超过 10000 亿元,位列全国第 15 名;31 个人均 GDP 处于良好及以上水平的城市中,有 21 个城市的人均 GDP 低于全国平均水平。2019 年重点区域城市数量与 GDP 占比见图 5。

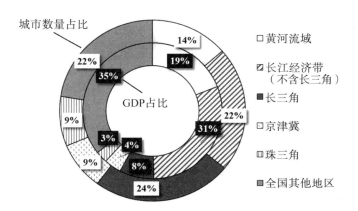

图 5　2019 年重点区域城市数量与 GDP 占比

（2）产业倚能倚重问题突出

黄河流域三次产业结构为 6.8：42.5：50.7,达到后工业化阶段标准,但人均 GDP、城镇化率仅达到工业化中期阶段的对应水平。传统产业优化升级进度较慢,第二产业比重较全国总体水平高出 3.38 个百分点,仍以初级加工业为主。黄河流域以资源型和煤化工产业为主,资源型城市占比达 56.45%,煤化工企业占比达 80%;6 个城市为衰退型城市,资源趋于枯竭,经济发展滞后。黄河流域第三产业比重小、增加值低,产业结构对生态文明贡献力度弱,第三产业比重在五个重点区域中水平最低,落后全国平均水平 3.12 个百分点;城均三产增加值仅为 2086.30 亿元,相当于长三角地区 2015 年的水平。2019 年重点区域三次产业结构对比见图 6。

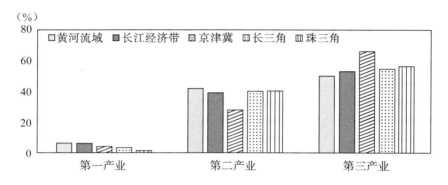

图6　2019 年重点区域三次产业结构对比

2.生态环境面临巨大威胁

（1）生态环境修复任务艰巨

黄河流域大部分处于黄土高原,本底生态环境脆弱,生态系统退化严重,生境质量指数得分仅为 58.92 分,处于 D 级水平,落后全国平均水平近 10 分,与长江经济带、长三角、珠三角存在较大差距,分差达到 16.25、11.75、6.64分。黄河流域有 46 个城市的生境质量指数得分未达及格水平,占比达74.19%,仅宝鸡市的生境质量指数达到优秀标准。

（2）环境空气质量急需改善

黄河流域环境空气质量指数仅为一般水平,指标得分为 66.53 分,较同期全国平均水平低 8.81 分。在五个重点区域中,黄河流域环境空气质量指数得分与长江经济带、长三角、珠三角存在明显差距,分差分别为 11.88、5.42、13.08 分。全国 47 个空气质量未达及格水平的城市中,有 25 个黄河流域评估城市,占比超过 50%。汾渭平原空气污染严重,PM2.5 浓度达 $55\mu g/m^3$,超过全国平均浓度的 1.5 倍；平均优良天数比为 61.70％，比全国平均水平低 20.3 个百分点。

（3）地表水环境质量有待提高

黄河流域城市地表水环境质量与全国平均水平差距明显，得分比全国平均水平低近 5 分。黄河流域有 32 个城市的地表水环境质量排名位于全国最后 100 名，占比达 51.61％。汾河、渭河是黄河流域地表水环境质量的洼地，水质 C 级及以下城市占比达 36.36％，超过全国同类城市比重的 30％，黄河流域地表水环境质量不达标的城市全部出现在汾河、渭河流域。2019 年重点区域生态环境质量指标得分见图 7。

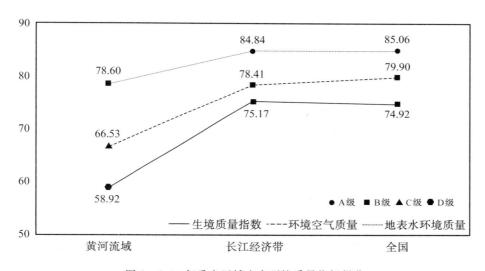

图 7　2019 年重点区域生态环境质量指标得分

3.流域发展不平衡问题突出

（1）黄河流域生态文明空间发展不平衡

经济社会发展水平自上游至下游逐渐提高，人口总量、GDP 均表现出"下游多、中游次之、上游少"的梯度特征；环境质量自上游至下游逐渐恶化，上游环境空气质量、地表水环境质量的水平显著高于中、下游水平。

2019 年，黄河上、中、下游的人口总量分别为 5008.61 万人、6976.37 万人、9902.20 万人，GDP 分别为 26023.44 亿元、39605.99 亿元、65783.25 亿元，下游的人口总量与经济总量均接近或超过上游的 2 倍。

环境质量方面的表现则相反，黄河上游全部 31 个城市的环境空气质量均达到良好及以上水平，下游全部 19 个城市的环境空气质量均处于轻度污染状态，下游城市 AQI 指数的最高得分较上游城市 AQI 最低得分低 9.31 分；流域地表水环境质量差异明显,中、下游均无 CWQI 得分优秀城市。

(2)黄河流域生态文明城乡发展不平衡

黄河流域城乡发展协调度低、城镇化率低、城乡收入差距大且整体收入水平低。黄河流域仍有 9 个城市的城乡协调水平处于 D 级,仅有 2 个城市的城乡协调指数刚刚达到 80 分,城镇化率、城乡居民收入比在五个重点区域中均处于最低水平,共同富裕仍是黄河流域生态文明发展的重要努力方向。

黄河流域城镇化率为 59.1%,处于城镇化中期阶段。尽管黄河流域城镇化率与全国整体水平相差不大,仅落后 1.5 个百分点,但作为城镇化率关键的黄河下游地区城镇化率明显偏低,较长三角地区的城镇化率低 8.95 个百分点,较珠三角地区低 27.18 个百分点。同时,黄河流域仍有 11.29% 的城市城镇化率不足 30%,处于 D 级水平,京津冀、长三角、珠三角各城市的城镇化率均无 D 级水平。

黄河流域城乡居民收入比为 2.57,未达及格水平,与发达国家 0.8~1.3 的平均水平存在明显差距。黄河流域城乡居民收入差距大,城乡居民收入普遍较低,2019 年,全国几个重点区域中,城镇居民人均可支配收入与农村居民人均可支配收入的最小值均出现在黄河流域(见图 8)。黄河流域城乡居民收入比只比长江经济带高出 0.05,但黄河流域城镇居民可支配收入只有长江经济带的 82.14%,农村居民可支配收入也只有长江经济带的 80.68%。

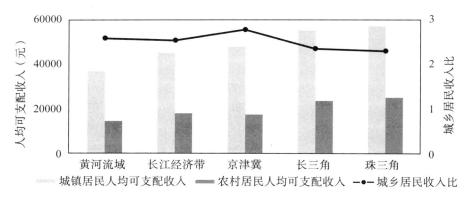

图 8   2019 年重点区域城乡居民收入对比

(3)黄河流域经济发展与环境保护不平衡

绿色环境与绿色生产领域得分存在明显背离现象,高收入地区经济发展水平高,但生态环境质量差,绿色环境得分明显低于绿色生产得分;中低收入地区生态环境质量优,但经济发展水平低,绿色环境得分普遍高于绿色生产得分。2019 年重点区域绿色环境与绿色生产得分见图 9。

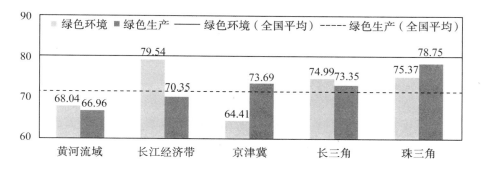

图 9　2019 年重点区域绿色环境与绿色生产得分情况

　　黄河流域绿色环境与绿色生产得分相差超过 10 分的城市有 25 个,占比达 40.32%,经济发展与环境保护背离明显;另有 19 个城市绿色环境与绿色生产的得分在 5~10 分,经济发展与环境保护未能实现匹配。黄河流域经济发展与环境保护空间分布差异明显,产业优化指数明显高于环境质量指数的城市集中在下游地区。

　　黄河流域生态文明指数得分与人均 GDP 的协调度较低,相同人均 GDP 水平下,黄河流域城市的生态文明指数得分低于全国水平,也低于长江经济带的对应水平,相对长三角、珠三角等地区也处于弱势,经济发展对生态文明的贡献未达全国平均水平(见图 10)。

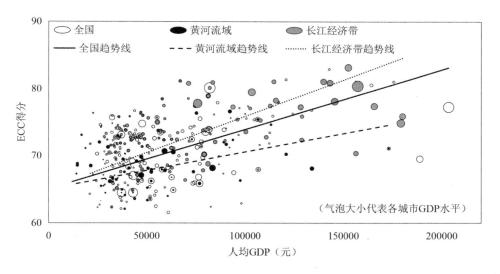

图 10　2019 年各地区经济与环境保护协调发展情况

四、黄河流域生态文明指数年际变化

(一)黄河流域生态文明发展水平明显提升

与 2015 年相比,2019 年黄河流域生态文明指数得分提升了 5.62 分,增幅略高于全国平均水平,分别领先长三角、珠三角地区 0.84 分、0.61 分(见表10)。黄河流域生态文明指数得分的增长,是其付出了前所未有的努力才取得的快速发展局面。4 年间,在经济社会快速发展的同时,环境质量得到持续改善。人均 GDP 增加 12196.52 元,单位立方米用水量 GDP 增加 40.05 元,分别为黄河生态文明指数的增长贡献了 0.24 分、0.36 分;地表水环境质量、环境空气质量分别下降 4.03、4.35,分别为黄河生态文明指数的增长贡献了 1.78 分、1.07 分(见图 11)。

黄河流域城市生态文明发展水平普遍提升,中、高速增长[①]城市共有 57个,累积占比达 91.80%。37 个城市的生态文明发展水平进步了 1 个等级,由D 提升到 C、C 提升到 B 的城市数量相当,分别为 19 个、18 个,D 级城市进步速度高于全国同期平均水平。

表 10　2015~2019 年重点区域生态文明指数得分情况

	生态文明指数得分		生态文明指数变化		生态文明发展等级	
	2015 年	2019 年	增长量	增速	2015 年	2019 年
黄河流域	62.69	68.31	5.62	8.96%	C	C
长江经济带	67.42	73.35	5.93	8.80%	C	B
京津冀	62.46	70.24	7.78	12.46%	C	B
长三角	69.05	73.83	4.78	6.92%	C	B
珠三角	71.59	76.60	5.01	7.00%	B	B
全国	65.92	70.94	5.02	7.62%	C	B

---

① 生态文明指数得分高、中、低速增长的划分标准为:高速($\Delta ECC > 6.02$)、中速($2.72 < \Delta ECC \leqslant 6.02$)、低速($0 < \Delta ECC \leqslant 2.72$)。

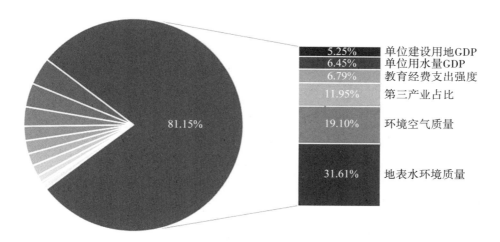

图 11　各指标对黄河流域生态文明指数得分增长的贡献情况

专栏 2　中国生态文明指数提升情况

全国生态文明发展水平显著提升。2015～2019 年,全国生态文明指数得分提高了 5.02 分(见图 Z-1),由 C 级及格水平提升到 B 级良好水平。全国生态文明发展水平普遍提升,324 个评估城市中,生态文明指数得分提升的城市达 315 个,中、高速增长城市分别有 154 个、112 个,累积占比达 82.10%。全国生态文明指数提升最快的城市分布在长江经济带和京津冀地区,全部为中高等收入地区,且区域发展协调度较高。

长江经济带生态文明建设成效显著。2015～2019 年,长江经济带生态文明指数得分提高了 5.92 分,全部 125 个评估城市的生态文明指数得分均实现增长,增长超过全国平均水平的城市有 74 个,占比达 59.20%,这一比重较全国同期水平高出 15.06%。长江经济带有 81 个城市生态文明指数得分等级提升至良好及以上水平,有 9 个城市从良好水平进一步优化提升到世界优秀水平。单位 GDP 水耗、全市第三产占比、教育支出占一般公共预算支出比重成为长江经济带城市生态文明发展水平提升的主要原因,2015～2019 年三项指标的得分分别提升了 18.04 分、10.84 分、9.90 分,累计贡献度达 39.78%。

京津冀地区生态文明发展水平提升较快。2015～2019 年,京津冀地区生态文明指数得分显著提高 7.78 分,增幅领先全国同期平均水平 2.75 分,在五个重点区域中位居首位,生态文明发展等级由 C 级提升至 B 级。2015 年,京津冀地区无生态文明发展 A 级城市,B、C、D 等级的城市数量分别为 1 个、7 个、5 个;2019 年,京津冀地区已无 D 级城市,B 级及以上城市数量增加至 5 个。北京市生态文明指数得分由 69.30 分提升至 80.57 分,从 C 级快速进步至 A 级,生态文明建设达到世界优秀水平。地表水环境质量、环境空气质量成为北京市生态文明发展等级提升的关键驱动因素,相比于 2015 年,北京市 2019 年的 PM2.5 浓度减少近半,由 $80.6\mu g/m^3$ 降至 $42.0\mu g/m^3$;I～III 类水质河长增加 7.1%,劣 V 类水质河长占比减少 36.0%,地表水环境质量对北京市生态文明指数提升的累积贡献度达 96.45%。

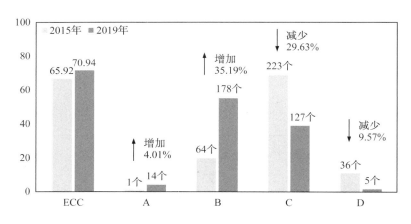

图 Z-1　2015～2019 年中国生态文明指数得分与等级情况

(二)黄河流域污染防治攻坚贡献巨大

　　黄河流域生态文明指数得分提高的主要原因是环境质量提升。2015～2019 年,黄河流域环境质量指数得分提高了 8.02 分,地表水环境质量得分和空气质量得分均保持正向增长,污染防治攻坚取得显著成效。

　　水质改善对黄河流域生态文明发展贡献突出。I～III 类水体比例增加 10 个百分点以上,劣 V 类断面个数减少 2 个。黄河流域平均地表水环境质量由 2015 年的 7.15 降至 2019 年的 5.66,降幅达 20.84%。相比于 2015 年,2019 年黄河流域地表水环境质量得分增加了 16.04 分,较全国高出 7.38 分(见图 12),领跑五个重点区域。62 个评估城市中,有 58 个城市的地表水环境质量实现了提升,其余 4 个城市的地表水环境质量在 2015 年已达良好及以上水平。

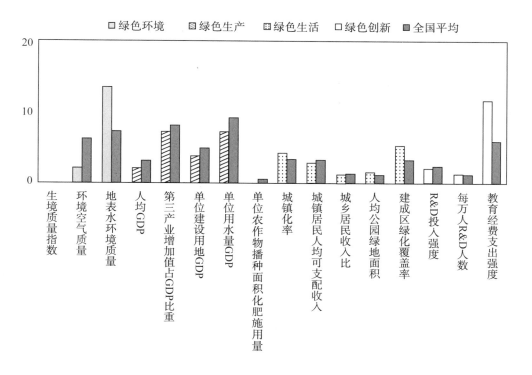

图 12 2015～2019 年黄河流域生态文明指标得分增长情况

（三）黄河流域脱贫攻坚成效显著

黄河流域脱贫攻坚战取得全面胜利,脱贫速度超过全国平均水平,农民可支配收入快速增加。东西扶贫协作和对口支援成果丰硕,下游滩区居民迁建试点成果显著。2015～2019 年,黄河流域农民人均可支配收入由 10201 元增加至 14088 元,增幅为 38.1%。黄河流域贫困县脱贫摘帽速度高于全国平均水平。2019 年,黄河流域 271 个国家级贫困县仅剩 9 个,高于全国同期 93.7% 的贫困县脱帽率。相比于 2015 年,黄河流域农村居民人均可支配收入均低于 10000 元的贫困县迅速减少至 97 个,贫困县农村居民人均可支配收入平均增幅达到 44.43%（见图 13）,高于全国平均水平 4 个百分点。

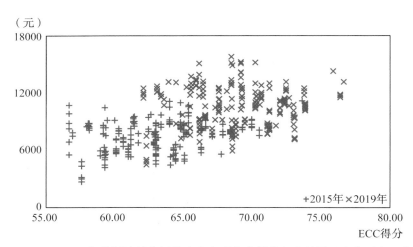

图 13　2015～2019 年黄河流域贫困县生态文明指数得分与农村居民人均可支配收入

注：ECC 得分用各县所在城市的 ECC 得分代替，未纳入评估的城市用所在省份 ECC 的最低值代替。

五、黄河流域生态文明发展模式与路径

生态文明旨在实现经济社会与生态环境的和谐共生，生态文明发展模式是对经济社会与生态环境关系不同状态的反映。基于经济与环境的协调关系，城市生态文明发展模式可划分为四大类型，即"绿色贫困型"（经济低、环境优）、"拮抗发展型"（经济低、环境差）、"金色污染型"（经济高、环境差）、"和谐共生型"（经济高、环境优）。以经济社会、生态环境为横、纵坐标，可将生态文明发展模式分为四个象限（见图 14）。一般情况下，发展初期经济水平较低，环境污染程度较轻，对应绿色贫困模式，位于第二象限；随着生产力的发展，经济水平提高，但提高幅度小于对生态环境的破坏程度，对应拮抗发展模式，位于第三象限；此后经济飞速发展，生态环境却遭到严重破坏，对应金色污染模式，位于第四象限；最终，地区经济与环境污染水平达到拐点，经济水平持续提高，环境质量持续改善，最终进入和谐共生模式，位于第一象限。

通过主成分分析方法，提取各城市生态文明评价指标的经济社会因子与生态环境因子。采用聚类分析方法，将所有城市分别依据经济社会得分与生态环境得分聚类，同时考虑城市生态文明发展水平的聚类结果，即可得到各城市生态文明发展四类模式：和谐共生、金色污染、拮抗发展、绿色贫困。未实现和谐共生模式的地区可实现跨越式生态文明发展，其中，绿色贫困地区可依托自身生态优势促进生态产品价值实现，通过生态价值实现型路径实现和谐共生；拮抗发展地区可通过推动传统产业转型升级，通过绿色转型升级型路径实现和谐共生；金色污染地区可通过以绿色发展为核心的绿色创新驱动型路径实现和谐共生。已实现和谐共生模式的地区则需继续通过全面均衡发展型路径保持其当前的发展状态。

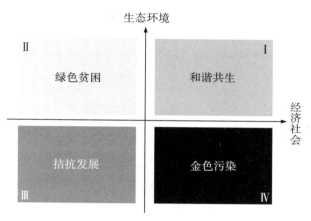

图 14　生态文明发展四类模式

（一）黄河流域生态文明发展模式仍处中级阶段

黄河流域生态文明发展模式有待进步。2019 年，处于和谐共生、金色污染、拮抗发展、绿色贫困模式的城市数量分别为 11 个、14 个、31 个、16 个（见表 11）。黄河流域和谐共生城市数量较少。和谐共生城市占比为 17.74％，落后全国总体水平超过 13 个百分点，不及长三角、珠三角地区 2015 年的水平。黄河流域评估城市占全国评估城市总量的近 1/5，但和谐共生模式的城市数量仅占全国 100 个和谐共生模式城市的约 1/10。

表 11　2019 年黄河流域生态文明发展模式统计

	和谐共生	金色污染	拮抗发展	绿色贫困
城市数量	11	14	31	6
城市占比	17.74％	22.58％	50.00％	9.68％

（二）黄河流域生态文明发展模式优化速度稍慢

黄河流域生态文明发展模式进步城市数量偏少。2015～2019 年，黄河流域仅 13 个城市的生态文明发展模式实现了进步，占比为 20.97％，落后于全国总体水平 7.43 个百分点，在五个重点区域中处于最低水平，其余四个重点区域的进步城市占比均超过 40.00％。黄河流域城市优化至和谐共生模式的速度更慢（见图 15），仅 7 个城市由非和谐共生模式优化至和谐共生模式。

全面均衡发展与绿色创新驱动是黄河流域实现生态文明和谐共生模式的主要路径。2019 年黄河流域的 11 个和谐共生模式城市中，全面均衡发展型、绿色创新驱动型、绿色转型升级型、生态价值实现型的城市分别有 4 个、4 个、2 个、1 个。这一城市分布特征与珠三角地区较为接近，而同期全国则表现为明显的以全面均衡型发展路径为主、辅以其他三种路径的生态文明和谐共生实现方式（见图 16）。

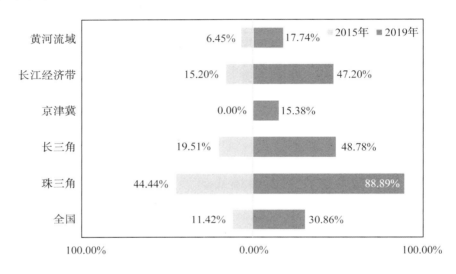

图 15　2015 年和 2019 年重点区域生态文明和谐共生城市占比

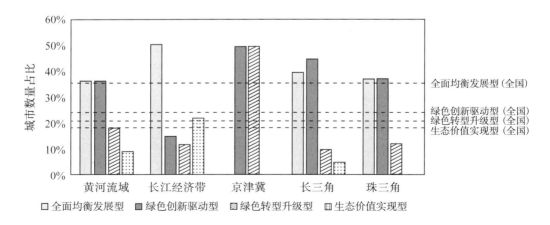

图 16　2019 年重点区域生态文明和谐共生模式的实现路径

六、提升黄河流域生态文明发展的对策建议

（一）持续推进生态环境质量改善

黄河流域生态本底差,资源环境严重超载,生态脆弱是最大问题。黄河流域生态环境质量成为制约生态文明发展水平的主要短板,生境质量指数、环境空气质量等均处于一般水平,明显落后于全国平均水平,地表水环境质量也有较大改善空间。强化生态环境空间管控是实现黄河流域生态保护和高质量发展的前提和保障,持续推进环境质量改善是黄河流域生态保护和高质量发展的基本要求。

持续推进黄河流域生态环境质量改善,一是加强黄河流域生态环境治理的顶层设计,将水、大气、土壤环境综合治理纳入流域整体管控和顶层设计,因地制宜开展上中下游的分区管控;二是完善黄河流域环境治理体系,严格把控生态保护红线和重点生态功能区,把握水土流失等重点生态问题专项治理,在重点污染区域实施污染治理重大工程,统筹山水林田湖草沙冰系统治理,注重综合治理、系统治理、源头治理。

（二）深入打好污染防治攻坚战

黄河流域污染防治攻坚取得阶段性成果,水污染、大气污染防治对生态文明发展贡献突出。然而,黄河流域污染防治压力依然存在,生态环境保护任重道远。当前,黄河流域应深入打好污染防治攻坚战,巩固污染防治攻坚成果,坚持精准治污、科学治污、依法治污,以深入打好污染防治攻坚推动生态文明高质量发展。

在维护现有成果的基础上,深入打好污染防治攻坚战。一是坚持大气、水、土壤的污染防治的方向不变和力度不减,突出精准、科学、依法治污,继续开展污染防治行动,打好黄河流域碧水蓝天净土保卫战。二是强化环境污染系统治理,统筹推进农业面源污染、工业污染、城乡生活污染防治。

（三）全力巩固脱贫攻坚成果

黄河流域脱贫攻坚成效显著,贫困县脱贫摘帽速度快,低收入贫困县数量减少快,农民人均可支配收入增长快。但黄河流域民生发展不足仍是其最大弱项,城乡居民收入水平低于全国平均水平,医疗卫生设施不足,重要商品和

物资储备规模、品种、布局亟须完善。全力巩固黄河流域脱贫攻坚成果,是提升黄河流域生态保护和高质量发展能力与活力的必由之路。

全力巩固黄河流域脱贫攻坚成果,一是探索生态产品价值实现,巩固扶贫成效,着力创新生态产品价值市场化实现机制体制,凝练打造生态产品价值实现的典型"黄河模式",充分发挥黄河流域生态产品禀赋优势,让生态产品生产成为农民致富的重要收入来源。二是接续推进全面脱贫与乡村振兴有效衔接,精准扶持发展特色优势产业,支持培育壮大一批龙头企业,全力让脱贫群众迈向富裕。

(四)促进生态文明区域协调发展

在区域发展总体战略指引下,黄河流域区域发展协调程度逐渐提升,发展空间布局逐渐优化。然而,黄河流域发展不平衡不充分问题仍然突出,集中表现在生态文明空间发展不平衡、城乡发展不平衡、经济发展与生态保护发展不平衡等方面。实施区域协调发展战略是新时代国家重大战略之一,是贯彻新发展理念、建设现代化经济体系的重要组成部分,也是推动高质量发展的重点工作,黄河流域生态保护和高质量发展必须坚持黄河流域协调发展。

促进生态文明区域协调发展,一是要构建流域上中下游生态环境保护联动机制,实现黄河流域生态保护的跨区域协同。二是支持黄河流域主要城市群、城市圈的发展,加强中心城市对周边地区的辐射带动作用,统筹上中下游协同发展,提升黄河流域经济空间一体化水平。三是建立健全城乡融合发展体制机制,重点推进黄河流域城乡基础设施一体化发展,优化城乡产业空间布局,大力发展农村第二、三产业,缩小城乡差距。四是坚持生态优先、绿色发展,加快推进新旧动能转换,优化产业结构,实现生态优先基础上的经济高质量发展。

(五)着力促进全流域高质量发展

黄河流域发展水平不断提升,新的经济增长点不断涌现,奠定了推动生态保护和高质量发展的良好基础。但当前,黄河流域仍面临高质量发展不充分的短板问题。各省区产业倚能倚重、低质低效问题突出,以资源型和煤化工产业为主,高质量发展支撑能力弱。推动黄河流域高质量发展是落实国家发展战略的重大举措,是国家能源和粮食安全的根本保障,是建立长效脱贫机制的现实需要,也是边疆稳定、民族和谐的有力支撑。

着力促进全流域高质量发展,一是加强科技创新驱动产业绿色转型升级,鼓励引导科技含量高的制造业和第三产业发展,有效控制煤炭消费,优化能源消费结构,实施可持续高效率交通系统发展战略,优化运输结构。二是加强黄河流域文化产业发展,以建设黄河国家文化公园为重要支撑,推进黄河文化经济带建设,推动黄河流域文化高质量发展。

参考文献

[1]舒俭民,张林波. 国家生态文明建设指标体系研究与评估[M]. 北京: 科学出版社,2019.

[2]解钰茜,张林波,罗上华,等. 基于双目标渐进法的中国省域生态文明发展水平评估研究[J]. 中国工程科学,2017,19(4):60-66.

[3]容冰,杨书豪,储成君,等. 县域打通"绿水青山就是金山银山"理念转化通道的典型模式研究[J]. 中国环境管理,2021,13(2):20-26.

[4]王昊,张林波,宝明涛,等. 2015~2017年"2+26"城市生态文明发展水平评估及动态变化分析[J]. 环境科学研究,2021,34(3):661-670.

[5]徐辉,师诺,武玲玲,等. 黄河流域高质量发展水平测度及其时空演变[J]. 资源科学,2020,42(1):115-126.

[6]国务院. 全国主体功能区规划[EB/OL]. (2011-06-08)[2021-10-10]. http://www.gov.cn/zhengce/content/2011-06/08/content_1441.htm.

[7]环境保护部. 生态环境状况评价技术规范:HJ 192—2015[S/OL]. (2015-03-13)[2021-10-08]. https://www.mee.gov.cn/ywgz/fgbz/bz/bzwb/stzl/201503/W020150326489785523925.pdf.

[8]中共中央,国务院. 黄河流域生态保护和高质量发展规划纲要[EB/OL]. (2021-10-08)[2021-10-10]. http://www.gov.cn/zhengce/2021-10/08/content_5641438.htm.

[9]Hák T,Janoušková S,Moldan B. Sustainable Development Goals:A need for relevant indicators[J]. Ecological Indicators,2016,60:565-573.

[10]Hsu A,Esty D,Levy M,et al. The 2018 Environmental Performance Index Report[R]. New Haven,CT:Yale Center for Environmental Law and Policy,2018.

[11]Hua G,Huan Z. Study on coordination and quantification of ecological protection and high quality development in the Yellow River Basin[J]. IOP Conference Series:Earth and Environmental Science,2021,647:012168.

［12］Jiang L，Zuo Q T，Ma J X，et al. Evaluation and prediction of the level of high-quality development：A case study of the Yellow River Basin，China［J］. Ecological Indicators，2021，129：107994.

［13］Singh R K，Murty H R，Gupta S K，et al. An overview of sustain-ability assessment methodologies［J］. Ecological Indicators，2012，15（1）：281-299.

［14］Zhang L，Yang J，Li D，et al. Evaluation of the ecological civilization index of China based on the double benchmark progressive method［J］. Journal of Cleaner Production，2019，222：511-519.

第三部分 | 黄河流域经济高质量发展与乡村振兴[*]

2019 年,习近平总书记在黄河流域生态保护和高质量发展座谈会上指出,黄河流域在我国经济社会发展和生态安全方面具有十分重要的地位,黄河流域生态保护和高质量发展同京津冀协同发展、长江经济带发展、粤港澳大湾区建设、长三角一体化发展一样,是重大国家战略。本研究聚焦黄河流域经济发展方式的转变,分析新时代背景下黄河流域实现经济高质量发展的条件和路径。

习近平总书记指出,一方面,黄河流域是我国重要的经济地带,黄淮海平原、汾渭平原、河套灌区是农产品主产区,粮食和肉类产量占全国 1/3 左右。黄河流域又被称为"能源流域",煤炭、石油、天然气和有色金属资源丰富,煤炭储量占全国一半以上,是我国重要的能源、化工、原材料和基础工业基地。另一方面,由于历史、自然条件等原因,黄河流域经济社会发展相对滞后,特别是上中游地区和下游滩区,是我国贫困人口相对集中的区域。黄河上中游七省区发展不充分,同东部地区及长江流域相比存在明显差距,传统产业转型升级步伐滞后,内生动力不足,源头的青海省玉树州与入海口的山东省东营市人均地区生产总值相差超过 10 倍。黄河流域总体的对外开放程度低,九省区货物进出口总额仅占全国的 12.3%。全国 14 个集中连片特困地区有 5 个涉及黄河流域。习近平总书记言简意赅地总结出了黄河流域经济发展的既有优势和短板,同时也指明了黄河流域走向经济高质量发展的正确道路。

新发展格局背景下,黄河流域上中下游九省区立足既有的资源禀赋和发展基础,在创新、协调、绿色、开放、共享五大新发展理念的指引下,如何推动流

* 承担单位:山东大学经济学院;课题负责人:曹廷求、石绍宾、汤玉刚、张伟;课题组成员:黄金鹏、刘心雅、齐菁华、粟智豪、汤玉刚、张鹤鹤、张紫朝、周慧敏。

域内传统产业的变革,实现经济体系的创新发展? 如何通过科学的生态保护,实现经济的绿色可持续发展? 如何通过流域内环境保护的协调和区域经济融合,实现上中下游以及沿黄城市群内经济的协调发展? 如何借力乡村振兴战略,巩固黄河流域脱贫攻坚战的成果? 如何在国内国际双循环大格局中推动黄河流域经济开放度的不断提高,实现黄河流域与国内国际大市场的深度融合? 坚持以新发展理念为指引,坚持并加强党的领导,科学制定行动方案,黄河流域经济高质量发展必将走出具有自身特色的新路。

围绕上述重要问题,下文将探讨黄河流域九省区创新发展动力不足的原因及其突破机制;讨论黄河流域经济绿色高质量发展的驱动机制;聚焦黄河上下游生态补偿机制促进区域经济协调发展的机制;聚焦沿黄城市群问题,探讨黄河流域城市群的经济高质量发展;分析黄河流域的乡村振兴与共享发展;以开放的视野重新审视黄河流域通过融合国内国际双循环,推动流域经济高质量发展的可能路径;最后,基于五大新发展理念和省级数据,编制黄河流域经济高质量发展指数体系,量化分析黄河流域经济高质量发展的水平和趋势。

一、创新驱动黄河流域经济高质量发展

(一)黄河流域创新发展能力与现状

黄河流域经济发展创新能力不足问题一直备受关注。杨明海等(2021)选取 2001～2014 年专利授权量作为科技创新能力的衡量指标,发现内蒙古、甘肃、宁夏、青海等黄河上游省份科技创新能力在研究期间内始终处于全国末位。杨骞等(2021)利用科技创新投入、科技创新产出等指标测度科技创新效率,发现相对于京津冀、长三角、长江经济带以及粤港澳大湾区,黄河流域的科技创新效率明显低于其他国家重大战略区域。

从影响科技创新成果的其他维度,也可以发现类似的结果。例如,黄河流域的教育资源相对较少。从每十万人高等教育在校生数量看,除陕西省外,其他省份均低于全国平均水平。从全国"双一流"学科建设高校来看,黄河流域仅有 19 所,仅占全国的 13.6%。再如,黄河流域创新平台的载体不足。在我国 169 个国家高新区中,黄河流域仅拥有 37 个,占全国的比重为 21.9%;而长江流域则拥有 80 个,占全国的比重高达 47.3%。截至 2019 年,国务院共批复建设国家级自主创新示范区 21 个,其中黄河流域仅有 4 个,而长江流域有 9 个。总的来看,相对于长江流域与全国平均水平,黄河流域各省创新发展能力不足。

（二）黄河流域创新发展能力不足的原因

黄河流域创新发展能力不足的原因有多方面。

第一，黄河流域，尤其是中上游地区拥有得天独厚的自然资源禀赋优势。然而，正是黄河流域丰富的自然资源弱化了区域创新的动力，形成了经济学家称之为"资源魔咒"的地区发展困境。以资源采掘和重化工业为代表的产业通常对人力资本和技术进步的要求不高，不像制造业部门，尤其是高端制造业那样具有技术外溢与"干中学"的特征，因此产业和区域创新的原动力不足。这是导致黄河流域创新发展动力不足的重要原因。

第二，科技创新往往以一定的市场规模和人口密度为基础，由于自然地理和气候等因素，黄河流域中上游地区人口密度较低，市场范围狭窄，市场深度发育不够，这导致黄河流域创新发展的基础条件较为薄弱。

第三，对外开放并参与国际分工是一个地区创新发展的活力之源，但从黄河流域的实际情况来看，流域中大多数省份的对外开放度不高，融入国际分工的程度还比较低，或者相关产业处于产业链的低端，科技含量和附加值不高，这无疑限制了黄河流域产业创新的能力。

（三）黄河流域创新发展新动能

为发掘创新发展的新动能，黄河流域各地区依托自然资源禀赋，借助国家发展战略，结合市场需求，积极探索经济发展的创新驱动力。黄河流域，尤其是中上游地区对资源的依赖性比较强，新动能的发掘主要沿着两条主线展开。一方面，新发展格局下，国家提出碳中和、碳达峰等绿色发展目标，对旧动能的排放标准、污染水平都有了更严格的规制，这本身就激发了一系列新技术的产生和应用，促进了清洁能源产业的快速发展。另一方面，清洁能源产业的进入也引起了一系列新需求，而这些新需求的解决方案又激发了新的产业发展。譬如，风电、光伏发电存在"发电的随机性"问题，这直接促进了储能产业的发展；再如，受本地"用电需求不足"和远距离输送电技术的制约，黄河上游地区加快了诸如大数据和云计算等高能耗产业的发展。图1展示了黄河中上游地区新动能发展的基本逻辑。

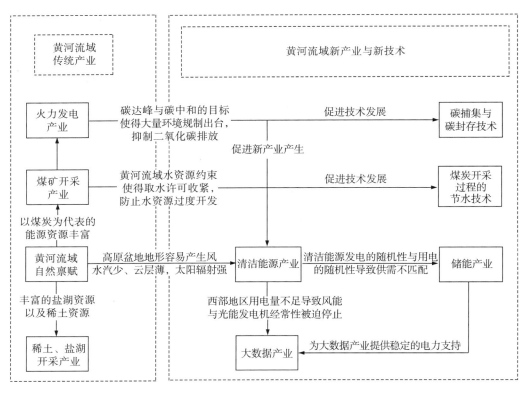

图 1　黄河流域中上游产业创新网络

1.煤炭开采过程中的节水技术创新

　　黄河流域现已掌握的探明煤炭产地达 685 处,保有储量 4000 多亿吨,煤炭总产量占全国总产量的 70%,因此也被誉为我国的"能源流域"。丰富的煤炭资源使得采矿业成为当地支柱产业之一,但水资源的贫乏严重制约了煤炭产量。黄河流域人均水资源占有量仅为全国水平的 27%,且水资源开发利用率已超 80%,远超一般流域 40% 的生态警戒线。2020 年 12 月,为防止水资源的过度开发,水利部印发《关于黄河流域水资源超载地区暂停新增取水许可的通知》。围绕水资源这一制约煤炭行业发展的刚性约束,黄河流域的煤炭行业也在积极开展技术与制度创新。这包括实施负面清单管理制度,明确列出禁止投资建设的项目类别,明确限制、禁止、淘汰产业清单,严控高耗水行业新增产能,尤其是在新增煤电和煤化工方面。推广工业节水技术,制定高耗水工艺技术改造指导意见,加快对高耗水企业实施节水工艺改造,大力推广高效循环用水技术,提高工业用水重复利用率,减少新鲜水量取用。

2. 碳捕集和碳封存技术的创新

丰富的煤炭资源禀赋促进了黄河流域大型煤电基地的蓬勃发展。黄河流域是我国重要的火电基地,我国重点建设的 9 个千万千瓦级大型煤电基地中,6 个坐落于黄河流域(分别在鄂尔多斯、晋北、晋中、晋东、陕北、宁东)。火电装机容量在流域发电装机容量中占有主导地位,而且装机数量持续保持增长。火力发电中二氧化碳以及其他污染排放问题早已被人们熟知。在碳中和、碳达峰的目标下,作为温室气体排放的主要来源,中国火电行业是未来减碳的最大主体(赵兵和景杰,2021)。黄河流域作为火力发电的重点区域之一,自然受到影响。解决碳排放问题,依赖于火力发电中配套的碳捕集、碳封存技术,在源头上减少碳排放量。坐落于陕西省的国家能源集团国华电力公司的"15 万吨/年燃烧后碳捕集和封存全流程示范项目"是目前国内最大规模的燃煤电厂示范工程。该项目通过捕获燃煤电厂烟气中二氧化碳并将其压缩干燥冷却制成液态二氧化碳,有效减少了大气中的碳排放。

3. 新能源产业的崛起

黄河流域中上游西北地区有着发展风电、太阳能的自然资源禀赋。该地区以高原盆地地形为主,平坦广阔,容易产生风,且该地区海拔高、水汽少、云层薄,太阳辐射强。由于新能源能够很好替代传统能源,同时不产生以空气污染为主的负外部性,地方政府通过产业政策对新能源产业予以各种扶持。此外,青海、甘肃、宁夏、陕西等多个省的限电、停产政策也变相推动既有高排放的火电向风电、光伏等新能源转型。

4. 清洁能源发展中的引致创新

清洁能源虽然从理论上能够较好地减少碳排放,但在实际运行过程中,黄河中上游流域的风能、太阳能发电机组不得不经常性停止,或减少其发电量,即存在"弃风""弃光"问题。2015 年,"弃风"比例超过 15% 的省有 4 个,"弃光"比例超过 15% 的省有 2 个,矛盾主要集中于西北地区。"弃风""弃光"问题的主要原因大致可以被归纳为以下两点。

从电能的供给端来看,风力发电和光伏发电都具有较强的随机性,其产生依赖于风力大小和太阳光光强,不像火力发电能够人为控制发电量。不借助其他设施,电能本身无法被储存,这使得黄河流域风力发电站与光伏发电站调峰能力较弱。因此,如何在各个时间段上将电力需求与电力供给相匹配则成为以风力发电、光伏发电为代表的清洁能源开发过程中的常见问题。为此,与发电相配套的大规模储能技术需求应运而生:在用电低谷期、发电高峰期将电能进行储存,在用电高峰期、发电低谷期将储存的电能释放,从而解决弃风、弃光等问题。黄河流域诸多省份的大规模储能示范项目相继开展建设,譬如位于通辽市的全国首个火、风、光、储、制、研一体化示范项目,以及青海黄河上游水电开发有限责任公司国家光伏发电试验测试基地配套 20MW 储能电站项目等。

从电力的需求端来看,首先,黄河流域的电力需求不足。虽然黄河流域省份集中了大量的新能源资源,但该地区远离电力的负荷中心,产生的电难以被消纳。同时,只有风力与太阳能产生的电能能够跨省跨区输出,其他大多只能"自产自销"。特高压技术虽然一定程度上能够缓解这一现象,但光伏、风电等项目数量众多,且分属不同建设业主,地方政府层面缺乏统一的整体规划和协调。因此,新能源产业的发展需要稳定的本地需求端支撑,产业间协同和匹配成为黄河流域经济高质量发展所面对的重要问题。我们知道,由于黄河以北地区气温较低,可有效降低计算机的散热成本,这使得该地区成为大数据储存、云计算等大数据相关产业发展的沃土。新能源产业的发展,为大数据相关产业带来了较低的用电成本,吸引相关企业的进一步入驻。华为、阿里巴巴、腾讯以及谷歌、英特尔、微软等世界知名企业均先后在内蒙古等地建设大数据中心,为当地带来了大量的 GDP 与财政收入。大数据相关产业也同时解决了电力消纳问题,促进了新能源产业的进一步发展。我们可以相信,随着当地大数据相关产业的发展,制约当地经济发展,尤其是新能源产业发展的瓶颈将被打破。

专栏1　青海:世界级盐湖

盐湖资源作为自然资源的重要组成部分,富含的无机盐资源十分丰富。以钾、锂、镁、硼等为代表的盐湖资源在高效农业、新能源、新材料、信息、环保等产业中有着广泛的应用。青海的盐湖资源禀赋在国内独一无二,是我国盐湖分布的最主要地区。仅柴达木盆地就有 30 多个盐湖,其中氯化钠、氯化镁、钾盐、锂盐、锶矿、芒硝等矿产均居全国前列,盐湖中还富含硼、溴、铷、铯等成分。

坐拥丰富的盐湖资源,除了资源开发,深度的"产学研"融合也在进行。盐湖研究有效促进了周围产业发展与人才培养,而这两者同时反哺了盐湖研究。青海省西宁市的中国科学院青海盐湖研究所(简称"青海盐湖所"),迄今为止依然是我国唯一专门从事盐湖研究的科研机构。该机构针对青海盐湖镁锂比高的特点研发的锂镁分离新工艺,解决了高镁锂比盐湖卤水镁锂分离的世界难题,为我国盐湖提锂产业的发展做出了开创性贡献。通过普通许可两家企业,盐湖提锂专利技术成功实现成果转化,许可费 4000 万元。形成的核心技术支撑和服务了 3 万吨/年电池级碳酸锂与 5000 吨/年高纯氯化锂的产能。至 2020 年年底,企业销售额累计 42 亿元,利润累计 19 亿元。青海盐湖锂产品在国际盐湖锂产品中的市场占有率约为 20％。与此同时,在得天独厚的研究条件下,先后有 4 位科学家当选为中国科学院院士,培养了一批盐湖科技英才,共取得各类科研成果 300 多项。

【资料来源:建设世界级盐湖产业基地"国家队"这样擘画"蓝海"[EB/OL].（2021-04-06）[2022-05-05].https://acin.org.cn/5065.html】

二、以绿色发展理念推动黄河流域经济高质量发展

（一）黄河流域经济绿色发展的内涵

黄河流域横跨我国东、中、西三个方位,连接青藏高原、黄土高原、华北平原三大关键区域,形成三江源、祁连山等国家公园和生态功能区,是我国重要的生态屏障,同时黄河流域拥有黄淮海平原等农产品主产区,在提供能源和促进区域经济发展方面发挥了重要作用。但黄河流域上中下游资源禀赋差异明显,各区域发展不平衡,加之历史原因、经常受自然灾害侵害等,黄河流域的整体经济发展状况落后于其他地方,特别是上中游和下游的滩区,而且黄河流域本身生态环境脆弱,水资源短缺。未来我们如何在保护黄河生态环境与发挥黄河在带动区域经济发展方面的作用之间寻求更好的平衡是一个永久的命题。

习近平总书记在党的十八届五中全会上提出创新、协调、绿色、开放和共享的新发展理念,并将"绿色发展"作为关系我国全局发展的重要理念。这是习近平总书记在洞悉工业文明到生态文明跃迁规律,就促进人与自然和谐发展提出一系列新思想、新观点、新论断后,凝聚形成的新发展理念,该理念提出了对经济发展的几点要求。第一,要促进人与自然的和谐共生,对于城市发展要构建科学合理的格局,要推动低碳循环产业的发展。第二,要加快主体功能区建设,发挥其在保护国土空间开发方面的基础作用。第三,加快清洁能源、低碳能源等现代能源体系的建设,同时建立健全用能权、排污权、碳排放权等初始分配与交易制度。第四,加大环境治理力度,实行严格的环境保护制度,加强大气、水等污染防治。第五,要筑牢生态安全屏障,对山水林田湖等实施生态保护。总体来看,绿色发展理念以人与自然的和谐存在为基本价值取向,以绿色经济、低碳循环为主要原则,以生态文明建设为主要抓手,这是对传统

经济发展理念的一种继承与突破,是在总结以前经济高速增长经验与教训的基础上,结合当下生态环境现状和经济发展新要求而产生的一种新的发展理念,是经济高质量发展的基础,也是其他发展理念的保障。绿色发展理念与其他四大理念相互贯通、相互促进,共同构成了经济高质量发展的基本内涵。

(二)黄河流域经济绿色发展面临的挑战

经济绿色发展的提出根植于黄河流域脆弱的生态环境,只有在厘清环境问题的基础上,才能寻求科学合理的经济绿色发展路径。

1.上游地区

黄河上游地区包含青海、四川、甘肃和宁夏四个省区,承担着涵养黄河水源的重大使命,但黄河上游流域内生态问题频出,治理方面也面临各种挑战。长期以来,黄河上游的主要问题集中在洪水频发、生态环境脆弱两个方面(杨丽娟等,2021)。

首先,黄河流域上游地区洪水频发。每年的7～10月是黄河的汛期,根据数据统计,几乎每年该河段均会暴发洪水,近些年来暴发次数呈现逐年上升态势,特殊年份甚至高达三次,而且洪水类型复杂,有时上游还会出现凌汛,因为凌汛发生时段气温低,获取抢险土料难度大,这在一定程度上加大了治洪难度。其次,黄河流域上游地区生态环境脆弱。黄河的上游地区分布有湿地、冰川等,承担着各种生态功能,在维护生态环境安全方面发挥了至关重要的作用(周伟,2018)。但长期以来,黄河上游地区生态环境一直处于极度脆弱的状态,水土流失、沙漠化现象严重,且多虫鼠害,草场面临"沙化""黑土化"等风险(李浩,2021)。以若尔盖段为例,若尔盖高原横跨多种气候区,具有明显的过渡区性质,是典型的生态脆弱区。目前若尔盖高原草地产草量较20世纪60年代下降20%左右,甚至有些地区优质牧草已经灭绝,而且最近几年若尔盖高原鼠害面积明显扩大,每年因鼠虫危害损失的牧草约1.2亿公斤,直接经济损失高达2400多万元(杨静,2021)。

2.中游地区

黄河中游流经蒙陕晋豫四省区,中游地区集中了大量的资源,为我国的经济发展做出了突出的贡献(魏曙光等,2020),但近些年来以资源特别是煤炭资源作为主要支柱的经济发展模式,为中游地区经济绿色发展带来了巨大挑战,具体来看主要表现在以下几点。

首先,能源消费结构不合理加剧环境污染。黄河中游的能源消费主要是以一次开发为主,且利用方式较为粗放,虽然近年来各方进行了有效治理,但仍然存在很多问题。例如在产业布局方面,能源矿产资源富集的地方,对能源的利用长期以粗加工为主,产业附加值低,中高端产业发展潜力未被充分激发出来,很多产业从东部转移至西部地区后,转型升级力度不够,像清洁能源等还存在很大的发展空间。其次,重化工业发展与水资源矛盾突出。黄河中游地区的降水量普遍偏少,蒸发量却很高,但是经济和社会的发展又需要大量的水资源。如山西和宁夏,受地形和气候影响,两省区是全国典型的水资源缺乏省份,而且水资源利用效率较低,就人均水平而言,占全国的20%不到,但流域内的宁东能源化工、山西煤化工基地等,又需要大量的水资源,所以水资源成为制约当地经济发展的关键因素。另外流域内重化工业,如化学原料、煤炭开采洗选等还会产生大量的废水,这些废水对沿黄居民的用水安全产生了严重的威胁。

3.下游地区

黄河下游流经河南和山东两个省,两省在生态环境保护上已经采取了大量措施,但是流域内降水量少,而滩区人口众多,农业面源污染和生活污染并存,区域内生态问题依然较为突出(董战锋等,2020)。

首先,黄河流域下游水资源总量衰减和用水刚需矛盾突出。近些年来黄河流域的水资源呈现明显的下降趋势,但是河南和山东两省是中国农产品主产区、人口聚居区,农业种植规模与水资源条件不匹配,同时因为农业灌溉技术落后、水资源利用效率低下等原因,水资源短缺一直是阻碍下游经济发展的重要因素。其次,河流生态功能严重退化(董战峰等,2020)。下游河道存在高度"人工化"的现象,部分河段的水电站首尾相连,严重破坏了河流之间的连通性,生态流量被挤占,河流廊道的生态功能严重退化。同时,黄河入海水沙减少,河口湿地淡水的补给系统受到影响,近海生物的生存环境和盐沼湿地的生态格局遭到严重破坏。

总之,从全流域来看,黄河流域的生态状况不容乐观,经济发展带来的环境污染问题和水资源问题尤为突出。为了黄河流域经济的高质量发展,开发新能源、促进产业转型升级和保护生态环境是必不可少的关键一步。

(三)促进黄河流域经济绿色高质量发展的策略

面对黄河流域脆弱的生态环境和经济绿色高质量发展的要求,流域内九省区全面发力,积极谋取黄河绿色发展之大业,目前在产业转型升级、新材料、生态旅游等多个方面已取得阶段性成效。

1.新能源开发和产业转型升级

传统的能源开发日益受到环境的严格约束,近年来各地方政府不断探索新能源、新材料的研发和使用,同时调整产业结构,旨在提高经济效益,建设以技术密集型企业为主导的区域经济体系。

黄河的发源地青海省,是国家清洁能源示范省,近年来一直积极推进能源生产和消费革命,构建清洁、低碳、安全、高效的能源体系,努力打造"绿电特区",并与沿黄其他省份合作,将清洁电力输送给兄弟省份。2020年7月,历时近两年的"青电入豫"工程正式启动送电,项目启动后,每年大约400亿千瓦时的清洁能源,通过1587公里的"电力天路",源源不断地被送往中原大地。"青电入豫"工程走出了一条绿色发展道路,实现了清洁能源的跨地区优化配置,促进了新经济发展和产业链跃迁,为推动高质量发展厚植新优势、增添新动能。同处上游地区的宁夏回族自治区,通过打造能源化工和新材料基地,聚焦高端装备制造、新能源、新材料等行业的发展,自2015年以来,已经将工业增加值增速提升到20%以上。以新能源为例,近年来宁夏积极践行绿色发展理念,为满足新能源发展需求,增设新能源富集地区变电站布点。2010~2020年,国网宁夏电力已建设30余座电网工程,投入超过110亿元,显著提升了新能源的优化配置能力。此外宁夏建成了我国首个新能源综合示范区,2013~2018年,新能源装机容量年均增长率达到32%,截至2019年,宁夏新能源利用率已经达到98.1%,消纳水平位居全国前列。同时,为保障新能源科学发展,宁夏已经建成一流的新能源大数据云计算管理和服务平台——国家新能源云,该项目是贯彻落实国家促进新能源发展和消纳工作部署的重要举措。甘肃省自2014年开始,实施战略性新兴产业攻坚战,通过整合财政专项等方式对新材料、新能源、节能环保等领域予以重点支持。内蒙古以"呼包鄂"为关键点,提出推动能源向清洁化转型,打造世界级别的能源综合利用基地和清洁能源输出基地,并推动信息、新材料等新兴产业集聚发展。

黄河中游的山西省则通过发展新能源汽车、高端装备制造、新材料和生物产业等,促进产业转型升级。例如在太阳能领域,山西省是起步较早的省份之一,自2005年以来,该省就将光伏产业确定为战略性新兴产业,其中发展较好的城市有太原、大同、长治、朔州等,这些地级市拥有丰富的太阳能资源,在太阳能热利用的普及、利用太阳能取暖,以及建设制冷示范工程、大型光伏发电站等方面具有先天性优势,经过近几年的发展,目前全省已经建成了完整的全产业链条。黄河下游的山东,在2013年开始进行技术突破,不断推动传统行业转型升级、产业集聚,并致力于培育高端装备制造、新一代信息技术、新材料等新型产业,目前全省高新技术产值占规模以上工业比重达三成以上。

2.各类示范区建设顺利开展

黄河流域九省区依托自身资源禀赋特点,建立了许多综合试验区(见表1),旨在通过新旧动能转换、城市转型等方式推进经济绿色高质量发展。例如,山东新旧动能转换综合试验区就是中国首个以新旧动能转换为主题的区域发展战略综合试验区。济南作为核心城市之一,努力壮大清洁能源、冶金新材料,对传统行业进行改造升级,打造清洁能源研发制造基地和全国产业衰退地区转型示范区。又如黄河中游的山西省国家资源型经济转型综合配套改革试验区,重点布局新材料、节能环保、绿色食品和文化旅游等产业,以传统产业转型升级为核心,以培育壮大新兴产业为突破口,加快构建高端现代产业体系,可以说山西省的实践为全国资源型城市的转型探索出了一条可行之路。内蒙古于2016年10月获批建设国家大数据综合试验区,经过近几年的发展,已经在数字经济发展、数字政府建设等方面取得了可喜成果,在数字经济发展方面,新产业、新动能成为经济发展新的增长极,传统产业不断转型升级;在数字政府建设方面,"互联网＋政务"深入推进,生态环保、生态安全等大数据创新应用稳步推进,经过全区的共同努力,经济发展新格局和新业态已形成,为其他省份的绿色高质量发展提供了经验。

表1　沿黄九省区绿色发展、转型升级实践

省（区）	试验区
山东	新旧动能转换综合试验区、国家自由贸易试验区
河南	国家大数据综合试验区、华夏历史文明传承创新区、国家自由贸易试验区
陕西	国家自由贸易试验区
山西	国家资源型经济转型综合配套改革试验区
四川	国家自由贸易试验区
内蒙古	国家大数据综合试验区
甘肃	国家中医药产业发展综合试验区、华夏文明传承创新区
宁夏	内陆开放型经济试验区
青海	三江源国家生态保护综合试验区

资料来源:吴净(2021)。

3.生态旅游建设深入推进

黄河流域的上中游地区是我们解决相对贫困问题的重要区域,但基于黄河流域脆弱的生态环境,一味通过工业发展来带动经济增长,显然是不可取的。在经济发展和生态保护的双重压力下,很多地方政府通过发掘黄河流域特有的文化产业,通过建立黄河文化旅游区、国家公园等方式,在环境保护的基础上开发旅游业,不仅能保护当地的生态环境,也能通过旅游带动经济发展,通过近几年实践来看,效果颇为显著。

以四川省为例,该省大部分地区经济发展比较滞后,社会发育程度较低,贫困人口较多,且四川省位于黄河上游,如果生态环境遭到破坏,影响的将是整个流域,所以四川省整体在产业布局、城镇发展等方面的约束性极强。为在生态保护和高质量发展之间寻求一个更好的平衡,四川省利用境内独有的藏传佛教文化,与甘肃省合作,携手打造若尔盖国家公园,旨在保护好生态环境,维护生物多样性,并通过发掘四川黄河流域的湿地自然风光、民族风情,建设特色小镇,依托乡村振兴,利用旅游业带动经济绿色发展。而甘肃也是沿黄九省区中兼具"生态脆弱"和"贫困人口众多"于一体的省份。甘肃省整体缺水比较严重,加之历史、自然条件等原因,省内多是生态脆弱区、民族地区、革命老区的重叠区域。如何在不破坏生态环境的前提下,提振经济发展,是甘肃省面临的重大难题。近些年来,甘肃省不断发展特色产业,借助省内大地湾文化、马家窑文化等,打造黄河文化带,推动黄河文旅融合发展。此外,甘肃省还建设绿色生态产业示范区、生态保护性农业示范区等,为全流域绿色发展提供了模式借鉴。再如河南省,河南省历史悠久、文化底蕴丰厚,二里头夏都、安阳殷墟等文化遗址均位于河南。河南通过深入挖掘黄河文化,推动生态保护与文化旅游融合发展,打造黄河流域的生态风景线,依托生态走廊,推动沿黄文化高质量发展,把生态效益转化为经济效益,反哺地区经济与社会发展。

4.生态功能区建设

黄河流域环境问题产生的重要原因之一就是生态承载力过低,钟茂初等(2021)通过测算发现黄河流域的生态承载力均处于较低水平,远低于长江流域,而解决这个问题的办法之一就是建立生态功能区。生态功能区对于国家生态安全和生态系统的稳定性起到至关重要的作用,最近几年,沿黄九省区生态功能区建设顺利开展,建立了森林公园、地质公园和自然保护区等生态功能区(见表2),其主要作用是涵养水源、防风固沙和维护生物资源多样性等。以山东黄河三角洲国家级自然保护区为例,黄河水以含沙量高著称,平均每年新造陆地3万至4万亩,形成了宽阔的湿地,同时因为该保护区处于黄河与渤海的交汇处,具有独特的水文条件,土壤中有机质含量丰富,浮游生物密集,鸟类种类繁多,丰富的动植物资源为黄河三角洲生态系统的稳定性提供了重要保障。

表 2 沿黄各地市重要生态功能区

地市	生态功能区
潍坊市	山东山旺古生物化石国家级自然保护区、山东寿阳山国家森林公园、山东山旺国家地质公园
淄博市	山东原山国家森林公园、山东鲁山国家森林公园
东营市	山东黄河三角洲国家级自然保护区、山东黄河口国家森林公园、山东东营黄河三角洲国家地质公园
泰安市	山东泰山国家森林公园、山东徂徕山国家森林公园、山东药乡国家森林公园、山东新泰莲花山国家森林公园、山东泰山国家地质公园
滨州市	山东滨州贝壳堤岛与湿地国家级自然保护区
济南市	山东柳埠国家森林公园、山东莱芜华山国家森林公园
开封市	河南开封国家森林公园
郑州市	河南始祖山国家森林公园、河南嵩山国家森林公园、河南郑州黄河国家地质公园、河南嵩山地层构造国家地质公园
新乡市	河南新乡黄河湿地鸟类国家级自然保护区、河南太行山猕猴国家级自然保护区、河南关山国家地质公园
焦作市	河南黄河湿地国家级自然保护区、河南太行山猕猴国家级自然保护区、河南云台山国家森林公园、河南焦作云台山国家地质公园
洛阳市	河南黄河湿地国家级自然保护区、河南神灵寨国家森林公园、河南郁山国家森林公园、河南天池山国家森林公园、河南花果山国家森林公园、河南白云山国家森林公园、河南龙峪湾国家森林公园、河南洛宁神灵寨国家地质公园、河南洛阳黛眉山国家地质公园
三门峡市	河南黄河湿地国家级自然保护区、河南小秦岭国家级自然保护区、河南玉皇山国家森林公园、河南燕子山国家森林公园、河南亚武山国家森林公园、河南甘山国家森林公园
临汾市	山西五鹿山国家级自然保护区、黄河壶口瀑布国家地质公园
渭南市	陕西少华山国家森林公园
忻州市	山西芦芽山国家级自然保护区、山西五台山国家森林公园、山西管涔山国家森林公园、山西禹王洞国家森林公园、山西赵杲观国家森林公园、山西宁武冰洞国家地质公园、山西五台山国家地质公园
吕梁市	山西庞泉沟国家级自然保护区、山西关帝山国家森林公园、山西交城山国家森林公园

续表

地市	生态功能区
延安市	陕西子午岭国家级自然保护区、陕西延安国家森林公园、陕西劳山国家森林公园、陕西蟒头山国家森林公园、黄河壶口瀑布国家地质公园、陕西洛川黄土国家地质公园、陕西延川黄河蛇曲国家地质公园
榆林市	陕西榆林沙漠国家森林公园
呼和浩特市	内蒙古大青山国家级自然保护区、内蒙古乌素图国家森林公园
鄂尔多斯市	内蒙古鄂尔多斯遗鸥国家级自然保护区、内蒙古西鄂尔多斯国家级自然保护区
包头市	内蒙古大青山国家级自然保护区、内蒙古五当召国家森林公园
吴忠市	宁夏哈巴湖国家级自然保护区、宁夏罗山国家级自然保护区、宁夏花马寺国家森林公园
银川市	宁夏贺兰山国家级自然保护区、宁夏灵武白芨滩国家级自然保护区、宁夏苏峪口国家森林公园
中卫市	宁夏沙坡头国家级自然保护区
兰州市	甘肃连城国家级自然保护区、甘肃兴隆山国家级自然保护区、甘肃吐鲁沟国家森林公园、甘肃石佛沟国家森林公园、甘肃徐家山国家森林公园
白银市	甘肃寿鹿山国家森林公园、甘肃景泰黄河石林国家地质公园
临夏州	甘肃莲花山国家森林公园、甘肃松鸣岩国家森林公园、甘肃刘家峡恐龙国家地质公园
石嘴山市	宁夏贺兰山国家级自然保护区
乌海市	内蒙古西鄂尔多斯国家级自然保护区
阿拉善盟	内蒙古贺兰山国家级自然保护区、内蒙古贺兰山国家森林公园、内蒙古阿拉善沙漠国家地质公园
巴彦淖尔市	内蒙古哈腾套海国家级自然保护区
海东市	青海循化孟达国家级自然保护区、青海北山国家森林公园、青海互助北山国家地质公园
西宁市	青海大通国家森林公园、青海群加国家森林公园、青海尖扎坎布拉国家地质公园

资料来源:钟茂初(2021)。

5.碳排放治理取得显著效果

黄河流域巨大的能源消耗使得碳排放逐渐成为人们关注的焦点,最近几年在新发展理念的引领下,流域各省区不断探索降低碳排放的方法,目前已取得显著效果。杜海波等(2021)利用夜间灯光数据模拟2000~2018年黄河流域能源消费碳排放的时空变化特征,结果发现,虽然2000~2018年能源消费碳排放总量在不断上升,但是增长速率呈下降态势,而且整体表现出收敛趋势。马明娟等(2021)通过研究发现,2007~2017年,黄河流域九省区固碳总量和森林固碳量呈现"阶梯式"增长态势,年均增长率在2%左右,特别是2011年后的碳汇量增长速度超过了碳排放增长速度,这背后的原因是我国在2010年开始推行低碳试点,其中的山西、山东等地积极探索低碳发展路径,并相继出台相关规划,碳减排工作取得了显著效果。

综上所述,虽然黄河流域生态状况堪忧,解决脱贫问题时面临的经济发展压力也很大,但要同时兼顾二者也不是无路可循,或许绿色发展就是一个解决方法。绿色发展讲求经济发展和环境保护的统一,从现有实践来看,各省的绿色发展道路已经取得了阶段性成果,大部分地区在清洁能源研发、产业转型升级和生态功能区建设、生态文化旅游等方面均取得不错的成绩,未来经济的发展有望实现从高速度向高质量的完美转变,绿色发展也会成为高质量发展最美的底色。

三、流域环境协同治理促进黄河流域经济高质量发展

(一)黄河流域环境协同治理促进经济高质量发展的必要性

协调发展作为五大新发展理念之一,对实现经济高质量发展具有重要的推动作用。具体到黄河流域,上中下游九省区的环境协同治理,是保证整个流域实现协调发展进而实现高质量发展的重要一环。黄河流域环境治理协调性的缺失,不仅不利于生态保护,还会使各省份尤其是上游省份产生产业结构不合理问题。产业结构不合理不利于各省区发挥比较优势,不符合协调发展理念,无法促进各地区协调发展,最终导致黄河流域的经济高质量发展受阻。总之,黄河流域环境协同治理对于促进经济高质量发展是必要的。

(二)环境治理协调性缺失导致流域经济低效发展的原因分析

在不存在环境外部性的条件下,区域经济分工根据比较优势原则展开,市场机制会自发逼近并达到帕累托最优状态。但是,当区域间存在环境外部性或外溢性的时候,区域间产业分工可能形成扭曲,上游地区因不承担水污染的全部成本而过度发展污染型产业,或者上游地区的环保努力产生的收益外溢

到下游地区,从而降低了上游地区的环保努力程度。具体而言,我们认为主要有以下两点:

第一,生态产品的外部性导致了激励的扭曲,使各省份尤其是上游省份无法发挥比较优势,导致了空间上的产业布局不合理现象。青海、甘肃、宁夏等省份地处黄河上游,保护黄河生态环境的责任重大,相较于下游省份,要投入更多的成本保护环境,但是产生的部分生态收益却被中下游省区捕获,这种由外部性导致的收益与成本的不对等现象弱化了上游省份进行产业转型的激励,致使各省份尤其是上游省份无法发挥自身的比较优势,不利于经济高质量发展。进一步来说,上游省份发展一些对污染程度较低的产业能够使整个流域的效用最大化,但是由发展这些行业而带来的生态收益不能完全被上游省份回收,这些省份会转而发展那些能够完全回收经济收益的产业,即使这些产业污染较重。对整个流域而言,这导致了产业布局在空间上的不合理问题,资源配置结果并非是有效率的。

从经济理论上来讲,这种成本收益不对等的发展模式使下游省份搭上游省份环境保护的便车,既不能体现公平,也由于市场失灵现象导致资源错配,无法保证效率。我国东中西部发展程度本就有所差异,体现在黄河流域也较为明显,上游省份发展程度较中下游明显偏慢,若上游省份承担更多的生态保护职能却无法获取其中的经济收益,这无疑会拉大各省份经济发展差距,阻碍经济高质量发展。

第二,由于缺乏环保技术升级的激励,企业对改进环保技术的投资较低,进行技术升级的热情不高。这一方面可能会降低企业的生产效率,使企业忽视技术进步对企业生产效率的促进作用;另一方面也导致环保投资的减少,不利于环境保护行业的发展。这种企业因缺乏激励导致的环保技术落后的情况,不利于企业的技术进步,也不利于产业升级和产业转型,是黄河流域尤其是上游省份产业结构不平衡的重要原因。

为了解决环境治理协调性缺失的问题,中央采取了纵向生态补偿机制,地方政府采取了横向生态补偿机制。利用两种生态补偿机制,有助于解决由于生态产品的外部性带来的市场失灵问题,体现了协调发展理念,有助于推动黄河流域的经济高质量发展。

(三)纵向生态补偿促进黄河流域经济高质量发展的机制分析

中央政府可以采取纵向生态补偿机制的方式解决环境治理协调性缺失的问题。纵向生态补偿是指上级政府对下级政府的生态补偿,主要表现为中央对地方的生态转移支付。纵向生态补偿的本质是利用上级政府的干预解决生态产品的外部性问题,体现了利用庇古税解决外部性问题的思想,能够在一定程度上解决生态产品的外部性问题。纵向生态补偿一般适用于对全国层面有影响的江河源头区、国家自然保护区、生态敏感和脆弱区以及大江大河水系等(俞海和任勇,2008),这些地区对国家的生态影响较大,提供的生态功能服务受益广泛,中央政府作为受益者的集体代表,为这些地区提供生态转移支付也是应有之义。

但是对于黄河流域的经济高质量发展来说,仅仅纵向生态补偿的推动力量仍然不足。一方面,单纯的纵向生态补偿无法弥补当地政府的生态成本;另一方面,对于河流而言,利用河流断面水质监测可以较清晰地界定生态产品的价值,成本与收益的主体相对明晰,产权更容易界定,此时横向生态补偿的成本较低。因此,横向生态机制对于促进黄河流域各地区协调保护是十分必要的。

(四)横向生态补偿促进黄河流域经济高质量发展的机制分析

为了解决产权不明晰与交易成本较高的情况,一方面需要中央政府实施一定程度的干预,另一方面部分上下游地区也可以协商解决。由此,流域横向生态补偿机制就应运而生了。

2020 年 4 月 20 日,为深入贯彻黄河流域生态保护和高质量发展座谈会及中央经济工作会议精神,加快推动黄河流域共同抓好大保护、协同推进大治理,财政部、生态环境部、水利部和国家林草局研究制定了《支持引导黄河全流域建立横向生态补偿机制试点实施方案》,方案指出,鼓励地方加快建立多元化横向生态补偿机制。根据《生态文明制度改革总体方案》,省际横向生态补偿机制建设以地方补偿为主,各地要积极主动开展合作,强化沟通协调,尽快就各方权责、跨省界水质水量考核目标、补偿措施、保障机制等达成一致意见,推动邻近省区加快建立起流域横向生态补偿机制;同时鼓励各地在此基础上积极探索开展综合生态价值核算计量等多元化生态补偿机制,鼓励开展排污权、水权、碳排放权交易等市场化补偿方式,逐步以点带面,形成完善的生态补偿政策体系。为了激励各省区流域横向生态补偿机制的建立与完善,中央财政还设立了奖惩制度,对于早建机制、多建机制的省区,中央财政会给予更多的补贴,对推进机制建设不力的省区,中央财政会扣减其生态补偿资金并用于奖励先进地区。

总的来说,流域内坚持"谁污染,谁补偿"以及"谁获益,谁补偿"的原则,若下游省份享受到了上游省份提供的生态产品,就要为此支付生态补偿金。具体来说,上游省份为了保护河流付出了经济发展受阻等代价,下游省份享受到了河流的生态价值，就要支付相应的成本，即对上游省份进行补偿。这保证了双方收益共享，成本共担，而不是上游省份承担成本，下游省份享有收益，由此对原来激励的扭曲进行了纠偏，促进了效率和公平。

从经济理论上来说，横向生态补偿机制背后蕴含着科斯定理的逻辑。科斯定理的两大重要假设——产权明晰与交易成本为零或者很小，在横向生态补偿机制中都得到了满足。一旦确定了省界水质水量，就可以将"污染权"和"生态价值"明晰给各省区，这样下游省份想要获得黄河流域的生态价值，就要给上游地区一定的补偿；同时，这类制度的正式确立，有助于降低交易成本，使补偿行为能够顺利完成。

上游省份获得下游省份的生态补偿资金后，一方面可以用来弥补自身经济因保护环境受到的损失；另一方面，通过这部分资金，上游省份可以进行环境保护支出，并帮助企业进行环保投资，帮助企业转型和产业升级。张婕等（2021）采用黄河流域九省区重污染上市企业 2006～2015 年的面板数据，通过构建多期双重差分模型，研究黄河流域生态补偿政策对民营企业环保投资的影响。实证结果表明，黄河流域生态补偿政策的实施推动了民营企业环保投资的增长，推动了各地区协同共治，有助于黄河流域高质量发展，实现环境保护与经济发展的双赢结果。

利用下游省份的补偿资金来补偿上游省份自身经济发展，是促进上游省份产业转型、上下游省份产业协同、实现整个黄河流域经济高质量发展的关键激励。只有做对了激励，才能调动上游省份进行环境保护和经济发展的积极性。

其实，早在《支持引导黄河全流域建立横向生态补偿机制试点实施方案》发布之前，黄河流域各省区就出台了相关文件，建立了生态补偿机制。2007年，山东省印发了《关于在南水北调黄河以南段及省辖淮河流域和小清河流域开展生态补偿试点工作的意见》，坚持保护者受益、破坏者赔偿的责任原则，将环境因素纳入经济主体的成本，对为环境保护做出贡献和牺牲的个人、企业、地区给予补偿，对造成环境污染、生态破坏的予以追偿。2009 年 10 月，山西省在全省范围内实行主要河流跨界断面水质考核生态补偿机制，在河流入境水质达标的前提下，跨市出境断面水质较考核目标有所改善时予以奖励 200 万元。在入境水质超标的前提下，跨市出境断面水质较入境水质有所改善，实现考核目标的给予奖励 300 万元；实现跨水质级别改善的，给予奖励 500 万元。不达考核标准的，通过省财政扣缴生态补偿金。2010 年，河南省发布《河南省水环境生态补偿暂行办法》；2014 年，河南省又发布《关于进一步完善河南省水环境生态补偿暂行办法》。2016 年，国务院办公厅印发了《关于健全生态保护补偿机制的意见》,提出推进横向生态保护补偿,研究制定以地方补偿为主、中央财政给予支持的横向生态保护补偿机制办法,鼓励受益地区与保护生态地区、流域下游与上游通过资金补偿、对口协作、产业转移、人才培训、共建园区等方式建立横向补偿关系。四川、内蒙古、甘肃、陕西先后响应中央号召,印发了《关于健全生态保护补偿机制的实施意见》。2017年,宁夏政府印发了《关于建立流域上下游横向生态保护补偿机制的实施方案》。

通过分析各省区的文件,我们发现地处下游的山东、河南两省较先出台了横向生态机制补偿政策,原因可能在于两省地处黄河下游,水资源污染严重,并且作为农业大省,用水量大,这促使了两省较早出台相关政策。并且,两省在污染物的监测上,都重点关注化学需氧量、氨氮这两项指标。地处上游的青海、甘肃、宁夏等出台政策的时间稍晚,在2016年国务院办公厅印发《关于健全生态保护补偿机制的意见》之前,跨省域生态横向补偿的难度较大,上游省份承担保护生态环境的责任,却不能享有水质改善、水量保障带来的利益。2016年《健全生态保护补偿机制的意见》出台后,省域之间的生态补偿激励了上游省份保护河流的行为,上游各省区也发布相关政策,激励各地市保护黄河。这种现象也从侧面说明了有效的横向生态补偿机制能够激励地方政府保护环境,促进地区经济高质量发展。

建立流域横向生态补偿机制,一个十分重要的前提是对环境污染能够进行科学合理的监测,这涉及技术的支持,也需要生态环境部、水利部、国家林草局等部门公正的考核,发布权威的监测数据。例如生态环境部要公布各省区减排任务完成情况,水利部要提供水资源相关情况数据,国家林草局要提供森林、湿地、草原面积等情况。此外,重大问题沟通协商机制也是必不可少的,在流域横向生态补偿机制运行时,难免会有一些水事纠纷,若不能快速及时解决,一方面会陷入推诿扯皮的困境,另一方面也不利于接下来横向生态补偿机制的运行。这时候就需要发挥中央主管部门的作用,协调各省区沟通,促进其及时解决纠纷。

中国特色社会主义进入了新时代,我国经济发展也进入了新时代,基本特征就是我国经济已由高速增长阶段转向高质量发展阶段。高质量发展离不开五大发展理念,前文内容主要体现了各省区发挥各自比较优势、实现产业协调发展的重要性以及对高质量发展的重要推动作用。同时,详细介绍了横向生态补偿机制这一重要机制,认为该机制能够促进黄河流域间各省区的协作,激励地方政府保护环境,这体现了权责对等的公平理念以及发挥各自比较优势的效率思想。总的来说,以比较优势理论和科斯定理为底层逻辑的横向生态补偿机制,体现了协调这一发展理念,有助于促进黄河流域的经济高质量发展。国家应该继续完善横向生态补偿机制,加强各省区之间的信息流通,降低交易成本,让黄河真正成为"幸福河"。

专栏 2　甘肃、陕西两省实行跨省横向生态补偿

渭河在陕西境内流经宝鸡、杨凌、咸阳、西安、渭南四市一区,滋养了被誉为陕西"白菜心"的关中平原,这里是陕西自然条件最好的地区,集中了全省 60% 的人口、53% 的耕地、70% 的灌溉面积以及 81% 的工业产值。但是渭河流域存在防洪形势严峻、水资源供需矛盾突出、水质污染日趋加剧、水土流失治理进展缓慢等问题,严重制约了渭河流域经济高质量发展。

为了更加有效地开展渭河流域治理,陕甘两省自发商议推动开展渭河流域跨省生态补偿试点。2011 年,陕甘两省沿渭六市一区签订了《渭河流域环境保护城市联盟框架协议》,启动渭河流域跨省界生态补偿制度,实施期限暂定为 2011~2020 年(董占峰等,2020)。该协议提出了一些基本原则:设定跨省、市出境水质目标,按水质目标考核并给予补偿;各出境断面的考核因子暂定为化学需氧量和氨氮两项;各考核断面的出境水质以两省环保厅共同认可的监测结果为依据。补偿标准依据两省议定的跨省界出境监测断面水质目标,甘肃渭河上游出境水质达到两省设定目标,则陕西省向甘肃天水、定西两市分别提供生态补偿资金。按照双方协议,生态补偿金专项用于渭河流域污染治理、水源地生态建设、水质监测能力提升等工程和项目,不得用于平衡地方财力。

在《渭河流域环境保护城市联盟框架协议》的激励下,为保护渭河水质,定西、天水两市做出了诸多努力。例如:定西市自 2000 年开始大规模种植马铃薯,发展淀粉加工业,但是淀粉加工业很容易造成水污染,为了解决淀粉加工业带来的水污染问题,定西市政府一方面要求各淀粉加工厂安装治污设施,另一方面关停污染严重的企业。除此以外,渭源县在财政收入不充裕的情况下,投资 800 多万元建立生活垃圾处理厂,投资 3000 多万元(上级投资 1000 万元,自筹 2000 多万元)建起城镇污水处理厂。天水市和定西市的情况类似,加大了对淀粉加工业的督查力度,对污水排放不能稳定达标的 11 家重点工业企业实施技术改造,提升了污染物处理能力,并关闭了水污染物排放大的铜酞菁和酞菁蓝生产。为了解决水资源匮乏的问题,天水市大力发展装备制造和电工电器产业,严格控制水耗高、水污染物排放大的造纸、化工等项目建设,从源头上挡住了新的污染源。

甘肃、陕西两省实行的横向生态补偿是黄河流域首个地方自发推动实施的省际横向生态补偿试点,自试点启动以来仅一年,陕西省向天水市支付了1100万元生态补偿金,向定西市支付了1200万元生态补偿金,实施跨地区流域生态补偿调动了定西、天水两市生态环境保护积极性,对改善渭河流域水环境质量起到了积极作用,同时也促使下游省市认识到了环境保护的重要性,对自身的环境保护也有一定的促进作用。这为实施黄河流域跨省域横向生态补偿提供了先行经验。天水市通过产业结构的调整,变得绿色环保,能够发挥出自身的比较优势,创造出更多的生态价值,以此交换下游的经济收益。甘肃、陕西两省通过横向生态补偿机制走上了协调发展、经济高质量发展之路。

需要注意的是,补偿金是该制度的重点与难点。补偿金额的确定只是大致的估算,由于是从陕西的环保专项资金中拿出来的,金额不算多,不能弥补上游地区为保护环境而牺牲的经济社会发展。另外,即使不考虑定西、天水两市为环保而牺牲的经济发展,单纯考虑污水治理等环保支出,也是一大笔资金。两市经济并不发达,财政也并不富裕,根本没能力拿出资金配套环保项目。此外,资金的不足很难调动企业和农民的环保积极性,也打压了两市经济发展的积极性,不利于当地的经济发展,也不利于黄河流域的经济高质量发展。这是接下来各省市需要着重解决的问题。

【资料来源:武卫政.渭河生态补偿开了个好头[N].人民日报,2012-04-05(20)】

四、区域协同促进黄河流域城市群高质量发展

(一)黄河流域城市群的发展及地位

城市群是特定区域工业化和城镇化发展到较高阶段的城市最高组织形态,承担着各种生产要素的集聚与扩散功能,是推动区域经济发展的重要增长极(Fang C等,2017;顾朝林,2011),并能兼顾效率与公平(苗长虹,2007;马海涛等,2020)。就其本身而言,城市群的核心在于其内部各城市之间联系更加紧密,主要表现为相比于城市群外的城市,城市群内部各城市之间要素流动更加自由、资源配置更加高效、产业关联和基础设施建设对接更加紧密,从而城市群的规模效应、集聚效应以及协同效应能够得到更大发挥(廖海燕,2013)。随着我国城镇化进程的不断推进,城市数量及其规模不断扩大,各城市间的联

系日益紧密,城市群逐渐成为我国经济发展过程中最具活力和潜力的核心区域。在区域经济一体化的背景下,城市群作为区域经济发展的支撑和未来国际经济竞争的主要载体,在推进黄河流域经济高质量发展过程中发挥着重要作用。

1.城市群在黄河流域经济高质量发展中的重要性

黄河流经青海省、四川省、甘肃省、宁夏回族自治区、内蒙古自治区、陕西省、山西省、河南省以及山东省,共 9 个省区。而黄河流域作为对接"一带一路"的重要区域,是我国重要的生态屏障和经济地带,也是打赢脱贫攻坚战的重要区域,在我国经济社会发展和生态安全方面具有十分重要的地位。2019年 9 月,习近平总书记在黄河流域生态保护和高质量发展座谈会上发表重要讲话,强调要"推动黄河流域高质量发展",并做出了重大部署,从而拉开了推进黄河国家战略的序幕。2020 年 1 月,习近平总书记在中央财经委员会第六次会议上再次强调,推动沿黄地区中心城市及城市群高质量发展。党中央的高度重视,给沿黄地区中心城市及城市群区域经济社会发展带来了重大历史发展机遇,城市群在黄河流域高质量发展层面具有了不可替代的战略地位。目前,黄河流域城市群主要由 3 个区域级城市群和 4 个地区性城市群组成,其中 3 个区域级城市群分别为以济南、青岛为中心城市的山东半岛城市群,以郑州为中心城市的中原城市群,以西安为中心的关中平原城市群;4 个地区性城市群分别为以兰州、西宁为中心城市的兰西城市群,以太原为中心城市的晋中城市群,以呼和浩特为中心城市的呼包鄂榆城市群,以银川为中心城市的宁夏沿黄城市群(见表 3)。

截至 2019 年,黄河流域城市群面积为 89.08 万平方公里,常住人口为26202 万人,占沿黄 9 省区总人口的 62.38％,占全国总人口的 18.58％;黄河流域城市群的城镇人口为 15489 万人,相对应的城镇化率为 59.11％;黄河流域城市群的人口密度为 294.14 人/平方公里,相比于沿黄 9 省区的平均人口密度(117.71 人/平方公里)高出了 176.43 人/平方公里,可以看出黄河流域城市群集中了流域 60％以上的人口,成为整个流域内人口高度集聚区。黄河流域城市群的现价 GDP 为 16.59 万亿元,占沿黄 9 省区 GDP 总量的 67.44％,占全国 GDP 总量的 16.82％,可以看出黄河流域城市群贡献了整个流域近 70％的经济总量,成为黄河流域经济高质量发展的核心区域。黄河流域城市群的第一产业增加值为 1.26 万亿元,占沿黄 9 省区的 60.29％,占全国的 17.87％;第二产业增加值为 6.87 万亿元,占沿黄 9 省区的 68.7％,占全国的 18.05％;第三产业增加值为 8.46 万亿元,占沿黄 9 省区的 67.63％,占全国的 15.8％,

相应的三次产业结构为 7.6∶41.4∶51.0,黄河流域城市群内产业结构大致以第三产业为主导。总体来看,黄河流域城市群的人口及各项经济指标均在沿黄 9 省区和全国占据较大的比重(见表 4)。由此可见,黄河流域城市群在黄河流域高质量发展中承担并发挥着重要的支撑作用。

表 3　黄河流域主要城市群的基本概况

	主要范围	国土面积占比（%）	人口占比（%）	GDP 占比（%）
山东半岛城市群	包括济南市、青岛市、烟台市、威海市、东营市、淄博市、潍坊市、日照市、菏泽市、枣庄市、德州市、滨州市、临沂市、济宁市、聊城市、泰安市	17.79	38.43	42.48
中原城市群	包括河南省的郑州市、开封市、洛阳市、平顶山市、新乡市、焦作市、许昌市、漯河市、济源市、鹤壁市、商丘市、周口市,以及山西省的晋城市、安徽省的亳州市	11.41	26.48	25.87
关中平原城市群	包括陕西省的西安市、宝鸡市、咸阳市、铜川市、渭南市,以及山西省的运城市、临汾市,甘肃省的天水市、平凉市、庆阳市	18.15	16.95	13.03
晋中城市群	包括太原市、晋中市、忻州市、吕梁市	7.84	5.69	4.82
呼包鄂榆城市群	包括内蒙古的呼和浩特市、包头市、鄂尔多斯市,以及陕西省的榆林市	19.62	4.41	7.99
宁夏沿黄城市群	包括银川市、石嘴山市、吴忠市、中卫市	5.46	2.17	2.07
兰西城市群	包括甘肃省的兰州市、白银市、定西市、临夏回族自治州,以及青海省的西宁市、海东市、海北藏族自治州、海南藏族自治州、黄南藏族自治州	19.73	5.86	3.75

注:表中的统计数据均为各城市群指标占黄河流域全部城市群指标总和的比重,数据来源于《中国城市统计年鉴》(2020)。

表 4　2019 年黄河流域城市群主要经济指标在沿黄 9 省区和全国的地位

	常住人口	城镇人口	GDP	第一产业增加值	第二产业增加值	第三产业增加值
黄河流域城市群（亿人、万亿元）	2.62	1.55	16.59	1.26	6.87	8.46
沿黄 9 省区（亿人、万亿元）	4.20	2.40	24.60	2.09	10.00	12.51
全国（亿人、万亿元）	14.10	8.84	98.65	7.05	38.07	53.54
占沿黄 9 省区的比重(%)	62.38	64.58	67.44	60.29	68.70	67.63
占全国的比重(%)	18.58	17.53	16.82	17.87	18.05	15.80

数据来源:《中国城市统计年鉴》(2020)、国家统计局网站。

2.黄河流域内城市群发展的现状

从黄河流域的地理分布来看,黄河上游地区有兰西城市群、宁夏沿黄城市群和呼包鄂榆城市群,黄河中游地区有关中平原城市群和晋中城市群,而黄河下游有中原城市群和山东半岛城市群(盛广耀,2020;马海涛等,2020)。

从表 5 可以看出,黄河流域上中下游的城市群发展存在明显的差异,主要表现为发展的不平衡、不充分,主要原因在于自然资源分布上的不平衡和工业基础、交通基础设施、技术条件的差异,以及人力资源流动等因素导致的经济社会发展的不均衡。

表 5　2019 年黄河流域各城市群的经济社会发展指标

	城市群名称	人口密度（人/平方公里）	城镇化率（%）	GDP（亿元）	第一产业增加值占 GDP 的比重(%)	第二产业增加值占 GDP 的比重(%)	第三产业增加值占 GDP 的比重(%)
下游	山东半岛城市群	635.63	61.51	70475.55	7.26	40.14	52.60
	中原城市群	682.91	55.32	42911.53	9.21	42.55	48.24
中游	晋中城市群	213.52	63.14	8002.25	3.92	43.89	52.20
	关中平原城市群	274.66	55.58	21608.23	8.97	39.07	51.80
上游	呼包鄂榆城市群	66.07	71.43	13247.27	4.42	50.37	45.21
	宁夏沿黄城市群	117.07	64.41	3425.87	6.53	44.43	49.04
	兰西城市群	87.34	55.67	6226.29	7.62	31.36	61.03

注:表中人口密度的计算公式为:人口密度＝常住人口数/行政区划面积,数据来源于《中国城市统计年鉴》(2020)、各市的统计公报等。

（1）人口集聚

从人口集聚角度来看,下游地区的两个城市群的平均人口密度分别为
635.63 人/平方公里和 682.91 人/平方公里,中游地区的两个城市群的平均人
口密度分别为 213.52 人/平方公里和 274.66 人/平方公里,上游地区的三个城
市群的平均人口密度分别为 66.07 人/平方公里、117.07 人/平方公里和 87.34
人/平方公里(见表5)。由此可以看出,相比于中游地区而言,下游地区城市群
的人口密度均高出 350 人/平方公里以上;而相比于上游地区而言,中游地区
城市群的人口密度基本都高出 100 人/平方公里以上。从图 2 也可以看出,山
东半岛城市群和中原城市群的人口密度普遍较高,而其他城市群的人口密度
相对较低。因此,黄河流域呈现人口集聚不平衡的状况,下游地区人口较为集
聚,而中、上游地区的人口集聚效应较弱。

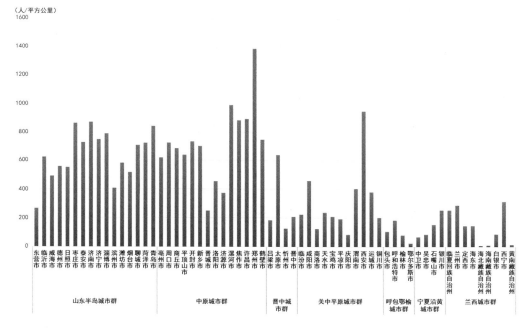

图 2　黄河流域各城市群内的人口密度

数据来源:EPS 数据库、各市统计公报。

（2）城镇化进程

结合表 5 和图 3 可以看出,黄河流域各城市群之间及其内部的城镇化水平
存在明显的空间差异。从整体来看,呼包鄂榆城市群、宁夏沿黄城市群、晋中
城市群、山东半岛城市群的城镇化率相对较高,分别为 71.43%、64.41%、
63.14%、61.51%。其中,呼包鄂榆城市群拥有明显的产业资源优势,比如,包

头市作为老工业基地,钢铁、稀土产业较突出,鄂尔多斯市和榆林市的煤炭资源较丰富,因而,该城市群得益于重化工业的发展,城市间互动密切,城镇化进程较快,且城镇化水平较高。而其余三个城市群的城镇化率相对较低,基本维持在 55%～56%。

从各城市群内部来看,城镇化水平也存在明显的不均衡特征。在山东半岛城市群中,东部沿海地区的城镇化水平普遍较高,青岛市的城镇化率高达74.12%,而且其周边城市的城镇化率都在 60%以上;而山东半岛的中西部,城镇化水平的差异明显,其中济南市的城镇化率为 71.21%,淄博市和泰安市的城镇化率均在 60%以上,而济南的周边城市越往西,城镇化水平越低,且大多数低于 55%。在中原城市群中,仅郑州市的城镇化率较高,为 74.58%,其余城市的城镇化率基本在 60%以下。同样的,关中平原城市群和兰西城市群的城镇化水平也表现出相似的特征,仅中心城市的城镇化率较高,均在 70%以上,而其他城市的城镇化率普遍低于 50%。这在一定程度上可以看出,黄河流域的各城市群均存在中心城市辐射带动能力不足的现象,而且越往上游,中心城市的辐射带动能力越弱。

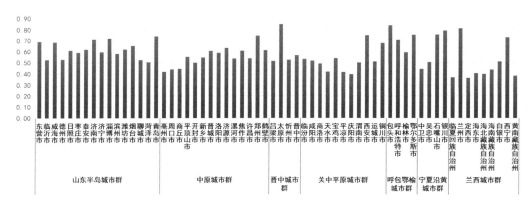

图 3　黄河流域各城市群内的城镇化率

数据来源:EPS 数据库、各市统计公报。

(3)经济发展水平

从图 4 各城市群的经济发展水平来看,上中下游城市群的经济发展水平存在明显的差异。山东半岛城市群的 GDP 总量为 7.05 万亿元,分别为中原城市群的 1.64 倍、关中平原城市群的 3.26 倍、呼包鄂榆城市群的 5.32 倍(见表5),与其他城市群的 GDP 相比,优势更加明显,由此可以看出,上中下游城市群在经济发展上存在严重的不平衡。上游地区传统产业比重高、产业链条短、产品层次低,市场竞争力不强,人才支撑不足,自我发展能力弱。

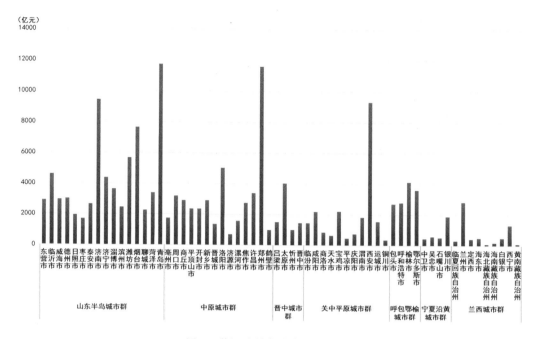

图 4　黄河流域各城市群的 GDP

数据来源：EPS 数据库、各市统计公报。

（4）产业结构

根据前文表 4 可以得出，黄河流域七大城市群整体的第二产业增加值占 GDP 的比重为 41.41%，第三产业增加值占 GDP 的比重为 50.99%。这表明当前阶段，黄河流域城市群的经济结构中第二产业比重并不突出，传统的制造业和资源型产业不再居于主导地位，高端制造业和现代服务业正在不断发展成熟。从图 5 各城市群的产业结构（第三产业增加值/第二产业增加值）可以看出，在呼包鄂榆城市群中部和关中平原城市群中部，产业结构普遍以第二产业为主，而其他城市群的产业结构基本以第三产业为主。从表 5 可以看出，呼包鄂榆城市群的第二产业增加值占 GDP 的比重为 50.37%，相对较高，这主要是因为该地区的重化工业较为发达，是以能源、化工、冶金、新材料、装备制造等为主的工业体系。此外，中原城市群和关中平原城市群的第一产业增加值占 GDP 的比重分别高达 9.21% 和 8.97%，这体现出这些城市群经济发展程度不高，产业发展水平相对较低。综合来看，黄河流域各城市群的产业结构表现出明显的空间差异，这主要是由于黄河流域城市群大部分处于我国中西部地区，而在历史、自然等条件的影响下，经济社会发展相对滞后，与东部地区的城市群相比差距显著。

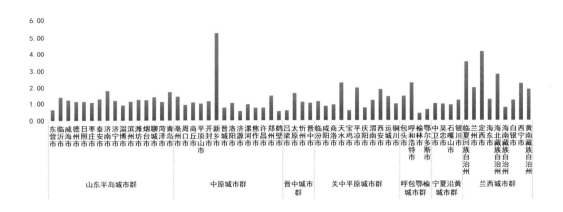

图 5 黄河流域各城市群内的产业结构

数据来源:EPS 数据库、各市统计公报。

(5)交通运输

从图 6 各城市群的路网密度可以看出,黄河流域上中下游的路网密度存在明显的空间差距。其中,山东半岛城市群和呼包鄂榆城市群的路网密度最高,这表明城市群内城市间的交通通达度较高,彼此间的联系较为便捷;而其他城市群,比如中原城市群、宁夏沿黄城市群,其路网密度相对较低,从而城市群之间以及城市间的联系相对受限。

此外,从各城市群内部来看,山东半岛城市群的大部分城市路网密度均在8 公里/平方公里以上,而位于山东半岛西部的聊城市和菏泽市的路网密度明显低于其他城市,分别为 5.35 公里/平方公里和 3.25 公里/平方公里。呼包鄂榆城市群内,各城市的路网密度普遍较高,鄂尔多斯市的路网密度高达 9.28公里/平方公里,该城市群内交通网络的发达得益于该地区的重化工业的发展。而从晋中城市群、关中平原城市群和宁夏沿黄城市群来看,这些城市群内仅中心城市的路网密度较高,而大多数城市的路网密度相对较低,基本都在6 公里/平方公里以下,交通网络的不发达,不利于各城市群之间以及城市群内部的相互联系,从而极大地限制了中心城市的辐射带动能力。

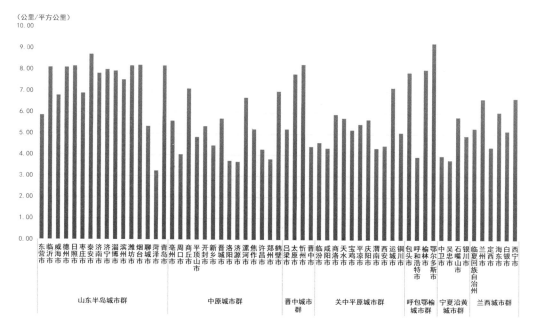

图 6　黄河流域各城市群内的路网密度

数据来源:《中国城市建设统计年鉴》(2019)。

3.黄河流域各城市群内部发展的差异

图 7 为山东半岛城市群内各个城市的 GDP 及三次产业增加值,从图中可以看出,以济南市和青岛市的 GDP 水平最为突出,其次是潍坊市和烟台市。相比于这四个城市,其他城市的 GDP 水平相对较低。这反映出山东半岛城市群内部各个城市的经济发展水平存在明显的差异,特别是其他城市与两大中心城市的经济发展水平相差较大,体现出两大中心城市在城市群中的辐射带动能力仍需加强。此外,从各产业的增加值来看,在山东半岛城市群内,绝大多数城市的第三产业增加值要高于第二产业增加值,仅淄博市和东营市的第二产业增加值高于第三产业增加值。

图 8 至图 12 分别为中原城市群、晋中城市群、关中平原城市群、宁夏沿黄城市群、兰西城市群内各城市 GDP 及三次产业增加值。同样可以看出,中心城市(或省会城市)的经济发展水平与其周边城市的经济发展水平存在明显的差异,因而,黄河流域各城市群内基本都存在中心城市经济辐射带动能力不强的现象。而从图 13 可以看出,呼包鄂榆城市群内各城市之间的经济发展水平差距较小,这可能是由于呼和浩特作为中心城市,融合了包头市、鄂尔多斯市、榆林市的产业资源优势,促进了区域内特色优势产业升级,从而增强了经济辐射带动能力。

（亿元）

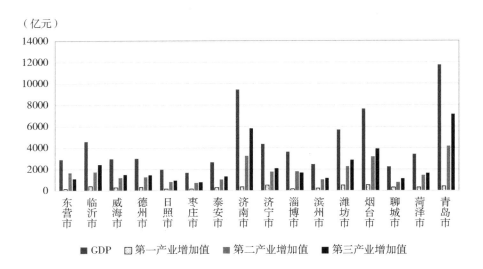

图 7 山东半岛城市群内各城市的经济发展水平和产业结构

数据来源:EPS 数据库、各布统计公报。

（亿元）

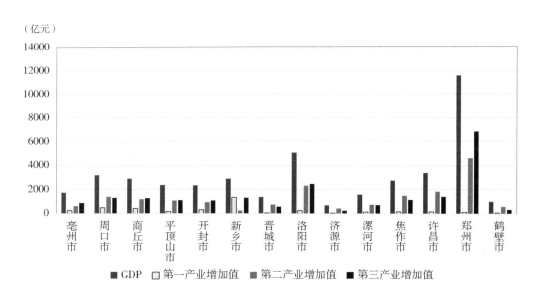

图 8 中原城市群内各城市的经济发展水平和产业结构

数据来源:EPS 数据库、各布统计公报。

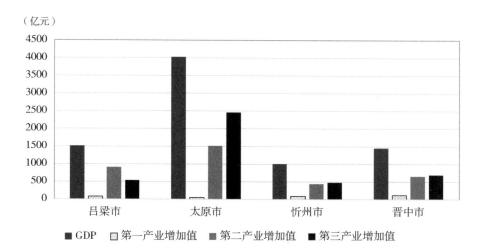

图 9　晋中城市群内各城市经济发展水平和产业结构

数据来源:EPS 数据库、各布统计公报。

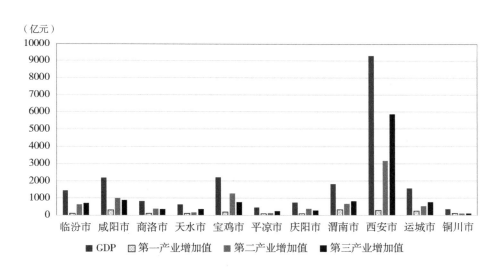

图 10　关中平原城市群内各城市经济发展水平和产业结构

数据来源:EPS 数据库、各布统计公报。

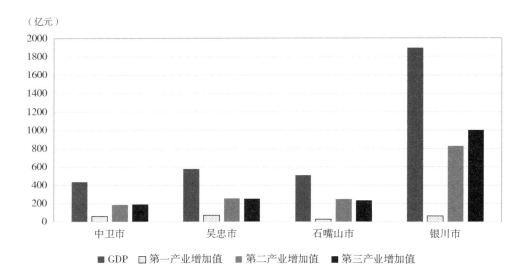

图 11　宁夏沿黄城市群内各城市经济发展水平和产业结构

数据来源：EPS 数据库、各布统计公报。

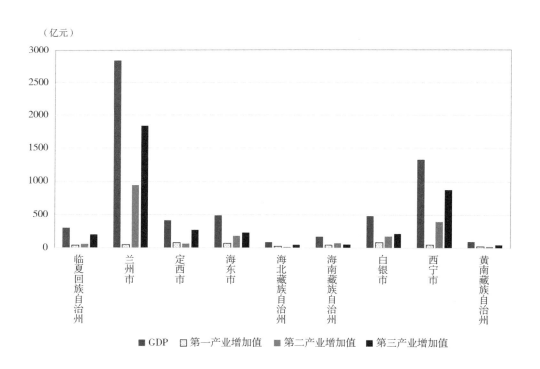

图 12　兰西城市群内各城市经济发展水平和产业结构

数据来源：EPS 数据库、各布统计公报。

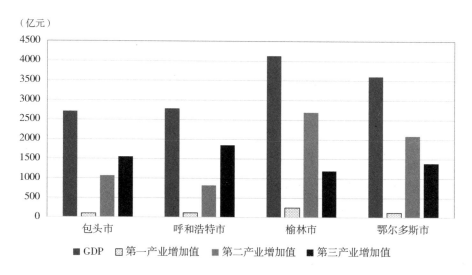

图 13 呼包鄂榆城市群内各城市经济发展水平和产业结构

数据来源：EPS 数据库、各布统计公报。

（二）城市群推动黄河流域经济高质量发展

沿黄九省区分别位于我国的东、中、西三大地区，各省区之间的发展差异较大，同时，黄河流域内的七大城市群的发育程度也差异较为明显，协调好黄河流域上、中、下游之间，各省区之间以及各城市群之间的经济发展和环境保护至关重要。在推动黄河流域经济高质量发展过程中，国家将黄河流域内的西宁市、兰州市、西安市、银川市、呼和浩特市、太原市、郑州市、济南市、青岛市等国家级中心城市和地区级中心城市作为黄河流域高质量发展的"内核"，通过济南都市圈、青岛都市圈、郑州都市圈、太原都市圈、呼和浩特都市圈、银川都市圈、西咸都市圈、兰州都市圈和西宁都市圈的建设来支撑黄河流域城市群高质量发展，将其打造为黄河流域高质量发展的核心区。

1.山东半岛城市群

（1）发展基础

第一，综合实力较强。山东半岛城市群人口总量较大、经济基础较好，是东部沿海地区重要的城市群之一。2019 年，山东半岛城市群的 GDP 达到 7.05 万亿元，占黄河流域全部城市群 GDP 总量的 42.48％，在黄河流域内位居第一位。在产业方面，山东在能源、化工、钢铁、装备、汽车、电器等工业领域均具有一定的优势，而且农业集约化程度较高，现代服务业发展较好，是黄河流域内经济实力和竞争力较强的城市群。蓝色经济特色突出，海洋装备制造业、海洋生物产业等在全国居领先地位。

第二,资源禀赋良好。山东半岛矿产资源组合良好,石油产量约占全国总产量的 16%,黄金、自然硫、石膏等 30 多种矿产储量位居全国前 10 位。

第三,区位优势明显。山东半岛城市群地处东部沿海地区,既是环渤海地区合作的重要组成部分,也是黄河流域的主要出海门户,是"一带一路"重要枢纽。

第四,城镇布局相对均衡。山东半岛城市群形成了 7 个大城市、12 个中等城市、81 个小城市和 1115 个建制镇均衡分布的空间体系,2019 年城镇化率达到 61.51%,已经进入了城镇化较快发展的中后期阶段。

第五,基础设施完善。高速公路、快速铁路等区域交通设施建设加快推进。南水北调东线一期工程建成通水、胶东调水主体工程建成投入使用,区域供水设施趋于完善。

(2)空间发展格局

全面对接融入国家区域发展战略,做优做强济南都市圈和青岛都市圈,支持济南建设国家中心城市,支持青岛建设全球海洋中心城市;引导烟威、东滨、济枣菏、临日都市区有序发展,积极培育新生中小城市;提升重要轴带要素集聚水平,增强网络节点支撑能力,构建"两圈四区、网络发展"总体格局。

提升济南、青岛都市圈发展水平。以济南为发展核心,加快推进济南都市圈一体化和同城化。立足省会城市综合优势,着力优化城市空间布局,加速建设全国重要的区域性经济中心、金融中心、物流中心、科技创新中心。建设完善"两个圈层"。以济南为中心,分别以 70 公里和 150 公里为半径,形成紧密圈层和辐射圈层,重点加快总部经济、金融商务、科技创新等高端服务功能集聚,推进生产要素向交通廊道沿线中小城市、卫星城流动配置。加快提升青岛国际化水平,深度融入全球城市网络,促进青岛、潍坊协同发展,建设开放合作、陆海统筹、具有较强国际竞争力的都市圈。

推进都市区一体化建设。将烟威都市区建设成为"一带一路"的重要节点、中日韩地方经济合作先行区、环渤海地区重要的高端装备制造基地以及具有国际影响的滨海旅游度假胜地和高品质生态宜居区。将东滨都市区建设成为国家级高效生态经济示范区、全国重要的特色产业基地。将济枣菏都市区建设成为国家级能源原材料基地、淮海经济区发展高地、国际旅游目的地、西部崛起战略的核心发展区域。将临日都市区建设成为国际商贸物流中心、丝绸之路经济带桥头堡、鲁南临港产业和先进制造业基地、全国知名的红色旅游和滨海旅游目的地。

2.中原城市群

（1）发展基础

中原城市群综合实力较强,其产业体系完备,装备制造、智能终端、有色金属、食品等产业集群优势明显,物流、旅游等产业具有一定国际影响力。科技创新能力持续增强,劳动人口素质持续提升。

第一,交通区位优越。中原城市群地处沿海开放地区与中西部地区的结合部,是我国经济由东向西梯次推进发展的中间地带,交通条件便利,立体综合交通网络不断完善。中原城市群拥有郑州这一特大城市和数量众多、各具特色的大中小城市,大中小城市和小城镇协调发展格局初步形成,处于工业化、城镇化加速推进的阶段。

第二,自然禀赋优良。中原城市群动植物资源丰富,平原、丘陵、山地皆有,以平原为主,产业发展、城镇建设受自然条件限制较小。

（2）发展路径及空间布局

遵循城市群发展规律,推动空间结构升级,构建"一核四轴四区"的网络化空间格局。

第一,以核心带动,推动大都市区国际化发展。把支持郑州建设国家中心城市作为提升城市群竞争力的首要突破口,强化郑州对外开放门户能力,形成带动周边、辐射全国、联通国际的核心区域。

第二,轴带导向,推进交通网络现代化发展。以京广、陇海等多种交通方式融合的主通道为支撑,构建"米"字形综合经济发展轴带,加快推进高速铁路建设,完善普通铁路和高速公路网络,优化枢纽布局,形成跨区域、多路径、高品质的现代交通网络。

第三,创新驱动,推动产业集群高端化发展。把提升产业竞争力作为推动城市群发展的战略基点,培育一批融入全球价值链的创新型企业和产业集群,形成服务经济与智能制造"双轮驱动"、新动能培育与传统产业升级互促互进的发展格局。

第四,共建共享,推进城市群一体化协同发展。全面推进基础设施和公共服务对接共享,完善区域合作机制,协调处理好中心城市与其他城市、大城市与中小城市的关系。

第五,生态宜居,推进生产生活绿色化发展。把建设优良生态环境作为城市群发展的基本保障,扩大生态空间,发展低碳经济,增强生态承载力和服务功能。

3.关中平原城市群

（1）发展基础

第一，区位交通优势显著。关中平原城市群是亚欧大陆桥的重要支点，是西部地区面向东中部地区的重要门户，以西安为中心的"米"字形高速铁路网、高速公路网加快完善。

第二，现代产业体系完备。关中平原城市群工业体系完整，产业聚集度高，是全国重要的装备制造业基地、高新技术基地、国防科技工业基地。航空、航天、新材料等战略性新兴产业发展迅猛，文化、旅游、金融等现代服务业快速崛起，产业结构正在迈向中高端。

第三，创新综合实力雄厚。关中平原城市群科教资源、军工科技等位居全国前列。

第四，城镇体系日趋健全。西安已发展为西北地区唯一的特大城市，核心引领作用不断增强。西咸新区是全国首个以创新城市发展方式为主体的国家级新区。

（2）空间发展格局

强化西安服务辐射功能，加快培育发展轴带和增长极点，构建"一圈一轴三带"的总体格局，提高空间发展凝聚力。

"一圈"是指以西安、咸阳主城区及西咸新区为主组成的大西安都市圈。加快功能布局优化与疏解，增强主城区科技研发、金融服务、文化旅游、国际交往等核心功能，打造带动西北、服务国家"一带一路"倡议、具有国际影响力的现代化都市圈。

"一轴"是指沿陇海铁路和连霍高速的主轴线。强化西安的综合枢纽地位和辐射带动作用，增强宝鸡、渭南等重要节点的人口和产业集聚能力，加强城市分工协作，形成现代化的产业带和城镇集聚带。

"三带"是指包茂发展带、京昆发展带、福银发展带。包茂发展带依托包茂高速、包海高铁等通道，形成连通西南西北的城镇发展带。京昆发展带依托京昆高速、大西—西成高铁等通道，形成对接京津冀地区的新发展带。福银发展带依托福银高速、银西—西武高铁等通道，形成对接长江经济带、连接辐射宁夏的新发展带。

4.呼包鄂榆城市群

（1）发展基础

第一，城市群雏形初步显现。该城市群拥有呼和浩特、包头两座大城市和鄂尔多斯、榆林两座中等城市，一批小城市和小城镇正在加快发育，城市和城镇间互动密切,协同发展态势明显。

第二,产业合作基础较好。以能源、化工、冶金、新材料等为主的工业体系基本形成,旅游、金融、大数据等服务业发展较快,城市间能源、旅游等产业合作密切,产业分工协作体系逐步建立。

第三,交通设施相互连接。京藏、京新、荣乌、青银等高速公路和京兰、太中银等铁路横贯东西,包茂高速公路和包西铁路纵穿南北,建有呼和浩特、鄂尔多斯2个国际机场和包头、榆林2个支线机场,现代交通枢纽正在形成。

第四,资源合作利用潜力大。煤炭、石油、天然气和稀土、石墨、岩盐、铁矿等能源矿产资源富集,风、光资源充足,城市间资源互补、合作利用蕴藏着很大的潜力。

（2）空间发展格局

按照城市协同、城乡融合、约束有效、资源环境可承载的要求,依托中心城市、黄河水道和生态地区,构建"一轴一带多区"的空间格局。

呼包鄂榆发展轴依托京包、包茂交通运输大通道,突出呼和浩特区域中心城市作用,强化包头、鄂尔多斯、榆林区域重要节点城市地位,积极推进邻近城市联动发展,加快能源化工、装备制造、现代农牧等主导产业和新材料、大数据、云计算、生物科技等战略性新兴产业以及现代服务业发展,不断提升中心城市人口和产业集聚能力。

沿黄生态文化经济带。严格保护黄河生态环境,合理布局沿岸产业,有序推进绿色农畜产品生产和沿黄河风景带旅游发展,加快沿黄生态、经济、文化走廊建设,加强黄河流域环境保护和污染治理。

生态综合治理区。落实主体功能定位,严格保护绿色生态空间。

5. 兰西城市群

（1）发展基础

第一,区域优势明显。兰西城市群地处新亚欧大陆桥国际经济合作走廊,是中国—中亚—西亚经济走廊的重要支撑,以兰州、西宁为核心的放射状综合通道初步形成,枢纽地位日益突出。

第二,资源禀赋较好。兰西城市群属于西北水土资源组合条件较好的地区,黄河、湟水谷地建设用地条件较好;有色金属、非金属等矿产资源和水能、太阳能、风能等能源资源富集,是我国西气东输、西油东送的骨干通道,也是重要的新能源外送基地。

第三,经济基础较好。石油化工、盐湖资源综合利用、装备制造等优势产业体系基本形成,新能源、新材料和循环经济基地加快建设。科技力量较强,物理、生物、资源环境研究具有优势。

（2）空间发展格局

以点带线、由线到面拓展区域发展新空间,加快兰州—白银、西宁—海东都市圈建设,重点打造兰西城镇发展带,带动周边节点城镇,构建"一带双圈多节点"空间格局。

"一带"指兰西城镇发展带。依托综合性交通通道,以兰州、西宁、海东、定西等为重点,统筹城镇建设、资源开发和交通线网布局,加强沿线城市产业分工协作,向东加强与关中平原和东中部地区的联系,向西连接丝绸之路经济带沿线国家和地区,打造城市群发展和开放合作的主骨架。

"双圈"指兰州—白银都市圈和西宁—海东都市圈。兰州—白银都市圈以兰州、白银为主体,辐射周边城镇。提升兰州区域中心城市功能,提高兰州新区建设发展水平,加快建设兰白科技创新改革试验区,稳步提高城际互联水平,加快都市圈同城化、一体化进程。西宁—海东都市圈以西宁、海东为主体,辐射周边城镇。加快壮大西宁综合实力,完善海东、多巴城市功能,强化县域经济发展,共同建设承接产业转移示范区,积极提高城际互联水平,稳步增加城市数量,加快形成联系紧密、分工有序的都市圈。

"多节点"指定西、临夏、海北、海南、黄南等市区（州府）和实力较强的县城,推进沿黄快速通道建设,打通节点城市与中心城市、节点城市之间高效便捷的交通网络。

专栏3　山东半岛城市群:中心城市济南提出城市发展新格局

2020年1月,习近平总书记在中央财经委员会第六次会议上强调,"发挥山东半岛城市群龙头作用,推动沿黄地区中心城市及城市群高质量发展"。济南在黄河流域生态保护和高质量发展重大国家战略中的地位更加凸显。济南作为山东半岛城市群的核心城市,是黄河流域生态保护和高质量发展"龙头中的龙头",济南能否发挥龙头作用,不仅决定了山东半岛城市群龙头作用的发挥,也关系到整个黄河流域的高质量发展,关系到国家区域协调发展战略的顺利实现。

2020年7月,济南市委十一届十一次全体会议提出,"为适应济南城市发展由空间拓展向高质量发展转型的内在需要,推进全域统筹协调发展,需进一步形成'东强、西兴、南美、北起、中优'的城市发展新格局"。

"东拓",要实现"东强",就是要做强东部的科创实力和产业能级,以三大国家开发区为载体,催促创新链与产业链深度融合,做大做强先进制造业,催生一批具有核心竞争力的领军企业,打造智造济南、科创济南东部隆起带。加强建设以齐鲁科创大走廊为核心的发展轴,推动章丘区加速融入主城区,加强济淄协同发展,推动高校科研院和创新创业平台加快集聚,形成山东科技创新重要策源地和成果转化核心示范区。

"西进",要实现"西兴",就要加快推动西部振兴,充分发挥交通枢纽、高校集聚优势,加快吸纳发展要素,大力发展总部经济、医养健康、会展经济、文化艺术、特色农业,提升产业厚度和经济密度,形成城乡融合、产城融合、产教融合发展增长极。

"南控",要实现"南美",就要坚持"绿水青山就是金山银山",以更大力度推进南部山区生态保护,做好显山露水、保泉增绿的文章,保护好城市"绿肺"和泉城"水塔",实现绿色可持续发展。

"北跨",要实现"北起",就要推动北部建设全面起势,抓住实施黄河流域生态保护和高质量发展战略重要契机,强力推动"携河北跨"和先行区建设,实现"产城河"三位一体发展,加快建设黄河北岸主城区。

"中疏",要实现"中优",就要优化中心城区城市肌理和风貌,提升综合承载功能,加快产业迭代升级,进一步凸显泉城特色,再现"家家泉水、户户垂杨"的独特魅力。

【资料来源:济南确定未来城市发展新格局——"东强、西兴、南美、北起、中优"[EB/OL].(2020-07-24)[2022-05-05].http://jinan.cn/art/2020/7/24/art_1812_4539650.html】

专栏4 兰西城市群:区域协调发展一体化

兰州—西宁城市群是我国西部重要的跨省区城市群,要建设好兰西城市群,必须发挥兰州和西宁的核心城市作用,带动都市圈和城市群发展。兰州和西宁作为国家"一带一路"的节点城市,在制造业领域尤其是新能源汽车产业方面相互关联,具有很强的互补性。2020年11月27日,兰州和西宁两市签署了《兰西城市群制造业战略合作协议》,通过深化制造业领域合作,携手推动兰西城市群制造业高质量协同发展,共同构建区域共享互补、互为配套、合作共赢的现代产业体系。具体来说,两地区将在六大方面展开合作:合力打造"锂电池—新能源汽车"制造产业集群,协同打造"新材料"产业基地,合作发展特色优势产业,携手共筑全国"清洁能源"高地,加强交流协作,探索实施"飞地经济";进一步,通过助推产业基础高级化、产业链现代化水平,形成兰西城市群产业协同发展新格局。

2021年1月,西宁、海东和兰州三市的交通运输局共同签署了多项合作框架协议,加快推进兰西客货运综合枢纽、空铁公多式联运一体化物流枢纽及民和—海石湾东部门户物流枢纽建设,并探索开通西宁—海东—兰州新区(机场)、海东—民和(海石湾)—兰州(火车站)高客线路,建设兰西城市群"1小时经济圈",促进交通运输一体化发展。

随后,为了实现两地区人力资源服务高质量协同发展,兰州和西宁在2021年4月又签订了《兰州—西宁城市群人力资源合作协议书》,加强了在人力资源市场协作、区域人才交流合作、产业协同发展等方面的合作,搭建两市劳动力资源供需对接合作平台,推动兰西城市群高质量发展。

【资料来源:兰州、西宁签署《兰西城市群制造业战略合作协议》[EB/OL].(2020-12-01)[2022-05-05].http://fgw.lanzhou.gov.cn/art/2020/12/1/art_3772_951623.html.兰州、西宁、海东三地交通部门签订协议推进兰西城市群交通运输一体化发展[EB/OL].(2021-01-29)[2022-05-05].http://fgw.lanzhou.gov.cn/art/2021/1/29/art_3772_968989.html.兰州西宁建立两市人力资源市场协作伙伴关系[EB/OL].(2021-04-27)[2022-05-05].http://www.mohrss.gov.cn/SYr-lzyhshbzb/jiuye/gzdt/202104/t20210427_413792.html】

五、共享发展理念指引下的黄河流域乡村振兴

黄河流域在经济社会发展和生态安全中发挥重大作用,是我国的重要经济地带,构成我国重要的生态屏障。2020年年底,黄河流域省份总人口9937万人,占全国29.88%;地区生产总值25.29万亿元,占全国25.07%。无论是从经济体量还是人口规模来看,黄河流域皆占据十分重要的地位,因此实现黄河流域经济高质量发展意义重大。黄河流域经济高质量发展以创新、协调、绿色、开放、共享五大发展理念为准绳,其中共享是五大发展理念中不可或缺的部分。2015年,习近平总书记在《中共中央关于制定国民经济和社会发展第十三个五年规划的建议》中提出高质量发展的五大发展理念,共享是指发展成果由人民共享,全体人民在共建共享发展中有更多获得感,朝着共同富裕方向稳步前进。2017年十九大报告提出共享具体路径为深入开展脱贫攻坚,保证全体人民在共建共享中获得满足感。"十四五"规划和2035年远景目标进一步明确健全基本公共服务体系,加强普惠性、基础性、兜底性民生建设,完善共建共治共享的社会治理制度,制定促进共同富裕行动纲要,自觉主动缩小地区、

城乡收入差距,让发展成果更公平惠及全体人民,不断增强人民群众获得感、幸福感、安全感。因此,根据政策文件所提出的共享发展注重解决社会公平问题,要做到健全基础设施、提升基本公共服务水平、巩固脱贫攻坚成果、缩小城乡收入差距、最终实现共同富裕。黄河流经青海、四川、甘肃、宁夏、内蒙古、陕西、山西、河南、山东9个省区,以内蒙古河口镇作为上中游分界点,河南省桃花峪作为中下游分界点。由于自然、历史和禀赋等原因,黄河流域经济社会发展水平整体相对滞后,脱贫攻坚战取得全面胜利后,该地区仍存在相对贫困问题,也存在上中下游发展不平衡、内生动力不足等问题。这些问题迫使黄河流域需要平衡上中下游经济发展,巩固脱贫攻坚成果、提升乡村经济内生动力,进而激活乡村经济活力,缩小城乡收入差距,促进城乡融合发展,最终因地制宜实现共享发展,以达到实现黄河流域乡村振兴、经济高质量发展的目标。下文拟探究黄河流域乡村发展的现状和问题,总结黄河流域上中下游乡村经济发展禀赋差异和发展限制因素,进而提出实现黄河流域乡村振兴、共享发展的路径,并结合具体案例检验路径的可行性。

(一)黄河流域乡村发展现状及存在的问题

截至2020年,黄河流域共涉及77个地级行政区446个县级行政区。由于不同地区自然资源、生态环境等禀赋条件不同,黄河流域乡村经济同样存在发展不平衡的问题。较高发展水平的乡村主要集中于下游地区和一些自然资源丰富的中游地区,由于生态环境脆弱、基础设施条件不足等一系列原因,上游地区乡村经济发展普遍落后于下游地区,贫困问题一直困扰着上游居民。黄河流域贫困问题一直备受关注,由于黄河流域生态环境脆弱、基础设施水平薄弱、水土流失严重等状况制约经济发展,导致黄河流域贫困人口众多并且贫困程度较深。全国592个国家扶贫开发工作重点县(简称"贫困县"),黄河流域占据123个,全国14个集中连片特困区中有5个在黄河流域。从上、中、下游来看,贫困县的数量分别为58个、61个、9个,贫困县集中在黄河的上中游地区,贫困县区域较连绵集中,导致贫困个体在空间上集中的主要原因为地理因素(Ravalion 等,1999;乔家君等,2020)。黄河流经地区地形地势、资源禀赋、历史发展和经济状况等具有异质性,因此不同地区的自然、经济和社会等致贫因素也存在差异。而自然条件差异、经济水平差异和社会服务差异相互作用形成"贫困循环怪圈":自然贫困造成社会生产落后,产生经济贫困;经济贫困导致政府税收减少,催生社会贫困;社会贫困无法支撑足够的公共投入,致使自然贫困得不到改善,最终形成一个贫困的循环圈层(乔家君等,2020)。虽然我国已实现脱贫攻坚战的全面胜利,但是黄河流域由于乡村基础薄弱、乡村内生发展动力不足等问题,仍需进一步巩固脱贫攻坚成果。

黄河流域乡村产业包括农业产业和非农产业,黄河流域农业发展在全国占据重要地位,黄淮海平原、汾渭平原、河套灌区是农产品主产区,粮食和肉类产量占全国1/3左右。西宁、兰州、天水以北和长城以南广阔的黄土高原,汾渭盆地、宁蒙河套平原、下游沿黄平原以及湟水和洮河等支流河谷地区水热条件较好,土地资源丰富,适于多种作物生长,是黄河流域重要的农耕区。其中宁蒙河套平原、汾渭盆地和下游沿黄地区土地肥沃,灌溉基础设施完备,人口众多,农业生产水平较高。虽然如此,但是黄河流域仍然存在农业生产水平低下、农业结构单一、社会需求与资源环境矛盾等难题需要进一步攻克(陈印军等,2005)。随着我国经济发展,乡村非农产业经历了几个发展阶段的演变。20世纪后期,黄河流域的乡村开始改革创新发展了"庭院经济",所谓"庭院经济"即村民在进行农田生产之余,以家庭为单位从事小手艺、小买卖、临时工等兼职,衍生了"公司+农户"的贸工农一体化、产供销一体化经营形式(费孝通,2009;包艳杰,2020)。1986年实施有计划、有层次、有顺序的全面脱贫计划以来,在政策扶持下乡村产业逐渐形式多样化,从传统未成规模的手工艺产业,逐渐发展为基于当地资源禀赋发展资源型产业,依托黄河流域特有的农耕文化和优质的生态环境资源,逐渐将农业与旅游产业相结合,形成生态农业、都市农业、体验农业、观光农业等不同模式。2017年以来,在乡村振兴战略推动下,乡村产业进入快速发展阶段,乡村依托现有资源禀赋进行产业转型升级尤其是资源型产业转型升级。为了实现城乡融合发展,城镇产业转移至乡村,乡村产业发展水平也稳步提升。乡村承接产业转移能力是推进城乡融合发展的重要环节,虽然目前乡村承接城市产业仍有较高潜力,但是也有诸多因素制约产业发展(张峰、薛惠锋,2020)。

"共享发展"提倡发展成果由人民共享,这要求缩小城乡收入差距,实现共同富裕以达到共享成果的目标。根据2013~2020年黄河流域及上中下游城乡收入差距变化趋势(见图14)可知,随着扶持政策的实施和经济发展水平的提高,黄河流域乡村产业逐渐发展,村民收入水平逐渐提升,城乡之间的差距呈现缩小趋势。虽然总体上城乡收入差距缩小,但是上中下游仍然存在差距,上游和中游城乡收入差距仍远远高于下游。

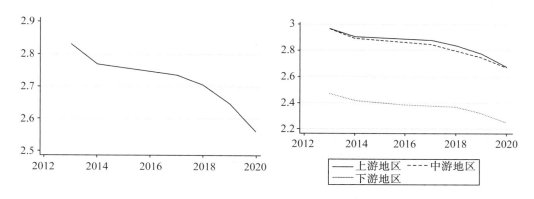

图 14　黄河流域及上中下游城乡收入差距情况

数据来源：国家统计局网站。

综上，黄河流域目前仍存在乡村经济上中下游发展不平衡、农业产业结构单一、非农产业仍需突破限制、上中游城乡收入差距较大等问题，不利于巩固脱贫攻坚成果，不利于实现高质量发展中的共享发展，也不利于实现共同富裕，因此应分别具体分析影响上中下游经济高质量发展的限制性因素，进而有针对性提出发展路径和对策建议。

（二）黄河上中下游地区乡村经济高质量发展的限制性因素分析

1.黄河上游地区乡村经济高质量发展的限制性因素

黄河上游地区乡村经济高质量发展包括农业和非农产业高质量发展，而农业高质量发展不仅指提升农产品质量，同时包括健全农业生产体系和夯实农业生产基础等（杨永春等，2020）。黄河上游地区的地形地势、气候、土地类型、生态功能、自然灾害等自然因素以及人口规模、科学技术、基础设施等社会因素制约着黄河流域上游农业和非农产业的高质量发展。

黄河上游位于黄土高原、内蒙古高原和青藏高原的交会地区，从全国地形分布来看，是我国地形从第一级到第二级的过渡地带，因此地形比较复杂，主要由高原、平原、盆地、山地、河谷和丘陵组成，在多样化的地形中，高原、山地、丘陵所占面积广袤，河谷所占面积相当狭小。黄土高原因水土流失，沟壑纵横，地貌特征表现为以黄土丘陵为主。而平原、绿洲与河谷地带多分布农业和农村经济比较发达的地区，因此上游山地众多的地区农村经济相对滞后，不利于农村经济的发展。黄河上游地区为大陆性气候，降雨量由东南向西北依次递减，水资源利用效率低下，除了宁夏平原和河西走廊外，大部分地区农业发展依靠降水，当降水量较少、出现干旱时，上游地区农业发展将受到重创。另外黄河上游地区大多数地方霜期长而生长季短，土地利用率较低；同时黄河上游易发的旱灾、水灾、冻灾、风灾、雹灾等自然灾害，以及自然灾害引起的一系列虫灾、鼠害等也对农业生产和农业经济发展带来较大负面影响。

黄河上游地区耕地占比远远低于中游和下游地区，仅仅零星分布于河谷、绿洲等地，大部分地区的土地类型为林地、草地，第一产业以农、林、牧业为主，但是农、林、牧业发展难以形成规模经济，生产方式落后，农业经济发展缓慢。黄河流域生态环境脆弱，水土流失严重，也存在土地退化和生态系统功能弱化等问题，上游更是如此，因此黄河流域划定了一些生态功能区以保护生态环境，包括防沙固沙、水源涵养、生态保护、物种资源等生态功能区。生态保护区大多分布于黄河流域上游地区，其中的防风固沙生态功能区为禁止开发区域，由此可知黄河流域上游地区不仅承担大部分生态保护的功能，更要发挥经济发展的作用，协调生态保护和经济发展是上游地区的一大挑战。综上，地形地貌、气候、自然灾害等自然因素限制了黄河上游地区的农业生产和农业经济发展，生态保护方面的因素增加了黄河上游地区乡村经济发展的难度。

依托于当地的资源禀赋，黄河上游地区非农产业以第二产业为主。上游地区水能和有色金属等资源丰富，内蒙古、甘肃为重点的稀土生产基地。1949年以来，上游地区作为我国煤炭和电力资源最主要的生产和供应基地（陆大道，2019），矿产开采、加工等相关产业链条发展相对完备（杨永春等，2020），如包头、银川等资源型城市工业发展迅速。由于资源禀赋，黄河上游地区产业以第二产业为主，虽然在国家政策扶持下正在进行产业转型升级，第三产业增加值呈现增加趋势，但是上游地区第二产业增加值仍在稳步上升（见图15）。绝大多数城市的工业以化工、冶金、电力、建材等传统产业为主，这些产业主要依赖于能源和原材料的初步加工，因此长期以来遗留了技术不足、资源利用效率低下、产业层次低等问题（杨永春和渠涛，2006），尤其随着矿产资源逐渐枯竭，上游地区产业发展出现转型困境，需要进一步探索优化资源配置和产业转型升级的破解路径。

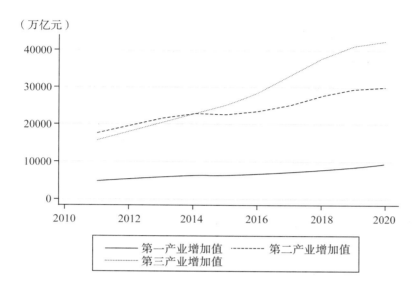

图 15 2011～2020 年黄河上游地区三次产业增加值变化趋势

数据来源：国家统计局网站。

基础设施是乡村经济高质量发展的基石，道路建设是乡村基础设施建设中最基础的一环，上游地区的基础公路水平远低于中下游地区。另外劳动力是经济高质量发展的重要资源，以前上游地区人口增长较为缓慢，20 世纪 40 年代后，社会日趋稳定，大量人口迁入，上游人口规模快速增加，但由于基础设施不足等，上游地区经济发展缓慢。随着城镇化进程推进，大量农村剩余劳动力向城市迁移，虽然自 2017 年乡村振兴战略提出后有人口回流的趋势，上游地区相对于中下游地区人口仍相对稀疏。因此劳动力规模相对较少、基础设施水平不足等因素也阻碍了上游地区乡村经济高质量发展。

2.黄河中游地区乡村经济高质量发展的限制性因素

黄河中游地区占黄河流域总面积的 43.27%，涉及蒙、宁、甘、晋、陕、豫 6 省区的 30 个地级行政区 228 个县级行政区。该区分属鄂尔多斯高原、晋中盆地、陕北高原、陇东高原、关中平原、晋南盆地以及豫西盆地等地貌类型区（赵雪雁等，2021）。

由黄河流域土地利用情况可知，中游地区耕地主要集中于海拔较低的汾渭平原、关中平原地区，部分分布于盆地和高原地区；林地主要分布在海拔较高、较难以耕作的山区，如河龙区间（河口至龙门段）与汾河流域交界的山区，以及北洛河的中下游地区；草地主要分布在河龙区间以及渭河流域上、中游部分（李艳忠等，2016）。黄河中游地区人口密度大的地区多于上游地区，虽然和下游地区相比,中游地区经济基础相对薄弱,但基础设施水平相对较高。

黄河中游地区乡村经济发展的主要限制因素是黄土高原的水土流失严重和非农产业相对单一。第一,黄土高原是我国水土流失最为严重地区(党小虎等,2018),地域内沟壑纵横、地形破碎、地质承载力低,暴雨天气容易引发山洪等自然灾害(李双双等,2020)。因此国家出台了一系列政策包括退耕还林还草等,也建设了防风固沙、水土保持等生态功能区,虽然对防止水土流失具有正向作用,但也影响区域农业生产,产生了一些社会问题(王帅等,2020),从而导致人口规模减小、经济衰退等问题。因此黄河中游地区经济高质量发展就要做好平衡黄河中游生态保护尤其是防止水土流失问题与经济发展两者的关系,这也是限制乡村经济协调发展的一大难题。第二,与上游类似,中游矿产资源丰富而引致的资源型产业较单一。中游煤炭、稀土、铝土资源丰富,中上游地区煤炭储量高达全国基础储量的45%,中下游地区的石油和天然气资源在全国占有极其重要的地位,因此黄河中上游资源产业发展迅猛。图16展示了2011~2020年以来黄河流域中游各产业增加值变化趋势,由图可知第二产业不仅存量规模较大,而且增加值也存在逐年增加的趋势,虽然第三产业增加值也在逐年增加,但第二产业仍然是带动中游地区经济增长的重要力量。

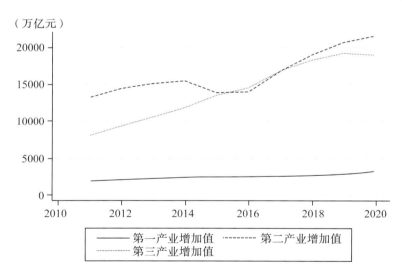

图16　2011~2020年黄河中游地区三次产业增加值变化趋势

数据来源:国家统计局网站。

由于技术水平受限,资源产业在发展过程中污染、破坏生态环境,导致资源环境承载力不足,同时生产过程中大量的水资源需求与黄河中游水资源供给紧张产生尖锐矛盾。虽然中游地区矿产资源丰富,但是仍存在资源枯竭的风险,因此需要在保护中游生态环境背景下进一步探索高质量发展,同时缩小城乡收入差距,达到共享发展的目的。

3.黄河下游地区乡村经济高质量发展的限制性因素

黄河中游与下游以郑州市桃花峪为分界点。黄河在下游地区流经河南省和山东省的 15 个地级行政区 45 个县级行政区后注入渤海(岳瑜素,2020)。黄河下游地区以平原为主、地势平坦,适合农业发展,土地以耕地为主。同时下游地区位于我国东部沿海地区,基础设施水平相对较高。经济发展基础条件完备,经济发展水平较高,就业机会众多,越来越多的劳动力转移至下游地区。虽然下游地区经济发展水平、公共服务提供能力、产业基础状况等相对较好,但受黄河泥沙沉积等影响,黄河沿岸形成泥沙较多、滞蓄洪水的黄河滩区,总面积达 1702 平方公里,使得黄河滩区成为典型的贫困地区,也制约了黄河下游地区乡村经济高质量发展。黄河滩区人多地广,自然环境复杂,"洪水漫滩"随时可能发生,发生灾害后难以及时对滩区居民进行补偿,同时滩区大多数地区为教育、医疗、卫生等基础设施薄弱的乡村。综合以上情况,不仅滩区居民生命财产安全面临威胁,其较容易落入贫困境地,而且滩区难以实现经济高质量发展。另外,滩区也存在产业结构单一、布局不合理等问题。为了实现经济高质量发展的目标,下游滩区迫切需要采取措施以突破困境,全面实现转型升级。为此各级政府出台了兴建防洪工程、移民安置等政策或举措以治理以"地上悬河"闻名的下游河道,同时帮助滩区居民脱贫。随着精准扶贫目标的提出,为了打赢脱贫攻坚战,地方政府实行易地搬迁、滩区安置等方式帮助滩区居民脱贫,同时给予产业政策扶持。虽然一系列措施有效解决了滩区防洪安全、生态安全等问题,但是黄河下游滩区治理是一个复杂的系统工程,涉及洪水治理、土地资源承载和区域经济发展等多个方面,存在多重直接或间接的联动关系(江恩慧,2019)。目前,移民生产生活保障有限、移民培训成效不显著、移民资金监管系统不安全、移民脱贫攻坚成果需要进一步巩固等问题仍制约着下游滩区经济高质量发展。

(三)探索黄河流域乡村经济高质量发展的路径

区域贫困理论以"贫困—环境—经济—社会"为分析框架,由于贫困发生发展过程具有复杂性,众多致贫要素包括自然地理要素和人文地理要素两大类。其中,自然地理要素包括地形、气候、水文、生物、土壤等,人文地理要素包括人口、区位、交通、产业、技术、资本、政策和社会福利等。区域贫困的发生发展不是一个区域内部单个地理要素独立作用的结果,而是多个区域之间和区域内部多个地理要素共同作用的结果。从区域贫困表征的维度来看,包括环境、经济和社会维度。环境维度属于第一层次,主要表现在地理位置、自然条件、生态系统和资源禀赋四个方面;经济维度属于第二层次,主要表现在区位条件、交通便利度、市场条件、技术水平、资本投资、产业基础、劳动力状况等方面;社会维度对区域贫困化具有放大效应,对持续减贫脱贫发挥着重要的保障和支撑作用,属于第三层次。社会维度的致贫机理主要表现在人口条件、就业状况、公共福利、政策与制度设计和社会排斥等方面(周扬等,2021)。一方面,区域贫困理论能够解释黄河流域落入连片贫困境地的原因;另一方面,将区域贫困理论向外拓展,区域贫困理论所阐述的环境、经济、社会三个维度正是区域经济发展尤其是高质量发展不可或缺的,因此下文以区域贫困理论分析黄河流域乡村经济高质量发展的路径。

1.上中下游因地制宜实现黄河流域乡村经济高质量发展

根据上文分析可知,限制黄河流域上中下游经济高质量发展尤其是共享发展的因素存在差异性。黄河上游地区主要受限于地形地势、气候、土地类型、生态功能、自然灾害等自然因素,这些因素与社会因素共同制约着黄河上游地区农业和非农产业的高质量发展;中游地区同样以地形的自然因素和产业结构为主要制约因素;下游地区则因黄河"地上悬河"的负面影响制约着乡村经济高质量发展。因此应因地制宜、分区制定对策,突破经济高质量发展的限制。

由区域贫困理论可知,上中游地区环境、经济、社会维度皆存在限制因素,下游地区主要是环境和社会维度导致发展不足。对于上中游地区而言,应全面加强国家重点生态功能区保护,建立以国家公园为主体的自然保护地体系。树立山水林田湖草是一个生命共同体的理念,加强对自然生态空间的整体保护,修复和改善乡村生态环境,提升生态功能和服务价值;推进我国农机装备和农业机械化转型升级,加快高端农机装备和丘陵山区、果菜茶生产、畜禽水产养殖等农机装备的生产研发、推广应用;顺应村庄发展规律和演变趋势,根据不同村庄的发展现状、区位条件、资源禀赋等,按照集聚提升、融入城镇、特色保护、搬迁撤并的思路,分类推进乡村振兴,不搞一刀切;以各地资源禀赋和独特的历史文化为基础,有序开发优势特色资源,做大做强优势特色产业。创建特色鲜明、优势集聚、市场竞争力强的特色农产品优势区,支持特色农产品优势区建设标准化生产基地、加工基地、仓储物流基地,完善科技支撑体系、品牌与市场营销体系、质量控制体系,建立利益联结紧密的建设运行机制,形成特色农业产业集群。对于下游地区而言,应权衡洪水治理、土地资源承载和区域经济发展需求等多个方面，主动优化滩区移民生活条件，给予移民增加经济来源的政策支持，优化体系加强滩区移民就业培训，严格移民资金监管等。

2.脱贫攻坚与乡村振兴战略衔接助力乡村经济高质量发展

2021年中共中央、国务院印发的《关于实现巩固拓展脱贫攻坚成果同乡村振兴有效衔接的意见》指出，要在巩固拓展脱贫攻坚成果的基础上，做好乡村振兴这篇大文章，接续推进脱贫地区发展和群众生活改善。做好巩固拓展脱贫攻坚成果同乡村振兴有效衔接。支持脱贫地区乡村特色产业发展，持续改善基础设施条件，持续提升公共服务水平，健全防止返贫动态监测和帮扶机制。对于黄河流域贫困地区而言，首要工作是做好脱贫攻坚与乡村振兴战略衔接工作，随后因地制宜实现乡村经济高质量发展。黄河流域实现脱贫攻坚与乡村振兴有序衔接要做好产业扶贫与产业兴旺、生态扶贫与生态宜居、扶志扶智与乡风文明、基层组织与治理有效相互衔接。

第一，产业扶贫与产业兴旺相衔接。产业扶贫是通过政府扶持发展产业项目，促进贫困地区经济发展和贫困人口脱贫增收。与单纯的保障式扶贫相比，产业扶贫是一种内生发展机制，它能够结合贫困地区的发展优势，激发出贫困地区和贫困户的内生动力，带动他们自力更生，促进长效稳定脱贫。从产业扶贫到产业兴旺，针对对象发生了转变。产业扶贫项目以带动贫困地区和贫困群众稳定脱贫为主要目的，主要瞄准的对象是贫困地区和贫困群众，项目收益只能用于贫困户或者村级公益事业。而产业兴旺瞄准的对象不只是产业扶贫过程中的贫困群众，而是扩大到了乡村发展中的全体农民。因此要在巩固当前产业扶贫发展成果的基础上，鼓励发展更多层次更多主体参与的乡村产业。做好产业扶贫到产业兴旺的衔接，必须充分重视市场机制，依靠市场这只"无形的手"发挥作用，政府这只"有形的手"更应该承担的是作为市场监管主体的责任，履行好服务、监管职能。

第二，生态扶贫与生态宜居相衔接。生态扶贫是将生态环境保护与扶贫开发相结合，国家通过实施一系列重大生态工程建设、加大生态补偿力度、大力发展生态产业、创新生态扶贫方式等，加大对贫困地区和贫困群众的帮扶力度，既能够实现经济增收，又能促进可持续发展。对于黄河流域尤其是上游地区，通过加大生态保护补偿力度，对于部分地区发展生态旅游，设置一些和生态保护相关的扶贫公益岗位开展生态扶贫。乡村振兴中的生态宜居，主要关注的是农村良好人居环境的建设，包括农村生活垃圾集中处理、生活污水治理、农村旱厕改造、畜禽粪污综合治理等多个方面。不能简单地认为生态宜居就是搞"村庄建设"等形象工程，生态宜居不仅要从"硬件"上改善农村人居环境、完善基础设施建设,还要从"软件"上提高农村公共服务水平。

第三,扶志扶智与乡风文明相衔接。扶志和扶智都是教育扶贫的范畴。"通过教育扶贫脱贫一批"是脱贫攻坚的内容之一。实施乡村振兴战略,不仅要让农民物质生活水平提高,还要丰富农民的精神世界,满足其精神需求。从扶志扶智到乡风文明,是一个循序渐进的过程。乡风文明是要在社会主义核心价值观和先进社会文化的引领下,继承和发扬农村优秀传统文化,围绕农民需要提供公共文化服务,开展更多农民参与的特色文化活动,革除陈规陋习,提升农民素质。

第四,基层组织与治理有效相互衔接。脱贫攻坚工作形成了"中央统筹、省负总责、市县抓落实"的工作机制,"五级书记抓扶贫"的扶贫工作格局也推动了脱贫攻坚各项政策迅速落地生根。可以说,强有力的工作机制在组织领导方面保证了脱贫攻坚的圆满成功。这些成功经验要衔接到乡村振兴中,构建责任明确、各负其责的乡村振兴领导体系和工作落实体系。治理有效意在实现乡村治理体系和治理能力的现代化,健全自治、德治、法治"三治合一"的乡村治理体系。

3.城市带动乡村实现城乡融合发展以共享成果、实现共同富裕

为了实现城市乡村共享发展,以城带乡缩小城乡收入差距,最终实现共同富裕,应顺应城乡融合发展趋势,重塑城乡关系,更好激发农村内部发展活力、优化农村外部发展环境,推动人才、土地、资本等要素双向流动,为乡村振兴注入新动能。一是实行更加开放、有效的人才政策,推动乡村人才振兴。二是优化乡村营商环境,加大农村基础设施和公用事业领域开放力度,吸引社会资本参与乡村振兴。三是加大政府投资对农业绿色生产、可持续发展、农村人居环境、基本公共服务等重点领域和薄弱环节支持力度,充分发挥投资对优化供给结构的关键性作用。

专栏5　陕西省美丽乡村和特色小镇建设

陕西省结合沿黄地区各镇不同自然景观、人文沉淀、特色风俗,建设环境优美、特色鲜明、富有人气的特色小镇,促进地方特色旅游发展,形成"生态—旅游—农业—城镇"的复合型发展体系。按照"依托产业、培育功能、多元发展、全面协调"的思路,实现小城镇特色发展。府谷县墙头乡、武家庄镇、窑峁村、后冯家会村,神木市贺家川镇、马镇、葛富村、合河村等利用丰富的自然历史资源,完善交通商贸、旅游配套服务,发展绿色农业、人文旅游等特色产业。

第一,发展特色小镇。结合不同的自然景观、人文沉淀、特色风俗,打造46个以文化旅游为主要功能,突出沿黄地区地域自然景观、人文历史、红色文化、特色风俗塑造的特色小镇,通过完善城镇基础设施和公共服务设施,因地制宜发展休闲旅游、民俗文化、生态农业等特色产业,带动就业发展。第二,形成特色村。重点培育沿黄观光公路沿线、秦晋黄河国家公园内拥有特色旅游和产业资源的村庄、传统村落,形成一批旅游专业村、特色种植专业村等。

这些特色小镇因地制宜,结合特色创新发展模式进行发展,主要分为生态旅游发展模式、农林牧渔发展模式和综合发展模式三种。其中综合发展模式以亭口镇为例进行展开分析。

陕西省咸阳市长武县亭口镇是第二批全国特色小镇,在此之前,"全国重点镇""省级重点示范镇"等30多项荣誉称号都成为亭口镇最鲜亮的名片。走进亭口镇,"山水亭口、红色热土、丝路古驿、乌金重镇"的标语便映入眼帘,在这样的发展路径规划下,小镇主要以煤电、农业、旅游和商贸物流等为主导产业,进而铸就其综合产业发展模式。其发展模式主要有以下几点:第一,工业发展已经形成一定规模,从煤电工业示范园区到中小工业园区的建立,形成较为完备的工业生产体系,周边彬县、旬邑等地也具有一定的工业发展基础,为亭口镇的工业发展起到了支撑作用。对比陕西省其他以工业发展为主的小镇,例如延安市黄陵县店头镇等,亭口镇在工业产值、交通等多方面均具有代表性。第二,双矮密植苹果示范园、现代农业示范园等农业园区的建立,为工农业生产总值贡献了很大一份力量。第三,亭口镇具备旅游业发展基础,无论是红色旅游还是传统历史文化旅游,都是旅游开发的新领域。

【资料来源:陕西省沿黄生态城镇带规划(2015～2030年)[EB/OL].(2017-09-05)[2022-05-05].http://www.shaanxi.gov.cn/zfxxgk/fdzdgknr/zcwj/szfwj/szf/201709/t20170905_1668355.html】

六、以开放思维推进黄河流域经济高质量发展

2020年,我国对外贸易进出口总额为321556.9亿元人民币,比2019年增长1.9%,成为世界上唯一实现货物贸易正增长的主要经济体。开放发展作为我国未来五年乃至更长时期发展的"五大发展理念"之一,在我国经济高质量发展过程中有着举足轻重的地位。黄河流域作为中华文明的发源地,符

合陆海双向开放与流域经济发展互动的地域系统基本特征。在经济全球化和区域经济一体化深入发展的今天,要共同抓好大保护、协同推进大治理,让黄河成为造福人民的幸福河,就必须以开放的思维和方法,寻找黄河流域经济高质量发展的突破点,主动融入"陆海内外联动、东西双向互济"的国家开放格局,在更大范围、更宽领域、更高层次提高开放水平,赢得新的发展机遇。

(一)黄河流域各省份对外开放情况概述

从 20 世纪 80 年代开始,我国东中西部经济发展差距逐渐显现。对外开放初期,我国确定"重点开放沿海地区,逐步向内地开放"的发展战略,2001 年开始实施西部大开发战略,2013 年提出"一带一路"倡议,几十年来,对外经济开放格局由以经济特区为抓手,扩大至沿海开放城市、沿海经济开放区,进而逐步扩展至内地,沿海开放与沿边、沿江、沿线开放并驾齐驱,形成了多角度、全方位的开放格局。

下面将从对外贸易和引进外资两个方面,结合 2001 年以来的相关数据,阐述黄河流域对外开放的整体情况。

1.对外贸易

黄河流域九省区中,属于西部大开发范围的有六省区,分别为青海、四川、甘肃、宁夏、内蒙古、陕西。自 2001 年以来,整体来看,沿黄省份的总体贸易额呈上升趋势。

黄河下游省份进出口贸易额增长势头迅猛,山东省由 2001 年的 289.63 亿美元增长到 2019 年的 2962.85 亿美元,河南省由 2001 年的 27.93 亿美元增长到 2019 年的 824.45 亿美元,分别增长了 10.23 倍和 29.52 倍。

从黄河中上游各省对外贸易的整体格局来看,2001～2005 年,整体进出口贸易额增长幅度不大;自 2006 年以来,黄河中上游省份对外贸易额增长较为显著,2008 年达到近几年来的高峰,随后受国际金融危机的影响,各省份贸易额剧烈波动,其中,山西、内蒙古、甘肃受影响较大,而四川、陕西的进出口贸易额依然保持上升态势。2013 年我国提出"一带一路"倡议,对于黄河中上游省份对外贸易的促进作用明显,在 2014 年迎来第二个进出口高峰期。其中,宁夏 2014 年进出口贸易额达 54.35 亿美元,同比增长 68.91%;青海 2014 年进出口贸易额达 17.18 亿美元,同比增长 22.56%;四川、内蒙古、陕西分别同比增长 8.71%、21.36%、35.93%。2015 年以来,黄河中上游省份进出口贸易额增长率存在不同程度的回落,四川进出口贸易额保持领跑。2019 年,四川进出口贸易额达 980.52 亿美元;陕西位居第二,为 509.61 亿美元;进出口贸易额在

200 亿至 300 亿美元区间内的仅有山西;在 100 亿至 200 亿美元区间内的仅有内蒙古;甘肃、宁夏、青海均不足 100 亿美元,分别为 55.18 亿美元、34.88 亿美元、5.4 亿美元(见图 17)。

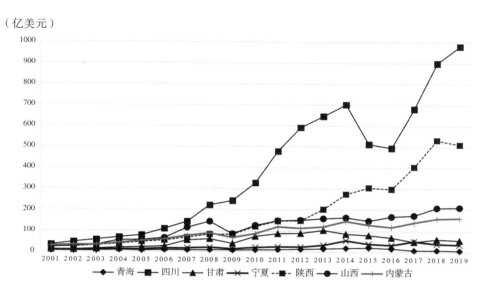

图 17 2001～2019 年黄河中上游省份进出口贸易总额

数据来源:各省统计年鉴、中经网统计数据库。

从以上分析可以看出,黄河上中下游省份进出口贸易额差异明显。虽然"一带一路"倡议对黄河中上游省份的进出口贸易有明显的带动作用,但如何全面提升黄河流域对外开放水平仍是个严峻的问题。

2.引进外资

2001 年开始实施的西部大开发战略对于黄河中上游省份利用外资规模和水平的促进作用十分明显。2001～2019 年,黄河流域省份总体实际利用外资水平显著提升,但青海省 19 年来实际利用外资额涨幅不大,增长率仅为 21.23%,说明青海省外商投资水平整体较低。另外,不同省份外资依存度(实际利用外资总额/地区生产总值)呈现出不同特征。总体而言,2001～2019 年,沿黄省份对外依存度多数呈下降趋势(见表 6)。黄河中上游省份外资依存度峰值多出现在"一带一路"倡议提出前后,说明黄河中上游省份外资利用政策带动性较大,自主性较小。虽然近些年来对外开放政策环境逐步改善,但较之黄河下游的山东省和河南省,中上游省份利用外资还存在规模小、质量低、动力不足等问题,外资在黄河流域经济高质量发展中尚未发挥突出作用。

表6 2001～2019年沿黄九省区外资依存度变化

	外资依存度		最大外资依存度	最大外资依存度年份
	2001年	2019年		
青海	0.01541	0.00159	0.04197	2004年
四川	0.01122	0.01857	0.03234	2012年
甘肃	0.01141	0.01034	0.13222	2016年
宁夏	0.00412	0.00462	0.01143	2012年
内蒙古	0.02286	0.00826	0.03771	2006年
陕西	0.01501	0.02067	0.02067	2019年
山西	0.00954	0.00929	0.02453	2007年
河南	0.00536	0.02405	0.02804	2016年
山东	0.03302	0.01437	0.05411	2004年

数据来源：各省统计年鉴、EPS数据库。

（二）黄河流域省份对外开放中存在的问题

1.对外开放平台搭建较晚

截至2021年，沿黄九省区共拥有自由贸易试验区4个、综合保税区35个、保税港区2个（见表7）。可以看出外贸开放平台在黄河上中下游布局很不均衡，自由贸易试验区多集中在黄河中下游省份，上游省份多为内陆地区，开放口岸较少，开放模式多是以省会城市带动周边城市发展，对外贸易规模较小。另外，黄河中上游地区的综合保税区多是以内陆河港和空港为依托，因为黄河航运功能薄弱，缺乏港口的支撑，其向外辐射作用明显不如中下游省份。许多综合保税区的基础设施建设落后，交通运输不便，导致货物周转能力较弱，在"一带一路"倡议提出后还不能达到相应的开放要求。

表7 黄河流域省份外贸平台数量和分布情况

外贸平台	全国	黄河流域	名称
自由贸易试验区	21	4	中国（河南）自由贸易试验区、中国（四川）自由贸易试验区、中国（陕西）自由贸易试验区、中国（山东）自由贸易试验区

外贸平台	全国	黄河流域	名称
综合保税区	164	35	太原武宿、呼和浩特、鄂尔多斯、满洲里、潍坊、济南、东营、济南章锦、淄博、青岛前湾、烟台、威海、青岛胶州、青岛西海岸、临沂、日照、青岛即墨、郑州新郑、郑州经开、南阳卧龙、洛阳、开封、成都高新、成都高新西园、绵阳、成都国际铁路港、泸州、宜宾、西安关中、西安高新、西安航空基地、宝鸡陕西西咸空港、兰州新区、银川、西宁
保税港区	14	2	山东青岛前湾、山东烟台

资料来源：中国政府网。

2.利用外资质量不高

目前,在黄河流域各省份的外商投资(港澳台投资参照外商投资)中,除了下游的山东和河南,发达国家和地区在其中的占比并不高,且外资类型比较单一,主要为合资经营企业和外资企业。例如 2019 年,青海省来自我国香港地区的直接投资占比为 99.78%;甘肃省外商直接投资(FDI)排名前两位的为新加坡和我国香港地区,占 FDI 的百分比分别为 33.16%、9.97%;陕西省 FDI 排名前三位的分别为我国香港地区和韩国、新加坡,占比分别为 32.71%、31.12%、5.94%。

按行业来看,外商直接投资多集中于制造业、电气燃气供应业等行业。如 2019 年,甘肃省工业 FDI 占比为 99.3%,陕西省占比为 77.89%,山西省占比为 93.15%。外商直接投资投向第三产业的比重较小,在行业结构上有待优化和完善。

3.外商投资规模小且地区分布不均匀

西部大开发、"一带一路"倡议等对外开放政策相继实施以来,沿黄省份不断扩大外商直接投资的渠道,外资利用规模逐渐扩大。2001 年,黄河上游的青海、四川、甘肃、宁夏、内蒙古实际利用 FDI 分别为 0.56 亿美元、11 亿美元、1.55 亿美元、0.51 亿美元、5.51 亿美元,2019 年该 5 省区实际利用 FDI 为 0.67 亿美元、124.78 亿美元、13.06 亿美元、2.51 亿美元、20.61 亿美元(见图18),年均增长率分别为 1.07%、14.45%、12.57%、9.26%、7.6%,黄河中上游省区的资本活跃度有所提升。但总体来看,黄河流域仍存在外资依存度较低的情况,说明黄河流域各省份利用外资促进经济高质量发展仍然有很大的潜力。除此之外,黄河流域上中下游各省区利用外资的能力存在差异,如上游的甘、宁、青三省区第一产业为主要产业,对外商投资的吸引力较低,实际利用外资规模较小。

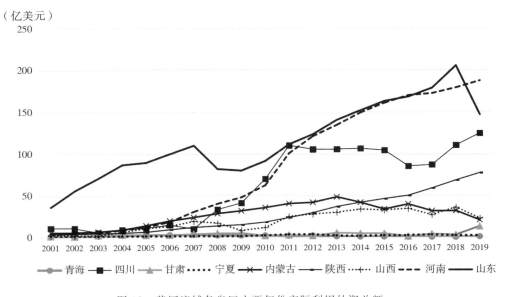

图 18　黄河流域各省区主要年份实际利用外资总额

数据来源:各省统计年鉴、EPS 数据库、《中国贸易外经统计年鉴》(2002~2020)。

(三)黄河流域加大对外开放,促进经济高质量发展的举措

唯有大开放,才有大发展。中国改革开放 40 多年的经验表明,开放推动改革,开放促进发展,开放带来繁荣。在加快构建以国内大循环为主、国内国际双循环的新发展格局背景下,形成区域联动、对外开放的格局无疑是破解沿黄九省区经济高质量发展难题、增强持续发展动力、提高竞争优势的重要指引。

1.利用有利政策,形成促进对外开放的良好政策环境

地区经济发展离不开政府宏观经济政策的调配和支持。从前文对于黄河九省区对外开放的问题分析中,可以看出黄河中上游省份存在着经济政策滞后以及实施效果不理想的问题。要突破这一困境,就必须从各省区实际出发,高效利用"一带一路"倡议政策并结合自身制度创新,形成促进对外开放的良好政策环境。

第一,必须清楚认识黄河沿岸省份不同情况,摸清不同省份不同区域开放型经济建设发展的现状和不足,积极协调各方关系,最大限度地消除政策认识和制定中的时滞性,避免政策和现实的脱节,充分发挥政策的及时有效性。对于黄河下游的省份来说,应积极推动新旧动能转换,实现产业结构与进出口结

构的优化升级,解决核心技术的"卡脖子"问题;对于中上游省份来说,要利用好"一带一路"政策所带来的发展机遇,如中欧班列、自贸试验区等,充分吸引潜力企业或者龙头企业入驻,着力提升重点城市对外贸易能力。深入促进国内区域经济合作交流,提升地区国内开放度,吸引大批外向度高的中央企业和其他省区企业到甘肃、青海、内蒙古等省区投资兴业。推进沿黄省区与京津冀、长三角、珠三角的经济联系与合作,加强多维度贸易往来,为京津冀、长三角、珠三角企业进入中亚、西亚搭建中间桥梁。

第二,结合各个省区比较优势,因地制宜,根据各省区不同的资源禀赋、优势,实施差别化的贸易政策,实现自由贸易均衡发展,形成市场、产业互补性规模经济。积极调整单纯依靠劳动密集和资源密集生产的出口产品结构,引进先进技术与培育自主创新能力并举,将区域联动与对外贸易有机结合起来,探索贸易方式的多样化,丰富贸易主体,逐步增加黄河沿岸省区本土企业的外贸竞争力。

2.以重点城市及交通要道为节点,提升联动开放能力

坚持强化区域联动与对外开放能力并存的流域开放战略,探索适应黄河流域不同区段开放环境特征的协调性兼容和差异化的对外开放路径,形成以兰州为中心的"黄河上游西向陆域开放经济带",以西安、郑州为中心的"黄河中游侧翼及空域开放经济带"以及以济南、青岛等为中心的"黄河下游东向沿海开放经济带",并推动沿海自贸区集群发展的战略对接。

强化对外经济走廊的桥梁作用。黄河上游省区要把握好新欧亚大陆桥、中国—中亚—西亚经济走廊、陇海线、兰新线及兰州中川国际机场等便利条件,加快推进青海、甘肃、宁夏通向中西亚综合经济走廊建设。以挖掘重点城市区域优势资源为抓手,努力建设好富有产业特色的高新技术开发区和经济开发区,并以此作为中国—中亚—西亚经济走廊的重点建设区域,同时积极谋划将航空产业、现代物流以及旅游产业等新型产业与原有的劳动密集型产业、资源密集型产业联合起来,大力培育富有区域特色的国际竞争力品牌,推动我国与中亚、西亚等的区域合作,真正形成市场互补。黄河中下游省区要利用好自由贸易试验区、保税港、航空港等政策优势,找准国家政策与重点城市(如西安、郑州、济南、青岛等)发展的契合点,努力向建设国家重点城市的目标迈进,扩大城市影响力,以重点城市发展带动周边地区,深度融入"一带一路"建设,根据城市特点打造空中、陆上、网上、海上"四条丝绸之路",培育以区域节点城市为支撑的陆海空交通枢纽,架起通往世界的桥梁。

增强对内经济走廊的纽带作用。黄河上游省区以陆路交通为依托,青海、

甘肃、宁夏等建设形成以西宁、兰州、银川为中心的西—兰—银"西三角",成为向西开放的主战场。黄河中上游省区与珠三角及长三角充分互动,形成兰州—西安—长三角—珠三角经济走廊带。优先重点发展西北特色旅游、生物医药及冶炼加工产业等优势产业,大力推动同中、东部地区区域合作的全面对接,实现资源与产业互补。同时以陇海铁路、兰新铁路、甘藏铁路为依托,在西北地区重点建设兰州—西宁—乌鲁木齐—拉萨经济走廊,着力发展矿产资源、雪域高原民族特色文化旅游产业等,实现国内循环与国际循环的互联互通,以区域协作开放建设联通内外、运转高效、保障有力、资源共享的经济纽带。黄河下游省区应建立完善的信息协同联动机制,以大数据、"互联网+"平台建设为依托,加快建立以城市大脑为基础的数字化服务体系和数据共享支撑平台;抓住国家级大数据综合试验区的有利契机,加大与国内顶尖高等院校、智库的交流合作,更好地吸引全国数据资源、高层次人才的汇聚,提升与京津冀、长三角、珠三角、川渝等经济区的协同开放机制,以多种方式促进互联互通,加速黄河上中下游区域协同、国内联动开放的布局建设。

专栏 6　西向陆域开放经济带——甘肃兰州

　　自汉至唐、宋时期,兰州即为丝绸之路的交通要道和商埠重镇,在中西经济文化交流中发挥了重要作用。现今,兰州是丝绸之路经济带的黄金支点,位于绵延 2600 公里的丝绸之路中国段,兰州承东启西,承担着"中转站"和"主阵地"的作用,正在着力打造世界级贸易枢纽。在西部大开发战略中,兰州新区被规划为第五个国家级新区,其战略意义不彰自显。"一带一路"倡议提出后,兰州作为丝绸之路经济带黄金支点,向西向南开放战略平台功能逐步显现;陆港经济的迅猛发展,为兰州迎来新的时代机遇。

　　兰州新区大力发展"临空经济",开辟了兰州至柬埔寨、泰国、越南、印尼、巴基斯坦等多国的航空经济通道,2021 年新开通 2 条国际货运航线。凭借丝绸之路经济带黄金段的区位优势,甘肃省在推进贸易通道和各类开放平台建设中"陆空联动"、东西双向互济,加速融入全球贸易产业链。

　　此外,兰州在加强对外开放通道建设,提升区域枢纽功能,建设大平台、构建大通道、形成大枢纽、发展大产业上有其独特做法。建设大平台:充分发挥兰州独特的区位优势、交通优势、战略优势,不断提升兰州航空口岸、铁路口岸、综合保税区、国际陆港对外开放功能,打造服务国家向西开放的重要战略平台。构建大通道:巩固兰州至中亚、欧洲的"兰州号"国际货运班列常态化运行,推动兰州至加德满都、瓜达尔港国际公铁联运货运班列建设,推进国际陆海贸易新通道发展铁海联运,实现海上丝绸之路与陆上丝绸之路经济带高效连接。形成大枢纽:打造面向中西亚、南亚,服务国家"一带一路"的国际物流中心和多式联运中心,全力建设中欧班列编组枢纽和集疏运中心,打造海上、陆上丝绸之路中转枢纽。发展大产业:发挥交通优势和货物集散功能,引进培育一批国际物流企业、综合性外贸服务企业和出口加工企业,形成产业集聚效应,带动兰州经济加快发展。

【资料来源:兰州:古"丝绸之路"上的重镇[EB/OL].(2014-11-27)[2022-05-05].http://www.scio.gov.cn/ztk/wh/slxy/31210/Document/1387369/1387369.htm.开局"十四五" 甘肃对外开放迈出新步伐[EB/OL].(2021-05-09)[2022-05-05].http://gs.people.com.cn/GB/n2/2021/0509/c183283-34715287.html.全力构建对外开放新格局! 兰州新区深度融入"一带一路"新通道建设 [EB/OL]. (2021-09-06) [2022-05-05]. https://baijiahao. baidu. com/s? id = 1710145329523740452&wfr=spider&for=pc】

附 黄河流域经济高质量发展指数

本部分采用基于文本分析法的和熵权法的综合赋权法,对 2012～2019 年我国各省份的高质量发展水平进行测度,并就黄河流域内外以及高质量发展的各个维度进行分析,进一步探究黄河流域经济高质量发展的现状和特征。

(一)数据来源

限于数据可得性,本研究选取的研究对象为除港澳台及西藏地区以外的30 个省(区、市),样本区间为 2012～2019 年。本研究采用的各省份城镇在岗职工基本养老保险参保人数源自《中国统计年鉴》和《中国区域经济统计年鉴》,普通高中生师比和普通高等学校生师比数据来源于《中国教育统计数据》,货物周转量数据取自各省份统计年鉴,人均水资源量数据源自《中国环境统计年鉴》,其余指标数据来自《中国统计年鉴》。

(二)指标体系

基于对经济高质量发展内涵的理解,从创新、协调、绿色、开放、共享 5 个维度构建了包含 15 个二级指标、30 个三级指标的经济高质量发展评价指标体系,如附表 1 所示。

附表 1　经济高质量发展指标体系

一级指标	二级指标	三级指标	指标属性
创新发展	创新环境	技术市场成交额/GDP	正
		专利申请数/人口	正
	创新投入	规模以上工业企业 R&D 支出/企业数	正
		规模以上工业企业 R&D 人员折合全时当量/企业数	正
	创新产出	规模以上工业企业有效发明专利数/企业数	正
		专利申请授权数/专利申请数	正
协调发展	城乡发展协调	城乡居民人均收入比	负
		城乡居民人均支出比	负
		城乡泰尔指数	负
	就业创业协调	城镇登记失业率	负
		私营企业注册登记数/总人口	正
		个体工商注册登记数/总人口	正
绿色发展	生态环境的质量	人均水资源量	正
		森林覆盖率	正
	生产方式的绿色化程度	工业污染治理投资总额/GDP	正
		单位 GDP 能耗降低率	负
	生活方式的绿色化程度	城市公共汽电车运营车辆数/总人口	正
		生活垃圾无害化处理率(市辖区)	正
开放发展	开放的环境	进出口总额/GDP	正
		外商投资企业投资总额/GDP	正
	国外开放水平	外商投资企业进出口总额/GDP	正
		外商投资企业外方注册资本/GDP	正
	国内开放水平	(境内目的地/货源地)进出口总额/GDP	正
		货物周转量/GDP	正
共享发展	社会保障	城镇在岗职工基本养老保险参保率	正
		城镇职工基本医疗保险参保率	正
	教育公平	普通高中生师比	负
		普通高等学校生师比	负
	公共设施	单位人口医疗卫生机构床位数	正
		单位人口拥有公共图书馆藏量	正

（三）研究方法

1.熵权法

熵权法是一种基于指标本身所包含的信息量来确定权重的客观赋权法，通过指标的变异程度衡量其相对重要性。一般情况下，某项指标变异程度越大，代表其包含的信息越多，则赋予的权重也相对较大，反之则权重较小。这种方法完全依靠指标本身包含的信息，消除了人为的主观因素。具体设计如下：

对原始数据进行整理得到数据矩阵：

$$X = \begin{bmatrix} x_{111} & \cdots & x_{1n1} \\ \vdots & \ddots & \vdots \\ x_{m11} & \cdots & x_{mn1} \\ x_{112} & \cdots & x_{1n2} \\ \vdots & \ddots & \vdots \\ x_{m1T} & \cdots & x_{mnT} \end{bmatrix} = (X_1 \ X_2 \cdots X_n) \tag{1}$$

其中 $x_{ijt}(i=1,2,\cdots,m;j=1,2,\cdots,n;t=1,2,\cdots,T)$ 表示第 i 个省份的第 j 个指标在 t 年的数值。$X_j(j=1,2,\cdots,n)$ 表示第 j 个指标所有省份全样本时期的列向量数据。本研究中 $m=30$，$n=30$，$T=8$。

考虑到各指标量纲不同，在确定权重前先对指标数据进行标准化，且由于不同指标对经济高质量发展的贡献方向不同，在标准化时依据指标属性的正负方向分别进行极差标准化。

对于正向指标：

$$x'_{ijt} = \frac{x_{ijt} - \min(X_j)}{\max(X_j) - \min(X_j)} \tag{2}$$

对于负向指标：

$$x'_{ijt} = \frac{\max(X_j) - x_{ijt}}{\max(X_j) - \min(X_j)} \tag{3}$$

计算 t 时期省份 i 的第 j 个指标 x'_{ijt} 占该指标的比重 y_{ijt}：

$$y_{ijt} = x'_{ijt} / \sum_{i=1}^{m} \sum_{t=1}^{T} x'_{ijt} \tag{4}$$

计算第 j 个指标的信息熵 e_j：

$$e_j = -\frac{1}{\ln m} \sum_{i=1}^{m} \sum_{t=1}^{T} y_{ijt} \ln y_{ijt} \tag{5}$$

则第 j 个指标的熵值冗余度为：

$$d_j = 1 - e_j \tag{6}$$

于是第 j 项指标的客观权重为:

$$w_j^1 = \frac{d_j}{\sum_{j=1}^{n} d_j} \tag{7}$$

由于本研究将所有省份全样本时期数据共同纳入熵值法赋权,因此对于同一个指标,所有省份全样本时期的客观权重相等,即:

$$\forall i \in m, t \in T, w_{ijt}^1 = w_j^1 \tag{8}$$

2.基于文本分析的主观赋权法

熵权法虽能够客观评价各省的发展现状,但是无法体现各地区的发展定位和政策导向。因此,本研究将文本分析法应用于各省份"十四五"规划文件,利用文件中涉及高质量发展五个维度的关键词词频构建主观权重,用以衡量各省份的发展定位。

首先从经济高质量发展的五个维度出发,建立关键词库。鉴于报告中创新方面的表述较多,其他维度特别是协调、共享方面表述较少,因此依据其内涵对词库进行扩充。关键词库如附表 2 所示。

附表 2　经济高质量发展关键词库

维度	关键词			
创新发展	创新	科技	数字	技术
协调发展	协调	城乡	区域	均衡
绿色发展	绿色	环境	生态	资源
开放发展	开放	对外	国际	合作
共享发展	共享	乡村	医疗	养老

对各省"十四五"规划文件中各维度关键词进行检索,并计算得到关键词频 $f_{ik}(i=1,2,\cdots,m; k=1,2,\cdots,K)$。其中 i 代表省份,k 为指标维度,$m=30, k=5$。

对于各个指标频率,按省份之间的差异对其进行标准化,以部分消除由于关键词库不够全面或表述偏好而导致的指标词频差异,更加准确地反映各省的相对定位。

对于省份 i 第 k 个指标的词频 f_{ik},标准化为:

$$f'_{ik} = \frac{f_{ik} - \min_{i} f_{ik}}{\max_{i} f_{ik} - \min_{i} f_{ik}} \tag{9}$$

为保证主观权重之和为1,对于每个省份,将五个维度的指标进行归一化处理：

$$f_{ik}^{*} = f'_{ik} \Big/ \sum_{k=1}^{K} f_{ik} \qquad (10)$$

由于附表 2 中的关键词和附表 1 中的数据指标并不一一对应,因此在每个指标维度内部,采取等权重方法将二级指标权重平均分配给三级权重,以便后续合成综合权重。

分配后的三级权重矩阵为：

$$w_{ij}^{2} = \begin{cases} \dfrac{1}{6} f_{i1}^{*}, 0 < j \leq 6 \\[2mm] \dfrac{1}{6} f_{ik}^{*}, 6(k-1) < j \leq 6k \\[2mm] \dfrac{1}{6} f_{i5}^{*}, 24 < j \leq 30 \end{cases} \qquad (11)$$

本研究中主观权重不随时间变化,因此有：

$$\forall t \in T, w_{ijt}^{2} = w_{ij}^{2} \qquad (12)$$

3.综合赋权法

基于熵权法的客观权重和基于文本分析法的主观权重从不同角度刻画各指标的相对重要性。为了更加全面地评价各省的经济高质量发展水平,本研究将客观权重与主观权重相结合,得到综合权重 w_{ij}：

$$w_{ij} = \beta w_{ij}^{1} + (1 - \beta) w_{ij}^{2} \qquad (13)$$

本研究设定 $\beta = 1/2$。

根据指标权重与指标数据计算得到各省每个时期的高质量发展指数：

$$S_{it} = \sum_{j=1}^{n} x'_{ijt} w_{ij} \qquad (14)$$

(四)结果

1.经济高质量发展总体时空分析

按前述方法,得到各地区 2012～2019 年经济高质量发展指数,如附表 3 所示。

附表 3　各地区经济高质量发展指数

	2012 年	2013 年	2014 年	2015 年	2016 年	2017 年	2018 年	2019 年
北京	0.4623	0.4774	0.4892	0.5018	0.5236	0.5418	0.5543	0.5676
天津	0.4558	0.4585	0.4746	0.4896	0.5003	0.5034	0.5188	0.5135
河北	0.2799	0.3053	0.3297	0.3385	0.3468	0.3717	0.3823	0.3923
山西	0.2397	0.2642	0.2804	0.2949	0.2933	0.3046	0.3179	0.3077

	2012 年	2013 年	2014 年	2015 年	2016 年	2017 年	2018 年	2019 年
内蒙古	0.3054	0.3544	0.3683	0.3634	0.3773	0.3861	0.3654	0.3873
辽宁	0.3811	0.3710	0.3900	0.4086	0.4279	0.4663	0.4880	0.4825
吉林	0.2617	0.2745	0.2842	0.3062	0.3071	0.2822	0.3207	0.3335
黑龙江	0.2838	0.3005	0.3019	0.3131	0.3243	0.3342	0.3366	0.3564
上海	0.6416	0.6131	0.6277	0.6468	0.6443	0.6551	0.6692	0.6635
江苏	0.4401	0.4160	0.4166	0.4291	0.4416	0.4607	0.4859	0.5065
浙江	0.3843	0.3921	0.4078	0.4289	0.4282	0.4408	0.4799	0.4926
安徽	0.2377	0.2571	0.2708	0.2797	0.2910	0.3064	0.3350	0.3411
福建	0.3219	0.3419	0.3506	0.3777	0.3812	0.3880	0.4091	0.4237
江西	0.2970	0.3057	0.3111	0.3279	0.3401	0.3436	0.3673	0.3742
山东	0.2921	0.2839	0.2924	0.2987	0.3138	0.3359	0.3544	0.3845
河南	0.2436	0.2515	0.2739	0.2874	0.3042	0.3108	0.3400	0.3724
湖北	0.3063	0.3467	0.3665	0.3789	0.3840	0.4031	0.4219	0.4340
湖南	0.2985	0.3060	0.3277	0.3414	0.3487	0.3602	0.3763	0.3778
广东	0.4122	0.4184	0.4322	0.4400	0.4445	0.4799	0.5103	0.5015
广西	0.2033	0.2089	0.2240	0.2337	0.2382	0.2450	0.2614	0.2727
海南	0.3235	0.3224	0.3377	0.3317	0.3888	0.3766	0.4081	0.4173
重庆	0.2614	0.3002	0.3312	0.3426	0.3724	0.3706	0.3891	0.3897
四川	0.2739	0.2895	0.3090	0.3265	0.3310	0.3450	0.3772	0.3965
贵州	0.1778	0.2070	0.2390	0.2685	0.2660	0.2966	0.3205	0.3416
云南	0.1988	0.2180	0.2451	0.2631	0.2689	0.2719	0.2854	0.3023
陕西	0.2307	0.2671	0.2927	0.3126	0.3429	0.3232	0.3593	0.3838
甘肃	0.1652	0.1697	0.1964	0.2059	0.2283	0.2695	0.2903	0.3150
青海	0.3465	0.3157	0.3412	0.3196	0.3592	0.3400	0.3718	0.3741
宁夏	0.2742	0.3145	0.3603	0.3525	0.3902	0.4103	0.4236	0.4189
新疆	0.2817	0.2970	0.2989	0.2859	0.2887	0.2962	0.3168	0.3251

附表 4 展示了 2012～2019 年 30 个样本省份高质量发展的平均情况。由均值和标准差的变化趋势可以看出,就全国总体情况而言,经济高质量发展水平稳步上升,省份间的差距总体呈下降趋势,且相较于中位数和最大值的上升,最小值的上升尤为显著,表明我国在脱贫攻坚和共同富裕方面取得了显著成果。

附表4　经济高质量发展水平不同年份描述性统计

	平均值	标准差	最小值	中位数	最大值	偏度	峰度
2012 年	0.3094	0.0996	0.1652	0.2879	0.6416	1.3454	5.3680
2013 年	0.3216	0.0906	0.1697	0.3055	0.6131	1.1638	4.9931
2014 年	0.3390	0.0882	0.1964	0.3287	0.6277	1.2351	5.1772
2015 年	0.3498	0.0892	0.2059	0.3298	0.6468	1.3472	5.4310
2016 年	0.3632	0.0887	0.2283	0.3477	0.6443	1.1367	4.7502
2017 年	0.3740	0.0907	0.2450	0.3526	0.6551	1.1652	4.3791
2018 年	0.3946	0.0900	0.2614	0.3740	0.6692	1.1157	4.1773
2019 年	0.4050	0.0857	0.2727	0.3859	0.6635	1.0762	4.1593

附图1展示了2012～2019年样本省份在高质量发展五个维度上的平均发展水平。其中,协调发展水平明显高于其他四个维度的发展水平,且呈现稳定的上升趋势,与之相伴的是共享发展水平快速提高,并超越了绿色发展水平排名第二,说明当前经济高质量发展的主要动能来自协调发展和共享发展,也侧面说明了我国坚决打赢脱贫攻坚战、布局乡村振兴、促进城乡协调发展的重要意义。而开放发展水平在2014年之后落后于创新发展水平,位居最末,成为当前限制经济高质量发展的瓶颈,这可能是由于中美贸易摩擦的影响和国际贸易环境的恶化,也体现了我国下一阶段构建双循环新发展格局的紧迫性和重要性。

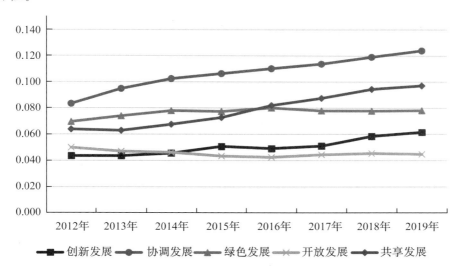

附图1　2012～2019年样本省份各维度高质量发展平均水平

2.黄河流域与非黄河流域发展水平对比

为探究黄河流域与其他地区在高质量发展方面的水平差距和禀赋差异,本研究分别基于经济高质量发展总体水平和五个维度发展水平,对黄河流域和非黄河流域进行对比分析。

附表5展示了黄河流域与非黄河流域在经济高质量发展总体水平上的差距,可以看到黄河流域的发展水平在整体上略低于其余地区的平均水平,不过流域内的差距相对较小。从最小值、中位数和最大值来看,目前黄河流域经济高质量发展的最小值和中位数都与流域外的平均值相差不大,但最大值有较大差距,可见黄河流域的瓶颈在于缺乏一个高水平的核心地区带动整个流域的发展。

附表5 黄河流域与非黄河流域经济高质量发展水平

	均值	标准差	最小值	中位数	最大值	偏度	峰度
黄河流域	0.3176	0.0561	0.1652	0.3153	0.4236	−0.5202	3.1490
非黄河流域	0.3740	0.1024	0.1778	0.3535	0.6692	0.7911	3.4686

附图2展示了黄河流域与非黄河流域在五个维度上的发展水平。相较于非黄河流域,黄河流域的绿色发展水平较高,协调发展和共享发展水平略微落后,而创新发展和开放发展水平则与非黄河流域有较大差距。因此,黄河流域各省应加快提升创新发展能力,促进产学研结合,完善科技创新体制机制。此外,"一带一路"倡议的实施以及中欧班列的开通将成为黄河流域提高开放水平、实现产业升级转型的重要机遇。

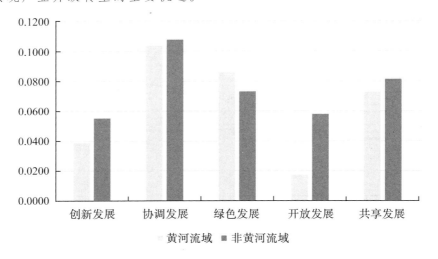

附图2 黄河流域与非黄河流域各维度发展水平

3.黄河流域内部各省份发展水平对比

为探究黄河流域各省份的发展差异,本研究从经济高质量发展总体水平和五个维度对黄河流域九省区的发展水平进行测度分析。附表6展示了2012~2019年黄河流域九省区经济高质量发展总体水平及各维度发展水平的平均值。

附表6 黄河流域各省份经济高质量发展及各维度发展水平

	经济高质量发展水平	创新发展水平	协调发展水平	绿色发展水平	开放发展水平	共享发展水平
山西	0.2878	0.0666	0.0708	0.0882	0.0174	0.0448
内蒙古	0.3634	0.0276	0.1091	0.1461	0.0096	0.0710
山东	0.3195	0.0522	0.0661	0.0595	0.0464	0.0953
河南	0.2980	0.0299	0.1325	0.0671	0.0135	0.0549
四川	0.3311	0.0465	0.1457	0.0561	0.0152	0.0676
陕西	0.3140	0.0635	0.0975	0.0812	0.0154	0.0566
甘肃	0.2300	0.0257	0.0685	0.0568	0.0127	0.0663
青海	0.3460	0.0149	0.0956	0.1335	0.0085	0.0936
宁夏	0.3681	0.0206	0.1515	0.0806	0.0156	0.0999

附图3至附图8展示了2012~2019年黄河流域各省区经济高质量发展总体水平、各维度发展水平及排序情况。其中,整体发展水平最高的是宁夏,其次是内蒙古和青海,排在最后的是甘肃(见附图3)。

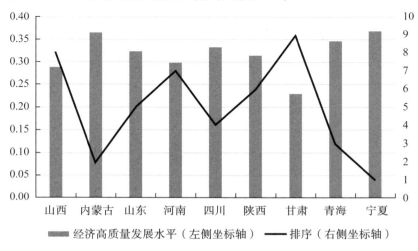

附图3 2012~2019年黄河流域各省区经济高质量发展水平及排序

创新发展水平方面，排名前三位的依次为山西、陕西和山东，青海创新发展水平最低，宁夏次之（见附图4）。

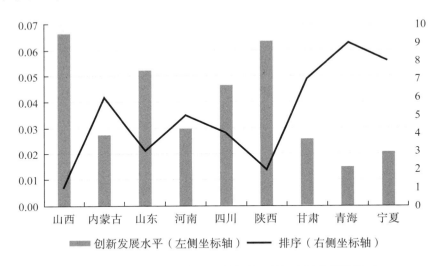

附图4　2012～2019年黄河流域各省区创新发展水平及排序

协调发展水平最高的三个省区为宁夏、四川与河南，最低的是山东和甘肃（见附图5）。

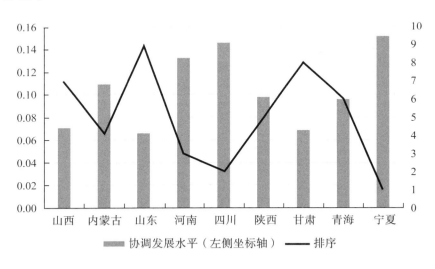

附图5　2012～2019年黄河流域各省区协调发展水平及排序

绿色发展水平方面，排名前两位的是内蒙古和青海，排名最后的是四川和甘肃（见附图6）。

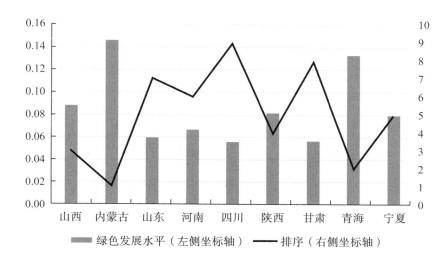

附图6　2012～2019年黄河流域各省区绿色发展水平及排序

　　得益于优越的地理位置以及中日韩自贸区的影响,山东省的开放发展水平在黄河流域九省区中一骑绝尘,青海和内蒙古的开放发展水平则居于末位(见附图7)。

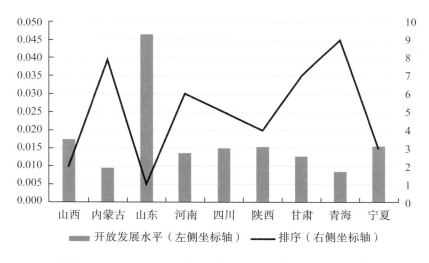

附图7　2012～2019年黄河流域各省区开放发展水平及排序

　　共享发展水平最高的三个省区是宁夏、山东和青海,最低的省份是山西(见附图8)。

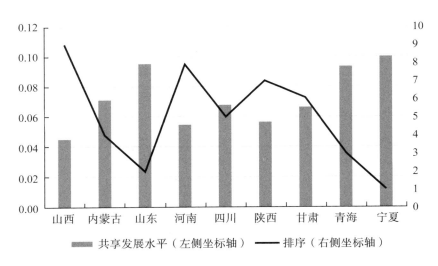

附图8 2012～2019年黄河流域各省区共享发展水平及排序

综合以上经济高质量发展整体和各个维度的对比分析,可以看到目前黄河流域经济高质量发展的主要动能来自绿色发展,如内蒙古、青海,相应的创新发展有所欠缺。山西和陕西的经济高质量发展主要靠创新驱动,山东则主要是开放驱动。四川和河南协调发展水平较高,河南需要加强共享发展,四川则应当注意绿色发展。甘肃的经济高质量发展主要靠共享发展驱动,其余维度的发展水平也较为均衡。

（五）结论

本部分采用基于文本分析法和熵权法的综合赋权法,测度了2012～2019年我国30个样本省份的高质量发展指数,并就黄河流域和高质量发展的各个维度进一步进行分析,得到以下结论:

首先,就全国总体的平均情况而言,经济高质量发展水平稳步上升,省份间的差距总体呈下降趋势,表明我国在区域协调发展和共同富裕方面取得了显著成果。具体到高质量发展的五个维度,当前协调发展和共享发展成为经济高质量发展的主要驱动力,开放发展则陷入瓶颈,应当进一步扩大对外开放、有序推进金融开放,抓紧构建以内循环为主体、国内国际双循环的新发展格局。

其次,除绿色发展以外,黄河流域的经济高质量发展总体水平和各维度发展水平略落后于域外省份,其中又以创新发展和开放发展水平的差距尤为明显。因此黄河流域各省区应加快推进科技创新,促进产学研结合,以创新驱动发展。此外,要抓住“一带一路”这一重大机遇,积极对接区域全面经济伙伴、深化与沿线地区和国家的合作,构筑互利共赢的产业链供应链体系,推动产业转型升级。

最后,就黄河流域九省区而言,经济高质量发展水平各不相同,禀赋和动能也大相径庭。内蒙古、宁夏和青海依托得天独厚的自然环境和生态资源,主要依靠绿色发展,应当在碳中和与生态产品价值化中发挥区位优势,同时弥补创新发展和开放发展方面的短板。山东主要依靠开放驱动,应当在中日韩合作中不断建设更高水平的开放平台。山西和陕西的创新发展水平较高,然而共享发展水平较低,应当注意社会保障和公共服务的提供。四川和河南的协调发展水平较高,应积极参与"一带一路"建设,加快提高对外开放水平。

参考文献

[1]费孝通.中国城乡发展的道路[M].上海:上海人民出版社,2016.

[2]费孝通.从农村发展到区域发展[M]//费孝通全集(14卷).呼和浩特:内蒙古人民出版社,2009.

[3]苗长虹.中国城市群发育与中原城市群发展研究[M].北京:中国社会科学出版社,2007.

[4]包艳杰.费孝通对黄河流域乡村经济的考察及启示[J].商丘师范学院学报,2020,36(11):78-82.

[5]陈晓雪,时大红.我国30个省市社会经济高质量发展的综合评价及差异性研究[J].济南大学学报(社会科学版),2019,29(4):100-113+159-160.

[6]陈耀,张可云,陈晓东,等.黄河流域生态保护和高质量发展[J].区域经济评论,2020(1):8-22.

[7]陈印军,吴凯,卢布,等.黄河流域农业生产现状及其结构调整[J].地理科学进展,2005(4):106-113.

[8]党小虎,吴彦斌,刘国彬,等.生态建设15年黄土高原生态足迹时空变化[J].地理研究,2018,37(4):761-771.

[9]董战峰,郝春旭,璩爱玉,等.黄河流域生态补偿机制建设的思路与重点[J].生态经济,2020,36(2):196-201.

[10]董战峰,璩爱玉,冀云卿.高质量发展战略下黄河下游生态环境保护[J].科技导报,2020,38(14):109-115.

[11]杜海波,魏伟,张学渊,等.黄河流域能源消费碳排放时空格局演变及影响因素——基于DMSP/OLS与NPP/VIIRS夜间灯光数据[J].地理研究,

2021,40(7):2051-2065.

[12]冯永平,白育铭.乡村振兴战略背景下农村经济发展现状及路径探究——以山西省为例[J].山西农经,2019(15):54-55.

[13]高怀璧.资源型城市乡村振兴模式探索[J].中国金融,2021(12):92-94.

[14]高培勇,袁富华,胡怀国,等.高质量发展的动力、机制与治理[J].经济研究,2020,55(4):4-19.

[15]高志刚,李明蕊.制度质量、政府创新支持对黄河流域资源型城市经济高质量发展的影响研究——基于供给侧视角[J].软科学,2021,35(8):121-127.

[16]顾朝林.城市群研究进展与展望[J].地理研究,2011,30(5):771-784.

[17]韩君,杜文豪,吴俊珺.黄河流域高质量发展水平测度研究[J].西安财经大学学报,2021,34(1):28-36.

[18]韩永辉,韦东明.中国省域高质量发展评价研究[J].财贸研究,2021,32(1):26-37.

[19]衡霞,郭精磊.可持续生计分析框架下民族地区巩固拓展脱贫攻坚成果同乡村振兴有效衔接研究——基于甘肃省临夏回族自治州的分析[J].社科纵横,2021,36(3):69-76.

[20]黄晶,薛东前,马蓓蓓,等.黄土高原乡村地域人—地—业协调发展时空格局与驱动机制[J].人文地理,2021,36(3):117-128.

[21]贾洪文,张伍涛,盘业哲.科技创新、产业结构升级与经济高质量发展[J].上海经济研究,2021(5):50-60.

[22]江恩慧,赵连军,王远见,等.基于系统论的黄河下游河道滩槽协同治理研究进展[J].人民黄河,2019,41(10):58-63+95.

[23]姜长云,盛朝迅,张义博.黄河流域产业转型升级与绿色发展研究[J].学术界,2019(11):68-82.

[24]金碚.关于"高质量发展"的经济学研究[J].中国工业经济,2018(4):5-18.

[25]金煜,陈钊,陆铭.中国的地区工业集聚:经济地理、新经济地理与经济政策[J].经济研究,2006,41(4):79-89.

[26]李浩.青海省黄河流域生态保护与经济高质量发展研究[J].市场论坛,2021(3):24-30.

[27]李双双,孔锋,韩鹭,等.陕北黄土高原区极端降水时空变化特征及其影响因素[J].地理研究,2020,39(1):140-151.

[28]李婷,刘慧,贾滢,等.黄河流域高质量发展背景下陇东地区巩固脱贫攻坚与乡村振兴有效衔接研究[J].陇东学院学报,2021,32(3):102-106.

[29]李艳忠,刘昌明,刘小莽,等.植被恢复工程对黄河中游土地利用/覆被变化的影响[J].自然资源学报,2016,31(12):2005-2020.

[30]廖海燕.我国发达地区新型城市化评价指标体系研究——以广东省为例[J].湖南社会科学,2013(4):162-165.

[31]刘冰,吴佳宣,王俪臻.推进脱贫攻坚与乡村振兴有效衔接——基于江苏省M县的经验研究[J].社会治理,2020(12):75-80.

[32]刘晨光,乔家君.黄河流域农村经济差异及空间演化[J].地理科学进展,2016,35(11):1329-1339.

[33]刘鹤,刘毅,许旭.黄河中上游能源化工区产业结构的演进特征及机理[J].经济地理,2010,30(10):1657-1663.

[34]刘华军,曲惠敏.黄河流域绿色全要素生产率增长的空间格局及动态演进[J].中国人口科学,2019(6):59-70+127.

[35]刘建华,黄亮朝,左其亭.黄河下游经济—人口—资源—环境和谐发展水平评估[J].资源科学,2021,43(2):412-422.

[36]刘曙光,许玉洁,王嘉奕.江河流域经济系统开放与可持续发展关系——国际经典案例及对黄河流域高质量发展的启示[J].资源科学,2020,42(3):433-445.

[37]刘小鹏,马存霞,魏丽,等.黄河上游地区减贫转向与高质量发展[J].资源科学,2020,42(1):197-205.

[38]刘彦平,王明康.中国城市品牌高质量发展及其影响因素研究——基于协调发展理念的视角[J].中国软科学,2021(3):73-83.

[39]马海涛,徐楦钫.黄河流域城市群高质量发展评估与空间格局分异[J].经济地理,2020,40(4):11-18.

[40]马明娟,李强,周文瑞.碳中和视域下黄河流域碳生态补偿研究[J].人民黄河,2021,43(12):5-11.

[41]乔家君,朱乾坤,辛向阳.黄河流域农区贫困特征及其影响因素[J].资源科学,2020,42(1):184-196.

[42]任保平,李禹墨.新时代我国经济从高速增长转向高质量发展的动力转换[J].经济与管理评论,2019,35(1):5-12.

[43]邵帅,齐中英.西部地区的能源开发与经济增长——基于"资源诅咒"假说的实证分析[J].经济研究,2008,43(4):147-160.

[44]申学锋.乡村振兴如何衔接脱贫攻坚[J].中国财政,2020(8):15-17.

[45]盛广耀.黄河流域城市群高质量发展的基本逻辑与推进策略[J].中州学刊,2020(7):21-27.

[46]师博,何璐,张文明.黄河流域城市经济高质量发展的动态演进及趋势预测[J].经济问题,2021(1):1-8.

[47]师博,张冰瑶.全国地级以上城市经济高质量发展测度与分析[J].社会科学研究,2019(3):19-27.

[48]田晖,程倩,李文玉.进口竞争、创新与中国制造业高质量发展[J].科学学研究,2021,39(2):222-232.

[49]王海英,董锁成,尤飞.黄河沿岸地带水资源约束下的产业结构优化与调整研究[J].中国人口·资源与环境,2003(2):82-86.

[50]王帅,傅伯杰,武旭同,等.黄土高原社会-生态系统变化及其可持续性[J].资源科学,2020,42(1):96-103.

[51]魏曙光,姜宏阳.黄河中段生态安全、重化工业升级与智慧绿色发展[J].经济论坛,2020(10):62-73.

[52]魏振香,史相国.生态可持续与经济高质量发展耦合关系分析——基于省际面板数据实证[J].华东经济管理,2021,35(4):11-19.

[53]吴净.青岛市融入黄河流域生态保护和高质量发展研究[J].青岛职业技术学院学报,2021,34(2):8-13.

[54]徐辉,师诺,武玲玲,等.黄河流域高质量发展水平测度及其时空演变[J].资源科学,2020,42(1):115-126.

[55]杨静.若尔盖县黄河流域段生态环境现状及思考[J].资源节约与环保,2021(6):90-91.

[56]杨开忠,苏悦,顾芸.新世纪以来黄河流域经济兴衰的原因初探——基于偏离—份额分析法[J].经济地理,2021,41(1):10-20.

[57]杨丽娟,耿小童.黄河上游段特殊生态环境问题及协同治理的法律路径[J].黄河科技学院学报,2021,23(4):51-58.

[58]杨明海,张红霞,孙亚男,等.中国八大综合经济区科技创新能力的区域差距及其影响因素研究[J].数量经济技术经济研究,2018,35(4):3-19.

[59]杨骞,刘鑫鹏,孙淑惠.中国科技创新效率的时空格局及收敛性检验[J].数量经济技术经济研究,2021,38(12):105-123.

[60]杨世伟.脱贫攻坚与乡村振兴有机衔接:重要意义、内在逻辑与实现路径[J].未来与发展,2019,43(12):12-15.

[61]杨耀武,张平.中国经济高质量发展的逻辑、测度与治理[J].经济研究,2021,56(1):26-42.

[62]杨永春,张旭东,穆焱杰,等.黄河上游生态保护与高质量发展的基本逻辑及关键对策[J].经济地理,2020,40(6):9-20.

[63]俞海,任勇.中国生态补偿:概念、问题类型与政策路径选择[J].中国软科学,2008(6):7-15.

[64]喻晓雯.新形势下河南沿黄地区乡村振兴的问题与对策[J].中国农村科技,2021(5):54-57.

[65]岳瑜素,王宏伟,江恩慧,等.滩区自然—经济—社会协同的可持续发展模式[J].水利学报,2020,51(9):1131-1137+1148.

[66]张峰,薛惠锋.城乡融合背景下乡村承接产业转移的内动力机制分析——以黄河三角洲为例[J].哈尔滨商业大学学报(社会科学版),2020(4):106-120.

[67]张婕,诸葛雯菲,朱明明.黄河流域生态补偿政策对企业环保投资的影响——基于重污染行业民营企业的经验数据[J].水利经济,2021,39(3):30-35+51+86.

[68]张可云,张颖.不同空间尺度下黄河流域区域经济差异的演变[J].经济地理,2020,40(7):1-11.

[69]张瑞冬.服务脱贫攻坚与乡村振兴战略的路径衔接[J].农业发展与金融,2020(12):63-65.

[70]张树清,孙小凤.甘肃农田土壤氮磷钾养分变化特征[J].土壤通报,2006(1):13-18.

[71]张涛.高质量发展的理论阐释及测度方法研究[J].数量经济技术经济研究,2020,37(5):23-43.

[72]张永丽,高蔚鹏.脱贫攻坚与乡村振兴有机衔接的基本逻辑与实现路径[J].西北民族大学学报(哲学社会科学版),2021(3):139-147.

[73]张忠俊,郭晓旭,张喜玲,等.金融集聚、人力资本结构演进与经济高质量发展[J].统计与决策,2021,37(2):10-14.

[74]赵兵,景杰."碳达峰、碳中和"目标下火力发电行业的转型与发展[J].节能与环保,2021(5):32-33.

[75]赵明亮,刘芳毅,王欢,等.FDI、环境规制与黄河流域城市绿色全要素生产率[J].经济地理,2020,40(4):38-47.

[76]赵帅,何爱平,彭硕毅.黄河流域环境规制、区域污染转移与技术创新

的空间效应[J].经济经纬,2021,38(5):12-21.

[77]赵雪雁,杜昱璇,李花,等.黄河中游城镇化与生态系统服务耦合关系的时空变化[J].自然资源学报,2021,36(1):131-147.

[78]赵一玮,李冬,陈楠,等.高质量发展要求下黄河中上游煤化工产业环境管理建议[J].中国环境管理,2020,12(6):52-57.

[79]钟茂初.黄河流域发展中的生态承载状态和生态功能区保护责任[J].河北学刊,2021,41(5):182-189.

[80]周伟.生态环境保护与修复的多元主体协同治理——以祁连山为例[J].甘肃社会科学,2018(2):250-255.

[81]周扬,李寻欢,童春阳,等.中国村域贫困地理格局及其分异机理[J].地理学报,2021,76(4):903-920.

[82]陈刚.生态文明视域下甘南州乡村振兴中存在的问题及对策研究[D].西安:西安建筑科技大学,2020.

[83]任颖脱.政府治理视角下黄河下游防洪工程建设移民安置问题研究[D].郑州:华北水利水电大学,2020.

[84]陆大道.关于黄河流域高质量发展的认识与建议[N].中国科学报,2019-12-10(7).

[85]Barbier E B. Natural Resources and Economic Development[M]. Cambridge:Cambridge University Press,2005.

[86]Chuanglin F,Danlin Y. Urban agglomeration:an evolving concept of an emerging phenomenon[J]. Landscape and Urban Planning,2017,162:126-136.

[87]Gylfanson T. Resources,Agriculture,and Economic Growth in Transition Economies[J]. Kyklos,2000,53,545-580.

[88]Ravallion M,Wodon Q. Poor areas,or only poor people? [J]. Journal of Regional Science,1999,39(4):689-711.

[89]Sachs J D,Warner A M. Natural Resource Abundance and Economic Growth[C]. Harvard-Institute for International Development,1995.

第四部分 ┃ 黄河流域新旧动能转换[*]

　　黄河是我国仅次于长江的第二大河,全长 5464 公里,流域面积大约 75 万平方公里,呈"几"字形流经青海省、四川省、甘肃省、宁夏回族自治区、内蒙古自治区、陕西省、山西省、河南省、山东省 9 个省区。黄河一直"体弱多病",生态本底差,水资源十分短缺,水土流失严重,资源环境承载能力弱,沿黄各省区发展不平衡不充分问题尤为突出。2021 年 10 月 8 日,中共中央、国务院印发了《黄河流域生态保护和高质量发展规划纲要》(简称《纲要》),《纲要》提出,黄河流域生态保护和高质量发展是事关中华民族伟大复兴的千秋大计,黄河流域生态类型多样、农牧业基础较好、能源资源富集、文化根基深厚,具备在新的历史起点上推动生态保护和高质量发展的良好基础。推动黄河流域生态保护和高质量发展,具有深远历史意义和重大战略意义。党的十九大报告提出,我国经济已由高速增长阶段转向高质量发展阶段,正处在转变发展方式、优化经济结构、转换增长动力的攻关期,同时指出,必须高举绿色发展旗帜不动摇,努力构建现代绿色经济体系。建立健全绿色低碳循环发展的现代化经济体系,对于实现新旧动能转换、促进黄河流域沿线地区生态与产业深度融合、形成绿色生产生活方式具有重要战略意义。

　　实现黄河流域生态保护和高质量发展的战略目标,要注重全局性、整体性和协同性,各主体应各就其位、协同联动,着力培育绿色发展新动能,加快升级传统落后旧动能。从宏观角度来看,国家高新区和国家经开区是地区增长极,在带动地区经济增长、提高产业发展现代化水平等方面发挥引领作用。国家高新区着眼于高新技术产业的发展培育,承担的是发展新兴产业、培育新动能的任务,国家经开区立足于吸引外资和引进先进制造业,在传统优势产业集聚

　　* 承担单位:山东大学山东发展研究院;课题负责人:孙涛;课题组成员:李少星、侯麟科、万俊斌。

方面发挥了突出作用,承担的是升级传统产业、改造旧动能的任务。因此,在实现新旧动能转换、推动经济高质量发展的过程中,国家高新区和国家经开区是主要战略力量,对国家高新区和国家经开区创新效率、产业结构等发展情况进行梳理,有利于客观反映两主体在黄河流域新旧动能转换中的现状与问题,实现高质量、有效率的发展。从微观角度来看,企业是市场经济的重要组成部分,对于经济的增长和稳定具有重要作用,其中,上市公司是黄河流域企业的典型代表。截至 2021 年 6 月,黄河流域沿线 26 个地市的 48 个县区拥有 92 家上市公司,总市值 10168.46 亿元,黄河流域上市公司新旧动能转换是本课题研究的重要一环。上市公司作为创新驱动发展的核心主体,其技术创新带动形成的新技术、新模式、新业态与新旧动能接续转换所蕴含的极强的创新需求具备高度契合性,对实施新旧动能转换、推进经济转型升级具有决定性意义。从要素使用角度来看,土地是经济发展最基本的生产要素,是黄河流域新旧动能转换政策目标的重要工具,土地为产业生产提供了物质载体,过去以大规模、低价出让为主要特征的产业用地配置模式制约了中国产业绿色发展。因此,推动新旧动能转换要彻底改变过去主要依靠土地等传统旧动能投入的状况,向依靠科技创新这种新动能的轨道上转变。国家高新区、国家经开区、上市公司是推动新旧动能转换的不同主体力量,各主体应相互配合,共同利用土地这一重要政策工具,在实现黄河流域生态保护和高质量发展的过程中相得益彰,保障黄河长治久安,让黄河成为造福人民的幸福河。

一、黄河流域国家高新区比较研究

(一)黄河流域国家高新区的空间分布与发展历程

1.现状空间分布特征

黄河是我国仅次于长江的第二大河,全长 5464 公里,流域面积大约 75 万平方公里,截至 2021 年 7 月,黄河流域沿线 9 省区共设立 45 个国家高新技术产业开发区(简称"国家高新区")①。国家高新区是我国改革开放以来实行的一项重要的经济政策,也是一项重要的基于地点的政策(place-based policy,简称"地本政策")和制度安排。其载体作为地区增长极有效带动了地区经济发

---

① 在本课题研究的 2015～2019 年间(样本期间),沿黄 9 省区仅在 2017 年新增设立了 2 个国家高新区:鄂尔多斯高新技术产业开发区、内江高新技术产业开发区。本部分黄河流域国家高新区的相关数据均来源于《中国火炬统计年鉴》(2016～2020)、《中国城市统计年鉴》(2016～2020)。

展,在促进产业集聚、优化产业结构、推动地区创新方面起着重要作用。黄河上游地区有 5 个省份,已设立 16 个国家高新区;中游地区有 3 个省份,已设立 16 个国家高新区;下游地区有 1 个省份,已设立 13 个国家高新区。具体名单如表 1 所示。

表 1　黄河流域国家高新区名单

省区(数量)	名单		
青海(1)	青海国家高新技术产业开发区	—	—
四川(8)	成都高新技术产业开发区	自贡高新技术产业开发区	攀枝花钒钛高新技术产业开发区
	泸州高新技术产业开发区	德阳高新技术产业开发区	绵阳高新技术产业开发区
	内江高新技术产业开发区	乐山高新技术产业开发区	—
甘肃(2)	兰州高新技术产业开发区	白银高新技术产业开发区	
宁夏(2)	银川高新技术产业开发区	石嘴山高新技术产业开发区	
内蒙古(3)	呼和浩特金山高新技术产业开发区	包头稀土高新技术产业开发区	鄂尔多斯高新技术产业开发区
陕西(7)	西安高新技术产业开发区	宝鸡高新技术产业开发区	杨凌高新技术产业开发区
	咸阳高新技术产业开发区	渭南高新技术产业开发区	榆林高新技术产业开发区
	安康高新技术产业开发区	—	—
山西(2)	太原高新技术产业开发区	长治高新技术产业开发区	—
河南(7)	郑州高新技术产业开发区	洛阳高新技术产业开发区	平顶山高新技术产业开发区
	安阳高新技术产业开发区	新乡高新技术产业开发区	焦作高新技术产业开发区
	南阳高新技术产业开发区	—	—

省区(数量)	名单		
山东(13)	济南高新技术产业开发区	青岛高新技术产业开发区	淄博高新技术产业开发区
	枣庄高新技术产业开发区	黄河三角洲高新技术产业开发区	烟台高新技术产业开发区
	潍坊高新技术产业开发区	济宁高新技术产业开发区	泰安高新技术产业开发区
	威海高新技术产业开发区	莱芜高新技术产业开发区	临沂高新技术产业开发区
	德州高新技术产业开发区	—	—

从东、中、西部的数量分布上来看,东部地区有 13 个国家高新区,中部地区有 16 个国家高新区,西部地区有 16 个国家高新区。黄河流域东、中、西部的国家高新区分别占黄河流域总的国家高新区的比重为 28.88％、35.56％、35.56％(见图 1),说明黄河流域国家高新区在空间分布上较为均衡。

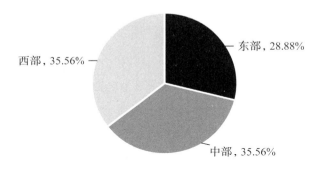

图 1 黄河流域国家高新区东中西部数量分布

2.历史发展过程

黄河流域国家高新区的发展进程,总体可以划分为三个阶段。

(1)第一阶段(1988～2000 年):一次创业阶段

1988 年中关村高新区设立,从此开启了中国国家高新区建设和发展的历史;随后,1991 年和 1992 年国务院分两次集中批复建设了全国共 51 个国家高新区;截至 2000 年,国务院批准设立了 53 个国家高新区,形成了早期国家高新区的群体建设规模,其中沿黄流域 9 省区共有 15 个国家高新区,东部地区有 5个,中部地区有 6 个,西部地区有 4 个,分布较为均匀。这一阶段我国工业基础薄弱、高技术产业空白,此时大多高新区走工业化道路,主要目标是快速形成产业基础和经济规模。因此,这阶段高新区建设实际表现为工业园或工业聚集区的建设,其内涵和形态都主要呈现出工业园的特征。

（2）第二阶段（2001～2010年）:二次创业阶段

这一阶段高新区强调的核心是要注入科技要素,注重科技成果转化和技术创新,高新区开始真正走向"科技工业园"的发展内涵和目标定位。截至2010年,黄河流域国家高新区共设立23个,比第一阶段新增设立8个。其中,东部地区有7个,中部地区有9个,西部地区有7个。

（3）第三阶段（2011年至今）:三次创业阶段

在这一阶段,国家高新区的队伍数量、空间范围、经济体量都急剧放大,承载新的引领创新驱动发展使命,进入了"全面创新"的新阶段。尤其是2012年后,国务院批复国家高新区建设的速度进一步加快,截至2021年12月,经国务院批复建设的国家高新区数量已达169个,黄河流域国家高新区达到45个,其中,东部地区13个,中部地区16个,西部地区16个。

综上所述,黄河流域国家高新区从空间布局上看较为均匀,中、西部地区高新区数量多于东部地区。

（二）黄河流域国家高新区的经济发展特征

国家高新区作为高技术产业的集聚地,驱动产业技术创新,助力创新型区域经济发展。黄河流域国家高新区在引领技术创新、提升经济总量、优化产业结构、解决就业等方面为区域整体经济发展做出了巨大的贡献。值得注意的是,黄河流域的国家高新区分布广泛且密集,对黄河流域经济带的新旧动能转换和高质量发展起到重要支撑作用。

1.经济发展现状

国家高新区秉承"发展高科技,实现产业化"的使命,推动我国经济规模持续壮大,是国家经济的重要战略支撑。2015～2019年,全国设立的国家高新区数量由147个增长到169个,增长了15%;其中,沿黄河流域9省区设立的国家高新区由43个增长到45个,但占全国设立国家高新区的比重却由29.25%下降到26.63%。从工业总产值来看,2019年,沿黄9省区国家高新区实现工业总产值49581.67亿元,占全国高新区工业总产值的20.64%,比2015年增长12.58%,其中,东、中、西部地区分别为17923.07亿元、20131.24亿元、11527.37亿元,与2015年相比分别增长了25.77%、8.24%、2.99%（见图2）。

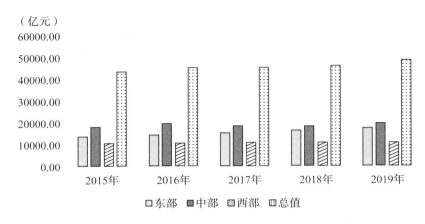

图 2 2015～2019 年黄河流域国家高新区工业总产值情况

从年末从业人数来看，2019 年，沿黄 9 省区国家高新区年末从业人数为 420.08 万人，占全国高新区年末从业人数的 18.98％，比 2015 年增长 14.61％；东、中、西部地区年末从业人数分别为 135.78 万人、167.85 万人、116.48 万人，较 2015 年同比分别增长了 13.96％、18.16％、10.57％（见图 3）。

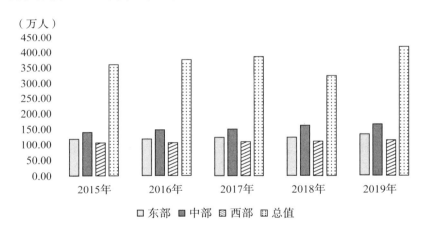

图 3 2015～2019 年黄河流域国家高新区年末从业人数情况

2.研发创新总体情况

国家高新区是创新主体为从事创新活动而发生集聚的场所，创新是国家高新区赋予域内企业的主要使命，也是域内企业发展的核心职能。近年来，黄河流域国家高新区创新投入和产出不断迈向更高水平，成为助力创新型国家建设的重要力量。黄河流域国家高新区在黄河流域生态保护和高质量发展战略中扮演任务载体和动力引擎等重要角色，以创新引领区域内的新旧动能转换和产业技术升级。

（1）研发投入情况

从 R&D 经费内部支出看，2019 年黄河流域国家高新区 R&D 经费内部支出达到 1309.15 亿元，比 2015 年增长了 55.40%；其中，东、中、西部地区 R&D 经费内部支出分别达到 426.94 亿元、524.60 亿元、357.60 亿元，比 2015 年增长了 49.67%、35.57%、110.06%（见图 4）。可以看出，黄河流域各地区国家高新区呈现创新经费高投入的发展态势，虽然东中部地区 R&D 经费内部支出高于西部地区，但西部地区的增长率最高，地区之间的差距在逐渐缩小。

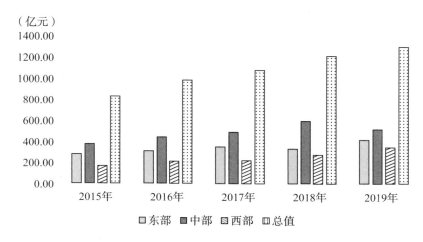

图 4　2015～2019 年黄河流域国家高新区 R&D 经费内部支出情况

从 R&D 人员全时当量看，2019 年黄河流域国家高新区 R&D 人员全时当量达到 336950 人年，比 2015 年增长了 55.60%；其中，东、中、西部地区 R&D 人员全时当量分别为 99410 人年、155916 人年、81624 人年，比 2015 年增长了 26.07%、82.73%、60.07%（见图 5）。可以看出，黄河流域各地区国家高新区 R&D 人员投入不断提高，中部地区投入水平最高且增长最快，地区之间投入不平衡。

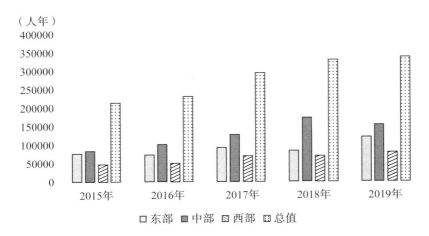

图 5   2015～2019 年黄河流域国家高新区 R&D 人员全时当量情况

（2）研发产出情况

由于现有研究表明企业存在专利申请型的策略性创新行为(黎文靖和郑曼妮,2016;叶祥松和刘敬,2018),以专利等数据来衡量创新产出存在高估创新效率的可能,加之数据可得性等方面的限制,因此此处选取营业收入中技术收入的比重来衡量研发产出情况。按照通用的口径,这里技术收入指企业全年用于技术转让、技术承包、技术咨询与服务、技术入股、中试产品收入以及接受外单位委托的科研收入等。

从技术收入占营业收入的比重情况来看,2019 年黄河流域国家高新区技术收入占比为 9.13%,比 2015 年增长了 21.81%;其中,东、中、西部地区技术收入占比分别为 6.22%、10.11%、11.42%,与 2015 年相比变化了 -17.24%、57.31%、23.71%(见图 6)。东部地区技术收入占比出现负增长,中西部地区技术收入占比呈正增长。虽然中部地区增长率高于西部地区,但中部地区技术收入占比低于西部地区,创新产出仍存在地区不平衡。

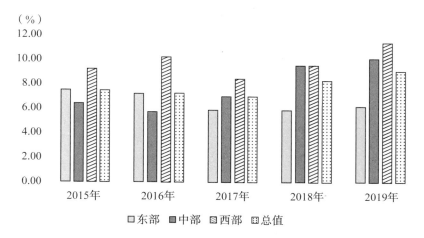

图6　2015～2019年黄河流域国家高新区技术收入占比情况

3.高技术产业发展情况

国家高新区是高技术产业的集聚地和策源地,高技术产业是具有引领性、推动性和增广性的产业。实现新旧动能转换要以新一代信息技术、高端装备、新能源新材料等高技术产业为重点,打造先进制造业集群和战略性新兴产业发展策源地,培育形成新动能主体力量。国家高新区是驱动地方经济增长的重要引擎,在发展新兴产业、培育壮大新动能方面发挥示范引领作用。

发展高科技、实现产业化,是国家高新区从始至终追求的核心目标之一,只有实现高技术产业的稳步发展,国家高新区的科技创新才有落脚点。高技术产业包括高技术制造业[1]以及高技术服务业[2],具体划分以《国民经济行业分类》(GB/T 4754—2011)为基础。由高技术制造业和高技术服务业共同构成的高技术产业已经逐渐成为国家高新区的产业主体。在研究国家高新区问题时,高技术服务业对标生产性服务业。生产性服务业聚力更多资源用于技术、知识等要素的提高和全要素生产率的提升上,生产性服务业的发展意味着制造业专业化水平的提高(韩峰和阳立高,2020)。

从高技术产业工业总产值来看,2019年,沿黄9省区国家高新区实现工业总产值55899.72亿元,比2015年增长61.88%;其中,东、中、西部地区分

---

①　高技术制造业指国民经济行业中R&D投入强度(即R&D经费支出占主营业务收入的比重)相对较高的制造业行业,包括医药制造,航空、航天器及设备制造,电子及通信设备制造,计算机及办公设备制造,医疗仪器设备及仪器仪表制造,信息化学品制造六大类。

②　高技术服务业指采用高技术手段为社会提供服务活动的集合,包括信息服务、电子商务服务、检验检测服务、专业技术服务业中的高技术服务、研发设计服务、科技成果转化服务、知识产权及相关法律服务、环境监测及治理服务和其他高技术服务九大类。

别为 23386.44 亿元、18645.05 亿元、13868.24 亿元,比 2015 年增长 35.76%、89.49、85.77%(见图 7)。在高技术产业产值方面,东部地区处于领先地位,始终高于中西部地区,但近年来中西部地区增长速度加快,区域间差距逐渐减小。

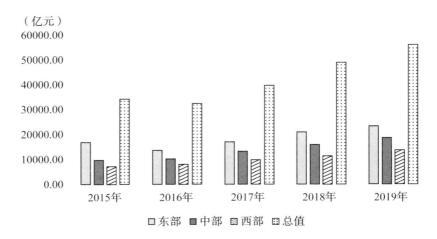

图 7　2015～2019 年黄河流域高技术产业工业总产值情况

从高技术产业年末从业人员来看,2019 年,沿黄 9 省区国家高新区年末从业人员达 559.85 万人,比 2015 年增长 59.18%;其中,东、中、西部地区分别为 202.66 万人、207.28 万人、149.91 万人,比 2015 年增长 62.14%、65.57%、47.66%(见图 8)。在高技术产业年末从业人员方面,东中部地区高于西部地区,且西部地区增长速度较缓,地区从业人员分布不平衡。

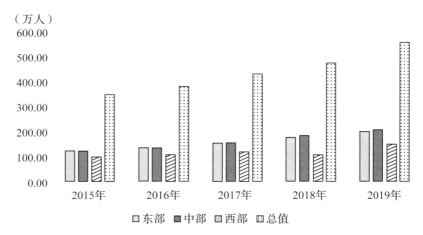

图 8　2015～2019 年黄河流域高技术产业年末从业人员情况

4.创新效率发展情况

（1）研究方法

目前有关创新效率的测度方面，多采用 DEA 的方法，其作为一种非参数估计方法，无须建立变量之间的严格显示性函数关系，避免了由于模型设定偏误引起的计量结果不准确等问题。但传统 DEA 模型没有考虑环境因素和随机干扰项对决策单元效率评价的影响，使传统 DEA 方法在处理环境影响因素上具有很大的局限性。而事实上，各高新区所处的区域环境条件不同会影响其创新效率水平。为了能够更好地剥离环境因素、管理无效率和随机干扰对不同地区高新区创新效率的影响，此处采用三阶段 DEA 方法来研究黄河流域国家高新区的创新效率。Fried 等（2002）指出该方法通过利用传统 DEA 模型松弛变量所包含的信息，对投入或产出进行调整，调整后的决策单元处于相同的环境中，再使用传统 DEA 模型重新计算各决策单元的技术效率值，从而更加真实客观地反映各决策单元的效率情况。该方法具体包括以下三个阶段。

第一阶段：传统 DEA 模型分析初始效率。传统的 DEA 方法是由 Charnes、Cooper 与 Rhodes（1978）三位学者首先提出的一种效率测度方法，是以相对效率概念为基础，对相同类型决策单元的相对有效性或相对效益进行评价的非参数技术效率分析方法，可分为规模报酬不变（CCR）和规模报酬可变（BCC）这两种类型。本课题选择投入导向型的 BCC 模型作为三阶段 DEA 测评中第一阶段的基础模型，模型表示为：

$$\min\left[\theta - \varepsilon \sum (s^- + s^+)\right]$$

$$\text{s.t. } \sum_{i=1}^{n} x_i \lambda_i + s^- = \theta x_{i0}, \sum_{i=1}^{n} y_i \lambda_i - s^+ = y_{i0}, \sum_{i=1}^{n} \lambda_i = 1, \lambda_i \geqslant 0, s^- \geqslant 0, s^+ \geqslant 0 \quad (1)$$

其中，$i = 1, 2, \cdots, I$，表示决策单元；x、y 分别是投入、产出向量；s^-、s^+ 分别代表投入和产出的松弛变量。当 $\theta = 1$ 时，决策单元 DEA 有效；当 $\theta < 1$ 时，决策单元非 DEA 有效。BCC 模型计算出来的效率值为综合技术效率（TE），可以进一步分解为纯技术效率（PTE）和规模效率（SE），即 TE＝PTE・SE。Fried 等（2002）认为，决策单元的绩效受到管理无效率、环境因素和统计噪声的影响，因此有必要分离这三种影响。

第二阶段：主要关注松弛变量。松弛变量由环境因素、管理无效率和统计噪声构成，可以反映初始的低效率。在该阶段，借助 SFA 回归，将第一阶段的松弛变量对环境变量和混合误差项进行回归。因此，根据 Fried 等人的想法，构造以下 SFA 回归函数：

$$s_{ni} = f(z_i; \beta_n) + \nu_{ni} + \mu_{ni}; i = 1, 2, \cdots, I; n = 1, 2, \cdots, N \quad （2）$$

其中，s_{ni}是第i个决策单元第n项投入的松弛值；z_i是环境变量，β_n是环境变量的系数；$\nu_{ni}+\mu_{ni}$是混合误差项，ν_{ni}表示随机干扰，μ_{ni}表示管理无效率，两者相互独立。其中$\nu \sim N(0,\sigma_\nu^2)$是随机误差项，表示随机干扰因素对投入松弛变量的影响；μ是管理无效率，表示管理因素对投入松弛变量的影响，假设其服从在零点截断的正态分布，即$\mu \sim N^+(0,\sigma_\mu^2)$。定义$\gamma$为管理无效率项占混合误差项的比率，即$\gamma=\sigma_\mu/\sigma_\nu$。当$\gamma$接近1时，管理无效率是主要影响因素；$\gamma$接近0时，则随机误差项主要为之。将环境变量和第一阶段得到的松弛变量值导入 Frontier 4.1，从而得到参数值。

借鉴罗登跃（2012）、陈巍巍等人（2014）的分离公式 $E(\mu|\varepsilon)=$
$\sigma^*\left[\dfrac{\varphi\left(\lambda\dfrac{\varepsilon}{\sigma}\right)}{\Phi\left(\dfrac{\lambda\varepsilon}{\sigma}\right)}+\dfrac{\lambda\varepsilon}{\sigma}\right]$，其中，$\sigma^*=\sigma_\mu\sigma_\nu/\sigma$，$\sigma=\sqrt{\sigma_\mu^2+\sigma_\nu^2}$，求得随机误差项$\mu$，然后求出$\nu$，根据 SFA 回归结果，得到调整后的投入公式如下：

$$x_{ni}^A=x_{ni}+[\max(f(z_i;\hat{\beta}_n)-f(z_i;\hat{\beta}_n)]+[\max(\nu_{ni})-\nu_{ni}]$$
$$i=1,2,\cdots,I;n=1,2,\cdots,N \qquad (3)$$

其中，x_{ni}^A是调整后的投入；x_{ni}是调整前的投入；$[\max(f(z_i;\hat{\beta}_n)-f(z_i;\hat{\beta}_n)]$是对外部环境因素进行调整，$[\max(\nu_{ni})-\nu_{ni}]$是将所有决策单元置于相同的环境水平下。

第三阶段：对调整后的投入产出变量再进行 DEA 效率分析。在该阶段，运用调整后的投入产出变量再次测算各决策单元的效率，此时的效率已经剔除环境因素、管理无效率和随机因素的影响，是相对真实准确的。

（2）变量选取及数据来源

通过借鉴已有学者近几年对科技园区创新能力评价指标的研究成果（刘满凤和李圣宏，2016；杨青峰，2014），遵循科学、有效的原则，从劳动力投入、经费投入以及物质投入方面选取科研活动人员、科技活动经费支出、年末固定资产作为衡量国家高新区创新效率的投入指标；从总体生产能力、经济生产效益以及技术创新收益等方面选取工业总产值、净利润、技术性收入作为衡量国家高新区创新效率的产出指标。有关环境变量的选取，应该满足"分离假设"的前提条件，即选取能够影响国家高新区创新效率但不受样本自身主观控制的因素。本课题从经济发展水平、市场开放程度、人力资本水平、科技创新潜力等四个方面选择影响各地区创新效率的环境变量。以人均 GDP 水平反映经济发展水平，以当年实际使用外资金额作为市场开放程度的指标，以大专以上学历从业人员表示人力资本水平,以普通高等学校在校大学生数来衡量科技创新潜力,数据来自《中国火炬统计年鉴》(2016～2020)以及《中国城市统计年鉴》(2016～2020)。为了剔除数据量纲的影响,对环境变量数据做了标准化处理;对部分国家高新区净利润产出指标为负值的情况,借鉴相关学者做法,将负产出重新定义为足够小的数值0.001,部分缺漏值采用线性插值法补全。投入产出变量及影响各高新区创新效率的环境变量的描述性统计见表2。

表 2　变量数据的描述性统计分析结果

	变量	样本量	均值	标准差	最小值	最大值
产出变量	工业总产值(亿元)	221	10525.81	13991.93	14.09	84797.45
	净利润(亿元)	221	834.00	1448.30	0	11082.36
	技术收入(亿元)	221	1071.24	2860.54	0	18643.75
投入变量	年末资产(亿元)	221	18436.42	29974.85	106.00	194470.90
	科技活动人员(千人)	221	15.16	28.06	0.04	190.61
	科技活动经费内部支出(亿元)	221	393.36	837.69	0.83	6454.53
环境变量	大专以上从业人员(千人)	221	0.16	0.24	0	1.52
	普通高等学校学生(千人)	221	0.20	0.27	0	1.27
	人均地区生产总值(千元)	221	0.33	0.24	0	1.26
	实际使用外资金额(亿美元)	221	0.14	0.27	0	1.75

(3)国家高新区的创新效率评价

①传统 DEA 模型计算结果分析

在未剔除环境因素、管理无效率和随机冲击等其他影响因素的条件下,运用传统 DEA 模型中的投入导向型 BCC 模型,计算出 2015～2019 年黄河流域国家高新区的综合技术效率(TE)、纯技术效率(PTE)、规模效率(SE)以及规模收益状态,限于篇幅,在此仅列示 2015 年和 2019 年第一阶段的分析结果,如表 3 所示。

表 3　黄河流域国家高新区第一阶段效率值

DMU	2015 年				2019 年				均值		
	TE	PTE	SE	规模收益	TE	PTE	SE	规模收益	TE	PTE	SE
济南	0.35	0.76	0.46	drs	0.32	1.00	0.32	drs	0.36	0.91	0.40
青岛	0.36	1.00	0.36	drs	0.29	0.91	0.32	drs	0.31	0.98	0.32

DMU	2015 年				2019 年				均值		
	TE	PTE	SE	规模收益	TE	PTE	SE	规模收益	TE	PTE	SE
淄博	0.52	1.00	0.52	drs	0.52	1.00	0.52	drs	0.56	1.00	0.56
枣庄	1.00	1.00	1.00	—	0.26	0.61	0.43	irs	0.66	0.75	0.85
黄河三角洲	0.10	1.00	0.10	irs	1.00	1.00	1.00	—	0.82	1.00	0.82
烟台	0.39	0.40	0.96	irs	0.19	0.22	0.89	drs	0.32	0.37	0.87
潍坊	0.43	1.00	0.43	drs	0.38	1.00	0.38	drs	0.38	1.00	0.38
济宁	0.51	1.00	0.51	drs	0.57	1.00	0.57	drs	0.57	1.00	0.57
泰安	0.23	0.24	0.98	irs	0.35	0.59	0.60	drs	0.31	0.37	0.87
威海	0.42	0.76	0.56	drs	0.43	1.00	0.43	drs	0.46	0.94	0.49
莱芜	1.00	1.00	1.00	—	0.40	0.80	0.50	irs	0.71	0.81	0.86
临沂	1.00	1.00	1.00	—	1.00	1.00	1.00	—	0.98	1.00	0.98
德州	0.50	0.51	0.97	irs	0.40	0.52	0.76	irs	0.47	0.52	0.92
郑州	0.41	1.00	0.41	drs	0.36	0.74	0.48	drs	0.35	0.87	0.41
洛阳	0.38	1.00	0.38	drs	0.28	0.51	0.54	drs	0.30	0.60	0.54
平顶山	0.47	0.53	0.89	irs	0.27	0.30	0.90	irs	0.36	0.43	0.88
安阳	0.67	0.77	0.87	drs	0.58	0.81	0.72	drs	0.62	0.83	0.74
新乡	0.85	1.00	0.85	drs	0.78	1.00	0.78	drs	0.90	1.00	0.90
焦作	0.52	0.54	0.97	irs	0.79	0.95	0.84	irs	0.73	0.83	0.89
南阳	0.37	0.38	0.96	irs	0.31	0.39	0.78	irs	0.37	0.41	0.91
太原	0.27	0.61	0.44	drs	0.25	0.54	0.46	drs	0.29	0.70	0.42
长治	0.15	0.17	0.92	irs	0.28	0.29	0.96	irs	0.25	0.27	0.94
西安	0.23	1.00	0.23	drs	0.38	1.00	0.38	drs	0.30	1.00	0.30
宝鸡	0.38	0.56	0.67	drs	0.56	1.00	0.56	drs	0.49	0.85	0.58
杨凌	0.67	0.68	0.99	irs	0.70	0.78	0.90	irs	0.51	0.58	0.88
咸阳	0.80	0.80	1.00	irs	0.49	0.85	0.58	drs	0.67	0.80	0.84
渭南	0.72	0.84	0.85	drs	0.53	0.62	0.86	drs	0.57	0.77	0.75
榆林	0.73	0.97	0.75	drs	1.00	1.00	1.00	—	0.81	0.99	0.82
安康	1.00	1.00	1.00	—	1.00	1.00	1.00	—	1.00	1.00	1.00
呼和浩特	0.47	0.47	1.00	drs	0.38	0.40	0.96	irs	0.48	0.50	0.97
包头稀土	0.33	0.52	0.65	drs	0.27	0.48	0.56	drs	0.33	0.54	0.61

续表

DMU	2015 年				2019 年				均值		
	TE	PTE	SE	规模收益	TE	PTE	SE	规模收益	TE	PTE	SE
鄂尔多斯	NA	NA	NA	NA	0.23	0.37	0.63	irs	0.31	0.36	0.85
成都	0.53	1.00	0.53	drs	0.44	1.00	0.44	drs	0.47	1.00	0.47
自贡	0.45	0.49	0.92	drs	0.45	0.49	0.93	drs	0.45	0.48	0.92
攀枝花	0.51	0.55	0.92	irs	1.00	1.00	1.00	—	0.80	0.91	0.88
泸州	0.54	0.55	0.99	drs	0.67	0.91	0.74	drs	0.57	0.64	0.91
德阳	1.00	1.00	1.00	—	1.00	1.00	1.00	—	0.97	1.00	0.97
绵阳	0.45	0.54	0.82	drs	0.23	0.28	0.80	drs	0.36	0.51	0.75
内江	NA	NA	NA	NA	0.84	1.00	0.84	irs	0.95	1.00	0.95
乐山	0.35	0.35	0.99	irs	0.64	0.93	0.69	drs	0.49	0.59	0.87
兰州	0.29	0.97	0.30	drs	0.36	0.85	0.43	drs	0.28	0.88	0.32
白银	0.51	1.00	0.51	drs	0.41	0.69	0.59	drs	0.47	0.78	0.59
青海	0.64	0.72	0.89	irs	0.42	1.00	0.42	irs	0.54	0.79	0.71
银川	0.51	0.54	0.95	irs	0.25	0.84	0.30	irs	0.36	0.57	0.68
石嘴山	0.24	0.28	0.85	irs	0.27	0.51	0.54	irs	0.27	0.46	0.61
均值	0.52	0.73	0.75	NA	0.50	0.76	0.67	NA	0.52	0.75	0.73

注：表中"规模收益"列中，"drs"表示"规模收益递减"，"irs"表示"递增"，"—"表示"不变"，"NA"表示值不存在。

根据表 3，从总体来看，2015～2019 年，黄河流域国家高新区的综合技术效率均值为 0.52，处于 DEA 无效状态；纯技术效率均值为 0.75，表明总体上黄河流域国家高新区的投入产出转化技术水平相对较高；规模效率均值为 0.73，说明黄河流域国家高新区存在较显著的规模效应。具体来看，黄河流域 45 个国家高新区中只有安康国家高新区的创新能力综合效率是 DEA 有效的，且 5 年均处于效率前沿面；黄河三角洲和临沂国家高新区有 4 年处于效率前沿面，德阳国家高新区有 3 年处于效率前沿面，莱芜、枣庄、榆林、内江国家高新区有 2 年处于效率前沿面，新乡、攀枝花国家高新区有 1 年处于效率前沿面；淄博、潍坊、济宁、西安、成都等国家高新区纯技术效率为 1，但规模效率较低，导致综合技术效率在整体国家高新区中并不突出。从该部分实证结果来看，黄河流域国家高新区纯技术效率均值大于规模效率均值，说明黄河流域国家高新区综合技术效率不高的主要原因是规模效率不高。

②基于 SFA 的随机前沿分析

在该阶段,以各高新区的投入冗余为因变量,将经济发展水平、市场开放程度、人力资本水平、科技创新潜力等环境变量作为解释变量,通过构建相似 SFA 模型来考察环境因素对投入松弛的影响,并对原始投入进行调整。表 4 报告了相似 SFA 的估计结果。限于篇幅,在此仅列出 2015 年、2019 年第二阶段的 SFA 分析结果。

表 4　黄河流域国家高新区 SFA 分析结果

变量	2015 年			2019 年		
	年末资产	科技活动人员	科技活动经费内部支出	年末资产	科技活动人员	科技活动经费内部支出
常数项	−2869.79***	−0.07	−1.17***	−84.69	−0.73	−24.73***
	(−43.64)	(−0.97)	(−3.65)	(−0.69)	(−0.57)	(−3.49)
大专以上从业人员	−12405.94***	−1.71*	27.96***	−437.11	−1.12	−163.63***
	(−357.61)	(−1.90)	(7.74)	(−0.39)	(−0.37)	(−59.74)
普通高等学校学生	16830.11***	1.28*	20.44***	921.73**	7.43	113.24***
	(650.02)	(1.70)	(5.73)	(1.96)	(1.58)	(20.04)
人均地区生产总值	2057.85***	−0.0002	−35.70***	−218.05	−5.43**	1.77
	(49.73)	(−0.001)	(−5.71)	(−0.37)	(−2.26)	(0.75)
当年实际使用外资	−16330.48***	−0.74	−110.31***	−214.34	−3.63*	−117.32***
	(−563.70)	(−0.35)	(−32.09)	(−0.80)	(−1.91)	(−16.98)
σ^2	50386725***	26.61***	5148.20***	90684419***	46.58***	32694.02***
	(50386796)	(11.96)	(5147.10)	(86241245)	(45.92)	(32692.44)
γ	1.00***	1.00***	1.00***	1.00***	1.00***	1.00***
	(2829327.50)	(51811.49)	(2006678.30)	(761335.84)	(14.09)	(1600643.90)
Log 函数值	−417.68	−97.95	−213.62	−437.32	−122.66	−266.13

注:括号内为 t 统计值,*、**、*** 分别表示显著性水平为 0.1、0.05、0.01。

从表 4 来看,大专以上学历从业人员对年末资产和科技活动人员的松弛变量始终有显著的负向影响,而对科技活动经费内部支出松弛变量的影响由正向逐渐变成负向,其原因可能是,黄河流域国家高新区前期为提高自身创新能力不断加大对科研的财政支持力度,但投入转换成科技成果存在时滞,导致前期人力资本水平的提高无法有效减少经费的投入冗余,随着财力投入的有效转换,人力资本的提高逐渐提升高技术产业对经费的利用效率,从而减少投入冗余。普通高等学校在校生数对松弛变量的影响基本保持不变,5 年间的回归系数绝大部分为正,增加了投入冗余,表明普通高等学校在校生数越多,越不利于黄河流域高新区技术效率的提升,在校生人数越多越需要大量的人、财、物的投入。虽然普通高等学校在校生数越多意味着创新潜力越强,但如果毕业生没有留在域内或者没有合理配置到相应的技术领域,会在一定程度上造成资源的错配,从而在这一环节和这一角度造成资源投入的低效。人均地区生产总值对年末资产以及科技活动人员的投入松弛大部分有显著的负向影响,而对科技活动经费内部支出松弛变量的影响由负向逐渐变成正向,这可能是由于 GDP 水平越高的地区,经济越发达,各项配套设施较完善,在一定程度上减少了高技术产业发展所需要的人力和物力。但由于城市偏向型的政策影响,越发达地区财力的支持力度越大,不当的财力倾斜会导致要素松弛变量的增加,进而使科技活动经费内部支出冗余越严重。当年实际使用外资额对各投入松弛有显著的负向影响,这表明高新区的对外开放程度越高,市场竞争越强,就越能提高投入要素使用率,以此提升自身竞争实力,从而促进高新区的创新活动,减少投入冗余。

　　③调整后的 DEA 模型结果分析

　　由前述分析可知,环境因素对投入松弛变量的影响程度不同导致每个高新区发展的初始条件不同。因此,有必要剔除这些环境因素,使各个高新区的初始条件相同。调整后 DEA 模型的估计结果如表 5 所示。

表 5　调整投入后的 DEA 模型估计结果

DMU	2015 年				2019 年				均值		
	TE	PTE	SE	规模收益	TE	PTE	SE	规模收益	TE	PTE	SE
济南	0.91	0.91	1.00	drs	0.58	1.00	0.58	drs	0.79	0.96	0.83
青岛	0.72	1.00	0.72	drs	0.57	0.88	0.65	drs	0.74	0.97	0.76
淄博	0.84	1.00	0.84	drs	0.78	1.00	0.78	drs	0.85	1.00	0.85
枣庄	1.00	1.00	1.00	—	0.26	0.90	0.29	irs	0.58	0.93	0.60
黄河三角洲	0.01	1.00	0.01	irs	0.97	1.00	0.97	irs	0.52	1.00	0.52
烟台	0.32	0.55	0.59	irs	0.36	0.40	0.90	irs	0.46	0.58	0.82
潍坊	1.00	1.00	1.00	—	0.72	1.00	0.72	drs	0.83	1.00	0.83
济宁	0.71	1.00	0.71	drs	1.00	1.00	1.00	—	0.87	1.00	0.87
泰安	0.32	0.47	0.68	irs	0.57	0.68	0.84	drs	0.45	0.55	0.83
威海	0.78	0.78	1.00	irs	0.58	0.98	0.60	drs	0.78	0.94	0.83

DMU	2015 年				2019 年				均值		
	TE	PTE	SE	规模收益	TE	PTE	SE	规模收益	TE	PTE	SE
莱芜	0.89	0.96	0.93	irs	0.56	1.00	0.56	irs	0.61	0.94	0.63
临沂	1.00	1.00	1.00	—	1.00	1.00	1.00	—	0.93	1.00	0.93
德州	0.55	0.77	0.71	irs	0.43	0.79	0.55	irs	0.46	0.76	0.64
郑州	0.94	1.00	0.94	drs	0.45	0.76	0.59	drs	0.74	0.95	0.77
洛阳	0.69	0.92	0.76	drs	0.39	0.52	0.76	drs	0.49	0.63	0.79
平顶山	0.42	0.78	0.53	irs	0.37	0.56	0.65	irs	0.37	0.67	0.58
安阳	0.76	0.80	0.95	drs	0.78	0.78	1.00	—	0.75	0.84	0.90
新乡	0.90	1.00	0.90	drs	0.87	1.00	0.87	drs	0.93	0.99	0.94
焦作	0.46	0.69	0.67	irs	0.74	0.95	0.78	irs	0.60	0.84	0.73
南阳	0.40	0.60	0.67	irs	0.33	0.50	0.67	irs	0.40	0.63	0.67
太原	0.55	0.63	0.87	drs	0.46	0.61	0.76	drs	0.61	0.76	0.81
长治	0.21	0.41	0.50	irs	0.40	0.50	0.81	irs	0.32	0.49	0.69
西安	0.60	1.00	0.60	drs	0.50	1.00	0.50	drs	0.66	1.00	0.66
宝鸡	0.49	0.64	0.77	drs	0.79	1.00	0.79	drs	0.73	0.87	0.84
杨凌	0.95	1.00	0.95	irs	0.78	0.97	0.80	irs	0.60	0.89	0.67
咸阳	0.87	1.00	0.87	irs	0.94	0.94	0.99	drs	0.86	0.96	0.90
渭南	1.00	1.00	1.00	—	0.75	0.90	0.84	irs	0.75	0.92	0.81
榆林	0.85	0.97	0.87	drs	1.00	1.00	1.00	—	0.97	0.99	0.97
安康	1.00	1.00	1.00	—	1.00	1.00	1.00	—	0.98	1.00	0.98
呼和浩特	0.60	0.83	0.72	irs	0.60	0.70	0.85	irs	0.73	0.85	0.86
包头稀土	0.44	0.46	0.96	drs	0.46	0.50	0.91	drs	0.52	0.58	0.89
鄂尔多斯	NA	NA	NA	NA	0.27	0.43	0.63	irs	0.31	0.70	0.49
成都	1.00	1.00	1.00	—	0.74	1.00	0.74	drs	0.91	1.00	0.91
自贡	0.62	0.66	0.95	irs	0.60	0.65	0.91	irs	0.56	0.65	0.86
攀枝花	0.44	0.81	0.54	irs	0.98	1.00	0.98	irs	0.65	0.91	0.70
泸州	0.68	0.73	0.93	irs	0.89	0.89	1.00	—	0.68	0.77	0.89
德阳	1.00	1.00	1.00	—	1.00	1.00	1.00	—	0.94	1.00	0.94
绵阳	0.61	0.65	0.93	drs	0.34	0.35	0.96	irs	0.56	0.61	0.91
内江	NA	NA	NA	NA	0.73	1.00	0.73	irs	0.50	1.00	0.50

续表

DMU	2015 年				2019 年				均值		
	TE	PTE	SE	规模收益	TE	PTE	SE	规模收益	TE	PTE	SE
乐山	0.44	0.60	0.73	irs	0.93	0.96	0.96	irs	0.61	0.73	0.84
兰州	0.50	1.00	0.50	drs	0.59	0.95	0.62	drs	0.60	0.97	0.63
白银	1.00	1.00	1.00	—	0.72	0.81	0.89	irs	0.73	0.84	0.85
青海	0.66	1.00	0.66	irs	0.26	1.00	0.26	irs	0.37	0.90	0.45
银川	0.55	0.85	0.64	irs	0.28	0.82	0.34	irs	0.36	0.85	0.46
石嘴山	0.25	0.65	0.39	irs	0.25	0.66	0.38	irs	0.23	0.69	0.39
均值	0.67	0.84	0.79	NA	0.63	0.83	0.76	NA	0.65	0.85	0.77

注："规模收益"列中，"drs"表示"规模收益递减"，"irs"表示"递增"，"—"表示"不变"，"NA"表示值不存在。

对比表3和表5的结果发现，在剔除环境变量、管理无效率和随机干扰项后，综合技术效率均值增加到0.65，纯技术效率均值增加到0.85，规模效率均值增加到0.77，这说明环境因素、管理无效率和随机干扰因素掩盖了国家高新区的真实效率值。在剔除环境因素、管理无效率和随机干扰项后，没有任何一个国家高新区5年均处于DEA有效边界，郑州和西安两个国家高新区有4年处于DEA有效状态，济宁、太原、济南、青岛高新区有3年处于效率前沿面，榆林和淄博高新区有2年处于DEA有效状态，枣庄、潍坊、临沂、渭南、安康、成都、德阳、白银、黄河三角洲、新乡等国家高新区有1年处于效率前沿面。总体来看，调整后的国家高新区处于效率前沿面的数量多于调整前处于效率前沿面的数量；其中，莱芜、内江、攀枝花由有效变为无效，济南、青岛、郑州、太原、渭南、白银由无效变为有效。从均值来看，黄河流域国家高新区纯技术效率大于规模效率，进一步说明规模效率较低是黄河流域国家高新区综合技术效率不高的主要原因。为了从不同角度观察调整后创新效率的变化，本课题从空间分布和时间动态两个角度展开具体分析。

为了进一步分析不同地域环境和不同经济发展水平的高新区技术创新效率分布情况，从东部地区、中部地区、西部地区分别进行讨论，表6给出了调整前后各区域技术效率平均值的变化情况。

表 6　按空间分布的国家高新区创新效率均值

地区	所含开发区	调整前			调整后		
		技术效率	纯技术效率	规模效率	技术效率	纯技术效率	规模效率
东部地区	济南、青岛、淄博、枣庄、黄河三角洲、烟台、潍坊、济宁、泰安、威海、莱芜、临沂、德州	0.53	0.82	0.68	0.68	0.89	0.76
中部地区	郑州、洛阳、平顶山、安阳、新乡、焦作、南阳、太原、长治、西安、宝鸡、杨凌、咸阳、渭南、榆林、安康	0.53	0.75	0.74	0.67	0.84	0.79
西部地区	呼和浩特、包头、鄂尔多斯、成都、自贡、攀枝花、泸州、德阳、绵阳、内江、乐山、兰州、白银、青海、银川、石嘴山	0.50	0.69	0.75	0.58	0.82	0.72

由表 6 看到,由于受环境因素、管理无效率和随机干扰项的影响,调整之前,各区域效率分布呈现东中高、西部低的规律,调整之后反映了真实的分布情况,综合技术效率呈现东部高于中部、中部高于西部的阶梯状分布,这与我国三大地区的经济发展水平一致。东部地区经济发达,综合技术效率、纯技术效率最高,规模效率略低于中部地区。东部地区优越的地理位置和良好的经济社会条件使得其在发展高技术产业、提升核心竞争力方面具有相对优势,从而为这些地区经济高速发展奠定了坚实的基础。中部地区大多为资源型城市,近些年,依靠优惠政策和政府的财力支持得到了快速发展,生产规模逐渐扩大,规模效率赶超东部地区。因此,中部地区国家高新区在促进地方产业转型升级和技术创新方面也承担了重要角色,故其创新效率也相对较好。西部地区的综合技术效率、纯技术效率和规模效率最差,应该继续加强对该地区国家高新区创新资源的投入,合理配置资源投入结构,提高技术创新的主动性和能动性。虽然东部地区和中部地区的综合技术效率高于总体均值,创新综合效率相对较高,但仍处于创新无效率状态。具体来看,东、中、西部地区纯技术效率分别为 0.89、0.84、0.82,规模效率分别为 0.76、0.79、0.72。可以看出,黄

河流域国家高新区纯技术效率均值大于规模效率均值;相较于纯技术效率,规模效率较低是制约黄河流域国家高新区创新效率整体提升的主要因素。

为了更加有效地进行比较分析,结合表5和表6,可以认为技术效率高于总体均值的地区为效率高的地区,而低于总体均值的地区为效率低的地区。从地区内部来看,东部地区,济南、青岛、淄博、潍坊、济宁、威海和临沂国家高新区综合技术效率较高;其中,淄博、潍坊、济宁和临沂国家高新区的纯技术效率达到最优状态,规模效率仍是DEA无效的,临沂国家高新区的综合技术效率最高,大约是综合技术效率最低的泰安国家高新区的2倍,地区内部创新效率差距较大。中部地区,郑州、安阳、新乡、西安、宝鸡、咸阳、渭南、榆林、安康国家高新区综合技术效率较高;其中,西安和安康国家高新区纯技术效率处于DEA有效状态,规模效率仍处于DEA无效状态,安康国家高新区综合技术效率最高,大约是综合技术效率最低的长治国家高新区的3倍,地区内部创新效率差距比东部地区更大。西部地区,呼和浩特、成都、攀枝花、泸州、德阳和白银国家高新区综合技术效率较高;其中,成都和德阳国家高新区的纯技术效率达到最优状态,德阳国家高新区的综合技术效率最高,几乎是综合技术效率最低的石嘴山高新区的4倍,地区内部创新效率差距最大。由于西部地区地理跨度较广,地区之间不仅经济发展差距较大,而且地形和气候环境等条件差异巨大,从而使一些国家高新区不能合理有效地利用资源投入,导致西部地区内部国家高新区之间创新效率差距加大。总体上,黄河流域沿线国家高新区的创新综合效率空间分布差异较大,区域间以及区域内创新效率不均衡。近年来,大部分地区创新效率虽有所提高,但仍处于创新无效状态,实现黄河流域生态保护和高质量发展,仍需加强各地区资源协同配置与合理发展。

从时间动态分析角度,2015~2019年,黄河流域国家高新区综合技术效率均值呈波动下降趋势,2015年综合技术效率为0.67,2019年综合技术效率为0.63,下降了6%;纯技术效率始终高于综合技术效率,也呈波动下降趋势,由2015年的0.84下降到2019年的0.83,下降了1.2%,于2017年达到最高点0.90;规模效率高于综合技术效率,但低于纯技术效率,且呈逐年下降趋势,2015年规模效率为0.79,2019年规模效率为0.76,下降了3.8%,2017年规模效率达到最低点0.70。为了进一步分析各个高新区技术创新效率时间动态演变情况,此处列示了2015年、2017年、2019年调整前后各高新区的技术效率变化情况,图9、图10、图11分别给出了调整前后各区域综合技术效率、纯技术效率以及规模效率的变化情况。

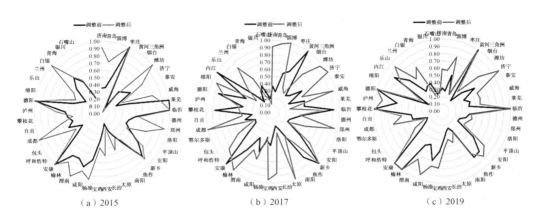

（a）2015　　　　　　　（b）2017　　　　　　　（c）2019

图9　2015 年、2017 年和 2019 年调整前后综合技术效率对比

由图 9 可知,2015 年经过调整后,有 8 个国家高新区的综合技术效率位于有效前沿面。其中枣庄、临沂、安康、德阳保持不变,潍坊、渭南、成都、白银由 DEA 无效调整为 DEA 有效,说明由于环境因素和随机干扰项的存在,其创新效率被低估;莱芜则由 DEA 有效调整为 DEA 无效,且从 1 降至 0.89,说明环境因素、管理无效率和随机因素使莱芜高新区的创新效率出现虚高的现象。黄河三角洲、烟台、莱芜、焦作、平顶山、攀枝花 6 个国家高新区综合技术效率出现小幅度下降,济南、郑州、西安、呼和浩特等 33 个国家高新区创新效率呈现大幅度提高。2017 年经过调整后,淄博、济宁、新乡、太原、榆林、成都 6 个国家高新区处于有效前沿面,黄河三角洲、新乡、安康、内江 4 个国家高新区则由 DEA 有效调整为 DEA 无效。枣庄、焦作、青海等 13 个国家高新区创新效率降低,环境因素、管理无效率和随机因素使得这些城市的国家高新区创新效率出现虚高的现象。其余国家高新区创新效率均呈小幅度上升。2019 年经过调整后,济宁、临沂、榆林、安康、德阳 5 个国家高新区处于有效前沿面,其中临沂、榆林、安康、德阳保持不变,黄河三角洲和攀枝花国家高新区则由 DEA 有效调整为 DEA 无效。石嘴山、青海、内江、攀枝花、焦作、黄河三角洲 6 个国家高新区综合技术效率出现小幅度下降,济南、郑州、西安、呼和浩特等 34 个国家高新区创新效率呈现大幅度提高。根据表 5 和图 9,与 2015 年相比,2019 年枣庄国家高新区创新效率下降幅度最大,黄河三角洲国家高新区创新效率上升幅度最大。

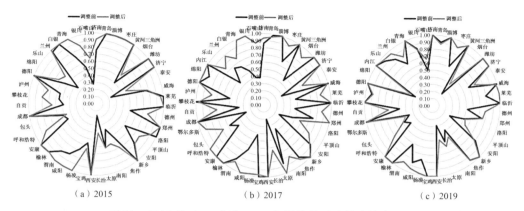

图 10 2015 年、2017 年和 2019 年调整前后纯技术效率对比

由图 10 可知,2015 年经过调整后,有 19 个国家高新区纯技术效率处于有效前沿面。在其他国家高新区中,莱芜、洛阳由有效调整为无效,杨凌、咸阳、渭南、兰州、青海由无效调整为有效,调整后大部分国家高新区纯技术效率呈提高态势,说明在没有剔除环境因素、管理无效率和随机因素的前提下,一些城市国家高新区的纯技术效率值被低估。2017 年经过调整后,有 17 个国家高新区纯技术效率处于有效前沿面,在其他国家高新区中,威海、宝鸡、攀枝花由有效调整为无效,太原、咸阳、呼和浩特、银川由无效调整为有效,调整后大部分国家高新区纯技术效率呈上升趋势。2019 年调整后,有 17 个国家高新区纯技术效率处于有效前沿面,在其他国家高新区中,威海由有效调整为无效,莱芜由无效调整为有效,调整后大部分国家高新区纯技术效率呈上升趋势。根据表 5 和图 10,在剔除环境因素、管理无效率和随机干扰项的情况下,淄博、黄河三角洲、潍坊、济宁、临沂、新乡、西安、安康、成都国家高新区纯技术效率在样本期间均处于 DEA 有效状态。

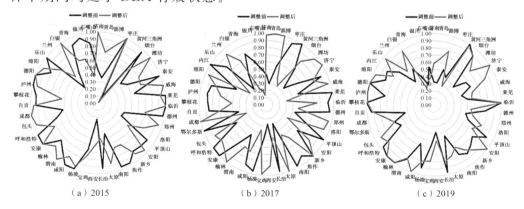

图 11 2015 年、2017 年和 2019 年调整前后规模效率对比

由图 11 可知,2015 年经过调整后,有 10 个国家高新区规模效率处于有效前沿面,其中枣庄、临沂、安康、德阳保持不变;济南、潍坊、威海、渭南、成都、白银由 DEA 无效调整为 DEA 有效,其中潍坊调整幅度最大,从 0.43 上升到 1;莱芜、咸阳、呼和浩特由 DEA 有效调整为 DEA 无效,其中呼和浩特调整幅度最大,从 1 下降到 0.72。此外,泰安、南阳、青海等 16 个国家高新区调整后规模效率降低,青岛、郑州、包头等 25 个国家高新区规模效率提高,所以环境因素、管理无效率和随机干扰项严重掩盖了这些国家高新区规模效率的真实情况,最终影响对其综合效率的评价。2017 年经过调整后,青岛、淄博、济宁、新乡、太原、榆林、成都 7 个国家高新区规模效率处于有效前沿面,新乡保持不变,其余 6 个高新区由规模效率无效调整为有效状态,大部分国家高新区规模效率降低。2019 年经过调整后,济宁、临沂、安阳、榆林、安康、泸州、德阳 7 个国家高新区规模效率处于有效前沿面,临沂、榆林、安康、德阳保持不变,黄河三角洲、攀枝花由 DEA 有效调整为 DEA 无效,济宁、安阳、泸州由 DEA 无效调整为 DEA 有效,大部分国家高新区规模效率呈下降趋势。

从调整后的结果来看,2015～2019 年,黄河流域 45 个国家高新区中,大部分高新区的综合技术效率、纯技术效率呈上升趋势,而规模效率处于波动下降趋势,规模效率不高是大多数国家高新区综合技术效率无效的主要原因。结合各地区规模报酬情况可知,除临沂、安康、德阳等少数高新区规模报酬不变以及部分高新区规模报酬递减外,其余多数高新区均呈现规模报酬递增的特征,这也说明,为了提高国家高新区的创新效率,应进一步扩大生产规模。

(三)黄河流域国家高新区的典型比较

山东作为沿黄河流域省区中唯一一个东部沿海省份,是沿黄 9 省区中拥有国家高新区数量最多的省,在黄河流域生态保护和高质量发展中起着重要作用。而济南高新技术产业开发区是新旧动能转换国家战略中的"桥头堡"和黄河流域中心城市跨河发展主阵地。西安高新技术产业开发区是沿黄省区高新区中创新竞争力最强的高新区,也是世界一流的高技术园区,是西北部地区投资环境好、经济发展最为活跃的区域之一。河南是中部地区人口最多、经济最发达的省份,是承东启西的重要战略阵地;郑州高新技术产业开发区作为河南省第一个开发区,已经成为中国中部颇具竞争力的高新技术产业高地。因此,此处选取沿黄河流域具有代表性的国家高新区进行比较分析,找出各高新区存在的优势及不足,更好实现高新技术产业的发展、域内新旧动能转换和黄河流域生态保护和高质量发展。

1.基本情况比较

济南高新技术产业开发区于 1991 年经国务院批准设立,位于济南市区东部,总规划面积 318 平方公里,辖 5 个街道办事处,常住人口超过 40 万人。济南高新区重点发展电子信息、生物医药、智能装备、现代服务等主导产业,先后建设了国家超算济南中心、浪潮高性能计算中心、国家综合性新药研发技术大平台、量子技术研究院、山东省机器人与智能制造公共技术平台等技术支撑平台,在高效能服务器、大数据开发应用、量子通信技术等领域,形成了一批具有自主核心技术的知识产权成果,技术水平达到了世界一流。

郑州高新技术产业开发区位于郑州市城区西北部,是 1988 年启动筹建的河南省第一个开发区、1991 年国务院批准的第一批国家高新区。截至 2020 年年底,郑州高新区管辖面积 99 平方公里,建成区面积约 65 平方公里,常住人口 54.6 万人,年生产总值达到 515 亿元。郑州高新区聚焦智慧产业,定位于智能传感、网络空间安全、大数据、北斗导航等主导产业,谋划“一产业、一规划、一展会、一学院、一政策、一基金”的“六个一”产业发展模式,着力打造全国智慧产业领域“排头兵”。

西安高新技术产业开发区是 1991 年 3 月国务院首批批准成立的国家高新区之一,2006 年被科技部确定为建成世界一流科技园区的 6 个试点园区之一,总规划面积 1079 平方公里,2019 年实现地区生产总值 2102.73 亿元。目前的西安高新区累计注册企业达 16 万家,形成了以半导体、软件信息等为核心的电子信息产业,以新能源汽车、生物医药等为核心的现代制造业,及以现代金融、文化创意为核心的现代服务业三大主导产业。在电力机械、制冷设备、石油设备、仪器仪表、汽车等领域有产业优势。未来,西安高新区力争成为高端人才荟萃、创新创业活跃、产业集群发达、新兴业态兴旺的创新之城,成为具有一流机制、一流环境、一流要素、一流绩效的世界一流科技园区。

2.发展水平比较

从黄河流域三大国家高新区主要经济指标的表现情况来看(见图 12、图 13),在产值及就业等方面,西安国家高新区始终处于领先地位,远高于济南和郑州高新区。郑州高新区从 2016 年后工业总产值及就业均出现了一些衰退。而济南高新区作为东部发达地区的高新区,拥有丰富的区位资源优势和便利的交通条件,但整体发展状况却落后于西安高新区。作为黄河流域东部经济强省的省会国家高新区,济南高新区应充分利用自身的优势地位,抓住黄河流域生态保护和高质量发展这一重大国家战略机遇,主动融入并服从服务于这一国家战略,全面提升济南的综合竞争力、区域辐射力、流域带动力。

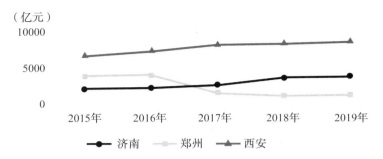

图 12 2015～2019 年三大国家高新区工业总产值对比情况

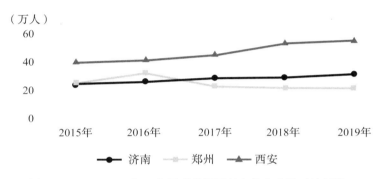

图 13 2015～2019 年三大国家高新区年末从业人数对比情况

3.创新能力比较

从创新投入和创新产出来看,西安高新区均处于领先地位,郑州高新区相较稍弱;但从创新产出的占比来看,郑州高新区发展迅速,在三大高新区中位于前列(见图 14 至图 16)。相比于西安高新区,济南高新区创新投入不足和创新产出较低的问题较为明显。因此,在推进落实黄河流域生态保护和高质量发展战略上,济南高新区要充分利用自身在引领创新、培育新动能方面的区位、政策、资源优势,更好地促进域内新旧动能转换和高质量发展。

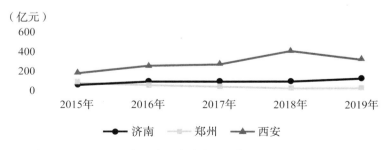

图 14 2015～2019 年三大国家高新区 R&D 经费内部支出情况

（人年）

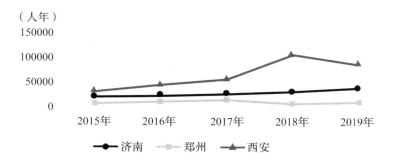

图 15　2015～2019 年三大国家高新区 R&D 人员全时当量情况

（亿元）

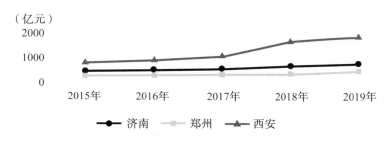

图 16　2015～2019 年国家高新区技术收入情况

从创新效率的角度来看，采用剔除环境因素、管理无效率和随机干扰项后的 DEA 模型，从 2015～2019 年综合技术效率均值来看，济南高新区优于郑州高新区，郑州高新区优于西安高新区。三大国家高新区的综合技术效率值在样本期间均呈波动下降趋势（见图 17），虽然 2018 年综合技术效率同时达到 DEA 有效状态，综合技术效率相对较高，但从均值来看三大国家高新区还处于创新无效率状态，即资源投入不能有效转化为产出，存在投入冗余或产出不足等现象。

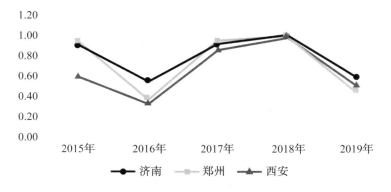

图 17　2015～2019 年三大国家高新区综合技术效率对比情况

　　从 2015～2019 年纯技术效率均值来看,西安高新区优于济南高新区,济南高新区优于郑州高新区。其中,西安高新区纯技术效率值在样本期间 5 年内均处于 DEA 有效状态,济南高新区纯技术效率均值虽优于郑州高新区,但济南高新区只有 2 年处于 DEA 有效状态,而郑州高新区 4 年均处于 DEA 有效状态。2018 年,三大国家高新区的纯技术效率同时达到 DEA 有效状态,纯技术效率值较高,说明三大国家高新区具有良好的管理经验和较高的技术水平,从而带动高新区生产效率的提高(见图 18)。

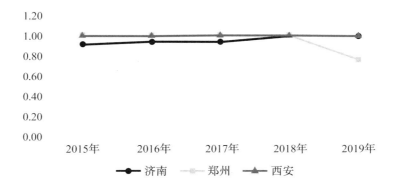

图 18　2015～2019 年三大国家高新区纯技术效率对比情况

　　从 2015～2019 年规模效率均值来看,济南高新区优于郑州高新区,郑州高新区优于西安高新区,与综合技术效率的排布情况相似。虽然 2018 年三大国家高新区规模效率达到 DEA 有效状态,但在整个样本期间,三大国家高新区的规模效率均呈波动下降趋势(见图 19)。

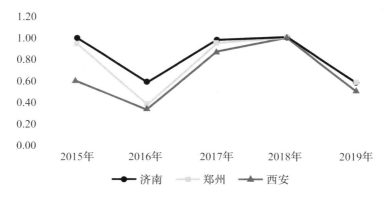

图 19　2015～2019 年三大国家高新区规模效率对比情况

对于西安高新区来说,规模效率不高是其综合技术效率较低的主要原因,但纵观 5 年样本期间,西安国家高新区的规模报酬大多处于递减状态,说明西安国家高新区的投入生产规模过大,出现资源过度堆积现象,导致其不能合理有效配置资源,造成资源浪费,由此拉低创新综合效率。因此,西安高新区不应盲目扩大要素投入规模,而应加强资源的合理配置和有效利用。而对于济南国家高新区和郑州国家高新区来说,纯技术效率和规模效率处于无效状态都是该高新区创新综合效率没有达到最优生产前沿的原因,但规模效率不高是主要原因。对于这两个高新区来说,不仅需要合理有效配置资源,还需要进一步学习先进地区的管理经验,充分利用人才流动带来的知识外溢效应,提高自身的技术水平。

4.高技术产业发展情况比较

鉴于沿黄河流域各个国家高新区高技术产业的从业人员数据较难获得,此处选取大专以上学历的从业人员来衡量高技术产业的从业人员情况。

尽管三大国家高新区在高技术从业人员数量等方面呈不断增长趋势,但在发展速度上却存在差异,西安高新区始终位于领先地位,济南高新区居中,郑州高新区相对落后(见图20、图21)。与西安高新区相比,郑州高新区和济南高新区的高素质人才增长较为缓慢。因此,为了推进黄河流域生态保护和高质量发展,应增强各高新区在高素质人才、创新要素等方面的吸引力和集聚力,为吸纳高素质人才提供完善的配套措施和各类保障。

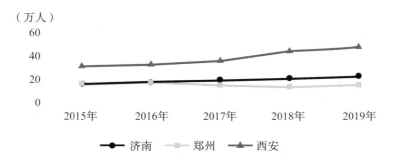

图 20　2015～2019 年三大国家高新区大专及以上从业人员对比情况

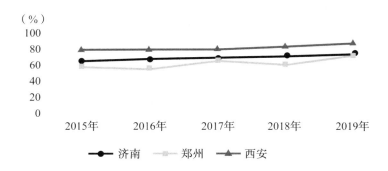

图21　2015～2019年三大国家高新区大专及以上从业人员占比情况

5.产业转型升级和高质量发展思路

西安高新区对西安经济的迅速发展和综合实力的稳步增强起到了相当大的推动作用。近年来,西安高新区研究发布经济生态生产总值（GEEP）测算成果,逐步开展GEEP核算,坚持绿色发展理念,筑牢生态屏障,持续推动经济与生态协调发展。西安高新区积极开展全域增绿、铁腕治霾、柔性治水、合力治脏、节能减排等工作,2020年实现环境空气优良天数278天,三项考核指标连续三年稳居全市前列,主要河流水质达到地表水Ⅳ类以上,Ⅲ类以上断面为历年最多,充分调动了企业践行绿色发展和高质量发展的积极性和主动性,让当地群众享受到更好的环境条件。为充分调动政府、企业和社会三方力量,建立符合西安高新区实际的共建共治共享生态环境治理体系,西安高新区通过税收引导、绿色金融或生态补偿,提高企业生态环保主体责任意识和污染治理能力水平,充分撬动金融和社会资本支持绿色企业转型升级,为绿色产业发展开源拓渠。30多年来,西安高新区主要经济指标增长迅猛,综合指标位于全国前列。如今,西安高新区已成为全国首个开展GEEP的高新区,陕西省唯一一个入选生态环境部绿色生态办公区（EOD）试点单位;2018年和2019年,西安高新区分别获批国家生态工业示范园区和陕西省循环化改造示范园区;2020年9月,西安高新区7家企业入选第五批绿色制造名单。西安高新区在经济总量高速增长的同时,生态环境持续改善,污染物排放总量不断降低。

济南高新区将交通装备产业、电子信息产业、食品药品产业、机械装备产业这四大支柱产业的发展作为经济快速发展的强大引擎。近年来,济南高新区抓住"高"和"新"两字不放松,始终瞄准最前沿、最尖端的高新技术,瞄准新旧动能转换重大工程,通过改革创新,结出累累硕果。济南高新区为落实新旧动能转换,推出一系列举措。高水平实施孙村次中心规划编制以及机场、临空经济区整合规划和章锦片区等控规调整,释放临空经济区土地资源 36 平方公里;高效率开工建设创新谷综合管廊等重大基础设施,顺利推进城市山体修复、水体治理、"三山三水"等生态治理工程;以济南高新区东区和章锦片区为主战场,打造"产城融合、宜居宜业"的科技产业新城,启动片区街区规划调整工作,明确功能定位,延伸城市功能,优化宜居环境,打造融"生态、生活、生产"三位一体、特色优势明显、全国一流的"科技产业小镇"。目前,济南高新区已成为济南市最具活力的创新创业高地、新旧动能转换前沿阵地。在践行高质量发展的时代道路上,济南高新区探索出一条"改革引领+产业振兴+生态赋能"的新旧动能转换之路,奏响新旧动能转换时代的最强音。

郑州高新区为推动新旧动能转换、践行绿色发展,安排部署绿色技术创新应用、绿色产业体系培育、产业绿色化提升、绿色治理机制探索等工作。智慧环保时空精准监测管控平台已正式发布并投入使用,成为郑州高新区绿色发展专项工作的核心平台。作为全国首个与世界碳监测标准互认的智慧环保平台,郑州高新区大气污染物时空精准监测管控平台是对中国计量科学研究院和美国国家标准与技术研究院合作建立的高时空分辨排放量反演技术的应用创新,基于高精度大气污染物浓度测量技术和高时空分辨反演技术,集合多层次监测网络、智能化预警调度机制,形成了涵盖大气污染精准治理顶层设计、准确溯源调度方案、科学高效落地管控的全链条大气污染治理综合解决方案。围绕该平台,郑州高新区打造"智慧+"绿色发展工作体系。以全球领先的碳反演技术应用创新为切入点,形成区域特色绿色技术应用创新体系,搭建了智慧环保时空精准监测管理服务平台,探索了"智慧+"源头管控模式。围绕"碳监测"平台,打造下一代电子材料、环境传感器、智慧环保物联网、环境监测服务等新业态。目前,平台运行成效显现,支撑从监测到治理的全链条机制创新。通过一线督察、无人机巡查、激光雷达现场监测等手段,形成对预警、调度、事件处理的闭环管理模式。同时,引入企业环保负责人参与事件闭环式管理流程,形成分级分领域管控的全域化一张图指挥模式,支撑高新区探索绿色治理新机制新模式。郑州高新区在 30 余年的发展历程中,逐渐由单纯的产业区发展为如今的科技新城,污染治理不断强化,空气质量不断改善,发展方式不断转变,产业结构逐渐优化。

(四)结论及建议

近年来,国家高新区在推动新旧动能转换、践行绿色发展方面做出了不少努力,但仍存在一些问题:一是高新区内集聚了大量的人才和技术,但是众多人才和高新技术并未得到充分利用,人才优势未能充分发挥。同时,高新区对周围地区的扩散效应和带动作用还有待提高,并且园区内衍生企业数目较少,世界知名产品也较少。二是高新区中科研院所、企业和政府结合得还不够紧密,合作攻关精神还很欠缺。高新区并没有把自己看成一个网络组织,各单位封闭运行,缺乏协同合作精神,创新能力还很弱。三是高新区虽然制定了各种各样的优惠政策,对处于各生长阶段的高技术企业一视同仁,但未能根据处于各发展阶段的高技术企业的特点分别采取相应的不同优惠政策对其加以扶持。

基于此,本课题提出以下促进黄河流域国家高新区高质量发展的政策建议:

第一,引育高层次创新人才,提升国家高新区创新效率,包括规模效率和纯技术效率。积极学习先进地区管理经验,充分利用人才流动带来的知识外溢效应,提高自身的技术水平。同时,优化人才引进和激励政策,吸引各类创新人才充实国家高新区的人才资源库,对域内的创新人才做好在岗的培训培养工作。

第二,消除要素流动壁垒,完善交通、通信等基础设施,实现跨区域、跨主体的协同合作。为了跟上市场和技术的快速变化,高校、企业和政府间必须充分利用互联网技术积极开展交流合作,相互学习以了解市场政策和先进技术。同时,建立科研院所、企业和政府间的有效合作网络,通过网络,高新区内企业能以低成本获取资源,提高自身竞争力并提升互补性价值。

第三,黄河流域国家高新区应充分利用和把握现有的政策叠加优势,创新园区管理体制,根据各企业发展的不同阶段,制定并落实有效的制度安排。各园区和企业应改变模式单一的管理机制,进行体制机制创新,提升自身参与管理的能力;同时,积极借鉴全球科技园区的管理模式和国外先进的体制机制,创新我国高新区的管理体制,为高新区内企业发展提供有效的政策保障,提高企业核心竞争力,以此带动地方经济发展。

二、黄河流域国家经开区比较研究

经济技术开发区作为国家推进对外开放、实现工业化和现代化的空间载体,自1984年在沿海开放城市率先设立以来,经过30余年的发展历程,目前已经成为带动地区经济发展和实施区域发展战略的重要载体、构建开放型经济新体制和培育吸引外资新优势的"排头兵"、科技创新驱动和绿色集约发展的示范区。尤其是,经济技术开发区与高新技术产业开发区等其他类型开发区的使命定位不同,在传统优势产业集聚方面发挥了突出作用,往往成为各地区域经济发展的核心增长极,因而在黄河流域生态保护和高质量发展进程中具有重要地位。

(一)黄河流域国家经开区的空间分布与发展历程

1.现状空间分布特征

截至 2020 年年底,黄河流域 9 省区范围内的国家经开区共有 51 个。[①] 其中,上游地区包括 5 个省区(青海省、四川省、甘肃省、宁夏回族自治区、内蒙古自治区),设立的国家经开区共有 19 个;中游地区包括 3 个省份(陕西省、山西省、河南省),设立的国家经开区有 17 个;下游包括 1 个省份(山东省),设立的国家经开区有 15 个。具体的黄河流域国家经开区名单如表 7 所示。

表 7　2020 年黄河流域国家经开区名单

省区(数量)	国家经开区名称		
青海(2)	西宁经济技术开发区	格尔木昆仑经济开发区	—
四川(8)	成都经济技术开发区	广安经济技术开发区	德阳经济技术开发区
	遂宁经济技术开发区	绵阳经济技术开发区	广元经济技术开发区
	宜宾临港经济技术开发区	内江经济技术开发区	—
甘肃(4)	兰州经济技术开发区	金昌经济技术开发区	天水经济技术开发区
	张掖经济技术开发区	—	—
宁夏(2)	银川经济技术开发区	石嘴山经济技术开发区	
内蒙古(3)	呼和浩特经济技术开发区	巴彦淖尔经济技术开发区	呼伦贝尔经济技术开发区
陕西(4)	西安经济技术开发区	陕西航空经济技术开发区	陕西航天经济技术开发区
	汉中经济技术开发区	—	—
山西(4)	太原经济技术开发区	大同经济技术开发区	晋中经济技术开发区
	晋城经济技术开发区	—	—
河南(9)	郑州经济技术开发区	漯河经济技术开发区	鹤壁经济技术开发区
	开封经济技术开发区	许昌经济技术开发区	洛阳经济技术开发区
	新乡经济技术开发区	红旗渠经济技术开发区	濮阳经济技术开发区

① 本部分黄河流域国家经开区数据均来源于《中国商务年鉴》(2020～2021)、《中国统计年鉴》(2020)。

续表

省区（数量）	国家经开区名称		
山东（15）	青岛经济技术开发区	烟台经济技术开发区	威海经济技术开发区
	东营经济技术开发区	日照经济技术开发区	潍坊滨海经济技术开发区
	邹平经济技术开发区	临沂经济技术开发区	招远经济技术开发区
	德州经济技术开发区	明水经济技术开发区	胶州经济技术开发区
	聊城经济技术开发区	滨州经济开发区	威海临港经济技术开发区

　　从国家经开区在中国四大经济板块的分布来看，其空间布局与区域经济发展条件具有较强的耦合关系。由图22可以看出，从黄河流域国家经开区在东、中、西部分布的数量上看，西部6个省区的国家经开区数量最多，共有23个，占黄河流域国家经开区数量的45.10%，每个省国家经开区数量平均仅为3.83个；中部地区2个省份共有国家经开区13个，占黄河流域国家经开区数量的25.49%，每个省平均拥有国家经开区6.5个；东部地区共有15个国家经开区，占黄河流域国家经开区数量的29.41%，但全部分布在山东省内。[①] 由此可见，黄河流域国家经开区在空间分布密度上呈现明显的梯度特征，尤其是考虑到西部省区面积更为广袤的实际情况，这一特征更加明显。

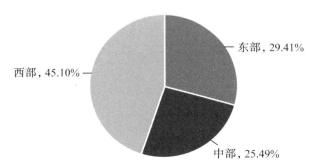

图22　2020年黄河流域国家经开区数量的区域分布

2.历史发展过程

　　不管是区域空间布局调整，还是其内部管理体制演变，由于受到国家宏观调控政策的深刻影响，黄河流域国家经开区的发展演化都是与各个阶段中国经济社会改革的进程相适应的。综合来看，黄河流域国家经开区的发展可以划分为三个大的阶段：1984～1991年的初步探索时期，1992～2012年的快速

---

　　① 本课题所提到的东部、中部、西部均指黄河流域9省区中的东部省份（山东省）、中部省份（山西省、河南省）和西部省份（青海省、四川省、甘肃省、宁夏回族自治区、内蒙古自治区、陕西省），下文不再赘述，特此说明。

发展时期,党的十八大以来的转型升级时期。

(1)1984～1991年的初步探索时期

中国第一批国家经开区是从1984年开始设立的,先后在我国东部沿海城市设立了14个国家经开区,其中黄河流域的国家经开区有2个,分别是青岛经济技术开发区和烟台经济技术开发区,均分布在东部地区的山东省内。而后又设立了威海经济技术开发区和东营经济技术开发区,同样位于山东省内。因此,从设立时间上看,与中西部的黄河流域国家经开区相比,东部地区的黄河流域国家经开区是最先发展起来的。当然,尽管东部地区拥有时间上的发展优势、优越的地理位置以及政府政策的支持,但此时国家经开区的发展属于发展基础较为薄弱的起步阶段,资金匮乏,建设难度较大,发展相对缓慢。

这一时期,黄河流域国家经开区主要采取的是行政主导的管委会型管理体制及相关管理制度。这是由于在国家经开区成立初期,如何发展、怎样发展都还处于探索阶段。国家经开区通过对经济特区成功的经验进行学习和借鉴,并遵循高效率的办事原则,在管理上形成了"小政府、大社会"的管理理念,但在体制上并未得到统一的规范和约束。在内部部门设置上,开发区管委会全面领导和负责国家经开区的日常事务和发展,致力于国家经开区的经济发展。而除开发区管委会外,基本无其他综合事务的相关部门或单位设置。

(2)1992～2012年的快速发展时期

从20世纪90年代后期开始,黄河流域国家经开区开始向中西部地区扩散。到2002年,黄河流域各省区均至少拥有1个国家经开区,呈现出明显的自东向西扩散特征。而2003年科学发展观的提出,对国家经开区的发展提出了新的发展要求,使国家经开区的设立进入一个快速增长时期。截至2013年,东、中、西部先后新设立了39个国家经开区,其中东部地区11个、中部地区13个、西部地区15个,在沿黄9个省份中均匀分布,推动黄河流域形成多层次、全方位、宽领域的对外开放格局。

这一时期经开区开始尝试多种形式的管理体制,管委会型管理体制和企业型管理体制从相互分离的状态逐渐演化出现了两者相混合的管理体制。部分国家经开区在企业主导的企业型管理体制下取得了良好的发展成绩。这部分国家经开区通过设立企业进行统筹规划、开发和管理,在办事效率上有了显著的提高,办事的方式和手段也更加灵活多样。但是,与开发区管委会的管理体制相比,企业型管理体制下的开发区往往缺乏权威性,在某种意义上并不能够有效地实现集中力量办大事的目标。也有部分国家经开区率先尝试"管委会+公司"等混合型体制,使政府从大量烦琐冗杂的事务中脱离出来,更好把控国家经开区的发展方向和目标,而不再是具体事务的执行者,这样最大限度地提高了经济效益和管理效率,黄河流域国家经开区朝着更加科学稳定的方向发展。

(3)党的十八大以来的转型升级时期

党的十八大以来,中央和各级地方政府深入贯彻落实新发展理念,走创新驱动、内涵高质量发展之路,国家经开区的全国布局进入优化调整阶段。一是立足既有空间布局,着力推动新旧动能转换,促进国家经开区发挥更大作用,做出更大贡献;二是着力完善国家经开区进入、退出的动态调整机制,使局部优化成为国家经开区有序布局的主要手段。2020年,甘肃省酒泉经开区因连续两年排名后五位,成为我国自探索设立国家经开区以来第一个被"红牌罚下"的国家经开区。这一机制显著强化了各地国家经开区不断创新发展的危机意识,使其落实高质量发展的动力进一步增强。

在新发展理念指导下,国家高度重视国家经开区管理体制的变革,先后出台了《国务院办公厅关于促进国家级经济技术开发区转型升级创新发展的若干意见》(国办发〔2014〕54号)、《国务院关于推进国家级经济技术开发区创新提升、打造改革开放新高地的意见》(国发〔2019〕11号)等政策文件,推动国家经开区通过改革创新的手段实现高质量发展。黄河流域国家经开区结合自身特点,因地制宜地理顺管理机制、提高管理效能,探索出一条适合黄河流域生态保护和高质量发展重大国家战略的可持续发展道路。

综上所述,从空间演化情况上看,黄河流域国家经开区主要是从东部沿海地区兴起,向中西部沿线中心城市逐渐扩散,最后以这些中心城市为中心呈放射状向四周扩散,从而成为带动黄河流域经济社会发展的有力载体。实现高质量发展,必然需要经开区不断开展"自我革命",突破管理体制束缚,由内而外地推动黄河流域国家经开区取得新突破、新发展。

(二)黄河流域国家经开区的经济发展特征

本课题接下来将对黄河流域国家经开区在国家经济发展中的主要贡献、管理体制演变及制度创新贡献、内在矛盾制约及现存问题等进行具体分析。

1.经济总量及其区域差异

根据《中国商务年鉴》(2020)的公开数据,2019年黄河流域51个国家经开区共实现地区生产总值2.04万亿元,占黄河流域9省区的8.29%,国家经开区以十分有限的土地面积创造了可观的经济效益,作为区域经济增长极的引领带动地位极为突出。不仅如此,从财政收入情况来看,51个国家经开区共完成一般预算公共财政收入 3305 亿元,占黄河流域 9 省区的 14.44%,说明其经济发展的质量也显著高于其他地区(见图 23)。

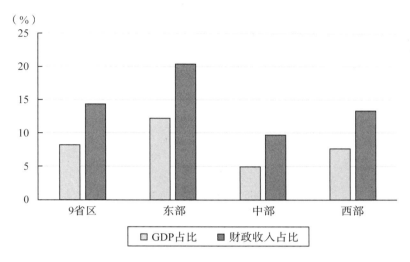

图 23　2019 年黄河流域国家经开区经济总量及财政收入占 9 省区比重

但从各经济板块的区域差异来看,国家经开区对其所在地区的经济总量、财政收入贡献存在较大差异。一是黄河流域东部地区的国家经开区在两项指标方面,均做出了显著高于全国和中西部地区的贡献,其中 GDP 占东部地区的比重达到 12.29%,财政收入占比达到 20.48%,东部地区的国家经开区在区域经济发展中成为一支举足轻重的重要力量。二是西部地区国家经开区在区域经济发展中发挥的作用显著高于中部地区。三是尽管各地区国家经开区对财政收入的贡献都远远高出其经济总量贡献,但中部地区国家经开区的财政收入贡献是 GDP 贡献的近 2 倍,明显高于东部和西部地区,反映出中部地区国家经开区的财政收入贡献更强。当然,这其中既有国家经开区发展水平的影响,也可能存在经济布局和发展重点中不同地区的策略选择差异性问题,值得在后续研究中深入挖掘。

2.外向型经济发展特征

2019 年,黄河流域 51 家国家经开区实现进出口总额 7977 亿元,占黄河流域 9 省区进出口总额的 20% 左右,远高于其 GDP 占比,外贸依存度达到 39.13%,进一步反映了国家经开区作为对外开放"排头兵"的优势地位(见图 24)。同时,2019 年黄河流域国家经开区进出口总额的增长率达到 16.88%,实际利用外资增长 15.95%,均远远高于 9 省区的平均增长速度。

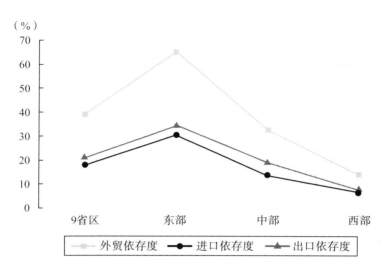

图 24 2019 年黄河流域国家经开区外向型经济发展特征

从地区差异来看,不管是进出口依存度,还是单独计算进口依存度和出口依存度,东部地区国家经开区均在黄河流域具有明显优势,并呈现东、中、西梯度递减的总体特征。同时,需要指出的是,黄河流域国家经开区也同其他地区一样,对出口的依赖程度普遍高于对进口的依赖,这体现出对外出口仍然是经开区实现经济增长的重要途径。然而,在我国构建以国内循环为主体、国际国内循环相互促进的新发展格局过程中,这一特征需要在一定程度上予以调整和优化。

3.产业结构及其变动特征

在黄河流域国家经开区的产业构成中,2019 年第二产业增加值达到 1.27万亿元,占地区生产总值的 62.15％;第三产业增加值达到 0.74 万亿元,占地区生产总值的 36.14％。其 1.71∶36.14∶62.15 的三次产业结构特征,与黄河流域 8.49∶40.65∶50.86 的三次产业结构相比,体现出典型的工业化阵地特征。当然,与国内发达地区的国家经开区业已完成工业化进程,走向更加复合多元发展路径、更加强调服务引领的发展趋势相比,黄河流域国家经开区显然还有很长的路要走。

图 25 显示的是在不考虑价格变化因素的条件下,2019 年黄河流域国家经开区以及黄河流域 9 省区 GDP 和第二产业、第三产业增加值的增长情况。可以看出,第一,黄河流域国家经开区 2019 年地区生产总值比 2018 年增长了9.19％,增长速度比黄河流域 9 省区的增长速度高出 2.18 个百分点,反映出国家经开区在黄河流域经济发展中的带动作用比较突出,增长极地位比较明显。

第二,2019 年黄河流域国家经开区第二产业增加值的增长率为 6.82%,比 9 省区的增长速度高出 2.2 个百分点,反映出国家经开区作为第二产业集聚区的功能定位比较清晰。第三,2019 年黄河流域国家经开区第三产业的增长速度为 19.83%,高出 9 省区第三产业增长速度 10.87 个百分点,显著高于地区生产总值和第二产业增加值的增长速度,说明国家经开区在第三产业方面已经进入快速发展阶段。

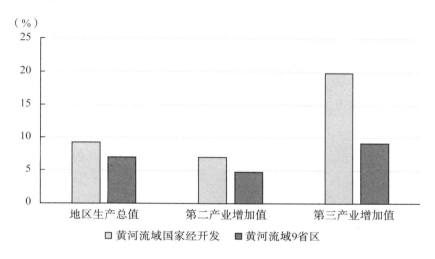

图 25 2019 年黄河流域国家经开区、9 省区 GDP 及二三产业增长率

(三)黄河流域国家经开区的典型比较

从区位特征、所依托大城市的综合实力条件等方面考虑,本课题选取郑州国家经济技术开发区与明水国家经济技术开发区两个典型案例,在对发展水平、传统产业转型升级路径、高质量发展策略等方面进行比较研究的基础上,归纳当前黄河流域国家经开区所面临的共性问题,为后续对策建议提供依据。

1.基本情况比较

郑州经开区设立于 1993 年 4 月,2000 年 2 月被正式批准为国家经开区,是河南首个国家经开区,现规划面积 158.7 平方公里,常住人口 40 余万人。从区位优势上看,首先,郑州经开区位于河南省的省会城市郑州,河南省省会城市唯一一家国家经开区地位为郑州经开区的发展奠定了基础。其次,郑州经开区南临郑州航空港区、北连郑东新区、西靠郑州市老城区、东接中牟县,位于郑州都市区和郑州航空港经济综合实验区的核心发展板块。境内有四条高速和两条国道,可以共享周边区域的基础设施以及商业配套,为郑州经开区的招商引资、人才引进、产业发展、对外开放等提供了便利条件。最后,郑州经开区拥有众多的科研院所、高校,可以为郑州经开区的产业创新创业发展提供多层次、宽领域人才支持,提高产业的竞争力,为郑州经开区产业的长久发展提供动力。

明水国家经济技术开发区是 1992 年 12 月设立的省级开发区,2012 年 10 月 13 日升级为国家级经济技术开发区,总规划面积 154.13 平方公里,常住人口 19 余万人。从地理优势上看,明水经开区是山东省省会城市济南唯一一家国家级经济技术开发区,与郑州经开区类似,拥有便利的交通网络,西临济南高新区,并且地处东部沿海地区和环渤海经济带,有天然的产业发展地理优势。同时,明水经开区内有十几家高校以及众多的科研院所,可以为明水经开区的产业发展提供良好的人才储备。

2.发展水平比较

从整体上看,郑州经济技术开发区的经济总量远高于明水经济技术开发区(见图 26)。2019 年,郑州经济技术开发区的地区生产总值为 1059.03 亿元,明水经济技术开发区的为 541.11 亿元,占郑州经济技术开发区的 51.09%。从产业结构上看,郑州经济技术开发区的第二产业占比为 72.53%,第三产业占比为 27.31%;明水经济技术开发区第二产业占比为 65.46%,第三产业占比为 30.69%。两个经开区均形成了以第二产业为主导的产业发展格局。

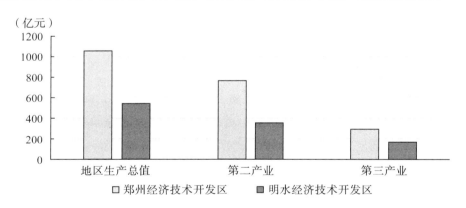

图 26　2019 年明水经开区和郑州经开区的经济发展水平比较

从生产效益和对外开放指标来看,明水经开区与郑州经开区的差距显著(见图 27)。2019 年,明水经开区的财政收入仅有 38.34 亿元,而郑州经开区为 261.1 亿元,是明水经开区的 6.8 倍。在对外开放情况方面,2019 年郑州经开区的进出口总额为 195.50 亿元,明水经开区仅为 48.18 亿元,相差 3 倍之多。同时,2019 年郑州经开区的进口额为 97.75 亿元,明水经开区仅为 4.04 亿元,相差 20 余倍。因此,从整体上说,明水经济技术开发区与郑州经济技术开发区的经济发展水平存在较大差距。

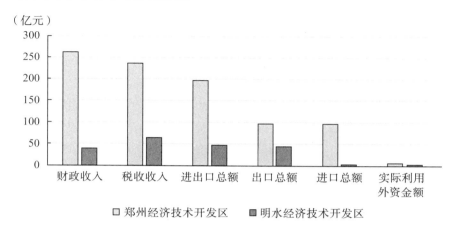

图 27　2019 年明水经开区和郑州经开区生产效益与对外开放情况比较

3.优势主导产业比较

郑州经开区现已形成汽车及零部件、装备制造、现代物流三大千亿级主导产业,成为拉动河南经济增长的重要力量。它们的形成和发展不仅是依托郑州经开区原有的区位优势而发展起来的,其本身还具有长产业链,能带动产业链上相关配套产业的发展,对郑州经开区的产业发展有很好的带动作用,因此也更容易获得政府的政策扶持。

明水经开区主导产业形成的原因主要有三个方面:历史文化基础、市场需求、产业政策定位。从历史文化基础上看,明水经开区自古以来就是锻造之乡,锻造产业发展较早,民间锻造行业的小作坊居多,大多零星分布,未形成很好的集聚效应和产业规模。后随着产业发展,产业集聚效应逐渐显现出来,并出现了一些大规模的锻造铸造企业在此建厂投资,于是依托当地很好的历史发展基础,机械制造、精细化工等相关行业迅速形成产业集群并形成规模,进而形成了明水经开区的主导产业。从市场需求看,产业集聚效应以及产业规模的扩大会带动产业链上下游配套产业的发展,并带来一定的市场需求。由此,依托当地重汽、章鼓、圣泉、明泉、伊莱特等龙头企业的带动作用,市场需求得以扩大。从区域定位来看,明水经开区的产业发展定位主要以锻造铸造产业为主,因此,产业政策导向推动形成了明水经开区的主导产业。

4.现实矛盾比较

郑州经开区的产业发展存在如下一些问题:汽车及零部件产业缺乏高端

品牌,装备制造业产业链尚不完整,产业集群的规模虽然较大但还不够强劲等。同时,体制机制和政策体系仍不够完善,很多优质项目存在缺乏政策和资金支持的现象。此外,一些新兴产业如数字产业的发展相对缓慢,还未形成产业发展优势。

当前明水经开区产业发展主要存在能级不高的问题。一是产业规模偏小,虽已形成四大主导产业,但是产业总体规模仍有待壮大。二是产业层次偏低,产业"大而不强"问题突出,品牌效应相对较弱。三是创新内生动力不足,高新技术产业竞争优势较弱,并未形成先发优势。四是产业绿色化发展问题亟待解决,尤其是锻造铸造产业绿色低碳发展压力较大。

5.产业转型升级和高质量发展思路

郑州经开区主要通过两大策略推进产业转型升级和高质量发展。一是实行传统产业与高新技术产业"两条腿"走路的发展思路。郑州经开区于2008年取消了对外资企业的税收优惠政策,并对国内高新技术产业与外资企业实施相同的税收政策,引导郑州经开区传统产业和高新技术产业共同发展。二是推动产业集群发展。一方面,通过对主导产业进行重点扶持,打造产业聚集高地,建立重点产业园区,通过产业集聚效应实现主导产业的蓬勃发展;另一方面,狠抓三大主导产业的升级,将三大主导产业打造成为千亿级产业集群。在汽车及零部件产业,打造完整的汽车配套产业链;在装备制造业,引进先进的高端制造业,以发展智能化装备制造业为目标,实现装备制造业结构的优化升级;在现代物流产业,进一步将物流产业的产业链向两头延伸,实现上下游协同发展。通过引进优质的产业项目、扩大对外开放、主动创新发展等渠道,郑州经开区成为通过产业集聚实现经济跨越式发展的典范。

与之相比,明水经开区采取三方面对策。第一,继续强化政策支持。在招商引资和项目建设上,明水经开区对于达到规定税收贡献率标准的入园企业,实行前三年租金减免政策;对于外来投资企业、外贸企业实行一定奖励激励政策等。第二,优化特色园区和公共服务平台建设。明水经开区推进已有的8个特色园区的升级,完善园区配套和政府服务平台建设,引导各企业建立创新研发中心,提高园区承载力和创新发展水平。第三,统筹衔接传统主导产业升级和新兴产业培育双重目标,形成新的四大主导产业,具体包括:将原来的交通装备和机械制造进行整合,形成高端装备制造业,进一步将传统优势产业做大做强;以原有的企业为基础,利用龙头企业的示范带头作用,加快新材料产业的发展集聚,进一步延伸其产业链条;以生物产业园为助力,培育和壮大生物医药产业;以区内大数据企业、智能化企业为载体,加快信息技术产业的集聚和发展。

综上，通过郑州经开区和明水经开区两个典型案例的对比，可以发现两个国家经开区的发展存在很多相同和不同之处（见表8）。首先，从基本情况上看，两个国家经开区在区域规划面积、所处的行政位置上高度相似。但在成立时间上，明水经开区比郑州经开区晚了12年，与郑州经开区在经济总量、财政收入贡献、对外开放等方面也存在较大差距。其次，在产业发展的思路上，二者都是通过建立园区、利用产业集聚效应来发展壮大传统优势产业。不同的是，明水经开区在发展传统优势产业的过程中，对原有的优势产业和新兴产业及时进行了整合，形成新的四大主导产业，但在推进动力上仍存在对政策的过度依赖，以集群带发展的格局尚未真正形成。此外，两个经开区在产业发展的过程中，都是通过龙头企业带动形成产业集聚效应，依托经开区自身的区位优势及独特资源，因地制宜，进而实现主导产业以及经开区经济的高速发展。

表8　郑州经开区与明水经开区高质量发展的条件对比

	郑州经开区	明水经开区
主导产业	汽车及零部件、装备制造、现代物流	高端装备、新材料、新医药、新信息
经济地位	河南省省会郑州市唯一的国家经开区	山东省省会济南市唯一的国家经开区
发展优势	区域交通便利，对外开放程度较高；主导产业产业链长，可带动相关产业发展，形成配套；政府政策扶持和引导	历史上的锻造之乡，零星锻造作坊众多，具有根植效应；龙头企业带动，形成较大的市场需求；政府扶持产业发展
集群类型	市场主导型	自下而上的产业发展，明显的企业根植性，依赖当地产业历史背景发展而成
面临问题	汽车产业缺乏高端品牌，装备制造业产业链尚不完整，集群规模"大而不够强"，缺乏政策和资金支持，数字产业发展缓慢	产业规模偏小，产业层次偏低，产业创新内生动力不足，产业绿色化发展问题突出

（四）结论及建议

经过上文的综合分析和典型比较，可以看出黄河流域国家经开区虽然已形成良好的发展态势，但同样存在许多问题亟待破解。

首先，黄河流域国家经开区对国家经济发展的带动作用还需进一步加强。

虽然黄河流域国家经开区对当地经济具有良好的带动作用,但与黄河流域生态保护和高质量发展的国家重大战略需求相比,与产业向园区集中集聚的未来趋势相比,国家经开区在区域经济发展中的引领地位和带动作用仍需进一步加强,以促进更高质量、更高效率、更大贡献的区域经济发展。

其次,黄河流域国家经开区发展的区域协调性仍需增强。黄河流域国家经开区在空间分布上很不均衡,东、中、西梯度发展格局明显。由于沿黄9省份所处发展阶段不同、利益诉求不同、工作重点不同,致使各省的发展规划和发展目标也不尽相同。因此,黄河流域国家经开区在统一管理和规划上存在着难度较大的协同问题。而从产业结构上看,中西部地区主要是以第二产业为主的制造业以及能源重化工产业,对传统产能的依赖性较强,推进产业转型升级的步伐相对滞后。同时,部分地区由于在思想观念、产业形态、营商环境、信息化水平等方面存在综合差距,创新水平和能力相对较弱,高质量发展的内生动力不足,因此可能影响黄河流域国家经开区的整体高质量发展。

最后,黄河流域国家经开区经济发展与生态环境之间的矛盾仍需破解。黄河流域生态环境的脆弱性是国家经开区面临的关键外部约束,黄河流域国家战略对此提出了更高的要求,国家经开区的经济发展如何与生态环境容量相匹配,是黄河流域面临的重大问题。尤其是,当前黄河流域生态保护还呈现"九省治黄、各管一段"的局面,不同地区的黄河流域国家经开区各有特色,但相互协同性不足,这可能制约国家长远战略目标的实现。

基于此,本课题提出促进黄河流域国家经开区高质量发展的政策建议:

第一,打造特色功能性园区,增强产业聚集效应。通过在既有国家经开区基础上建立特色功能性园区的形式,完善园区教育、娱乐、金融、文化、绿化等公共设施配套服务,有针对性地引导相关企业入园区发展,提高招商引资、统一管理和提供服务的便利性,以更加充分地发挥产业集聚效应和龙头企业的示范带动作用,吸引优质项目入园发展,从而让产业之间形成强大的协同合力,实现经济高质量发展。

第二,统筹推动传统产业转型升级和新兴产业培育。坚持发展和壮大传统主导产业与培育新兴产业"两条腿"走路的战略思路,进一步落实五大发展理念,对园区主导产业进行"强链补链",推动传统优势产业持续做大做强。同时,通过政府资金和政策扶持、技术引进等奖励激励措施,引导各经开区转型升级、因地制宜构建现代化产业发展体系,加快新旧动能转换。

第三,持续推进面向绿色经济发展模式的体制机制改革创新。一是按照国家"放管服"改革的相关规定,推行"扁平化"的管理模式,对黄河流域国家经开区的管理体制进行更大力度改革,建立灵活高效的管理体制机制,激发黄河流域国家经开区的制度创新活力。二是积极鼓励、支持、引导企业与国内外科研院所的沟通合作,促进产学研紧密结合,提升黄河流域国家经开区创新发展水平。三是统筹推进绿色低碳循环发展的生产体系、消费体系、基础设施、绿色技术和制度监管体系建设,加快发展环保产业,推动既有产业的绿色低碳转型,不断提高绿色产业比重,实现产业结构、能源结构、运输结构的明显优化。

三、黄河流域上市公司新旧动能转换

(一)黄河流域上市公司发展概况

根据公司注册地统计,截至 2021 年 6 月,黄河主干道沿岸拥有上市公司的县市区共有 48 个,隶属于 26 个地级市,2020 年、2021 年分别有 3 家和 6 家公司上市,上市公司共计 92 家,总股本 1161.71 亿股、总市值 10168.46 亿元、自由流通市值 4705.01 亿元。其中,发行 A 股的有 91 家,发行 B 股的有 1 家, *ST公司有 8 家(见表 9)。

表 9　黄河流域上市公司概况

	项目	单位	总数
1	上市公司总数	家	92
2	其中:发行 A 股公司	家	91
3	发行 B 股公司	家	1
4	2021 年新上市公司家数	家	3
5	2020 年新上市公司家数	家	6
6	*ST 公司	家	8
7	上市公司总股本	亿股	1161.71
8	其中:A 股合计	亿股	1120.11
9	流通股本 A 股	亿股	908.10
10	B 股合计	亿股	1.40
11	流通股本 B 股	亿股	1.40
12	上市公司总市值(证监会算法)	亿元	10168.46
13	上市公司自由流通市值	亿元	4705.01

数据来源:国泰安数据库。

在省级行政区域分布上,92 家上市公司主要分布在陕西、山西、山东、宁夏、内蒙古、河南、甘肃 7 个省份(见表 10)。其中,山东 6 个地级市的 14 个县市区共有 30 家公司,数量最多;河南 6 个地级市(含 1 个省辖县)的 11 个县市区和甘肃 2 个地级市的 7 个县市区各有 20 家公司。内蒙古 5 个地级市的 6 个县市区有 10 家上市公司,宁夏 3 个地级市的 6 个县市区有 8 家上市公司,陕西、山西各有 2 家上市公司。在所有的县市区中,济南历城区和兰州城关区拥有的上市公司最多,分别达到 12 家和 11 家。

表 10　上市公司在黄河流域行政区域内的分布情况

	地级市	县区市(上市公司家数)
陕西	榆林、渭南	榆林神木市(1 家)、渭南韩城市(1 家)
山西	运城、忻州	运城芮城县(1 家)、忻州河曲县(1 家)
山东	聊城、济南、菏泽、德州、东营、滨州	聊城阳谷县(1 家)、东阿县(1 家),济南章丘区(2 家)、天桥区(1 家)、历城区(12 家)、槐荫区(1 家)、长清区(1 家),滨州博兴县(2 家)、滨城区(3 家)、邹平县(1 家),德州齐河县(1 家)、东营市东营区(2 家)、垦利区(1 家),菏泽牡丹区(1 家)
宁夏	中卫、银川、吴忠	中卫沙坡头区(1 家),银川永宁县(1 家)、兴庆区(1 家)、灵武市(2 家)、石嘴山惠农区(2 家),吴忠青铜峡市(1 家)
内蒙古	乌海、呼和浩特、巴彦淖尔、包头、阿拉善	乌海乌达区(1 家)、海南区(1 家)、阿拉善盟贺兰区(1 家),呼和浩特托克托县(1 家)、巴彦淖尔乌拉特前旗(1 家)、包头九原区(5 家)
河南	郑州、三门峡、焦作、洛阳、济源(省辖县)、濮阳	郑州惠济区(1 家)、金水区(5 家)、巩义市(3 家)、中牟县(2 家)、荥阳市(1 家),三门峡陕州区(1 家),洛阳新安县(1 家)、孟津区(1 家),济源市(3 家),焦作孟州市(1 家),濮阳市濮阳县(1 家)
甘肃	兰州、白银	兰州榆中县(2 家)、七里河区(1 家)、城关区(11 家)、安宁区(1 家)、皋兰县(1 家),白银平川区(1 家)、白银区(3 家)

数据来源:国泰安数据库。

黄河流域有 49 家公司在深圳证券交易所上市,主板上市 37 家,创业板上市 12 家;在上海证券交易所上市 43 家,主板上市 39 家,科创板上市 4 家。92

家上市公司中,中央国有企业 9 家,地方国有企业 24 家,民营企业 47 家,公众企业 7 家,集体和外资企业各 2 家,其他企业 1 家。这些公司中最早的成立于 1988 年,最晚的成立于 2011 年;上市时间最早的在 1994 年,最晚的在 2021 年。公司分布于 11 个行业,制造业最多,达 67 家;其次是采矿业和金融业,各 4 家;再次是电力、热力、燃气及水生产和供应业 3 家,批发和零售业 3 家,交通运输、仓储和邮政业 3 家;另有科学研究和技术服务业 2 家,农、林、牧、渔业 2 家,信息传输、软件和信息技术服务业 2 家,建筑业以及文化、体育和娱乐业各 1 家(见表 11)。

表 11　黄河流域上市公司的上市情况

证券简称	上市地点	上市板	公司属性	所属证监会行业名称
阳谷华泰	深圳	创业板	民营企业	制造业
中孚信息	深圳	创业板	民营企业	信息传输、软件和信息技术服务业
国瓷材料	深圳	创业板	民营企业	制造业
晓鸣股份	深圳	创业板	民营企业	农、林、牧、渔业
东宝生物	深圳	创业板	民营企业	制造业
设研院	深圳	创业板	民营企业	科学研究和技术服务业
*ST 金刚	深圳	创业板	民营企业	制造业
新强联	深圳	创业板	民营企业	制造业
隆华科技	深圳	创业板	民营企业	制造业
清水源	深圳	创业板	民营企业	制造业
陇神戎发	深圳	创业板	地方国有企业	制造业
海默科技	深圳	创业板	民营企业	采矿业
同德化工	深圳	主板	民营企业	制造业
东阿阿胶	深圳	主板	中央国有企业	制造业
山东章鼓	深圳	主板	地方国有企业	制造业
山航 B	深圳	主板	中央国有企业	交通运输、仓储和邮政业
东港股份	深圳	主板	公众企业	制造业
中农联合	深圳	主板	集体企业	制造业
积成电子	深圳	主板	公众企业	制造业
九阳股份	深圳	主板	民营企业	制造业
胜利股份	深圳	主板	公众企业	电力、热力、燃气及水生产和供应业
宝莫股份	深圳	主板	民营企业	制造业

续表

证券简称	上市地点	上市板	公司属性	所属证监会行业名称
西王食品	深圳	主板	民营企业	制造业
宏创控股	深圳	主板	民营企业	制造业
美利云	深圳	主板	中央国有企业	制造业
英力特	深圳	主板	中央国有企业	制造业
青龙管业	深圳	主板	民营企业	制造业
中银绒业	深圳	主板	公众企业	制造业
金河生物	深圳	主板	民营企业	制造业
大中矿业	深圳	主板	民营企业	采矿业
三全食品	深圳	主板	民营企业	制造业
郑州银行	深圳	主板	地方国有企业	金融业
棕榈股份	深圳	主板	地方国有企业	建筑业
豫能控股	深圳	主板	地方国有企业	电力、热力、燃气及水生产和供应业
城发环境	深圳	主板	地方国有企业	交通运输、仓储和邮政业
*ST 猛狮	深圳	主板	民营企业	制造业
濮耐股份	深圳	主板	民营企业	制造业
中原内配	深圳	主板	民营企业	制造业
中粮资本	深圳	主板	中央国有企业	金融业
恒星科技	深圳	主板	民营企业	制造业
庄园牧场	深圳	主板	民营企业	制造业
兰州黄河	深圳	主板	民营企业	制造业
佛慈制药	深圳	主板	地方国有企业	制造业
*ST 银亿	深圳	主板	外资企业	制造业
甘咨询	深圳	主板	地方国有企业	科学研究和技术服务业
甘肃电投	深圳	主板	地方国有企业	电力、热力、燃气及水生产和供应业
靖远煤电	深圳	主板	地方国有企业	采矿业
中核钛白	深圳	主板	民营企业	制造业
上峰水泥	深圳	主板	民营企业	制造业
科兴制药	上海	科创板	民营企业	制造业
兰剑智能	上海	科创板	民营企业	制造业
恒誉环保	上海	科创板	民营企业	制造业

证券简称	上市地点	上市板	公司属性	所属证监会行业名称
山大地纬	上海	科创板	其他企业	信息传输、软件和信息技术服务业
北元集团	上海	主板	地方国有企业	制造业
陕西黑猫	上海	主板	民营企业	制造业
亚宝药业	上海	主板	民营企业	制造业
玉龙股份	上海	主板	民营企业	制造业
天鹅股份	上海	主板	集体企业	制造业
山东黄金	上海	主板	地方国有企业	采矿业
*ST金泰	上海	主板	民营企业	制造业
鲁银投资	上海	主板	地方国有企业	制造业
步长制药	上海	主板	外资企业	制造业
石大胜华	上海	主板	公众企业	制造业
金能科技	上海	主板	民营企业	制造业
渤海汽车	上海	主板	地方国有企业	制造业
先达股份	上海	主板	民营企业	制造业
滨化股份	上海	主板	公众企业	制造业
华纺股份	上海	主板	地方国有企业	制造业
新华百货	上海	主板	民营企业	批发和零售业
宝丰能源	上海	主板	民营企业	制造业
新日恒力	上海	主板	民营企业	制造业
君正集团	上海	主板	民营企业	制造业
*ST西水	上海	主板	民营企业	金融业
*ST明科	上海	主板	民营企业	制造业
北方稀土	上海	主板	地方国有企业	制造业
北方股份	上海	主板	中央国有企业	制造业
*ST华资	上海	主板	民营企业	制造业
中盐化工	上海	主板	中央国有企业	制造业
中原证券	上海	主板	地方国有企业	金融业
中原高速	上海	主板	地方国有企业	交通运输、仓储和邮政业
*ST中孚	上海	主板	民营企业	制造业
明泰铝业	上海	主板	民营企业	制造业

证券简称	上市地点	上市板	公司属性	所属证监会行业名称
豫光金铅	上海	主板	地方国有企业	制造业
丽尚国潮	上海	主板	地方国有企业	批发和零售业
亚盛集团	上海	主板	地方国有企业	农、林、牧、渔业
长城电工	上海	主板	地方国有企业	制造业
读者传媒	上海	主板	地方国有企业	文化、体育和娱乐业
祁连山	上海	主板	中央国有企业	制造业
国芳集团	上海	主板	民营企业	批发和零售业
莫高股份	上海	主板	地方国有企业	制造业
蓝科高新	上海	主板	中央国有企业	制造业
白银有色	上海	主板	公众企业	制造业

数据来源:国泰安数据库。

(二)黄河流域上市公司新旧动能转换整体情况

经济效益、获取利润是上市公司发展所追求的重要目标,收入、利润是其持续发展的重要保障。上市公司新旧动能转换实质上就是不断探索新的收入源和利润增长点的过程。这一过程具体表现为优化商业模式和流程,加强研发、设计、生产、营销、组织等环节,升级现有收入、利润创造源泉,还表现为通过战略调整、多元化发展、新产品开发等方式实现收入、利润源的转型。这一过程中每个企业所采用的具体做法和行为十分多样,但在财务上会体现为企业投资效率的提升,参考王坚强和阳建军(2010)的研究成果,企业新旧动能转换投入的努力具体体现在以下几个方面。

一是研发支出的增加。科学研究是创新的基本来源,每个企业具体的科研需求并不相同,但不管是设计、研发新的产品,还是开发新的商业模式,都需要研发经费的投入,研发经费的支出首先反映了上市公司新旧动能转换的努力状况。

二是投入的增加。不管是升级现有发展动能还是转型到新的发展动能,都需要增加新的人力、物力、财力,增加的投入主要体现在两个方面:一方面是对外投入,比如因为多元化或者一体化发展,通过长期股权投资的形式增加对外投资;另一方面是强化对内投入,比如因为升级生产能力,增加固定资产投资或者追加营运资本。

三是提升折旧摊销水平。新旧动能转换一方面要增加新动能,另一方面就是减少或者去除旧动能,具体体现为现有固定资产的折旧或者摊销。

从以上三方面看,2015～2020 年①,黄河流域上市公司平均每年增加了相当于自身总资产 0.25％的研发支出,中孚信息、兰剑智能、山大地纬最高,年均增加水平在 1％以上。其次,上市公司平均每年增加了相当于其总资产 0.31％的长期股权投资,国芳集团、棕榈股份、*ST 西水年均增加最多,都达到 3％以上。再次,年均固定资产投资水平增加最多的是宝丰能源和晓鸣股份,年均增加了 10％以上,而 92 家公司这一指标的平均值仅为 0.97％。运营资本年均增加的均值为总资产的 0.45％,但恒誉环保超过了 10％。黄河流域上市公司年均折旧与摊销水平的增加相当于自身总资产的 0.16％,晓鸣股份则达到了 1.2％(见表 12)。

表 12　黄河流域上市公司的新旧动能转换推进现状　　　　　　　单位:％

证券简称	研发支出增加水平	长期股权投资增加水平	固定资产投资增加水平	营运资本追加水平	折旧与摊销增加水平
中孚信息	3.5960	—	0.2395	8.7709	0.2652
兰剑智能	1.4565	—	−1.0196	6.7102	0.4464
山大地纬	1.3977	−0.0709	−0.1559	−1.0914	0.1941
明泰铝业	0.9217		3.6833	3.2370	0.5177
阳谷华泰	0.7259	0.0396	2.7215	2.7986	0.2804
科兴制药	0.6981		4.9863	5.6979	0.2237
中农联合	0.6714	—	0.3642	1.8006	0.6487
先达股份	0.6695	—	3.5483	3.2714	0.3202
恒誉环保	0.6407	0.2246	6.9094	10.4247	0.3594
国瓷材料	0.6228	−0.0527	3.6452	5.3491	0.4768
新强联	0.6199	—	8.1364	4.0344	0.0506
积成电子	0.5100	1.3187	−0.0645	0.3359	0.1526
金能科技	0.4935	−0.0003	0.2505	−0.3291	0.2927
设研院	0.4619	−0.0418	1.1631	5.5151	0.1401
山东章鼓	0.4390	0.7847	−0.5098	4.4511	0.0038
晓鸣股份	0.4329	—	11.9869	0.2366	1.2013

---

① 2015 年 10 月,"新旧动能转换"正式出现在国家领导人讲话中,因此本课题收集分析了 2015～2020 年的数据。

证券简称	研发支出增加水平	长期股权投资增加水平	固定资产投资增加水平	营运资本追加水平	折旧与摊销增加水平
九阳股份	0.4320	0.3685	−0.1607	−1.3839	0.0123
宏创控股	0.3775	—	7.2733	−0.1803	−0.1491
步长制药	0.3612	0.3321	1.1363	0.4154	0.2286
金河生物	0.3564	−1.6889	2.6284	1.7953	0.4207
亚宝药业	0.3418	2.8339	−1.2581	1.8935	0.1613
天鹅股份	0.3181	—	0.0363	2.9961	0.1047
隆华科技	0.3041	0.7338	0.6689	2.4822	0.1502
*ST 中孚	0.2810	−0.1234	1.3041	0.0404	0.1629
中原内配	0.2597	0.6018	2.3484	2.1095	0.3302
东港股份	0.2392	—	1.5721	0.3484	0.1516
海默科技	0.2227	−1.8659	1.0015	3.3276	−0.0169
中核钛白	0.2140	−0.2411	3.6537	−0.2130	0.2720
濮耐股份	0.2074	−0.0032	0.7933	−2.0925	0.0021
青龙管业	0.2039	−0.2631	0.7034	2.7801	0.2350
蓝科高新	0.1985	1.4411	−1.3135	0.0791	0.0498
中盐化工	0.1900	0.3345	7.6641	−1.0693	0.7791
山东黄金	0.1807	0.3139	6.9793	0.7713	0.6443
长城电工	0.1774	0.1031	−0.2294	0.3303	0.0243
甘咨询	0.1749	0.4350	−0.2630	1.8512	0.3243
鲁银投资	0.1721	0.5753	4.0965	−8.1508	0.6089
渤海汽车	0.1709	0.2025	3.4379	1.9545	0.5991
上峰水泥	0.1620	0.5199	0.5132	1.6512	0.5719
同德化工	0.1615	1.0612	1.4436	0.8688	0.0683
君正集团	0.1236	0.1132	2.3427	0.5671	0.4737
大中矿业	0.1206	—	—	1.5049	−0.0583
东宝生物	0.1118	0.4474	9.5426	0.5056	0.5218
恒星科技	0.1010	−0.6558	1.4701	0.3012	0.1202
胜利股份	0.0943	−0.1027	3.9444	−0.4717	0.1565
西王食品	0.0911	−0.0003	0.3294	1.1475	0.0995

证券简称	研发支出增加水平	长期股权投资增加水平	固定资产投资增加水平	营运资本追加水平	折旧与摊销增加水平
宝丰能源	0.0891	—	13.8080	1.1351	0.3215
美利云	0.0870	—	3.0073	1.9774	0.2032
北元集团	0.0868	—	−1.5477	−0.5152	0.3594
庄园牧场	0.0696	—	6.0324	−1.0464	0.5315
*ST 猛狮	0.0644	0.0249	3.0441	−1.1921	0.7620
华纺股份	0.0633	—	2.5232	2.1972	0.1606
清水源	0.0530	−2.0974	2.0065	3.0623	0.2868
佛慈制药	0.0476	0.6700	6.2140	0.8011	0.2333
*ST 金泰	0.0423	—	1.5464	—	0.3678
北方稀土	0.0349	0.0156	1.3057	5.6136	0.1192
豫光金铅	0.0332	0.0634	1.6411	4.7849	0.0750
读者传媒	0.0257	0.0409	−0.8696	−0.0356	0.0153
亚盛集团	0.0196	—	−1.2059	1.6189	0.2099
山航 B	0.0131	—	−0.2143	−1.7212	0.2791
白银有色	0.0092	−1.0657	1.5274	−0.0274	0.2350
滨化股份	0.0026	0.2643	1.2581	0.3068	0.2225
*ST 银亿	0.0019	−0.0098	1.0322	−8.1167	0.3006
莫高股份	0.0016	—	5.3523	0.7650	0.2951
*ST 西水	0.0007	3.3385	−8.3464	—	−0.7669
中原高速	−0.0005	1.0426	−1.7642	2.3900	0.4030
城发环境	−0.0011	0.0371	6.5874	−2.7903	0.2755
靖远煤电	−0.0029	—	−0.3441	0.1547	0.5731
棕榈股份	−0.0041	3.6044	0.1527	−6.8038	−0.0195
三全食品	−0.0078	0.4210	1.7196	0.9546	0.1667
兰州黄河	−0.0115	0.0184	−1.5004	−1.9339	−0.1978
*ST 金刚	−0.0133	0.1210	2.7097	1.2615	0.2459
陕西黑猫	−0.0163	1.8848	3.4169	−1.2640	−0.0726
东阿阿胶	−0.0167	0.0416	1.4665	1.4431	0.1081
英力特	−0.0313	—	−5.3872	−0.5465	−0.3686

续表

证券简称	研发支出增加水平	长期股权投资增加水平	固定资产投资增加水平	营运资本追加水平	折旧与摊销增加水平
北方股份	−0.0344	0.0156	−1.5624	−1.7341	−0.1329
宝莫股份	−0.0632	−0.5414	0.0988	−4.5056	−0.1041
新日恒力	−0.0637	1.4019	−2.6918	−6.7926	−0.4797
陇神戎发	−0.1071	—	6.7626	2.3842	0.4112
中粮资本	−0.1473	1.0932	3.1058	1.2456	−0.0367
石大胜华	−0.1884	0.0862	−0.5954	2.5188	0.1802
玉龙股份	−0.5410	−0.0576	−5.9183	−0.6238	−0.7924
*ST 华资	—	1.0885	−0.2234	−0.2439	−0.0903
*ST 明科	—	−4.4640	−0.0166	—	0.0086
中原证券	—	0.4646	−0.0252	—	0.0103
中银绒业	—	—	−72.8712	−29.7771	−3.7427
丽尚国潮	—	—	6.2910	−4.3232	0.1376
国芳集团	—	4.4085	−1.4723	0.6299	−0.0968
新华百货	—	0.0003	2.2982	−0.2991	0.7670
甘肃电投	—	0.3254	2.1648	1.1062	0.2540
祁连山	—	0.0130	−1.5991	−0.8826	−0.0390
豫能控股	—	0.6325	2.3473	0.9478	0.3780
郑州银行	—	0.0092	0.0577	—	0.0000

数据来源:国泰安数据库。

(三)黄河流域上市公司新旧动能转换效果测评

新旧动能转换好坏的判断标准通常是能否以更小的投入实现更大的产出。对于上市公司来说,就是能否以更小的人、财、物投入实现更大的收入和利润。如果同样的投入能实现更多的收入和利润,则意味着上市公司通过各种努力,成功实现了新旧动能转换的目标。而对上市公司投入产出的测评,实质上就是对上市公司全要素生产率的测算。

下文将选择全要素生产率常用测算模型——数据包络法的 Malmquist 模型对黄河流域上市公司 2015~2020 年的全要素生产率进行测算。

在指标的选择上,从"人、财、物、研"的角度考虑,并参考李心丹等(2003)

的研究，选择员工总数、营业总成本、资产总计、研发支出为投入变量，参考孙兆斌(2006)的研究，选择营业总收入、综合收益总额为产出变量，以产出为导向计算黄河流域上市公司全要素生产率。

根据以上投入产出指标，去除金融业、建筑业等特别行业的公司后，收集黄河流域上市公司数据，发现研发支出数据存在缺失，因此，首先删除缺失研发支出数据2年（含2年）以上的公司。对于只缺失1年研发支出数据的公司，英力特、中原高速、＊ST西水、宝丰能源用前一年的数据补充缺失值，中农联合、莫高股份用后一年数据补充缺失值，最终收集到67家公司的完整数据。

经过新旧动能转换、强化管理等各方面的综合努力，2015～2020年，黄河流域上市公司整体生产率水平有所提升，全要素生产率水平平均每年提高1％。其中，在新旧动能转换概念提出后的第一年（即2016～2017年）提升最多，达到11％，在新冠疫情暴发后的2019～2020年下降最多，下降了近6％。综合技术效率变化指数下降近1％，说明这些上市公司对现有资源有效利用能力、组织管理水平略有下降，但2016～2017年和2019～2020年有所提升。反映技术变化的指数前4年都在提高，5年均值提高了2.5％，说明流域内上市公司的技术水平在不断进步。规模效率变化指数和纯技术效率变化指数5年均值都下降了近1％，规模、管理、制度体系等因素还有待优化（见表13）。

表13　2015～2020年黄河流域上市公司全要素生产率变化整体情况

	全要素生产率变化指数	综合技术效率变化指数	技术变化指数	规模效率变化指数	纯技术效率变化指数
2015～2016	0.9874	0.9846	1.0050	0.9966	0.9845
2016～2017	1.1167	1.0012	1.1186	0.9987	1.0012
2017～2018	0.9972	0.9648	1.0637	0.9802	0.9648
2018～2019	1.0020	0.9770	1.0232	1.0054	0.9770
2019～2020	0.9464	1.0547	0.9150	0.9829	1.0547
5年均值	1.0100	0.9964	1.0251	0.9928	0.9964

数据来源：Wind数据库。

从具体公司看，2015～2020年全要素生产率变化指数大于1的有36家公司，占67家样本公司的53.73％。其中，中原高速、甘咨询、上峰水泥、恒誉环保年均提升了10％以上。技术效率变化指数在1以上的有37家公司，新日恒力、宝莫股份提升最多。53家公司的技术变化指数在1以上，占样本公司数量的79.10％。其中，中原高速、上峰水泥、甘咨询的技术水平提高最多。甘咨询、恒誉环保、君正集团等 18 家公司的规模效率变化指数在 1 以上，绝大多数公司的规模效率有所下降。37 家公司的纯技术效率变化指数在 1 以上，其中，新日恒力、宝莫股份等公司最高（见表 14）。

表 14　2015～2020 年黄河流域各上市公司全要素生产率变化情况

上市公司	全要素生产率变化指数	技术效率变化指数	技术变化指数	规模效率变化指数	纯技术效率变化指数
中原高速	1.3510	1.0000	1.3510	1.0000	1.0000
甘咨询	1.2185	0.9868	1.1013	1.1101	0.9868
上峰水泥	1.2063	1.0205	1.1841	1.0002	1.0205
恒誉环保	1.1147	1.0000	1.0719	1.0319	1.0000
宝丰能源	1.0978	1.0000	1.0978	1.0000	1.0000
君正集团	1.0919	1.0284	1.0645	1.0060	1.0284
*ST 猛狮	1.0783	1.0629	1.0173	0.9947	1.0629
豫光金铅	1.0736	1.0000	1.0736	1.0000	1.0000
北方股份	1.0702	1.0614	1.0193	0.9913	1.0615
滨化股份	1.0598	1.0015	1.0599	1.0001	1.0015
英力特	1.0573	1.0163	1.0451	1.0010	1.0163
中核钛白	1.0390	1.0194	1.0228	0.9994	1.0194
北方稀土	1.0389	1.0187	1.0287	0.9927	1.0187
国瓷材料	1.0386	1.0136	1.0273	1.0012	1.0136
阳谷华泰	1.0319	1.0245	1.0136	0.9945	1.0245
中盐化工	1.0295	1.0085	1.0287	0.9971	1.0084
西王食品	1.0265	0.9853	1.0459	0.9999	0.9852
石大胜华	1.0258	1.0017	1.0233	1.0005	1.0017
山东章鼓	1.0255	1.0446	1.0010	0.9859	1.0446
青龙管业	1.0221	1.0207	1.0084	0.9982	1.0207
濮耐股份	1.0213	1.0251	0.9982	1.0002	1.0251
三全食品	1.0213	1.0253	0.9964	1.0011	1.0253
白银有色	1.0188	1.0000	1.0300	0.9897	1.0000
亚宝药业	1.0186	1.0235	1.0040	0.9972	1.0236
鲁银投资	1.0170	1.0017	1.0309	0.9968	1.0016

续表

上市公司	全要素生产率 变化指数	技术效率 变化指数	技术变化指数	规模效率 变化指数	纯技术效率 变化指数
胜利股份	1.0165	0.9977	1.0268	0.9972	0.9976
宝莫股份	1.0149	1.0667	1.0108	0.9629	1.0667
蓝科高新	1.0145	1.0116	1.0166	0.9916	1.0116
读者传媒	1.0123	0.9947	1.0588	0.9829	0.9946
设研院	1.0121	0.9994	1.0164	1.0002	0.9994
渤海汽车	1.0113	1.0151	0.9990	1.0003	1.0152
九阳股份	1.0070	1.0011	1.0076	1.0000	1.0010
金能科技	1.0056	0.9885	1.0151	0.9994	0.9885
明泰铝业	1.0048	1.0109	0.9982	0.9964	1.0110
同德化工	1.0015	0.9994	1.0283	0.9831	0.9994
东宝生物	1.0008	0.9962	1.0177	0.9897	0.9963
恒星科技	0.9991	1.0009	1.0038	0.9982	1.0009
华纺股份	0.9975	1.0001	0.9975	1.0016	1.0001
山东黄金	0.9952	1.0000	1.0073	0.9879	1.0000
*ST中孚	0.9932	0.9689	1.0397	0.9947	0.9689
隆华科技	0.9929	0.9660	1.0308	1.0013	0.9660
晓鸣股份	0.9908	1.0148	1.0078	0.9770	1.0148
长城电工	0.9907	0.9799	1.0183	0.9968	0.9800
中农联合	0.9894	0.9943	1.0037	0.9929	0.9943
山航B	0.9878	0.9454	1.0470	0.9940	0.9454
积成电子	0.9855	0.9997	0.9971	0.9956	0.9996
佛慈制药	0.9814	0.9725	1.0172	0.9961	0.9725
中原内配	0.9805	0.9722	1.0156	0.9975	0.9722
先达股份	0.9793	0.9935	0.9958	0.9925	0.9935
东港股份	0.9773	0.9935	1.0002	0.9872	0.9935
金河生物	0.9754	0.9846	1.0006	0.9958	0.9846
步长制药	0.9689	0.9916	0.9922	0.9885	0.9916
天鹅股份	0.9676	0.9872	1.0160	0.9680	0.9872
山大地纬	0.9664	0.9586	1.0126	0.9972	0.9586

上市公司	全要素生产率变化指数	技术效率变化指数	技术变化指数	规模效率变化指数	纯技术效率变化指数
中孚信息	0.9630	1.0007	0.9809	0.9816	1.0007
东阿阿胶	0.9584	0.9493	1.0185	0.9999	0.9493
陇神戎发	0.9534	1.0249	1.0312	0.9383	1.0250
莫高股份	0.9533	1.0000	0.9957	0.9662	1.0000
亚盛集团	0.9475	0.9780	0.9809	0.9967	0.9780
兰州黄河	0.9450	1.0226	1.0131	0.9238	1.0226
庄园牧场	0.9445	0.9266	1.0469	0.9904	0.9267
宏创控股	0.9195	0.9746	0.9483	0.9945	0.9746
清水源	0.9130	0.8973	1.0180	0.9934	0.8973
美利云	0.9028	0.9716	0.9471	0.9858	0.9717
新日恒力	0.8953	1.0690	0.9319	0.9012	1.0689
海默科技	0.8866	0.8832	1.0072	0.9889	0.8831
*ST 金刚	0.8706	0.8684	1.0177	0.9988	0.8684

数据来源：Wind 数据库。

总体上看,2015~2020 年黄河流域上市公司对现有资源有效利用能力、组织管理水平略有下降,管理、制度体系等方面有待优化,规模效率急需强化,但其全要素生产率却有所提升,这种提升主要得益于各公司技术水平的不断进步,新旧动能转换的努力取得了初步效果,特别体现在新旧动能转换概念提出后的第一年,但它的提升在新冠疫情暴发后受到了阻碍。中原高速、甘咨询、上峰水泥、恒誉环保等上市公司是黄河流域全要素生产率、技术提升的代表性企业。

(四)黄河流域上市公司新旧动能转换发展案例

1.甘肃上峰水泥股份有限公司案例[①]

甘肃上峰水泥股份有限公司简称"上峰水泥",为民营制造业企业,2013 年在深交所借壳上市,资产重组后,主营业务由酒店管理、商贸经营转型到水泥、水泥熟料销售制造、建材产品、房地产等领域,发展动能实现重大转换。上市后,上峰水泥不断创新,持续进行新旧动能转换实践探索。

第一,水泥建材主业占营业收入比重在 90% 以上,专注于水泥业务增长动

---

① 案例材料参考自甘肃上峰水泥股份有限公司《2020 年年度报告》。

能的提升。上峰水泥专注于水泥、水泥熟料、特质水泥等产品的销售制造，在国内最早投入新型干法水泥工艺生产与研究，保有低碳燃烧、脱硝等环保节能技术，熟料生产线设置了余热发电系统，自动化控制水平不断提高。近年来其进一步在新疆、宁夏、贵州、广西、吉尔吉斯斯坦等地拓展，保障石灰石资源的储备，并在华东、西南、西北等地积极建设高新技术、智能化水泥熟料生产线及相关配套项目，加强对主营业务相关企业的股权收购，完善产业链发展，为主业未来的增量、升级发展打下基础。

第二，适应国家政策方向，谨慎探索新的增长动能，注重拓展业务的科技性、环保性及与主业的关联性。公司以发展规划的形式确定水泥窑协同处置为今后高质量升级发展的重要方向，通过子公司投产水泥窑协同处置危固废和危废填埋场等项目，促进解决城市污泥、垃圾、危废、固废等环境危害问题。同时，公司积极拓展基建、建材产业链相关的智慧物流业务。在对新动能的探索上，公司比较谨慎。目前，水泥窑协同处置业务和基建、建材产业链相关智慧物流业务的营业收入不到公司收入的 10％，但是，这些业务与主业关联性强，环保性、智慧性、科技性强，符合国家产业支持政策。

第三，响应国家号召，设立私募基金，投资新经济产业。在"卡脖子"问题核心领域，公司设立私募基金，积极投资芯片、轨道交通装备制造等，优化企业自身的长期战略资源配置。

第四，缩减发展方向不确定性较强的增长动能。房地产占用资金多，在新冠疫情背景下发展前景不确定性增加，因此公司正在收缩、逐渐退出房地产行业。

第五，重视研发。公司重视节能、减排、环保技术开发，关注水泥制造绿色低碳能源开发项目以及水泥窑超低排放、节能发展。2020 年公司有研发人员 27 人，比上年增加 12 人，占总人员数量的 0.9％；投入研发资金 7205.62 万元，比上年增加 25.45％，占营业收入的比重为 1.12％，比上年提高 0.35％。

第六，在运营模式、机制、企业文化上提供保障。为了更高效地运营，公司转换了运营管控模式，即总部设立投资、战略管控中心，各区域设立市场经营中心，子公司设置生产成本中心，并且根据销售对象的不同，积极构建以经销模式为主、直销模式为辅的多层次、多渠道销售网络，通过自有物流贸易供应链平台、电商平台促进公司产品的销售，巩固供应链渠道，利用电子采购交易平台集中采购，在生产制造上推动智能化制造的发展升级。同时，规范公司内部控制规则，实施员工持股计划，提升信息化应用，稳健财务发展，为公司发展、新旧动能转换打造"高效务实＋规范稳健"的机制保障；建设上峰书院，发展员工互助基金会平台,强化党群建设,营造积极向上的企业文化。

经过以上新旧动能转换的努力,上峰水泥产能规模达到行业前20,被国家发改委等部门联合确定为国家重点支持水泥工业结构调整大型企业(集团)60强企业,被中国水泥网评定为水泥行业综合竞争力前3位企业,水泥品牌"上峰"成为国家工商总局认可的"中国驰名商标"。2020年,在经济形势、新冠疫情、汛情、成本费用上涨等因素的影响下,上峰水泥销售水泥1157万吨、熟料542万吨、骨料及块石1293万吨;所有业务实现营业收入64.32亿元,比上年下降13.22%,归属上市公司股东的净利润20.26亿元,比上年下降13.11%;但总资产报酬率为26.28%,净资产收益率为33.55%,产品毛利率为48.6%,仍在行业中处于领先地位。

2.山东济南恒誉环保科技股份有限公司案例①

济南恒誉环保科技股份有限公司简称"恒誉环保",为民营企业,是集有机废弃物裂解技术与裂解装备制造技术研发、生产、销售于一体的创新型制造业企业,成立于2006年,在环境保护这一新兴领域专注于有机废弃物裂解技术,打造新的发展动能,2020年在上交所科创板成功上市,是依托核心技术探索发展、升级新动能的典型案例。

第一,始终以为客户提供解决方案为宗旨,以持续创新为理念。根据公司2020年年度报告,公司明确提出要"秉承持续创新的经营理念",要"以为客户提供完整、系统的物料处理综合解决方案为宗旨"。

第二,面向社会重大需求发展主业。环境保护是当今社会的重要需求,"碳中和"带来了历史性发展机会,因此公司以"以科技改善环境,让绿色驱动未来"为企业使命,发展绿色环保业务,既能实现经济效益,又能实现社会效益,担当企业的社会责任。

第三,坚守自身所长。公司以"成为热裂解环保业的中国开拓者和全球典范"为战略目标,支撑公司实现这一目标的核心能力是"有机废弃物裂解技术"。公司以核心设备为载体,主要提供工业连续化废塑料裂解生产线、工业连续化废轮胎裂解生产线等产品,掌握热分散、防聚合、热气密等核心技术,目前正在进行"连续化整胎裂解工艺及装备的研制与优化""工业连续化废盐资源化利用热分解技术及装备"等研发项目,这些主要产品、核心技术、研发项目都紧紧围绕"有机废弃物裂解技术",是公司在发展中坚守所长的实际体现。

第四,重视研发,强化长板,以研发促进发展动能升级。公司重视核心技

---

① 案例材料参考自济南恒誉环保科技股份有限公司《2020年年度报告》。

术自主研发、技术积累和持续创新。2020年,公司拥有研发人员30人,占公司总人数的29.70%;研发投入1042.86万元,比上年增加0.33%,研发投入总额占营业收入的5.97%,比上年提高1.54个百分点;在研课题10多项,新申请国内、国际专利13项,新增授权专利7项,公司的多项核心技术处于业内领先地位,拥有72项热裂解领域的国内专利技术(发明专利24项),12项国际专利,解决了裂解系统结焦、产出物易聚合等方面的行业难题,保障了裂解设备的安全性和环保性。这些研发努力,确保公司技术优势不断强化,核心竞争力不断提升,为企业增加收入、利润,形成新的增长动能拓展了空间。

第五,积极拓展应用领域,开拓新市场,发展新业务,研究产业链拓展和新业务模式,探索企业发展新动能。公司在煤化工废弃物处理领域拓展应用裂解技术和相关装备,将危废裂解技术、装备应用到新的区域,并在广东省开展示范性应用,开拓新的业务和市场。成为行业内第一家IPO公司后,公司正研究在主业纵向领域拓展业务,探索产业链上的新业务模式,形成产业链协同效应,为打造企业发展新动能做好准备。

第六,提升公司管理能力和治理水平。根据《公司法》等法律规范完善公司的治理结构,完善组织结构和规章制度,强化人才战略,为公司健康稳定持续进步打好基础。

(五)结论及建议

本课题介绍了黄河流域上市公司发展概况,分析了该区域上市公司新旧动能转换的总体情况和典型案例,使用数据包络分析法测算了区域内上市公司2015~2020年全要素生产率的提升效果,发现以中原高速、甘咨询、上峰水泥、恒誉环保等为代表的黄河流域上市公司在新旧动能转换的过程中,技术不断进步,全要素生产率得到提升,但也存在一些问题。为进一步提升企业全要素生产率,在新旧动能转换方面,黄河流域上市公司还需作以下努力:

第一,居安思危,居危思变。始终保持新旧动能转换意识和创新意识,瞄准市场需求,结合新技术、新材料的发展,激励创新,不断思考公司业务升级、转型方向,制定规划,按步骤动态推进;探索新的收入增长点和利润源,促其形成公司发展的新动能。

第二,深耕主业,紧跟市场,加强研发,提升技术,优化模式和流程。强化公司最擅长的业务、细分市场,以各细分市场客户需求为导向,深耕主业,研发新技术、完善现有产品、开发新产品和服务,优化商业模式、盈利模式、客户服务模式、供应链模式,优化产品生产流程、服务流程,强化、深化主业,在主业上扩大、提升现有动能,探索形成新的动能。

第三,理性做好投资决策,整合资源,谨慎多元化发展。根据市场前景、客户特征、自身资源和能力特征,测算投资回报率和回报期,理性做好企业的内外投资决策;考虑与主业的关联性,详细制定投资规划和实施计划,稳步、谨慎多元化发展,使企业内外投资达到"1+1>2"的效果。

第四,勇于淘汰或转移旧的动能,实现企业发展动能更新。对于盈利能力低、占有资金大、市场前景小、自身能力弱、环境伤害大、资源消耗大的业务,要坚定、有计划地退出,为新动能的发展腾出资源空间,实现企业发展动能的更新。

第五,做好新旧动能转换的绩效跟踪,严控风险。做好新动能发展、旧动能退出的绩效跟踪和风险分析,适时调节新旧动能转换过程,完善预先设想的不足环节,严控风险漏洞。

第六,动态化调整组织结构,优化人事、财务、组织制度和流程。在新旧动能转换过程中,公司的组织结构、人力资源分布结构、财务制度、信息沟通等各项制度和流程都要根据业务的需要动态性优化调整,为新旧动能转换提供人、财、物、信息等各方面的保障。

四、黄河流域新旧动能转换与土地利用

新旧动能转换是黄河流域面临的重要任务,特别是产业方面。本课题在回顾国家新旧动能转换政策导向的基础上,重点介绍了黄河流域各省份新旧动能转换的重点和产业发展方向,考察了黄河流域近年来的产业总体发展状况和发展趋势,最后利用新增建设用地数据分析了土地利用对产业发展的支持情况。

(一)黄河流域新旧动能转换的产业方向

我国经济已由高速增长阶段转向高质量发展阶段,正处在转变发展方式、优化经济结构、转换增长动力的攻关期。加快新旧动能转换是新时代全面深化改革、破解我国经济发展难题的关键选择。从2015年中央和地方政府主要领导讲话和文件中出现"新旧动能",到党的十九大报告提出"培育新增长点、形成新动能",新旧动能的内涵逐渐充实和完善,新旧动能转换愈发成为新时代我国经济社会高质量发展的重要途径和坚实保障。本部分利用各级政府工作报告和"十四五"规划的资料,梳理各个省份新旧动能转换的重点和发展方向。

近年来,我国高度重视新旧动能转换工作。2015 年 10 月,李克强总理在召开政府会议时对当时的中国经济做出判断,即我国经济正处在新旧动能转换的艰难进程中。自此,"新旧动能"正式出现在国家领导人讲话中。2017 年 1 月,国务院办公厅印发了我国培育新动能、加速新旧动能接续转换的第一份文件——《关于创新管理优化服务培育壮大经济发展新动能　加快新旧动能接续转换的意见》,强调要坚持以推进供给侧结构性改革为主线,着力振兴实体经济,深入实施创新驱动发展战略,大力推进大众创业、万众创新;要促进制度创新与技术创新的融合互动、供给与需求的有效衔接、新动能培育与传统动能改造提升的协调互动。2017 年 4 月 18 日,李克强总理在贯彻新发展理念、培育发展新动能座谈会上强调,实现经济结构转型升级,须加快新旧动能转换。这种转换既来自"无中生有"的新技术、新业态、新模式,也来自"有中出新"的传统产业改造升级。两者相辅相成、有机统一。2017 年 10 月,党的十九大报告指出,现阶段经济发展的新趋势就是发展新经济、培育新动能。2017 年以来,国务院办公厅先后出台系列文件,明确要坚持以推进供给侧结构性改革为主线,着力振兴实体经济,促进新动能培育与传统动能改造提升的协调互动。2018 年 1 月,国务院批复山东省设立新旧动能转换综合试验区,这是我国首个以新旧动能转换为主题的试验区,是党的十九大以后获批的首个区域性国家战略。

黄河流域生态保护和高质量发展事关千秋,持续推进新旧动能转换任务繁重。黄河流经青海、四川、甘肃、宁夏、内蒙古、陕西、山西、河南、山东等九个省区,流域人口占全国总人口 30% 以上,地区生产总值约占全国 1/4,在我国经济社会发展中具有十分重要的地位。但黄河流域的传统产业转型升级步伐滞后,内生动力不足,发展质量有待提高。在国家加快新旧动能转换的大背景下,黄河流域九省紧抓发展机遇,纷纷制定本省新旧动能转换实施方案,探索富有地域特色的新路径,用创新引领新旧动能转换,推动区域经济高质量发展。

作为全国新旧动能转换的"试验田"和"先行者",山东省承担着重要的使命与责任。2017 年 3 月"两会"期间,李克强总理参加山东代表团审议时指出,山东发展得益于动能转换,希望山东在国家发展中继续挑大梁,在新旧动能转换中继续打头阵。近年来,山东省坚持新发展理念,以供给侧结构性改革为主线,优化钢铁、石化等产业结构,积极化解淘汰落后产能,聚焦聚力高质量发展,紧紧把握综合试验区建设这一重大机遇,加快推动新旧动能转换,大力发展现代优势产业集群,做优做强做大"十强"产业,打造现代产业新体系。其中,新一代信息技术、高端装备、新能源新材料、智慧海洋、医养健康等五个产业属于新兴产业,是培育发展新动能的关键所在;绿色化工、现代高效农业、文化创意、精品旅游、现代金融等五个产业属于传统改造升级产业,提升潜力巨大。

具体来看,深入推动新一代信息技术广泛应用,重点建设量子通信、集成电路、新型显示、虚拟现实、高端软件、大数据与云计算等新兴产业;加快推动高端装备创新发展,重点瞄准新能源汽车及装备、机器人、轨道交通、通用航空、石油工程装备等领域;突出新能源新材料基础性、先导性、战略性作用,重点发展清洁能源、智能电网及储能、核电装备、高端金属材料、先进高分子材料、无机非金属材料、高性能复合材料等;完善现代海洋产业体系,重点打造海洋示范工程、海洋交易平台、重大科研平台、国际交流平台等;促进医疗、养老、养生、体育等多业态融合发展,深入实施"健康山东"战略,重点发展医药工业、医养结合等。以推进高端化工产业基地化、链条化、智能化为方向,重点建设高端石化产业基地、新型煤化工产业基地、新型盐化工产业基地;加快构建现代高效农业体系,重点建设特色产业基地、现代种业和交易等平台;坚持社会主义先进文化前进方向,建设文化创意产业重点工程、重点项目;推进旅游业多元化、全域化、国际化发展,打造精品旅游产业,重点建设国家级和省级旅游度假区等;构建普惠化、便利化、现代化金融服务体系,紧盯银行、证券、保险和大宗商品交易市场等领域,服务实体经济发展。

河南省坚持把制造业高质量发展作为主攻方向,加快新旧动能转换。培育壮大新兴产业,打造十大新兴产业链,其中,对基础较好的生物医药、节能环保、尼龙新材料、智能装备、新能源及网联汽车等五个产业,重点突破新技术、发展新产品,推动规模和质量提升;对有一定基础的新型显示和智能终端、网络安全、智能传感器等三个产业,积极引进头部企业,培育"专精特新"企业,争取做优做强;对处于起步阶段的5G、新一代人工智能等两个产业,深入拓展应用场景,强化示范应用,抢占发展先机;对于有前景有条件的量子信息等未来产业,加强跟踪研究,力争实现突破。此外,河南省还加快产业升级换代,围绕装备制造、绿色食品、电子制造、先进金属材料、新型建材、现代轻纺等六个战略支柱产业打造产业链,发展壮大现代物流、文化旅游、健康养老等三个现代服务业以及数字经济,推动传统产业转型升级,依法依规淘汰一批水泥、钢铁、煤焦等落后产能,推进钢铁、铝加工、煤化工、水泥、煤电等产业绿色、减量、提质发展。

山西省聚焦创新核心地位,推动新动能培育与产业高质量发展。加快发展新兴产业、未来产业,助推信创、半导体、大数据、光电、生物基新材料、特种金属材料、智能网联新能源汽车、先进轨道交通、通用航空、光伏、碳基新材料、煤机智能制造、现代生物医药和大健康、节能环保产业等十四个战略性新兴产业集群发展;坚持前沿引领、前瞻布局,推动人工智能、量子科技、生命科学、航空航天、深海探测、先进能源等未来产业加速发展。推动基础产业转型升级,加快智能化改造步伐,建设智能化示范煤矿,培育智能工厂和数字化车间,构建工业互联网平台。有力推进"三去一降一补",退出煤炭过剩产能,压减焦化、钢铁等落后过剩产能,关停落后煤电机组,退出僵尸企业。推动煤炭、钢铁、有色、建材等产业链向高端延伸,促进现代煤化工走高端化、差异化、市场化和环境友好型路径。运用新技术、新装备、新工艺、新模式,推动食品、陶瓷、玻璃、纺织、服装、家具、工美等消费品工业和劳动密集型产业增品种、提品质、创品牌。促进文旅康养融合和现代物流业、科技服务业、现代会展业、养老服务业等现代服务业创新发展。

陕西省以实体经济为根本,以数字经济为引领,以转型升级为重点,加快产业基础高级化、产业链现代化。推动制造业高质量发展,围绕新一代信息技术、光伏、新材料、汽车、现代化工、生物医药等重点领域,补齐产业链供应链短板,锻造产业链供应链长板;发展壮大战略性新兴产业,推动新一代信息技术、高端装备、新能源、新能源汽车、新材料等支柱产业提质增效;抓紧布局人工智能、氢能、未来通信技术、北斗导航、生命健康等新兴未来产业,着力壮大新增长点。推动传统产业转型升级,坚持淘汰与改造提升并举,推动食品加工、石油(煤炭)化工、冶金钢铁、建筑建材、纺织服装等传统产业高端化、智能化、绿色化发展。大力发展数字经济,积极推进数字产业化,培育大数据、人工智能、区块链、5G应用等新增长点;深入推进产业数字化,推动工业、农业、服务业、建筑业等向数字化、网络化、智能化升级。坚决落实落后产能退出任务,淘汰煤炭、钢铁、水泥等产业不达标的落后产能。

内蒙古自治区坚持生态优先、绿色发展导向,构建绿色特色优势现代产业体系,促进实体经济高质量发展。实施战略性新兴产业培育工程,大力发展现代装备制造业、新材料、生物医药、节能环保、通用航空等产业,积极培育品牌产品和龙头企业,构建一批各具特色、优势互补、结构合理的战略性新兴产业增长引擎。加快用高新技术和先进适用技术改造传统产业,推进延链补链扩链,推动新型化工、冶金、建材、农畜产品加工等传统产业转型提升。推动数字经济和实体经济深度融合,加快5G技术推广应用,建设一批工业互联网平台、智能工厂、数字车间等。发展现代物流、研发设计、检验认证、科技服务等现代服务业。严格控制高耗能行业产能规模,提高产业准入标准,重点围绕钢铁、铁合金、电石、焦炭、石墨电极等行业,淘汰落后产能,化解过剩产能。

宁夏回族自治区加快经济转型升级,坚持把发展经济的着力点放在实体经济上,推进产业向高端化、绿色化、智能化、融合化方向发展。构建现代产业体系,以枸杞、葡萄酒、奶产业、肉牛和滩羊、电子信息、新型材料、绿色食品、清洁能源、文化旅游等九大产业为重点,推进创新驱动发展,深化供给侧结构性改革,不断提高经济发展质量效益。推动传统产业提升改造重点工程,加快冶金、化工、纺织、生物医药行业调整转型。发展数字经济,拓展大数据、区块链、工业互联网等场景应用。破除无效供给,化解钢铁、煤炭、电解铝等过剩产能,淘汰煤电落后产能。

甘肃省加快产业转型升级,激发实体经济活力,提高经济质量效益和产业综合竞争力。坚持改造提升传统产业,重点推进石油化工、有色冶金、装备制造、能源电力、电子信息等传统产业转型发展。做大做强生态产业,重点围绕节能环保、清洁生产、清洁能源、循环农业、中医中药产业等开展提质增效行动。发展壮大新兴产业,重点发展半导体材料、氢能、电池、储能与分布式能源、电子、信息、航空航天配套及飞机拆解等产业,壮大碳纤维产业。打造优势产业集群,以特色农业、数字智能、生物医药、新能源、新材料、文旅康养等为重点,培育千亿级产业集群,建设百亿级园区。大力培育发展新业态新模式,促进现代服务业加快发展,积极打造“云上甘肃”“数字强省”。推动落后产能关停退出,淘汰落后煤炭产能,关停小火电机组、超临界火电装机等。

四川省牢牢把握高质量发展主题,加快发展现代产业体系,深入实施制造强省战略。加快制造业高质量发展,聚焦电子信息、装备制造、食品饮料、先进材料和能源化工等支柱产业,提升产业链供应链稳定性。加快传统制造业改造升级,推动机械、轻工、有色、建筑等产业绿色化、智能化改造。促进现代服务业加快发展,实施十个重点产业培育方案,推动商业贸易、现代物流、金融服务、文体旅游等四大支柱型服务业提质增效、转型升级,推动科技信息、商务会展、人力资源、川派餐饮、医疗康养、家庭社区等六大成长型服务业提速增量、做大做强。加快数字经济创新发展,促进5G、大数据、区块链、超高清等新一代信息技术与传统产业融合发展。打造智慧医疗、智慧康养、智慧交通、智慧文旅、智能空管、普惠金融、网络视听等数字应用场景,培育数字应用新业态。着力淘汰落后产能,化解过剩产能,严控钢铁、水泥、平板玻璃、石化、化工、有色金属冶炼等高污染、高耗能项目建设。

青海省将发展重点放在实体经济上,推进产业基础再造和产业链提升,推动新旧动能接续转换,构建创新引领、协同发展的具有青海特色的现代产业体系。激发传统产业新活力,推进盐湖化工、有色冶金、能源化工、特色轻工、建材等传统产业改造。建设国家清洁能源产业高地,发展光伏、风电、光热、地热等新能源,加快新能源制造产业和储能产业发展。打造绿色有机农畜产品输出地,发展牦牛、藏羊、青稞、油菜、马铃薯、枸杞、沙棘、藜麦、冷水鱼、蜂产品、食用菌等特色优势产业,提升生猪生产能力。发展现代种业,鼓励循环农牧业、观光农牧业、定制农牧业等新业态。培育战略新兴产业新支撑,重点发展新材料、生物医药、装备制造、节能环保等产业。着力发展数字经济,促进区块链、大数据、云计算、人工智能等新一代信息技术与实体经济融合发展。增强服务经济新动能,重点建设现代物流、金融服务、电子商务、高原休闲康养、商务服务、商贸服务、家政服务等产业发展工程。深入推进供给侧结构性改革,坚决淘汰电解铝、铁合金、水泥和碳化硅等高排放、高耗能行业的落后产能。

(二)黄河流域产业发展回顾

2010～2019 年是我国转型升级较为迅速的时期,第二产业是产业转型升级最主要的领域。鉴于以往研究并没有把黄河流域作为单独区域对其工业发展进行系统的统计,我们使用地级市层面的面板数据,将黄河流域作为单独区域对其产业发展情况进行分析。由于变化率对于评价发展情况相对变化存在一定的参考意义,本课题利用平均增长率这一计算口径进行分析。

从总体来看(见图 28 左图),2010～2019 年黄河流域各地级市 GDP 增长率总体较为平稳,维持在 0.1 左右,与全国发展水平大体保持一致。随着全国经济增长速度放缓,自发展进入新常态以来,黄河流域也由原来的高速发展进入中高速发展阶段,GDP 增速自 2013 年起开始下降。此外,还要注意到 GDP 增长率 95% 的置信区间变动幅度较大,这表明黄河流域区域间发展差距较大,可能缺少区域统筹发展政策。分地区来看(见图 28 右图),黄河流域东、中、西部间的发展存在较大差异。随着去工业化和产业结构调整进程加快,东部地区进入后工业化时代,第二产业的主导地位逐步让位于第三产业,因此东部地区 GDP 增速相对中西部地区发展相对较慢。尤其在 2015 年,由于生产力提高,消费需求弹性减小,消费者消费结构向第三产业偏移,东部地区 GDP 增速大幅回落,2016～2017 年反弹后相较中西部地区仍保持中速增长。中部地区自 2010 年起 GDP 增速逐年回落,于 2015 年触底并高速增长一年后趋于稳定。西部地区发展较快且较稳定。

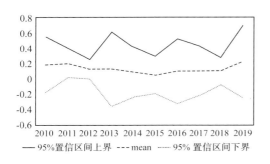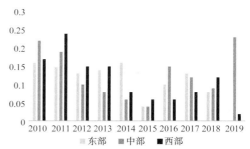

图 28　黄河流域 GDP 增长率总体和地区差异

数据来源:《中国城市统计年鉴》(2011~2020)。

第二产业增加值反映了生产单位或部门对 GDP 的贡献,占 GDP 比重的大小可以说明第二产业促进 GDP 增长的能力。因此本课题计算了第二产业增加值占 GDP 比重的增长率,以考察黄河流域第二产业在促进 GDP 增长中的作用。

从总体来看(见图 29 左图),2010~2018 年黄河流域第二产业增加值占 GDP 比重增长率总体稳定,与全国平均水平大体保持一致。随着生产力发展、社会进步、劳动生产率的提高,以及中国经济结构的非均衡发展,第三产业的兴起导致第二产业增加值占 GDP 比重增长率逐渐降低,且其 95% 置信区间在 2010~2013 年变动幅度较大,在 2014~2018 年基本保持稳定,这表明黄河流域第二产业发展早期存在地区不平衡,近年来逐渐平衡。分地区来看(见图 29 右图),黄河流域东、中、西部地区的第二产业发展有较大的差异。随着去工业化和产业结构调整,东部地区进入后工业化时代,产业的主导地位逐步让位于第三产业,第二产业增加值占 GDP 比重增长率为负且其绝对值不断变大。中、西部地区第二产业增加值占 GDP 比重增长率也不断降低为负值。因此,黄河流域应继续降低第二产业比重,积极发展第三产业,持续优化新旧动能转换发展路径。

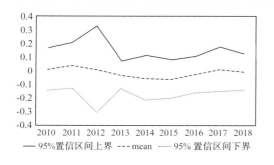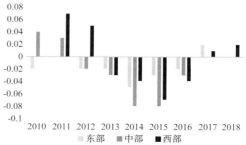

图 29　黄河流域第二产业增加值占 GDP 比重增长率总体和地区差异

数据来源:《中国城市统计年鉴》(2011~2019)。

　　产业生产用电量是反映一个区域产业发展状况的关键指标,如在我们常用的"克强指数"(克强指数＝工业用电量增速×40％＋中长期贷款余额增速×35％＋铁路货运量增速×25％)中,工业用电量增速是比重最大的指标,同时,工业生产用电量与工业总产值增长有很强的相关关系。因此,我们选取工业生产用电量增长率来考察黄河流域 2010～2016 年经济发展水平和产业转型升级情况。

　　从总体来看(见图 30 左图),2010～2016 年黄河流域工业生产用电量增长率数值偏大,稳定在 0.1 左右,且其 95％置信区间波动幅度较大,表明地区间发展不均衡。总体工业生产用电增长率可以结合 GDP 增长率构造电力弹性系数,以考察黄河流域经济发展效益和水平。分地区来看(见图 30 右图),2010～2016 年东、中部地区工业生产用电量增长率均呈下降趋势,西部地区工业生产用电量增长率较大且较为稳定,说明同时期内 GDP 增长率逐渐下降的情况下,东、中部地区的经济发展情况和效益优于西部地区,而改善地区间发展不平衡的情况可能需要相关政策的支持。

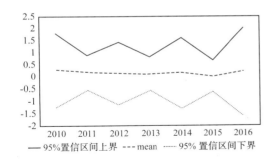
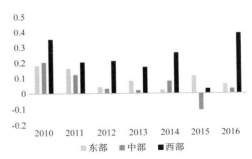

图 30　黄河流域工业生产用电量增长率总体和地区差异

数据来源:《中国城市统计年鉴》(2011～2017)。

　　工业电力弹性系数即以工业生产用电量增长率除以 GDP 增长率,是衡量电力消费与经济增长之间关系的指标,系数越小越能说明用电少而经济增长快、效益好。有研究表明,在现阶段下经济发展与电力需求增长存在相对稳定的关系(伍萱、李琼慧,2000)。因此,我们计算了 2010～2016 年黄河流域电力弹性系数(见图 31),以考察其经济发展效益。黄河流域 2010～2016 年的电力弹性系数大体为 1 且数值较大,这表明 2010～2016 年黄河流域经济发展较慢、效益较差。此外,电力弹性系数还存在显著的波动,其最大值为 2016 年的 1.92,最小值为 2015 年的 0.05。其中,2016 年黄河流域受紧缩调控政策等影响,经济增速大幅下降,电力弹性系数跃升;2015 年黄河流域钢铁、煤炭去产能力度大,"三去一降一补"等政策措施见效,工业用电消费增速显著下降,电力弹性系数仅为 0.05。因此,黄河流域应继续优化产业结构,降低工业电力弹性系数,提升经济发展效率水平。

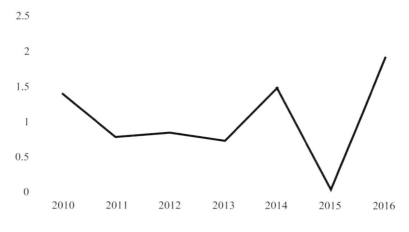

图 31　黄河流域电力弹性系数

数据来源:《中国城市统计年鉴》(2011~2017)。

　　规模以上工业总产值是研究区域工业企业较为重要的经济指标,与区域经济效益、政务业绩等关系密切。因此,我们选取规模以上工业总产值来考察黄河流域 2010~2019 年的区域经济发展状况和产业转型升级情况。

　　从总体来看(见图 32 左图),黄河流域 2010~2019 年规模以上工业总产值增长率大体呈下降趋势,其中最大值为 2011 年的 0.402,最小值为 2017 年的 -0.112,这表明在此期间规模以上工业企业生产水平呈衰退趋势,且其 95% 置信区间波动情况不稳定,尤其在 2010~2012 年波动幅度较大,表明在此期间黄河流域规模以上工业企业发展不稳定,可能需要相关政策扶持。分地区来看(见图 32 右图),黄河流域东、中、西部地区 2010~2019 年规模以上工业总产值增长率都呈下降趋势。东部地区下降幅度较小,得益于东部早先进入后工业化时代,工业发展趋于稳定。中、西部地区下降幅度较大,可能的原因是 2010~2019 年产业转型升级,使得中、西部地区的发展重心由第二产业转向第三产业。因此,黄河流域应持续优化产业发展重心,降低中西部地区规上工业总产值增长率,推动产业发展重心由第二产业向第三产业转移。

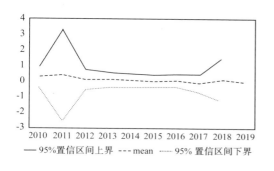
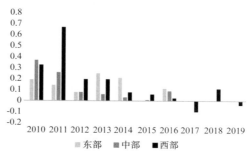

图 32 黄河流域规模以上总产值增长率总体和地区差异

数据来源：《中国城市统计年鉴》（2011～2020）。

随着我国经济社会持续高速发展，环境污染问题日益加重，区域性环境污染事件频发，空气质量成为衡量经济发展、产业转型升级的重要指标。因此，我们选取了空气质量指数 AQI 来考察黄河流域 2013～2019 年空气质量状况，进而考察转型升级对环境带来的影响。

从总体来看（见图 33 左图），2013～2019 年黄河流域空气质量指数 AQI 增长率总体稳定在 0.2 左右，表明黄河流域空气质量状况较为稳定，在经济发展的同时较好地关注了空气质量问题，其 95% 置信区间波动幅度不大，表明黄河流域不同地区空气质量差异不大，上中下游企业都对空气环境质量维优采取了行动。分地区来看（见图 33 右图），黄河流域东、中、西部地区 2013～2019 年空气质量指数 AQI 增长率大体保持稳定。东、西部地区自 2014 年起 AQI 增长率大体稳定在 0.2，中部地区稳定在 0.2 以上，这表明相对于东、西部地区，中部地区的空气质量略差。因此，黄河流域应持续关注地区污染状况，提升流域空气质量水平。

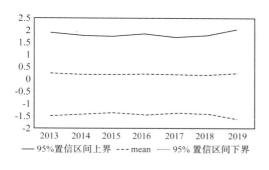
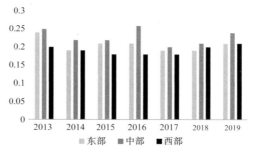

图 33 黄河流域空气质量指数增长率总体和地区差异

数据来源：《中国城市统计年鉴》（2014～2020）。

(三)黄河流域产业层面土地利用状况

土地是经济发展最基本的生产要素,为产业生产提供了物质载体。以大规模、低价出让为主要特征的产业用地配置模式支撑了中国产业经济快速增长,也成为制约中国产业绿色发展的重要因素(邓楚雄,2021)。2019 年作为黄河流域高质量发展的起步年,考察其新增建设用地状况对分析其高质量发展进程具有重大意义。

2019 年,国家提出黄河流域生态保护和高质量发展战略,自此明确了黄河流域作为重要生态屏障和重要经济地带的地位。我们通过考察 2019 年黄河流域第二、三产业的新增建设用地情况,了解黄河流域高质量发展起步阶段工业和服务业的发展状况。

从总体来看(见图 34 左图),2019 年黄河流域第二、三产业的新增建设用地占总体新增建设用地的比例存在较大差距。其中,第二产业占比 31%,第三产业占比 67%,第三产业新增建设用地占比是第二产业的两倍有余。这从一定程度上表明黄河流域总体新增产业以第三产业为主,而第二产业 31% 的占比也表明第二产业发展对促进黄河流域经济发展发挥着不可忽视的作用。分地区来看(见图 34 右图),2019 年黄河流域第二、三产业新增建设用地数量在东、中、西部间具有大体相同的特征,即各地区第三产业新增建设用地数量都远远多于第二产业,但从量的角度来看又存在一定差异。在不同地区间,第二、三产业新增建设用地数量在东部最多,西部最少;在各地区内部,第三产业新增建设用地数量明显多于第二产业。这表明黄河流域存在着地区发展不平衡的问题,而这可能需要相关政策支持。

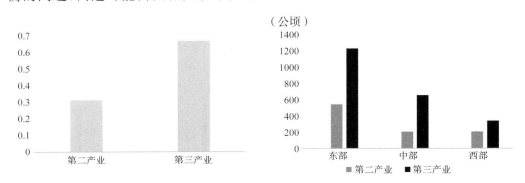

图 34　2019 年黄河流域第二、三产业新增建设用地比例和地区差异

数据来源:自然资源部不动产登记中心网站。

从总体来看(见图 35 左图),2019 年黄河流域不同类型制造业的新增建设用地面积存在显著差异。其中,先进制造业新增建设用地面积最小,传统制造业居中,其他制造业最大。这表明后工业时代先进制造业虽不断发展,但规模不大,传统制造业逐渐让出主导地位。分地区来看(见图 35 右图),2019 年黄河流域制造业新增建设用地面积在东、中、西部间存在共同特征,但从量的角度看又存在一定差异。在同一地区内,先进制造业、传统制造业及其他制造业新增建设用地面积与黄河流域总体有着大体相同的分布。就同一类型制造业看,东部地区新增建设用地面积最大,这表明东部地区相对于中、西部地区发展基础较好,经济更活跃。中部地区除先进制造业外,传统制造业和其他制造业的新增建设用地面积均小于西部地区,表明中部地区与西部地区相比,有更多的优势条件转换发展方式,更快地进行产业转型升级。

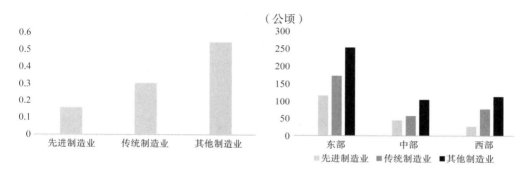

图 35　2019 年黄河流域制造业新增建设用地比例和地区差异

数据来源:自然资源部不动产登记中心网站。

随着我国经济步入高质量发展阶段,土地利用与经济发展矛盾日益凸显,在土地供给有限的刚性约束下,提升黄河流域土地利用效率是实现经济高质量发展的重要途径。制造业发展效率直接影响国家经济高质量发展水平,制造业发展效率机制是由影响国民经济生产制造部门的诸多要素聚合而成的驱动系统。在"双循环"新发展格局中,中国制造业发展正在经历前所未有的产业变革(张洪烈、刘宁,2021)。制造业是供给侧结构性改革的"主战场",是降本增效、激发市场活力的重要保障,但由于其发展不平衡、深度不够、与其他产业协同性不强,其对经济高质量发展的促进作用存在一定程度的制约。自 2006 年工业用地实施"招拍挂"制度以来,各项政策陆续出台,这对于提高工业用地效率、促进产业结构升级和优化城市布局具有重要意义(饶映雪,2021)。因此,我们选取了制造业新增建设用地面积和制造业新增建设用地单价来考察黄河流域 2010～2020 年的土地利用效率和制造业发展状况,进而探究黄河流域产业转型升级情况。

首先分析黄河流域 2010～2020 年制造业新增建设用地面积增长率。从总体来看(见图 36 左图),制造业新增建设用地面积增长率总体保持稳定且大于 0,表明黄河流域在逐渐地、平稳地增加建设用地来发展制造业。其 95% 置信区间在 2011~2013 年变动幅度较大,表明该时间内黄河流域制造业区域发展不均衡,但其他时期内发展相对均衡。分地区来看(见图 36 右图),东、中部的制造业新增建设用地面积增长率较为稳定,表明东、中部地区平稳地出让制造业土地发展新产业。西部地区制造业新增建设用地面积增长率在 2010~2020 年呈明显下降趋势,表明西部地区制造业土地使用可能逐渐达到临界值,以缓慢增速维持其制造业产值保持稳定增长。

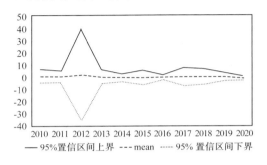 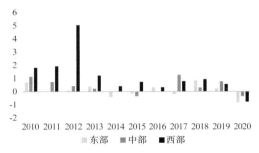

图 36　黄河流域制造业新增建设用地面积增长率总体和地区差异

数据来源:自然资源部不动产登记中心网站。

从制造业的类型来看,先进制造业、传统制造业和其他制造业新增建设用地面积增长率大体保持稳定,但存在地区发展差异。先进制造业(见图 37 左图)2010~2018 年 95%置信区间变动幅度较小,表明在此期间黄河流域各区域先进制造业新增建设用地面积增长较为均衡;2018~2020 年 95%置信区间变动幅度较大,表明在此期间各区域制造业新增建设用地面积差异较大。传统制造业(见图 37 中图)早期(2010~2012 年)95%置信区间变动幅度较大,表明在此期间黄河流域各区域传统制造业新增建设用地面积差异较大;此后95%置信区间变动幅度较小,表明传统制造业新增建设用地面积增长较为均衡。其他制造业(见图 37 右图)2010~2020 年新增建设用地面积增长率 95%置信区间变化幅度较大,表明黄河流域各区域此类制造业新增建设用地面积不均衡,可能需要相应的政策引导。

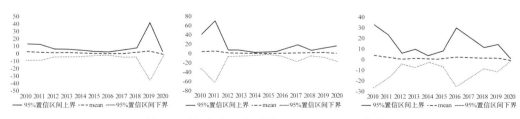

图 37　黄河流域各类产业新增建设用地面积增长率类型差异

数据来源:自然资源部不动产登记中心网站。

其次分析黄河流域2010～2020年制造业新增建设用地单价增长率。从总体来看(见图38左图),黄河流域2010～2020年制造业新增建设用地单价增长率总体呈下降趋势,其中,最大值为2010年的0.817,最小值为2020年的－0.589。这表明随着经济发展和产业转型升级不断加快,黄河流域制造业新增建设用地单价在达到峰值后开始下降,制造业所需土地达到饱和状态。其95%置信区间在2010～2020年波动明显,表明黄河流域不同区域间制造业新增建设用地单价并不均衡。分地区来看(见图38右图),黄河流域东、中、西部地区制造业新增建设用地单价增长率差异显著。东部地区呈上升趋势,表明进入后工业化以来,其制造业发展需大量土地,发展规模不断扩大;中部地区总体保持稳定,西部地区呈明显下降趋势。这表明相对于东、中部而言,西部地区制造业发展较慢。

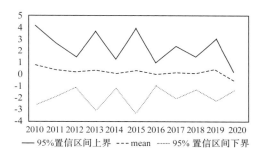 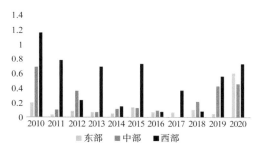

图38　黄河流域各类制造业新增建设用地单价增长率总体和地区差异

数据来源:自然资源部不动产登记中心网站。

从制造业类型来看,黄河流域2010～2020年先进制造业、传统制造业和其他制造业新增建设用地单价增长率整体都呈明显下降趋势,且都在2010年达到最大值,在2020年达到最小值。但不同类型的制造业新增建设用地单价存在区域差异。先进制造业新增建设用地单价增长率(见图39左图)的95%置信区间在2010年和2018年波动较大,在其他期间波动幅度较小,表明黄河流域各区域先进制造业新增建设用地单价增长率在2010和2018年存在较大的差异。传统制造业和其他制造业新增建设用地单价增长率(见图39中图和右图)在2010～2020年间95%置信区间变动幅度均逐渐放缓,表明此十年内黄河流域各区域传统制造业和其他制造业新增建设用地单价增长率发展趋于均衡。

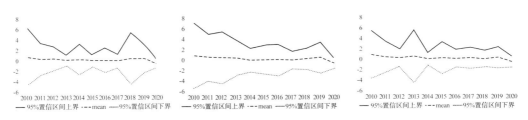

图 39　黄河流域不同类型制造业新增建设用地单价增长率

数据来源:自然资源部不动产登记中心网站。

(四)结论及建议

本部分主要利用产业和新增建设用地数据分析了黄河流域近年来的产业总体发展状况和发展趋势,发现黄河流域产业发展存在地区发展不平衡等问题。结合本研究,为进一步推动黄河流域新旧动能转换,提升土地利用程度,在此提出如下建议。

1.因地制宜,分类指导各地区产业发展

黄河流域东中西部地区自然条件千差万别,各地区发展基础也大不相同,要紧密结合各地区比较优势和发展阶段,以各地区资源、要素禀赋和发展为基础,因地施策,做强特色产业,培育经济增长极,以生态保护为前提,优化调整各地区经济和生产力布局。促进黄河流域东中西部地区合理分工,宜粮则粮、宜农则农、宜工则工、宜商则商,做强粮食和能源基地,打造开放通道枢纽,带动全流域高质量发展。

2.龙头引领,不断发挥东部地区带动作用

增强东部地区沿黄城市群经济和人口承载能力,加快城市群内部轨道交通、环保等基础设施建设与互联互通,便利人员往来和要素流动,增强人口集聚和产业协作能力。充分发挥东部地区比较优势,打造黄河流域东部地区高质量发展增长极,推进建设黄河流域生态保护和高质量发展先行区。破除资源要素跨地区跨领域流动障碍,促进土地、资金等生产要素高效流动,增强城市群之间发展协调性,发挥东部地区带动作用,构建地区之间各具特色、协同联动、有机互促的发展格局。

3.加速动能转换,推进黄河流域高质量发展

依托强大的国内市场,加快供给侧结构性改革,加大科技创新投入力度,加快新旧动能转换,推动制造业高质量发展和资源型产业转型,建设特色优势现代产业体系。通过加强生态建设和环境保护,夯实流域高质量发展基础;通过巩固

粮食和能源安全,突出流域高质量发展特色;通过培育经济重要增长极,增强流域高质量发展动力;通过内陆沿海双向开放,提升流域高质量发展活力,为流域经济欠发达地区新旧动能转换提供路径,为全国经济高质量发展提供支撑。

结　语

本报告以国家高新区、国家经开区、上市公司等宏观、微观主体以及与之相关的土地要素配置作为新旧动能转换的着力点,从经济总量、创新效率、产业结构、外向经济等方面对 45 家国家高新区和 51 家国家经开区进行研究,分析了宏观主体在推动新旧动能转换和践行绿色发展方面的现状和问题。首先,黄河流域国家高新区和经开区在区域经济发展中的引领地位和带动作用需加强。其次,科研院所、企业和政府缺乏协同合作,创新效率较低,技术效率和规模效率需提高。再次,黄河流域国家高新区和经开区存在区域间和区域内发展不均衡的问题,东中西梯度发展格局明显,区域协调性需增强。最后,园区经济发展与生态环境之间的矛盾需破解。

报告还从研发投入、研发支出以及折旧摊销水平等方面对黄河流域 26 个地市的 92 家上市公司进行研究,分析了微观主体发展概况以及新旧动能转换的总体情况,并选取典型案例剖析上市公司在推动新旧动能转换中的贡献与不足。黄河流域上市公司在推动新旧动能转换的过程中,技术不断进步、全要素生产率不断提升,但也存在一些问题,还需进行以下努力。首先,始终保持新旧动能转换意识和创新意识,不断思考公司业务升级和转型的方向,深耕主业,提升现有动能,探索形成新的动能。其次,勇于淘汰或转移旧的动能,更新企业发展动能,对于盈利能力低、占有资金大、市场前景小、自身能力弱、环境伤害大、资源消耗大的业务,要坚定、有计划地退出。最后,动态优化调整公司的组织结构、人力资源分布结构、财务制度、信息沟通等各项制度和流程,为新旧动能转换提供人、财、物、信息等各方面的保障。

报告最后从土地利用对产业发展的支持角度,梳理了黄河流域第二、三产业的新增建设用地情况,着重分析制造业新增建设用地面积和制造业新增建设用地单价,以考察黄河流域土地利用效率和制造业发展状况,进而探究黄河流域产业转型升级情况。研究发现,黄河流域第三产业新增建设用地占比是第二产业的两倍有余,存在着地区发展不平衡的问题;黄河流域各区域先进制造业、传统制造业和其他制造业新增建设用地面积增长率大体保持稳定,但存在地区发展差异;黄河流域制造业新增建设用地单价增长率总体呈下降趋势,表明制造业所需土地达到饱和状态。土地资源作为新动能的支撑,保障新旧动能转换顺利开展,各宏观、微观主体需结合自身实际发展情况多举措提高土地节约集约利用水平,激发土地要素活力,为高质量发展提供广阔空间。

为此,本报告指出,黄河流域生态保护和高质量发展是一项重大系统工程,涉及地域广、人口多,任务繁重艰巨,需要发挥国家高新区、国家经开区、上市公司在推动新旧动能转换、践行绿色发展理念中的主体力量。同时,各单位需各司其职、协同合作,利用土地这一重要政策工具,共同抓好大保护,协同推进大治理,着力加强生态保护治理、保障黄河长治久安、促进全流域高质量发展,把黄河流域生态保护和高质量发展的宏伟蓝图变为现实。

参考文献

[1]陈巍巍,张雷,马铁虎,等.关于三阶段 DEA 模型的几点研究[J].系统工程,2014,32(9):144-149.

[2]邓楚雄,赵浩,谢炳庚,等.土地资源错配对中国城市工业绿色全要素生产率的影响[J].地理学报,2021,76(8):1865-1881.

[3]韩峰,阳立高.生产性服务业集聚如何影响制造业结构升级? ——一个集聚经济与熊彼特内生增长理论的综合框架[J].管理世界,2020,36(2):72-94＋219.

[4]黎文靖,郑曼妮.实质性创新还是策略性创新? ——宏观产业政策对微观企业创新的影响[J].经济研究,2016,51(4):60-73.

[5]李心丹,朱洪亮,张兵,等.基于 DEA 的上市公司并购效率研究[J].经济研究,2003(10):15-24＋90.

[6]刘满凤,李圣宏.基于三阶段 DEA 模型的我国高新技术开发区创新效率研究[J].管理评论,2016,28(1):42-52＋155.

[7]罗登跃.三阶段 DEA 模型管理无效率估计注记[J].统计研究,2012,29(4):104-107.

[8]饶映雪,林国栋.政策工具对中国工业用地效率的影响[J].统计与决策,2021,37(17):85-89.

[9]孙兆斌.股权集中、股权制衡与上市公司的技术效率[J].管理世界,2006(7):115-124.

[10]王坚强,阳建军.基于 DEA 模型的企业投资效率评价[J].科研管理,2010,31(4):73-80.

[11]伍萱,李琼惠.关于我国电力弹性系数研究[J].中国电力企业管理,2000(12):21.

[12]杨青峰.剥离环境因素的中国区域高技术产业技术效率再估计——基于三阶段 DEA 模型的研究[J].产业经济研究,2014(4):94-102.

[13]叶祥松,刘敬.政府支持、技术市场发展与科技创新效率[J].经济学动态,2018(7):67-81.

[14]张洪烈,刘宁.中国制造业发展效率测度及其影响因素分析[J].统计与决策,2021,37(19):93-97.

[15]甘肃上峰水泥股份有限公司.2020 年年度报告[R].2021.

[16]济南恒誉环保科技股份有限公司.2020 年年度报告[R].2021.

[17]Charnes A，Cooper W W，Rhodes E. Measuring the efficiency of decision making units[J].European Journal of Operational Research,1978,2(6):429-444.

[18]Fried H O，Lovell C A K，Schmidt S S, et al. Accounting for environmental effects and statistical noise in data envelopment analysis[J]. Journal of Productivity Analysis，2002，17(1)：157-174.

第五部分 | 黄河流域文化产业发展[*]

黄河流域生态保护和高质量发展是重大国家战略,黄河流域文化产业高质量发展是落实黄河国家战略的重要维度。2019 年 9 月 18 日,习近平总书记在黄河流域生态保护和高质量发展座谈会上特别强调,要深入挖掘黄河文化蕴含的时代价值,讲好"黄河故事",延续历史文脉,坚定文化自信,为实现中华民族伟大复兴的中国梦凝聚精神力量。2021 年 10 月 8 日,中共中央、国务院印发《黄河流域生态保护和高质量发展规划纲要》,指出要着力保护沿黄文化遗产资源,延续历史文脉和民族根脉,深入挖掘黄河文化的时代价值,加强公共文化产品和服务供给,更好满足人民群众精神文化生活需要,并通过重点布局"系统保护黄河文化遗产、深入传承黄河文化基因、讲好新时代黄河故事、打造具有国际影响力的黄河文化旅游带"等任务,保护、传承、弘扬黄河文化。10 月 22 日,习近平总书记在深入推动黄河流域生态保护和高质量发展座谈会上再次强调黄河流域生态保护和高质量发展作为国家战略的重要性。在此背景下,黄河流域文化产业高质量发展理应成为推动黄河流域生态保护和高质量发展的重要实施路径。

黄河流域文化产业是讲好"黄河故事"的重要手段,符合新时代黄河流域生态保护和高质量发展的战略要求和政策引领方向,具有战略性、必要性和紧迫性。2019 年,黄河流域九省区地区生产总值达到 247407.7 亿元,占同期国内生产总值的 24.9%。其中,2018 年,黄河流域九省区文化产业增加值达到 8621.7 亿元,占同期国内文化产业增加值的 20.9%,较上一年度黄河流域文化产业实现持续性增长。黄河流域文化产业高质量发展是黄河国家发展战略

* 承担单位:山东大学历史文化学院;课题负责人:邵明华;课题组成员:唐建军、杨东篱、章军杰、李泽华、刘鹏、倪吴玥、姚丝雨、周文豪、王方册、王海楠、何颖晴。

落地实施的现实要求,同时也是促进区域经济协调发展与可持续发展的应然之径。基于此,本报告以黄河流域文化产业为整体研究对象,主要采用官方统计数据和调查资料,按照产业分析与政策分析相结合、行业结构分析与区域结构分析相结合、宏观质性分析与热点案例分析相结合的要求,客观分析黄河流域文化产业发展的现状与特点,系统阐述黄河流域文化产业发展的区域格局与行业格局,通过黄河流域与长江流域两大区域经济带文化产业发展情况的对比分析,精准研判黄河流域文化产业发展新特点、新趋势,在此基础上有针对性地阐述黄河流域文化产业的发展困境,并结合黄河流域文化产业发展实际和国内外大河流域文化产业发展经验,基于政策、文化、产业、技术、创新五个维度提出推动实现黄河流域文化产业高质量发展的对策建议,促进黄河流域区域经济社会的协调发展。该报告不仅涵盖产业政策、产业规模、文化消费、规上企业、科技研发等重点领域,也包括文化产业主要行业的数据分析,还包括黄河流域文化产业与长江流域文化产业的数据对比,并在此基础上客观阐述黄河流域文化产业高质量发展的实然困境,聚焦关键性问题提出对策建议,以期为实现黄河流域文化产业的高质量发展及黄河流域生态保护和高质量发展提供参考借鉴。

一、黄河流域文化产业发展的总体分析[①]

通过对黄河流域文化产业政策、总体规模、文化消费、规上企业、文化科技研发等相关数据和资料的分析,研判黄河流域文化产业发展的区域状况与全国地位,擘画黄河流域文化产业总体状况。

(一)产业政策:政策主题共性集中与区域发展特色并存

2019 年 9 月 18 日,习近平总书记在郑州主持召开黄河流域生态保护和高质量发展座谈会,强调支持沿黄各地区发挥比较优势,构建高质量发展的动力系统,积极探索富有地域特色的高质量发展新路子。黄河流域生态保护和高质量发展上升为重大国家战略,其与"一带一路"建设、长江经济带发展、乡村振兴、脱贫攻坚等国家重大战略形成协同叠加效应,文化产业建设成为黄河流域高质量发展的应有之义。黄河流域九省区积极响应黄河国家发展战略要

---

① 为保证分析的客观性、真实性与准确性,本报告所用数据来源于国家官方统计年鉴、统计公报、政府网站等。因文化及相关产业统计数据具有一定程度的复杂性与滞后性,部分数据官方尚未正式公布,故所用数据截至2019 年。同时,因首次对黄河流域文化产业发展情况进行年度回顾,课题组需从纵向时间轴角度切入进行系统分析,故所用数据回顾至2015 年。

求,落实中央有关文化产业发展的政策法规,同时因地制宜,相应出台了结合本省实际、具有本省特色的文化产业政策。由此,黄河流域文化产业发展空间更加广阔,总体形成了共性与特色并存的产业政策特征。

共性主题政策主要包含以下内容:(1)文化产业总体发展政策。为深入推进文化体制改革,加快推动文化产业发展,"十四五"期间,沿黄九省区以建设文化强省为目标就文化产业发展方向和发展重点进行了总体规划,积极推动各省区现代化文化产业体系建设,并对文化产业数字、融合、系统化发展做出了全面部署(见表1)。(2)文化旅游政策。党的十九大以来,黄河流域九省区颁布的"十四五"规划中均涉及推动文化旅游高质量发展的相关规划,其中建设黄河主题文化公园、丰富黄河文化旅游业态成为九省区文化旅游总体发展的重要内容。(3)文化消费政策。除宁夏、内蒙古外,黄河流域其余省份均颁布了系列文化消费政策,促进文化产业供需两端结构优化升级,并从培育消费热点、优化消费环境、扩大消费供给等方面做出了具体指导。(4)文化科技融合政策。2012~2019年,国家相继颁布《国家文化科技创新工程纲要》《关于促进文化和科技深度融合的指导意见》等系列政策,推动国家文化与科技深度融合,山东、四川、宁夏、陕西四省区顺势而为,率先发布推动文化科技融合实施意见,以数字化、网络化、智能化为基点,推动文化产品、业态和消费模式升级,共同释放科技对文化产业转型的催化作用。(5)文化扶贫政策。国家高度重视文化领域扶贫,相继颁布《"十三五"时期文化扶贫工作实施方案》《传统工艺振兴计划》等政策,文化扶贫成为黄河流域多民族聚集区脱贫攻坚的创新性手段,黄河流域九省区将非物质文化遗产、传统工艺的传承振兴与脱贫攻坚工作紧密结合,相继出台有关非遗传承发展工程实施方案、非遗扶贫、非遗就业工坊等指导、规范性政策,激发文化生产的持续性、内生性动力。

表1 黄河流域九省区"十四五"规划部分内容摘录

	文化产业相关内容摘录	颁布时间
山东	实施文化产业数字化战略,培育数字文化产业主体,加快发展新型文化产品、业态和消费模式。大力培育创意设计、短视频、IP生产和运营、游戏等新兴产业。创建国家级文化和科技融合示范基地	2021.4
宁夏	落实文化产业发展扶持政策,发挥自治区文化产业发展专项资金引导作用,提升发展新闻出版、广播影视、文学艺术等传统文化产业,加快培育创意设计、动漫游戏、数字会展、电竞赛事等新兴文化产业。推进文化产业数字化,发展新型文化企业、文化业态、文化消费模式。建设长城、长征、黄河国家文化公园	2021.2

	文化产业相关内容摘录	颁布时间
甘肃	促进文化与科技融合,助推文化新业态、文化消费新模式发展,打造一批数字文创特色产品,推动文化产业转型升级。实施国家文化大数据体系建设工程,推动中国文化遗产标本库、中华民族文化基因库、中华文化素材库建设。实施文化产业孵化工程,加强文化科技示范基地建设,规范发展文化产业园区,推动区域文化产业带建设。加快华夏文明传承创新区和长城、长征、黄河等国家文化公园甘肃段"一区三园"建设,重点推进管控保护、主题展示、文旅融合、传统利用"四类功能区"和保护传承、研究发掘、环境配套、文旅融合、数字再现"五大工程"建设	2021.2
陕西	发挥龙头企业带动作用,提升广播影视、出版发行、演艺娱乐、广告会展等传统优势产业发展水平。大力发展文化创意产业,推进"文化＋互联网",推动文化与旅游、科技、金融、体育等产业深度融合。建设特色鲜明的文化产业聚集区,实施"百城千镇万村"文化产业协同发展战略,推动中小城市文化产业组团式发展。实施黄河国家文化公园标志性项目建设,建设黄河流域旅游走廊,打造体现"中华文明标识""中国革命标识""中华地理标识""中国自然标识"的逐梦黄河文化线	2021.3
山西	发挥互联网平台赋能作用,推进文化产业线上线下融合发展,培育壮大云演艺、云展览、数字艺术、沉浸式体验等新兴文化业态。发展创意设计产业,建成一批省级创意研发机构、创意设计产业园区、骨干企业和重点品牌。加快建设文化大数据体系,推动山西文化资源优势转化为发展优势和竞争优势。推进黄河国家文化公园(山西段)建设,构建长城、黄河文化遗产保护廊道和文化旅游带	2021.4
河南	壮大以创意为内核的文化产业,实施文化产业数字化战略和品牌战略。加快发展新型文化企业、文化业态、文化消费模式,培育具有全国影响力的龙头文化企业,支持中小微文化企业特色化专业化发展。推进电视频道高清化改造,推进沉浸式视频、云转播等应用。优化文化产业发展布局,规范发展文化产业园区,提升改造历史文化街区,培育发展区域文化产业带。推进黄河文化专题博物馆建设,打造黄河国家文化公园重点建设区,构建以郑汴洛为引领、省内全流域贯通的黄河历史文化旅游带	2021.4

续表

	文化产业相关内容摘录	颁布时间
青海	推动文化产业多样化特色化品牌化发展,深入推进国家藏羌彝文化走廊和丝绸之路文化带青海片区建设,培育一批知名文化品牌。组建文化文物创意产品开发联盟,整合全省文化文物资源和文化市场资源,开发一批文化创意产品。建设国家文化大数据体系(青海),推进西宁、黄南等国家文化和旅游消费试点建设,推动玉树等试点申建工作。黄河国家文化公园(青海段)建设工程:创建黄河上游河湟文化生态保护实验区,建设柳湾、喇家、宗日、孙家寨等黄河上游遗址公园,实施龙羊峡、贵德、坎布拉等黄河上游文化旅游带开发建设	2021.2
内蒙古	依托地方特色文化,对文化资源进行数字化转化和开发,支持文化场馆、文娱场所、景区景点、街区园区开发数字化产品和服务。跨盟市打造大景区,跨区域布设"黄金线",建设以生态为底色、以文化为特色、以旅游为产业支撑的"带—圈—线—城—郊—园"文旅融合发展格局。实施黄河文化遗产系统保护工程,加强黄河文化遗产数字化保护与传承弘扬。加快建设黄河"几"字弯国家公园和黄河文化遗产廊道,打造黄河"几"字弯文化旅游带	2021.2
四川	实施省属国有文化企业振兴计划、市(州)骨干文化企业培育计划、重点民营文化企业扶持计划,开展文化产业领军企业培育工程。打造国家文化和科技融合示范基地、国家广播电视和网络视听产业基地,推动彩灯展览、川版图书、动漫游戏、曲艺影视等文化出口提质增量	2021.3

资料来源:各省区人民政府办公厅、文化和旅游厅官方网站。

黄河流域文化产业政策具有鲜明的区域发展特色,主要表现为部分省区根据文化资源禀赋和文化产业发展实际情况,制定了极具省域特色的产业政策。2018 年,山东省最先颁布《山东省影视产业发展规划(2018~2022 年)》,确立影视产业发展指标与发展方向。2021 年,河南省颁布《2021 年全省国家文化公园建设工作要点》,率先建成郑州黄河文化国家公园,进一步提升区域黄河文化影响力。山西省就黄河文化旅游业融合化、品牌化发展,专门颁布了《黄河长城太行三大品牌建设年行动方案》。陕西省以构建黄河流域文化经济合作示范区、中华文明现代化展示样板区为目标,专门颁布《陕西省黄河文化保护传承弘扬规划》。黄河流域上游少数民族主要分布区对于民族特色文化产业建设较为重视,四川省于 2018 颁布《藏羌彝文化产业走廊(四川区域)发展规划》,藏羌彝文化产业走廊建设现已成为民族地区特色产业发展和经济建设的重要力量。围绕古代丝绸之路,青海省颁布《青海省丝绸之路文化产业带发展规划及行动计划(2018~2025)》,依托特色民族和生态文化资源,推动丝绸之路文化产业带转型升级。

(二)产业规模:产值规模稳步增长与产业结构持续优化

从黄河流域九省区文化产业发展总体情况来看(见表2),2015~2018年,黄河流域九省区文化产业呈现整体平稳发展态势,产业发展的质量导向趋势不断凸显。黄河流域文化产业增加值由2015年的6281.7亿元增加至2018年的8111.7亿元,占地区GDP比重由2015年的3.29%提高到2018年的3.4%,总体呈现持续稳步增长态势。同时,2015~2018年,黄河流域地区文化产业增加值年均增长率达到1.15%,略高于同期地区生产总值0.95%的年均增长率,但低于同期全国文化产业增加值2.44%的增长速度。由此可见,黄河流域文化产业发展整体呈现进一步增长态势,在推动地区经济增长方面贡献力度不断增强,产业规模不断扩大,产业增速与产业效率不断提升。但受区域整体经济发展水平影响,黄河流域文化产业年均增长率低于全国平均水平,产业体量与国内其他经济区域相比仍存有一定差距。

从黄河流域各省区文化产业增加值方面来看,山东、四川、河南三省文化产业发展水平位居黄河流域前列。2018年,三省文化产业增加值分别达到2528亿元、1706亿元与2142.5亿元,占GDP比重分别为3.79%、3.98%与4.29%。其中,与2017年相比,山东文化产业增加值于2018年出现下滑情况,而同期河南省大幅增加,由2017年的1341.8亿元增加至2018年的2142.5亿元。山西、甘肃、宁夏、青海、内蒙古五省区文化产业发展较为平稳。从文化产业年均增长率角度而言,仅有青海一省出现负增长情况,其余省区均实现不同程度的有效增长。

表2　2015~2018年黄河流域九省区文化及相关产业增加值及占GDP比重情况

	2015年		2016年		2017年		2018年		年均增长率(%)
	增加值(亿元)	占GDP比重(%)	增加值(亿元)	占GDP比重(%)	增加值(亿元)	占GDP比重(%)	增加值(亿元)	占GDP比重(%)	
青海	54.8	2.27	63.8	2.48	44.6	1.70	49.4	1.80	-0.27
四川	1141.2	3.80	1323.8	4.02	1537.5	4.16	1706.0	3.98	2.34
甘肃	124.2	1.83	146.0	2.03	163.6	2.19	178.2	2.20	1.95
宁夏	64.9	2.23	74.4	2.35	81.5	2.37	90.4	2.58	1.70

	2015 年		2016 年		2017 年		2018 年		年均增长率（%）
	增加值（亿元）	占 GDP 比重（%）	增加值（亿元）	占 GDP 比重（%）	增加值（亿元）	占 GDP 比重（%）	增加值（亿元）	占 GDP 比重（%）	
内蒙古	323.1	1.81	350.1	1.93	378.1	2.35	350.2	2.17	0.27
陕西	711.9	3.95	802.5	4.14	911.1	4.16	723.0	3.02	0.05
山西	268.7	2.10	291.8	2.24	329.8	2.12	344.0	2.16	1.10
河南	1111.9	3.00	1212.8	3.00	1341.8	3.01	2142.5	4.29	6.15
山东	2481.0	3.94	2836.8	4.17	3018.0	4.16	2528.0	3.79	0.06
黄河流域	6281.7	3.29	7102.0	3.47	7806.0	3.53	8111.7	3.40	1.15

数据来源：《中国文化及相关产业统计年鉴》（2016～2019）。

　　文化产业结构的持续优化与转型升级既是文化产业自身实现高质量发展的客观要求，也是实现文化产业与区域经济社会协同共振的必然之路。近年来，黄河流域九省区以供给侧结构性改革为驱动，加快推动产业结构转型升级，文化产业结构实现整体性创新跃迁，产业质量与效益稳步提升。从黄河流域规模以上文化及相关产业法人单位资产总体情况来看，文化制造业、文化批发和零售业、文化服务业三类企业的资产总计比值情况由 2017 年的 0.466∶0.098∶0.436 调整为 2019 年的 0.361∶0.123∶0.518（见表 3），文化服务业企业资产所占比重增幅较大，文化批发和零售业企业小幅增长，文化制造业企业比重显著下降，区域文化产业结构持续优化。

　　分省区情况来看，黄河流域九省区文化制造业企业资产总计占比大多呈下降趋势，其中青海降幅最大，宁夏、内蒙古、陕西三地出现小幅上升情况，山东、河南、宁夏、四川占比仍较高。在文化批发和零售业企业方面，黄河流域九省区占比均较低，且呈现较为稳定的发展态势。在文化服务业企业方面，山西、青海、内蒙古、陕西占比位列区域前四。

表 3　2017～2019 年黄河流域九省区
规模以上文化及相关产业法人单位资产总计构成情况

	2017 年			2018 年			2019 年		
	文化制造业	文化批零业	文化服务业	文化制造业	文化批零业	文化服务业	文化制造业	文化批零业	文化服务业
青海	0.425	0.091	0.484	0.205	0.082	0.712	0.103	0.112	0.785

续表

| | 2017 年 | | | 2018 年 | | | 2019 年 | | |
	文化制造业	文化批零业	文化服务业	文化制造业	文化批零业	文化服务业	文化制造业	文化批零业	文化服务业
四川	0.432	0.096	0.471	0.409	0.099	0.492	0.311	0.135	0.554
甘肃	0.063	0.282	0.655	0.043	0.245	0.712	0.037	0.284	0.680
宁夏	0.335	0.071	0.594	0.374	0.085	0.540	0.361	0.097	0.542
内蒙古	0.062	0.096	0.842	0.045	0.136	0.819	0.066	0.153	0.781
陕西	0.135	0.069	0.796	0.242	0.047	0.711	0.229	0.046	0.725
山西	0.142	0.162	0.696	0.122	0.142	0.736	0.077	0.112	0.811
河南	0.453	0.066	0.481	0.345	0.068	0.587	0.374	0.072	0.553
山东	0.611	0.103	0.285	0.536	0.121	0.343	0.486	0.149	0.365
黄河流域	0.466	0.098	0.436	0.413	0.104	0.484	0.361	0.123	0.518

数据来源：《中国文化及相关产业统计年鉴》(2018~2020)。

从黄河流域九省区文化及相关产业服务业与制造业营业收入及比值情况来看（见图 1），山东、四川与河南作为我国的经济大省与人口大省，经济基础较为雄厚，文化制造业与文化服务业营业收入以绝对总量占据区域优势，但在产业结构优化调整方面进程较慢。其中，山东省文化服务业与文化制造业营业收入比值为 0.27，成为唯一一个低于区域平均水平的省份，位列区域末位。同时，相关数据显示，2019 年，山东省文化制造业、文化批零业和文化服务业的营业收入构成比值为 61.3：25.6：13.1，文化服务业占比最低且低于全国 27.5 个百分点，短板明显。而同为区域较末省份的河南省近年来发展情况有所改善。2018 年，河南省文化服务业增加值达到 1273.97 亿元，GDP 占比 59.5%，与 2014 年文化服务业总产值 338.67 亿元、GDP 占比 34.4% 的情况相比大有改善，文化产业结构不断优化。

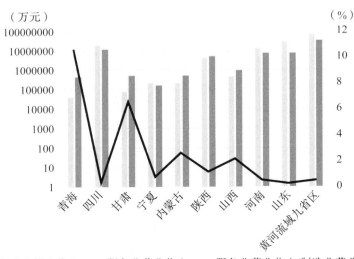

图1　2019年黄河流域九省区文化服务业与文化制造业营业收入及比值情况①

资料来源：《中国文化及相关产业统计年鉴》（2020）。

（三）文化消费：居民消费状况改善与城乡总量差异缩小

文化消费是拉动地区文化经济增长的重要引擎与主要动力。近年来，黄河流域居民文化消费意愿与消费能力有所提升，需求拉动消费的潜能作用得到释放。整体来看，黄河流域九省区居民文化消费呈现整体性增长态势，但在增长过程中表现出波动性特点（见表4）。黄河流域九省区居民人均文化娱乐消费支出由2015年的599.3元提高至2019年的645.8元，整体呈现增长态势。分省区来看，2015～2019年，九省区居民人均文化娱乐消费均呈现先增后降的发展特点。其中四川、内蒙古于2017～2019年三年间下降明显，宁夏在2016～2017年间出现小幅下降，而后迅速上升。比较而言，山西、山东两省较为稳定，甘肃在2015～2019年间区内人均文化娱乐消费支出水平均低于区域平均水平，而内蒙古则均高于区域平均水平。

---

① 注：因黄河流域九省区文化服务业与文化制造业营业收入省际差距较大，导致左侧数值轴涵盖范围过大。遵循图表可视化原则，特将左侧坐标轴更改为对数刻度（底数为10）。

表 4　2015～2019 年黄河流域九省区居民人均文化娱乐消费支出　　　单位：元

	2015 年	2016 年	2017 年	2018 年	2019 年
山西	544.3	546.8	634.7	617.6	667.5
内蒙古	828.2	851.4	924.9	737.8	742.1
山东	640.7	708.3	656.2	718.9	786.9
河南	573.7	537.1	542.0	511.4	539.2
四川	584.7	625.9	716.4	663.5	542.1
陕西	576.7	686.6	669.8	704.5	691.5
甘肃	438.5	485.8	519.5	520.3	470.4
青海	594.6	630.0	674.9	585.2	605.9
宁夏	612.6	652.4	643.8	754.9	767.0
九省区平均	599.3	636.0	664.7	646.0	645.8

数据来源：《中国文化及相关产业统计年鉴》（2016～2020）。

从居民文化消费结构变化角度来看，与 2015 年相比，黄河流域九省区 2019 年居民人均文化娱乐消费支出占居民人均消费支出的比重呈现下降趋势（见表 5）。分省区来看，黄河流域九省区均出现不同程度的下降，其中河南、四川、内蒙古三地下降明显，宁夏、陕西保持相对稳定。尽管当地居民文化娱乐消费支出总量得到提升，但在文化消费意愿与潜力开发方面仍较为落后，黄河流域地区居民文化消费结构有待进一步优化。

表 5　2015 年和 2019 年黄河流域九省区居民人均文化娱乐消费支出
占居民人均消费支出比重　　　单位：%

	2015 年	2019 年
山西	4.64	4.21
内蒙古	4.82	3.58
山东	4.39	3.85
河南	4.85	3.30
四川	4.29	2.80
陕西	4.41	3.96
甘肃	4.00	2.96
青海	4.34	3.45
宁夏	4.43	4.19
九省区平均	4.48	3.59

数据来源：《中国文化及相关产业统计年鉴》（2016、2020）。

　　从城乡居民文化消费差异角度来看,黄河流域九省区农村居民人均文化娱乐消费支出与城镇居民人均文化娱乐消费支出的比值由 2015 年的1∶5.03调整为 2019 年的1∶4.69,表明黄河流域九省区城乡居民文化娱乐消费支出差距整体上呈现缩小趋势,但整体差距仍较大(见图 2)。 如何有效撬动农村居民的文化消费潜能进而缩小城乡文化消费差距,依旧是黄河流域九省区文化产业发展的重点。

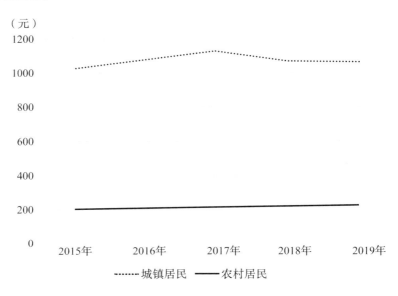

图 2　2015～2019 年黄河流域九省区城镇及农村居民人均文化娱乐消费支出

数据来源:《中国文化及相关产业统计年鉴》(2016～2020)。

(四)规上企业:企业规模实力与经营发展效益同步下滑

　　根据国家统计局数据,2020 年,全国规模以上文化及相关产业企业[①]营业收入 98514 亿元,按可比口径计算,比上年增长 2.2%。 从国家层面来看,我国文化企业数量规模持续壮大,企业实力不断增强,在创造经济收入、带动就业等方面发挥了巨大作用。 具体而言,2017～2019 年,黄河流域九省区规模以上文化及相关产业法人单位总数出现下滑现象,区域总量由 2017 年的 12293 家减少至 2019 年的 9882 家(见表 6)。 与全国平均水平比较来看,四川、陕西、山

----

　　① 　按照国家统计局的解释,规模(限额)以上文化企业是指《文化及相关产业分类(2018)》所规定的行业范围内年主营业务收入在 2000 万元及以上的工业企业法人、年主营业务收入在 2000 万元及以上的批发业企业法人、年主营业务收入在 500 万元及以上的零售业企业法人、从业人员在 50 人及以上或年主营业务收入在 500万元及以上的服务业企业法人。

西、内蒙古、甘肃、青海、宁夏七省区均低于全国平均水平，而高于全国平均水平的山东与河南两省在 2018～2019 年间出现较大程度的下滑现象。从区域内部情况来看，山西、内蒙古、甘肃、青海、宁夏五省区企业数量彼此接近且远低于黄河流域平均水平，四川略高于黄河流域平均水平，山东、河南两省在法人单位总量上位居区域前列，并与其余省区拉开较大差距，但两省在 2018～2019 年间均出现较大程度的下滑现象，其中山东尤甚。

表 6　2017～2019 年黄河流域九省区规模以上文化及相关产业法人单位数量　单位：个

	2017 年	2018 年	2019 年
山西	364	338	314
内蒙古	256	183	171
山东	4790	4417	2660
河南	3424	3026	2866
四川	1782	1760	1867
陕西	1199	1518	1682
甘肃	322	241	198
青海	48	46	52
宁夏	108	86	72
九省区总量	12293	12210	9882
全国平均	1944	1959	1975

数据来源：《中国文化及相关产业统计年鉴》（2018～2020）。

从规模以上文化及相关产业企业发展情况来看，2017～2019 年，黄河流域九省区规模以上文化及相关产业企业发展能力有待增强。除企业资产总计出现短暂上升又小幅下滑以外，企业营业收入及年末从业人数均出现持续快速下滑现象，区域内部规模以上文化企业发展实力下滑严重。从区域内部情况来看，2019 年，黄河流域九省区规模以上文化及相关产业企业数、年末从业人员数、资产总计、营业收入的平均水平远低于国家平均水平，区域内部仅有山东、四川两省表现较好，山西、内蒙古、宁夏、甘肃、青海五省区均低于区域平均水平，区域内部差距较大（见表 7）。

表 7 2019 年黄河流域九省区规模以上文化及相关产业法人单位情况①

	企业单位数（个）	排名	年末从业人员（人）	排名	资产总计（亿元）	排名	营业收入（亿元）	排名
山西	314	22	37336	22	999.5	20	236.7	24
内蒙古	171	27	17239	27	321.3	27	101.0	28
山东	2660	10	397608	8	8386.9	6	5130.1	7
河南	2866	8	345543	10	3053.0	12	2357.5	12
四川	1867	12	252790	12	4509.3	8	3608.6	9
陕西	1682	14	125696	16	2459.5	15	1097.3	16
甘肃	198	26	22384	26	447.4	26	115.9	27
青海	52	30	5461	30	94.4	30	52.5	29
宁夏	72	29	9526	29	133.3	29	47.1	30
黄河流域总量	9882	—	1213583	—	20404.7	—	12746.6	—
黄河流域平均	1098	—	134842.5	—	2267.2	—	1416.3	—
全国总量	61232	—	7997533	—	137053.8	—	99032.8	—
全国平均	1975	—	257984.9	—	4421.1	—	3194.6	—

数据来源:《中国文化及相关产业统计年鉴》(2020)。

从骨干文化企业发展实力及龙头带动效应来看,黄河流域九省区共有 4 家文化企业入选第十二届"全国文化企业 30 强"名单(见表 8)。从全国视角来看,黄河流域骨干文化企业数量较少,且企业大多以传统文化业态为主业,对于区域经济结构具有巨大革新促进作用的新兴战略性产业布局不足。从区域内部情况来看,河南、山东、陕西、四川四省分占一席,其余省区文化企业尚未入选,区域内不平衡现象较为突出。此外,从区域文化企业集聚发展角度来看,黄河流域九省区文化产业园区具有一定发展亮点,区域内诸如台儿庄古城文化产业园、开封宋都古城文化产业园区、成都青羊绿舟文化产业园区、西安曲江新区文化产业园、敦煌文化产业园区等均是国家级文化产业园区,其逐步探索出一条特色鲜明的园区建设发展之路。

表 8 黄河流域九省区入选 2020 年第十二届"全国文化企业 30 强"情况

	数量	企业名称
甘肃	—	—
河南	1	中原出版传媒投资控股集团有限公司

---

① 排名包括全国 31 个省(自治区、直辖市),未包括新疆生产建设兵团和香港、澳门特别行政区及台湾地区。

续表

	数量	企业名称
内蒙古	—	—
宁夏	—	—
青海	—	—
山东	1	山东出版集团有限公司
山西	—	—
陕西	1	西安曲江文化产业投资(集团)有限公司
四川	1	四川新华发行集团有限公司

数据来源:《第十二届"全国文化企业 30 强"发布》,新华社,2020 年 11 月 16 日。

(五)科技研发:研发主体数量稍减与技术转化效率提升

文化和科技在融合过程中不断发挥双向赋能作用,并从根本上转变文化生产方式,提升文化创新能力,催生文化新业态,推动文化产业高质量发展。2017～2019 年,黄河流域九省区规模以上文化制造业企业中,有 R&D 活动①的企业数量出现下滑,由 2017 年的 666 家下降至 2019 年的 603 家。同时,黄河流域九省区规模以上文化制造业企业中有 R&D 活动企业数占规模以上文化企业总数的比重在波动中上升,由 2017 年的 16.76% 上升至 2019 年的 21.29%,增长速度较快。

分省区情况来看,在有 R&D 活动的企业数量方面,黄河流域平均水平在 2017～2019 年间一直低于全国平均水平,且差距呈现拉大趋势(见表 9)。其中,青海、甘肃、宁夏、内蒙古、陕西、山西六省区在 2017～2019 年间一直远低于区域平均水平。山东、四川、河南三省表现较好,位于区域各省份前列。其中,山东作为总量第一的省份近年来下滑严重,有 R&D 活动的企业数量由 2017 年的 427 家迅速减少至 2019 年的 262 家;四川省在波动中呈现小幅上升态势,河南省在 2018～2019 年间增幅较大,由 124 家迅速增加至 189 家。

从文化及相关产业法人单位专利授权情况来看,2017～2019 年间,黄河流域文化及相关产业专利授权总数呈上升趋势,由 2017 年的 17357 项上升至 2019 年的 19735 项,增幅较大,但增速近年来呈现放缓趋势。分省区情况来看,黄河流域平均水平在 2015～2019 年间一直低于全国平均水平,且差距呈现拉大趋势(见表 10)。其中,青海、甘肃、宁夏、内蒙古、山西五省区在 2015～2019 年间一直

---

① "R&D"是"Research and Development"的缩写。"R&D 活动"即"研究与试验发展活动",是指为了增加知识的总量,包括关于人类、文化和社会的知识,以及运用这些知识去创造新的应用所进行的系统的、创造性的活动。

远低于区域平均水平。山东、四川、河南、陕西四省表现较好,位于区域各省区前列。其中,山东省作为总量第一的省份,在 2015~2019 年间保持较快增长,四川省总体呈现小幅增长态势,河南省实现持续性增长,陕西省波动情况较为明显。

表 9 2017~2019 年黄河流域九省区规模以上有 R&D 活动的企业数量　单位:家

	2017 年	2018 年	2019 年
山西	7	7	6
内蒙古	2	1	1
山东	427	343	262
河南	114	124	189
四川	78	77	92
陕西	27	32	42
甘肃	2	2	3
青海	1	—	2
宁夏	8	10	6
黄河流域平均	74	75①	67
全国平均	163	173	214

数据来源:《中国文化及相关产业统计年鉴》(2018~2020)。

表 10 2015~2019 年黄河流域九省区文化及相关产业法人单位专利授权数量　单位:项

	2015 年	2016 年	2017 年	2018 年	2019 年
山西	291	309	342	515	548
内蒙古	233	242	262	318	409
山东	4333	4447	4995	6703	7436
河南	2874	3182	3603	4078	4112
四川	2480	2380	2651	3859	3772
陕西	1755	4179	4941	2271	2569
甘肃	199	271	383	559	675
青海	19	38	42	59	89
宁夏	37	67	138	150	125
黄河流域平均	1358	1679	1929	2057	2193
全国平均	3053	3274	3820	4610	4944

数据来源:《中国文化及相关产业统计年鉴》(2016~2020)。

---

① 因青海省 2018 年有 R&D 活动的企业数据缺失,故黄河流域 2018 年有 R&D 活动的企业平均数量为除青海省以外的八省区平均数量。

二、黄河流域文化产业发展的类型分析

对于黄河流域文化产业发展的类型,下文将从资源类型与行业类型两方面入手梳理。黄河流域幅员辽阔,其文化资源在不同的河段流域呈现出差异化和多样化的特征,上游的河湟文化、中游的秦文化、下游的河洛文化和齐鲁文化都是中国悠久历史文化的重要代表。同时,黄河流域文化产业的行业类型主要分为新闻出版业、电影电视业、动漫游戏业、文化旅游业、数字文化产业、演艺文博业以及其他特色文化产业;各省根据其文化资源、政府政策与资金支持的具体情况,对省内文化产业的发展各有侧重,形成了各省不同的文化产业行业格局。

(一)资源类型:区域富集与分布不均衡

黄河流域是华夏文明重要的发祥地,历史文化底蕴深厚,文化资源类型众多,具有极高的历史价值、文学价值与艺术价值。文化资源是人们从事文化生产或文化活动所利用的各种资源总和(程恩富,1999),是能够满足人类文化需求、为文化产业提供基础的自然资源或社会资源。

1.世界遗产名录

自然遗产是重要的文化资源。中国于 1985 年加入《保护世界文化与自然遗产公约》,至 2019 年,中国世界遗产总数达到 55 处,居世界第一,包括世界文化遗产 37 项,世界自然遗产 14 项,世界文化与自然双重遗产 4 项。其中,20处世界遗产分布于黄河流域,占中国世界遗产总数的比重为 36%;河南 6 个,四川 5 个,山西、山东各 4 个,陕西、甘肃各 3 个,青海、内蒙古各 2 个,宁夏 1个。[①] 此外,分布于黄河流域的世界自然遗产共有 4 处,集中在四川省(九寨沟风景名胜区、黄龙风景名胜区、四川大熊猫栖息地)与青海省(青海可可西里),具有明显的分布不均衡特征(见表 11)。

表 11 黄河流域的世界遗产名录

	名称	地点	批准时间
1	泰山	山东泰安	1987 年
2	长城	辽宁、吉林、河北、北京、天津、山西、内蒙古、陕西、宁夏、甘肃、新疆、山东、河南、黑龙江、青海	1987 年

① 部分世界遗产为两省或多省共有。

	名称	地点	批准时间
3	莫高窟	甘肃敦煌	1987 年
4	秦始皇陵	陕西西安	1987 年
5	九寨沟风景名胜区	四川九寨沟县	1992 年
6	黄龙风景名胜区	四川松潘	1992 年
7	曲阜孔庙、孔林、孔府	山东曲阜	1994 年
8	峨眉山风景名胜区（含乐山大佛风景区）	四川乐山峨眉山市	1996 年
9	平遥古城	山西平遥	1997 年
10	青城山与都江堰	四川都江堰市	2000 年
11	龙门石窟	河南洛阳	2000 年
12	云冈石窟	山西大同	2001 年
13	四川大熊猫栖息地	四川成都、阿坝、雅安、甘孜	2006 年
14	殷墟	河南安阳	2006 年
15	五台山	山西五台	2009 年
16	登封"天地之中"历史建筑群	河南登封	2010 年
17	元上都遗址	内蒙古正蓝旗	2012 年
18	大运河	北京、天津、河北、河南、山东、安徽、江苏、浙江	2014 年
19	丝绸之路:长安—天山廊道的路网	河南、陕西、甘肃、新疆	2014 年
20	青海可可西里	青海、西藏青藏高原	2017 年

资料来源:《世界遗产名录》,截至 2019 年 7 月 6 日。

2.物质文化遗产

物质文化遗产包括古迹、建筑（群）、遗址等。黄河流域是我国古代政治、经济、文化中心地区,在黄河流域建都的历史可追溯至约公元前 2070 年,帝舜封禹于阳城（今河南登封）,建立夏朝。此后,商朝定都于亳（今河南商丘）,后迁都于殷（今河南安阳）;周朝定都于镐京（今陕西西安）;秦朝定都于咸阳;西汉定都于长安（今陕西西安）;东汉、魏晋定都于洛阳;隋唐定都于长安（今陕西西安）;宋朝定都于东京（今河南开封）。如今,我国的八大古都中,1 个位于陕西省,4 个位于河南省,分别是西安、洛阳、开封、安阳以及郑州。

2016 年,国家文物局印发《大遗址保护"十三五"专项规划》,"十三五"时期大遗址共有 152 处,其中 74 处位于黄河流域九省区,占比为 48.7%。具体来看,山西有 7 处、内蒙古有 10 处、山东有 10 处、河南有 21 处、四川有 9 处、陕西有 19 处、甘肃有 9 处、青海有 5 处、宁夏有 5 处[①](见表 12)。

表 12　"十三五"时期大遗址

	大遗址名称	数量
山西	长城、万里茶路、陶寺遗址、侯马晋国遗址、曲村—天马遗址、晋阳古城遗址、蒲津渡与蒲州故城遗址	7
内蒙古	长城、万里茶路、秦直道、辽上京遗址、元上都遗址、辽陵及奉陵邑、居延遗址、辽中京遗址、和林格尔土城子遗址、二道井子遗址	10
山东	长城、大运河、明清海防、临淄齐国故城(含临淄墓群、田齐王陵)、两城镇遗址(含尧王城遗址)、城子崖遗址(含东平陵故城)、曲阜鲁国故城(含邿国故城、汉鲁王墓群、明鲁王墓)、大汶口遗址、即墨故城及六曲山墓群(含琅琊台遗址)、大辛庄遗址	10
河南	长城、丝绸之路、大运河、万里茶路、二里头遗址、偃师商城遗址、汉魏洛阳故城、隋唐洛阳城遗址、殷墟、郑韩故城、北阳平遗址、郑州商代遗址、宋陵、清凉寺汝官窑遗址、邙山陵墓群、城阳城址、仰韶村遗址、北宋东京城遗址、贾湖遗址、庙底沟遗址、平粮台古城遗址	21
四川	茶马古道、蜀道、三星堆遗址、金沙遗址、邛窑、成都平原史前城址、明蜀王陵墓群、罗家坝遗址、城坝遗址	9
陕西	长城、丝绸之路、秦直道、茶马古道、蜀道、秦咸阳城遗址、周原遗址、阿房宫遗址、汉长安城遗址、秦始皇陵、秦雍城遗址、西汉帝陵(含薄太后陵)、唐代帝陵(含唐顺陵)、统万城遗址、黄堡镇耀州窑遗址、丰镐遗址、石峁遗址、杨官寨遗址、黄帝陵	19
甘肃	长城、丝绸之路、秦直道、茶马古道、大地湾遗址、许三湾城及墓群、锁阳城遗址、大堡子山遗址、居延遗址	9
青海	长城、丝绸之路、茶马古道、喇家遗址、热水墓群	5
宁夏	长城、丝绸之路、西夏陵、水洞沟遗址、开城遗址	5

资料来源:国家文物局网站。

3.非物质文化遗产

非物质文化遗产也是文化资源的重要组成部分。截至 2019 年年底,我国入选联合国教科文组织非物质文化遗产名录(名册)的项目共有 40 个,其中 24

---

① 部分大遗址为两省或多省共有。

个项目分布于黄河流域九省区(见表 13);我国国家级非遗代表性项目共有 1372 项、扩展项目共有 464 项,其中 515 项代表性项目、236 项扩展项目分布于黄河流域九省区,占比分别为 37.5% 和 50.9%(见图 3);我国国家级文化生态保护区共有 21 个,其中 8 个分布于黄河流域九省区,占比为 38%;国家重点文物保护单位共有 5058 处、国家历史文化名城共有 135 座,其中分别有 1825 处和 45 座分布于黄河流域九省区,占比分别为 36.1% 和 33.1%(见图 4)。

表 13 中国入选联合国教科文组织非物质文化遗产名录(名册)项目

序号	项目名称	年份	序号	项目名称	年份	序号	项目名称	年份
1	古琴艺术	2008	15	中国朝鲜族农乐舞	2009	29	粤剧	2009
2	昆曲	2008	16	格萨(斯)尔	2009	30	麦西热甫	2010
3	蒙古族长调民歌	2008	17	侗族大歌	2009	31	中国水密隔舱福船制造技艺	2010
4	新疆维吾尔木卡姆艺术	2008	18	花儿	2009	32	中国活字印刷术	2010
5	羌年	2009	19	玛纳斯	2009	33	中医针灸	2010
6	中国木拱桥传统营造技艺	2009	20	妈祖信俗	2009	34	京剧	2010
7	黎族传统纺染织绣技艺	2009	21	蒙古族呼麦歌唱艺术	2009	35	赫哲族伊玛堪	2011
8	中国篆刻	2009	22	南音	2009	36	中国皮影戏	2011
9	中国雕版印刷技艺	2009	23	热贡艺术	2009	37	福建木偶戏后继人才培养计划	2012
10	中国书法	2009	24	中国传统桑蚕丝织技艺	2009	38	中国珠算——运用算盘进行数学计算的知识与实践	2013
11	中国剪纸	2009	25	藏戏	2009	39	二十四节气——中国人通过观察太阳周年运动而形成的时间知识体系及其实践	2016

续表

序号	项目名称	年份	序号	项目名称	年份	序号	项目名称	年份
12	中国传统木结构建筑营造技艺	2009	26	龙泉青瓷传统烧制技艺	2009	40	藏医药浴法——中国藏族有关生命健康和疾病防治的知识与实践	2018
13	南京云锦织造技艺	2009	27	宣纸传统制作技艺	2009			
14	端午节	2009	28	西安鼓乐	2009			

资料来源:中国非物质文化遗产网。

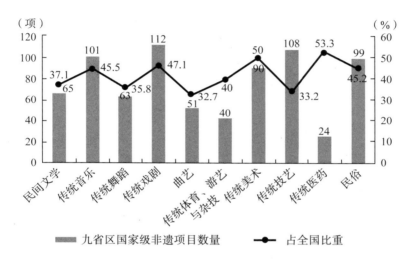

图3　黄河流域国家级非遗项目数量及占全国比重

资料来源:牛家儒(2021)。

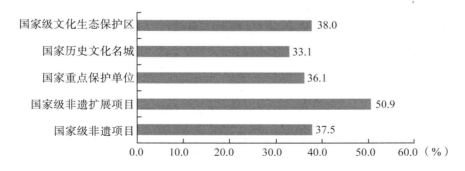

图4　黄河流域各类国家级项目占全国的比重

资料来源:牛家儒(2021)。

为促进非物质文化遗产保护工作规范化,国务院制定了"国家、省、市、县"四级保护体系。2017 年,在省级非物质文化遗产项目数量方面,山西、山东、河南、四川、陕西均高于全国平均水平,山西(942 个)位列黄河流域九省区第一;在市级非遗项目数量方面,山西、山东、河南、四川、陕西、甘肃均高于全国平均水平,山东(2778 个)位列黄河流域九省区第一;而宁夏的省、市级非遗项目数量皆位于区域末位,与其余八省区存在较大差距(见表 14)。

表 14 黄河流域非物质文化遗产名录情况 单位:个

	省级项目	市级项目
山西	942	1534
内蒙古	499	1124
山东	751	2778
河南	728	2596
四川	522	1432
陕西	599	2014
甘肃	493	1543
青海	209	736
宁夏	83	261
全国平均	502	1412

数据来源:《中国文化文物统计年鉴》(2018)。

由于受历史、地理等因素的影响,黄河流域的文化资源具有分布不均衡的特征,山东、四川、陕西、河南四省是黄河流域文化资源富集的省份,而宁夏、青海则在自然遗产、物质文化遗产、非物质文化遗产的数量方面相对逊色。

(二)行业类型:多元特色与高速增长

黄河流域的文化产业类型主要分为新闻出版业、电影电视业、动漫游戏业、文化旅游业、数字文化产业、演艺文博业以及其他特色文化产业。黄河流域的文化产业类型多为资源型文化产业,其中文化旅游产业与文博产业是黄河流域的重点文化产业类型;对于其他产业类型,各省依托自身文化资源优势在布局上各有侧重:山西省、山东省、河南省、陕西省与四川省的各文化产业类型布局较为全面,文化产业综合实力位于九省前列;内蒙古、甘肃、青海、宁夏在演艺、广告节庆等特色文化产业中表现突出,共同形成了以黄河流域特色文化资源为依托的文化产业类型分布格局。

1.区域特色文化产业:综合谋划,特色发展

黄河流域九省区因产业政策布局、经济发展基础、区域资源禀赋、地域文化风俗、居民消费需求等的不同而在发展文化产业侧重点方面呈现出一定的差异性,并在此基础上逐渐培育发展起各具特色的文化产业亮点形态。下文通过梳理近年来黄河流域九省区文化产业发展的经典产业样态、亮点产业业态、爆点文化现象,揭示黄河流域九省区文化产业发展格局现状,研判黄河流域九省区文化产业发展风向。

山东作为文化大省,近年来在文化产业发展方面取得了诸多可圈可点的亮眼成绩。作为山东影视传媒产业的地域性文化品牌,"鲁剧"凭借其厚重大气的恢宏史诗风格享誉国内影视剧领域。"鲁剧"的发展植根于齐鲁优秀文化资源,而持续的精品创作也促使社会大众对于"鲁剧产品"的现象认知逐渐过渡到"鲁剧品牌"。"鲁剧"把主旋律的厚重与大众艺术的通俗融为一体,表现出高度的思想性和艺术性,具有重要的文化带动意义和价值导向作用。在"鲁剧"产生和发展过程中,山东影视传媒集团始终扮演着极为重要的角色,成为鲁剧内容的主要生产者和鲁剧品牌的主要缔造者。诸如《父母爱情》《北平无战事》《伪装者》《琅琊榜》《欢乐颂》等均是近年来精品"鲁剧"的代表,并取得了良好的经济效益与社会效益。同时,在打造"乡村振兴齐鲁样板"进程中,山东农村特色文化产业发展较好,并逐渐形成了农村非遗创意生产、文旅农在地化融合、小微企业网络化经营、企业集聚化规模化生产、特色文化产品多元化出口等相对成熟的发展模式(邵明华,2020),为国内乡村振兴贡献了山东经验。

山西省拥有丰富的文化遗产和文旅资源,因此山西文化产业发展主要集中于文博产业、文旅演艺和广告节庆业等资源型文化产业。2019年,山西省的文物业总收入为33.97亿元,居九省中第二位;艺术表演收入总计80.32亿元,在本地区的各类文化产业类型收入中排名前列。近年来,山西为破除"资源诅咒",在推动当地文化遗产的创意转化方面取得较大成果。在由山西省文物局、太原市文物局联合主办的"晋脉文蕴"文物单位文化创意产品推介会上,山西40余家文博机构推出了众多文化意涵深厚且创意新颖的文创产品,如"燕姬的嫁妆""云冈旅行手账""我从晋国来成语扑克""五台山系列文创"等,有效推动了当地文化遗产馆藏资源的创意转化。此外,山西省结合当地的历史文化资源,打造诸如《又见平遥》《又见五台山》等"又见系列"品牌文旅演艺项目,成为推动山西文化产业发展的又一动力。

河南省是我国中原文化腹地、中华文明的重要发祥地,历史悠久、底蕴深厚,具备发展文化产业的重要基础。河南依托当地文化资源,发挥地域特色,

持续推出了《汉字英雄》《成语英雄》《老家的味道》《少林英雄》等文化类节目，这些节目文化底蕴深厚、审美神韵丰富，满足了人民群众的高雅文化需求。近年来，河南省创新节目制作思维，独辟蹊径，连续原创推出了《唐宫夜宴》《清明奇妙游》《端午奇妙游》等"中国节日"系列节目，以传统文化的创新呈现、现代表达有效推动了文化类节目的创新优化，引起广泛关注和热议，并在网络上形成了"破圈效应"。同时，河南卫视还进行了"七夕——浪漫奇妙夜""中秋——寻亲奇妙季""重阳节——最忆是少年"等传统节日的创意策划。河南卫视网络视听文化类节目的创意制作是互联网思维对传统文化的一次颠覆与创新，它紧扣时下民众的审美需求，以国潮元素融入时尚感、注入审美感，在完整传达当地传统文化节日底蕴的同时满足了观众的审美诉求，实现了文化类节目的有效创新。

宁夏坐拥六盘山、贺兰山、黄河、长城等丰富的文化历史资源，加之受丝绸之路经济带的带动效应，具有发展文化产业的资源基础与独特优势。宁夏依据区内独特的自然景观资源与人文风貌，积极布局文化旅游产业发展。一是发展红色文化旅游。宁夏通过挖掘六盘山地区的红色文化和革命文化资源，以红军长征为主线打造红色生态文化旅游区。二是通过整合贺兰山东麓自然生态、历史文化、人文景观等资源，着力建设文化和旅游融合示范区；同时积极打造诸如枸杞文化小镇、葡萄酒文化小镇等一批地域特色鲜明的文化小镇。

陕西是中华民族及华夏文化的重要发祥地之一，有着丰富的皇家文化、特色民俗文化等历史文化资源。陕西以当地文化资源为基础，在文旅演艺、影视文化产品等方面发展较好。作为陕西的头部文化企业，陕西旅游集团有限公司在打造大型演艺节目方面发挥了巨大作用，贡献了诸如《长恨歌》《红色娘子军》《延安保育院》《大唐女皇》等精品文旅演艺项目，逐渐培育起国内文旅演艺的"陕西品牌"。其中《长恨歌》是陕西旅游集团推出的中国首部大型实景历史舞剧，该剧秉持"文化＋科技"的双重赋能思路，通过"5G直播＋六地同屏＋线上互动"的形式再现白居易笔下的伟大史诗，实现了历史故事与实景演出的充分结合。此外，陕西在文学作品的影视化方面同样表现亮眼，当地文学作品受地域文化的给养形成了特色鲜明的文化特质，诸如《白鹿原》等影视剧作品的大获成功很大程度上在于作品对当地文化的真实反映。文学作品与影视作品的成功在带动当地旅游产业发展、促进饮食文化的推广传播方面发挥了巨大作用。同时，陕西省还重视发挥节庆活动的文化传播功能，举办了"丝绸之路国际艺术节"等各类文化节庆活动，带动了节庆相关产业的发展。

四川省作为黄河流域文化产业发展基础较好的省份，在培育文化产业新业态方面取得了较为显著的成果。早在 2015 年,四川省便成立了四川省网络作家协会,逐步打造出《成都爱情故事》《元尊》《商藏》《冠军之心》《碧云飞处彩虹垂》等一大批优秀网络文学作品,并在业内获得"网络文学川军"称号。在 2019 年召开的第五届中国网络文学论坛暨首届四川网络文学周上,四川省作协党组书记、常务副主席侯志明指出,在玄幻类作品方向,四川在全国的优势是明显的。同时,近年来四川持续打造创作了一系列现实题材的网络文学作品,以适应与满足受众对网络文学的实际需求。同时,以四川成都为代表的城市积极发展休闲产业,并借助新媒体进行宣传、包装,不断提升城市魅力。整体而言,成都休闲文化产业已经形成了历史文化产业休闲模式、饮食文化产业休闲模式、市井文化产业休闲模式、表演文化产业休闲模式、茶馆文化产业休闲模式、娱乐文化产业休闲模式等六大类型(张佑林,2020),城市文化品牌得到有效传播,并带动旅游产业等相关产业的发展。

甘肃地处古丝绸之路沿线,区内拥有文化价值极为深厚的敦煌文化资源。丝绸之路(敦煌)国际文化博览会品牌活动的召开对于甘肃地域形象的塑造与传播产生了极为深远的影响,并有效提升了甘肃与全国的文化软实力。其中,敦煌文化资源的数字化创意开发成为甘肃文化产业发展的重大亮点之一。作为以"科技＋文化"定位的腾讯在"新文创"战略下,不断以自身的优势和创新的方式连接传统文化与数字化科技,并与敦煌研究院展开深度合作,实现敦煌文化资源的现代重生。腾讯通过与敦煌合作,发起了"数字供养人"计划,打造了线上创意互动 H5;借助微信平台推出的"云游敦煌"微信小程序,实现敦煌壁画故事的现代传播;于国民手游《王者荣耀》中上线了杨玉环"遇见飞天"系列皮肤;与 QQ 音乐联合举办"古乐重生"音乐会;以莫高窟经典壁画为原型打造"敦煌动画剧"等创意活动,均实现了敦煌文化的有效传播。同时,腾讯助力敦煌文化资源的保护传承。2021 年 3 月,腾讯与敦煌研究院共同签署了新三年战略合作协议,助力敦煌文物深度数字化保护。双方将成立联合工作小组,引入 AI 病害识别技术、沉浸式远程会诊技术等,为壁画"看病"及实现远程文物"会诊",助力敦煌壁画的保护与修复。此外,出版产业也是甘肃省的重点文化产业类型,并培育出了具有国际影响力的文化出版品牌《读者》。

青海省是我国重要的多民族聚居区,省内自然风光独具特色,人文风俗绚烂多姿。青海作为长江、黄河、澜沧江的源头省份,自然风光资源丰富,同时热贡文化、格萨尔文化、藏族文化等多种民间文化的交流融合又使其具有独特的文化资源优势,特色文化的交融共生有效推动了该区域文化旅游业的发展,逐渐培育起了"大美青海"文旅品牌。同时,以手工藏毯、热贡唐卡、民族刺绣、民族服饰为代表的工艺美术产业也成为青海省文化产业发展的突破口,并带动了艺术培训、艺术表演等相关产业的发展。特别的是,"藏羌彝文化产业走廊"①的建设辐射了陕西、四川、甘肃、青海四省区(徐学书,2016),为区域特色文化产业、民族文化产业的发展提供了机遇。

内蒙古作为我国民族地区,区内文化旅游资源丰富,拥有以红山文化、草原文化、蒙元文化,以及蒙古、鄂伦春、鄂温克、达斡尔等少数民族民俗文化等为代表的内蒙古地区文化资源(荷叶等,2021 年),具备发展文化旅游产业的深厚基础。例如依托当地的阿斯哈图石林、玉龙沙湖、乌兰布统草原等风景区大力发展草原风光旅游,逐渐培育起"壮美内蒙古"文旅品牌。同时,内蒙古依托当地少数民族特色民俗风情,大力发展表演艺术产业,并创排了《草原上的乌兰牧骑》《山那边》《蒙古马》等精品演艺活动。数据显示,2019 年,内蒙古艺术表演产业总收入达 25.79 亿元,并在本地区的各个文化产业类型收益中占据首位。

2.新闻出版业:增速明显,排名上升

新闻出版业涵盖图书出版、期刊出版、报纸出版、音像制品出版、电子出版物出版、印刷复制、出版物发行及出版物进出口等产业类别。根据《2019 年新闻出版产业分析报告》,2019 年中国新闻出版业整体发展情况为:一是新闻出版产业规模继续增长;二是图书结构调整走向深入;三是主流报刊印数继续增加;四是优秀原创图书热度依旧;五是报刊总印数降幅收窄;六是出版传媒集团整体规模进一步壮大;七是出版传媒上市公司整体经济指标全面增长;八是对"一带一路"国家版权输出活跃。

2019 年,在新闻出版全行业营业收入增长速度方面,黄河流域九省区中有4 个省份的增长速度位于全国前 10 位。降序排列依次为河南(增速 10.00%,位列全国第 2)、甘肃(增速 7.51%,位列全国第 4)、山西(增速 5.87%,位列全国第 6)、内蒙古(增速 4.61%,位列全国第 9)。在新闻出版业营业收入增长贡献率方面,黄河流域仅河南省 1 个省份位列全国前 10(2019 年增长额为 46.66亿元,增长贡献率为 22.36%,位列全国第 4 位)。在报刊出版集团总体经济规模方面,黄河流域有四川、河南、山东 3 个省份的报刊出版集团进入了全国前10,依次是成都传媒集团(第 4 位)、河南日报报业集团有限公司(第 5 位)、山东大众报业(集团)有限公司(第 7 位)。在发行集团总体经济规模综合评价方面,黄河流域同样有四川、山东、河南 3 个省份的发行集团进入了全国前 10,依

---

① "藏羌彝文化产业走廊"概念是依托"藏羌彝文化走廊"文化区的各民族文化资源,建设以藏羌彝系统民族文化为主要特色的民族文化产业带,属经济学经济区概念。

次是四川新华发行集团有限公司(第 2 位)、山东新华书店集团有限公司(第 5 位)、河南省新华书店发行集团有限公司(第 7 位)。在印刷集团总体经济规模综合评价方面,黄河流域有河南省 1 家集团公司进入全国前 10 位(河南新华印刷集团有限公司,排名全国第 8 位)。

《2019 年新闻出版产业分析报告》选取营业收入、增加值、总产出、资产总额、所有者权益(净资产)、利润总额和纳税总额 7 项经济规模指标,采用主成分分析法对全国 31 个省(自治区、直辖市)及新疆生产建设兵团新闻出版业的总体经济规模进行了综合评价。黄河流域有山东、四川 2 个省份进入全国前 10。前 10 位地区实现营业收入共计 14247.1 亿元,占全行业营业收入的 75.4%,其中山东省占 11.52%、四川省占 3.97%;前 10 位地区拥有资产总额共计 17352.4 亿元,占全行业资产总额的 72.0%,其中山东省占 8.73%、四川省占 4.20%;前 10 位地区实现利润总额共计 917.4 亿元,占全行业利润总额的 72.3%,其中山东省占 11.45%、四川省占 4.34%。2019 年黄河流域九省区出版物统计见表 15。

表 15　黄河流域九省区 2019 年出版物种类数情况

	图书		期刊		报纸		音像制品		电子出版物	
	种数(种)	排名	种数(种)	排名	种数(种)	排名	种数(种)	排名	种数(种)	排名
山西	3380	27	202	17	60	13	89	15	61	15
内蒙古	3641	26	152	23	57	14	22	25	88	14
山东	16348	4	277	9	86	3	245	5	364	5
河南	8950	15	247	12	77	6	29	23	262	7
四川	13885	6	364	5	79	5	52	19	580	1
陕西	11615	9	287	8	43	20	106	13	118	10
甘肃	4026	23	131	25	50	17	10	28	—	—
青海	621	31	54	28	26	28	12	27	—	—
宁夏	3220	28	37	31	14	30	6	30	—	—
黄河流域	65686	—	1751	—	492	—	571	—	1473	—
地方	301335	—	7079	—	1638	—	5630	—	4081	—
全国	505979	—	10171	—	1851	—	10712	—	9070	—
中央	204644	—	3092	—	213	—	5082	—	4989	—

续表

	图书		期刊		报纸		音像制品		电子出版物	
	种数(种)	排名	种数(种)	排名	种数(种)	排名	种数(种)	排名	种数(种)	排名
黄河流域占全国比(%)	12.98	—	17.22	—	26.58	—	5.33	—	16.24	—

注:排名包括全国 31 个省区,数据来源于《中国文化及相关产业统计年鉴》(2020)。

3.电影电视业:政策引领,覆盖性强

黄河流域电影产业的分布格局较为集中。四川、山东、河南是区域电影产业大省,在电影放映企业的单位数量上优势明显(见图 5)。电影票房的数据也远超其他省份并跻身 2019 年全国电影票房前 10。这不仅依靠 3 省的人口数量优势,还依赖于各省对促进电影产业发展颁布的政策及采取的措施。

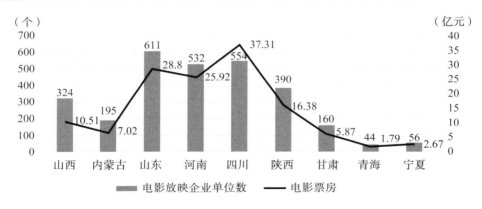

图 5　2019 年黄河流域九省区电影放映企业数及电影票房

数据来源:《中国基本单位统计年鉴》(2020)、《全国电影票房年报》(2019)。

四川省电影产业发展在黄河流域中居于最前列。近年来,《四川省人民政府办公厅关于促进电影产业繁荣发展的实施意见》《四川省国家电影事业发展专项资金预算管理办法》《四川"十三五"文化发展规划》三项政策措施相继出台。这些政策分别从发展目标、财政支持与内容生产等方面为四川电影业发展指明了方向并提供了政策支持。四川省内 20 多所影视院校平均每年培养相关人才 3 万余人,为电影产业提供了强大的人才支持(彭剑等,2020)。此外,四川还积极推动影视产业融合,构建了四大影视产业聚集区,同时加大国际合作,推动金砖国家电影节落户四川。四川电影产业的文化影响力由此不断扩大。

　　山东省电影产业规划性较强,形成了颇具规模的产业集聚。它高标准编制《山东省"十四五"时期电影发展规划》和未来三年重点电影创作生产规划目录,紧紧围绕党和国家的重要时间节点来加强选题规划和策划,认真落实《山东省推进影视创作及产业发展"三个创新"的工作措施》等政策,加大对电影精品的扶持和奖励力度。它同时立足山东的资源优势,以青岛灵山湾影视文化产业区为龙头,辐射带动特色鲜明的影视产业园区;打造国内一流革命历史题材影视拍摄基地——沂蒙红色影视基地;济南、济宁等影视基地发挥各地历史文化资源特色,协同发展。山东省在 2019 年多措并举,稳定、规范电影主业市场,扩大衍生品市场,逐渐形成"版权完善、品种多元、层级合理"的电影产品市场体系。

　　河南省电影产业以本土题材的电影见长。从 2010 年开始,河南省先后摄制了 49 部本土题材的电影,涵盖了喜剧、戏曲、民俗、饮食、地域文化、人物事迹等多种题材。目前,河南本土电影在饮食、地域文化、人物事迹等方面生产了众多代表性影片,其中喜剧、戏曲和乡土电影占统计总数的 71%。河南的本土电影在总体上的特色体现为稳健的创作和叙事风格。不过,河南电影产业头部资源聚集不足,少有知名导演与规模化的投资,缺少有市场影响力的电影公司,电影制作、投资、剧本创作等各方面人才培养还有待提升。经过近几年的发展,2019 年,河南的电影产业在电影制作、投资、剧本创作、市场运作等方面的工作都有了很大起色,电影票房、观众人数都有了大幅度的提高,总票房收入达 25.92 亿元,排全国第 9 位。

　　就电视产业而言,黄河流域九省区的电视节目综合覆盖率均达到 98% 以上,但仅有山西、河南和宁夏 3 个省区高于 99.39% 的全国平均覆盖率。电视企业和影视节目制作企业主要分布于山东、河南、陕西 3 个省份。其中,山东省电视产业的发展在九省中处于领先地位(见表 16)。2019 年,山东省广播电视业总收入为 172.72 亿元,全年总利润达到 12.07 亿元,其中新媒体业务收入9.03 亿元。这主要得益于山东省广播电视系统的产业化转型升级,实现了电视产业由传统业态向新兴业态的转型(张伟等,2020)。

表 16　2019 年黄河流域九省区电视产业发展情况统计

	电视企业单位数(个)	影视节目制作企业单位数(个)	电视节目综合人口覆盖率(%)
山西	30	842	99.59
内蒙古	13	575	99.22
山东	67	2841	99.10

	电视企业单位数(个)	影视节目制作企业单位数(个)	电视节目综合人口覆盖率(%)
河南	55	1194	99.47
四川	26	977	98.95
陕西	35	1205	99.38
甘肃	6	286	98.90
青海	—	214	98.82
宁夏	5	138	99.88

数据来源:《中国基本单位统计年鉴》(2020)、《中国统计年鉴》(2020)。

就影视产业总体而言,山东还充分发挥自身区位、资源优势,致力打造涵盖研发、制作、发行、交易、教育、衍生品的影视全产业链。2019年,山东省印发《山东影视产业发展规划(2018~2022年)》,确立了"1+N"的影视基地布局。这一布局是以青岛灵山影视文化产业区为龙头,辐射带动一批主业明显、特色鲜明的影视产业园区,在全省形成一核引领、多点发力、融合发展的影视产业发展新格局,大力培育"世界电影之都""灵山湾影视文化产业区""东方影都"等品牌。此外,山东省各大电视台还积极同中央电视台展开充分的战略合作。陕西的影视产业发展也较为突出。截至2018年,陕西广播电视制作机构总量达到602家,备案公示和发行许可的电视剧分别为39部(1599集)和11部(453集);备案立项和拍摄完成的电影分别达到19部和76部,位居全国前4位,西部第1位(司晓宏等,2020)。

4.动漫游戏业:举措多元,原创力强

2019年,全国认定的动漫企业数为518个,在黄河流域九省区共有68个,其中山西、山东、陕西认定动漫企业均超过10个。动漫企业的营业人员主要分布于山东、河南、四川和陕西,并与动漫企业的区域分布基本匹配。在创新性方面,河南有原创动漫作品620部、陕西有468部、山东有247部,位列九省区三甲,远超其他省份,体现出较强的原创生产能力。在产业效益方面,就动漫产业而言,黄河流域九省区动漫产业的整体利润收益并不乐观。四川省2019年动漫企业利润总额达到3982.6万元,居于九省区首位;山东省以1135.7万元位居第2;而山西、甘肃和宁夏的动漫企业则出现不同程度的亏损。就网络游戏产业而言,2018年,黄河流域九省区中有4个省份的网络游戏营业收入过亿,分别为四川省(79.5亿元)、山东省(18.7亿元)、陕西省(3.7亿元)以及河南省(1.7亿元);在2018年九省区的网络游戏数量统计中,陕西省(45258个)、四川省(1303个)、河南省(805个)、山东省(324个)位列前4位(见表17)。

表 17　2018～2019 年黄河流域九省区动漫游戏产业相关指标统计

	2019 年认定动漫企业数（个）	2019 年认定动漫企业营业人员数（人）	2019 年原创动漫作品数（部）	2019 年认定动漫企业利润总额（千元）	2018 年网络游戏营业收入（千元）	2018 年运营网络游戏数（个）
山西	18	114	81	—2278	28045	75
内蒙古	5	55	8	572	9687	11
山东	13	538	247	11357	1865282	324
河南	5	278	620	10711	168494	805
四川	5	226	26	39826	7953485	1303
陕西	11	216	468	4721	365387	45258
甘肃	6	91	100	—1845	13656	26
青海	—					2
宁夏	5	84	32	—3910	—	—

数据来源:《中国文化和旅游统计年鉴》(2019)、《中国文化文物和旅游统计年鉴》(2020)。

仅 2019 年,山东省在动漫产业的举措就包括:积极举办包括齐鲁国际动漫节在内的动漫展赛,重视打造动漫品牌 IP,推动世博动漫产教融合园等动漫产业园项目落地。这进一步推进了动漫产业的对外交流,实现了动漫产业的整体快速发展。四川省是我国动漫产业链最齐全、最完善的省份之一,其动漫产业发展主要依托于当地丰富的动漫人才。四川多所高校均设有动漫游戏专业,每年培养数千名动漫人才,同时四川还拥有包括北大青鸟、五月花在内的大批动漫职业培训机构,为四川动漫产业发展提供了坚实的人才支持。近年来大热的动画电影《十万个冷笑话》和《哪吒之魔童降世》的主力制作团队均来自四川,体现了四川强大的动漫人才实力。河南省大力推进国家动漫产业发展基地河南基地建设,积极与国内外动漫企业开展交流合作,动漫产业影响力不断提升。河南约克动漫影视股份有限公司入选国家文化出口重点企业,由其制作的“我是发明家”系列动漫入选国家文化出口重点项目,显示出强劲的发展潜力。

5.文化旅游业:政策支持,稳步发展

在文旅融合的战略背景下,文化旅游业是各省着力布局的文化产业类型。各省借力黄河沿线文化资源以及区域特色文化资源重点发展文化旅游业,推动旅游产业与其他各类文化产业融合发展。据各省 2019 年国民经济和社会发展统计公报数据,2019 年黄河流域各省份的旅游产业总收入为 55751.18 亿元。其中,四川省旅游产业总收入为11594.32亿元,占比21%;山东省旅游总收入为11087.3亿元,占比20%;河南省旅游总收入为9607.06亿元,占比17%,以上3个省份排名九省区前3位。

就文旅产业的建设方面,2019年,山西省A级景区总量稳步增长,共计216家,壶关太行山八泉峡景区晋升国家5A级景区;全省六成酒店触网,携程网在线酒店数量共计14733家;全省博物馆空间分布呈集聚态势,58.67%的博物馆分布在晋中市,其中又集中分布在平遥县,以综合类博物馆为主。2019年11月,洪洞县、阳城县、平遥县入选首批国家全域旅游示范县,山西省正式成为全国第8个国家全域旅游示范区省级创建单位。内蒙古满洲里市成功创建国家全域旅游示范区,阿拉善盟胡杨林旅游区成功晋升为国家5A级旅游景区,呼伦贝尔大草原—莫尔格勒河景区通过5A级旅游景区景观质量评审。2019年,内蒙古重点扶持了16个文化旅游特色小镇、21个乡村旅游集聚区和96个旅游扶贫示范项目。山东省2019年共建成旅游集散中心43处,旅游咨询中心286处,改建旅游厕所2033座,全省博物馆总数达575家,A级景区共有1182家。河南省2019年年末共有4A级以上景区185处、5A级旅游景区14处,其中文化类景区11个;在全省4万多个旅游单体资源中,人文类占63%;星级酒店和旅行社分别有406家、1156家。四川省2019年启动全省文化和旅游资源普查工作,年末共新发现新认定旅游资源3423个,其中以地质遗迹、地质现象等为重要旅游资源;全省共发现地质遗迹集中分布区300余处,已建成世界级地质公园3处、国家级地质公园18处,数量居全国前列。截至2019年年末,黄河流域共有3处国家级文化生态保护区(全国共7处):青海省热贡文化生态保护实验区、四川省羌族文化生态保护实验区、山东省齐鲁文化(潍坊)生态保护实验区。2019年黄河流域A级旅游景区和旅行社统计见表18、表19。

表18　黄河流域九省区2019年A级旅游景区数量及从业人员数量

	景区总数				从业人员数量		固定从业人员数量			
	A级(个)	排名	5A级(个)	排名	A级(人)	排名	A级(人)	排名	5A级(人)	排名
山西	216	25	8	16	40530	18	16778	24	4526	14
内蒙古	375	18	6	22	52255	14	39493	7	1784	23
山东	1229	1	12	7	132072	3	82320	1	7612	7
河南	519	7	14	3	74953	7	36552	11	6217	9

续表

	景区总数				从业人员数量		固定从业人员数量			
	A级 （个）	排名	5A级 （个）	排名	A级 （人）	排名	A级 （人）	排名	5A级 （人）	排名
四川	679	3	13	5	165936	1	79455	2	5045	13
陕西	460	11	10	11	64129	11	35248	12	5485	12
甘肃	115	27	3	29	29721	22	18009	23	954	27
青海	312	21	5	26	4094	30	2142	30	450	29
宁夏	96	29	4	27	10740	28	8252	27	1873	21
黄河流域	4001	—	75	—	574430	—	318249	—	33946	—
全国	12402	—	280	—	1620170	—	962115	—	164291	—
黄河流域占 全国比（%）	32.26	—	26.79	—	35.45	—	33.08	—	20.66	—

注：排名包括全国31个省区，数据来源于《中国文化文物和旅游统计年鉴》（2020）。

表 19 黄河流域九省区 2019 年旅行社基本情况

	机构数 全国排名	机构数 （人）	从业人员 （个）	营业收入（亿元）			利润总额 （亿元）	固定资产 原价 （亿元）
				国内旅游 营业收入	入境旅游 营业收入	出境旅游 营业收入		
山东	5	2613	22032	90.35	13.44	62.33	0.43	17.97
四川	11	1242	11818	43.20	4.42	39.36	1.64	10.14
河南	13	1156	11949	24.84	2.47	20.46	0.37	2.24
内蒙古	14	1147	6387	12.83	0.92	4.85	0.22	2.46
山西	17	927	5032	11.24	2.05	13.41	0.28	2.29
陕西	19	862	9986	51.33	12.87	36.31	−0.45	2.04
甘肃	22	723	4783	16.27	1.73	3.57	0.03	1.37
青海	27	515	3300	9.70	0.56	4.27	0.15	4.38
宁夏	31	164	1785	5.86	0.54	2.48	0.04	0.35
合计		9349	77072	265.62	39.00	187.04	2.71	43.25

注：排名包括全国31个省区，数据来源于《中国文化文物和旅游统计年鉴》（2020）。

在文旅产业的政策制定方面，山东省颁布了《山东省文化旅游融合发展规划（2020～2025 年）》，全力打造"好客山东"品牌。"好客山东"深深根植于齐鲁优秀传统文化,高度凝练山东人崇礼尚宾、淳朴厚道的人文品质,体现了"有朋自远方来,不亦乐乎"的君子情怀,极力塑造山东好客的文化旅游形象。该规划力求将"好客山东"上升到全省精神文明建设、诚信山东建设、营商环境建设的高度,将品牌的打造延伸到家庭、学校、社区、机关等各个层面。山西省制定《山西省全域旅游发展规划》《山西省推进文化旅游融合发展实施方案》,在资源开发、产品项目、公共服务、平台建设等方面加大政策支持,推动文化与旅游深度融合,着力构建"331"全省域文化旅游空间发展新格局。河南省文化和旅游厅在全省文化和旅游工作会议上表示,要紧紧围绕"理念融合、职能融合、产业融合、市场融合、服务融合、交流融合",全面系统推进文化和旅游融合发展,推动全省文化和旅游高质量发展,探索文化和旅游融合发展的河南实践道路。

6.演艺文博业:依托资源,多维创意

演艺产业主要依靠当地的特色剧种与传统文化资源。黄河流域的演艺产业集中分布于山东省、河南省、山西省和四川省,并在艺术表演团体和艺术表演场所的数量上明显领先于其他省份(见图6)。河南拥有2221个艺术表演团体、191个艺术表演场所,居于区域首位;宁夏以30个艺术表演团体、3个艺术表演场所居于末位。河南省被称为"戏曲之乡",演艺产业依托于当地的豫剧资源,其创作的戏剧剧目连续6届获得"文华大奖",在全国范围内具有较大影响力。此外,河南省积极发展体验型演艺产业,打造《大宋·东京梦华》《禅宗少林·音乐大典》等精品演艺项目,收获了良好的经济效益与社会效益(谷建全等,2020)。山西省的演艺产业发展依靠独特的民俗与文化资源,通过形式创新与技术融合打造出《又见平遥》《又见五台山》等山西演艺产业"名片"。四川省的演艺产业依托于丰富的天府文化资源,采用"剧目—演出—盈利"的市场经营模式,建立了包括文娱演艺集团、个体演艺实体、演艺经纪机构、演艺场馆等在内的较为完整的演艺产业链条,并借由"演艺四川"这一演艺品牌推出了《镜花缘》《白蛇传》等精品演艺项目;同时演艺产业与旅游产业的融合也取得了重要进展,最具代表性的杂技名作《飞翔》被选为"国家文化旅游重点项目名录",产业影响力得到进一步提升。陕西省虽然在艺术表演团体和场所的数量上不占据优势,但是其打造出了陕西演艺集团公司、西安朗德演艺有限公司等具有较强辐射力和影响力的龙头企业,推出了《长恨歌》《大唐女皇》《张骞》《马可·波罗》等一系列具有国内国际知名度的演艺作品,产生了较高的产业影响力(见表20)。

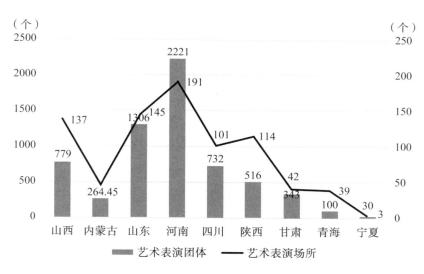

图 6　2019 年黄河流域九省区艺术表演团体及场所统计

数据来源:《中国文化文物和旅游统计年鉴》(2020)。

表 20　黄河流域九省区代表性演艺项目

	代表性演艺项目
山西	《又见平遥》《又见五台山》《绛州鼓乐》《晋商乡音》《梦回绵山》《云冈》等
内蒙古	《天骄·成吉思汗》《千古马颂》《呼伦贝尔大草原》《鄂尔多斯婚礼》等
山东	《孔子》《中国泰山·封禅大典》《蒙山沂水》《蓝色畅想》《神游华夏》《红高粱》等
河南	《大宋·东京梦华》《禅宗少林·音乐大典》《风中少林》《大河秀典》《河洛风》等
四川	《镜花缘》《白蛇传》《飞翔》《九寨千古情》《国韵蜀戏》《只有峨眉山》等
陕西	《长恨歌》《大唐女皇》《张骞》《马可·波罗》《出师表》《12.12·西安事变》等
甘肃	《又见敦煌》《回道张掖》《敦煌盛典》《丝路花雨》等
青海	《青溜溜的青海》《羞涩火焰》《唐卡》等
宁夏	《沙坡头盛典》《月上贺兰》《千寻宁夏》《梦回·一千零一夜》等

　　黄河流域的文博产业集中布局在山东、陕西、河南、四川、山西、甘肃等省份,其中山东省文博产业相关机构的数量居于九省之首,拥有 541 家博物馆、727 家文物业机构和 4617164 件文物藏品,体量优势明显。在 2019 年文物系统博物馆门票销售总额统计中,陕西、四川和甘肃分别以 147976 万元、39043 万元和 36254 万元的销售收入位列前 3(见表 21)。

表 21　2019 年黄河流域九省区文博产业相关指标统计

	博物馆数（家）	博物馆从业人员数（人）	文物业机构数（家）	文物业从业人员数（人）	文物业藏品数（件）	文物系统博物馆门票销售总额（千元）
山西	158	4438	411	8906	1759224	181514
内蒙古	125	1839	228	2652	1055315	2267
山东	541	8319	727	11981	4617164	45041
河南	340	7400	641	12377	2102575	72063
四川	256	6659	494	8973	4312962	390434
陕西	294	8881	674	15416	4077113	1479760
甘肃	224	3202	385	4864	695668	362537
青海	24	390	108	659	91858	—
宁夏	55	824	81	1186	367622	—

数据来源:《中国文化文物和旅游统计年鉴》(2020)。

山东省拥有丰厚的历史文物资源,拥有 226 处全国重点文物保护单位,积极出台了《关于加强文物保护利用改革的实施方案》,与国家文物局签署《合作实施"齐鲁文化遗产保护利用计划"框架协议》,搭建起了"七区三带"的文物保护片区体系,完善考古遗址公园建设,水下文化遗产保护项目也平稳推进(张伟等,2020)。文博产业是陕西文化产业的重要组成部分,在博物馆陈展和文物外宣方面优势明显。截至 2019 年,陕西省拥有 522 家国有可移动文物收藏单位和 3009455 套、7748750 件的国有可移动文物收藏,国有可移动文物收藏量全国排名第 2(司晓宏等,2020)。陕西省还公布了首个《省级文物保护单位基本要求》,加大文物保护工作力度,并在文博技术创新和文物保护对外合作方面取得了较大突破。此外,地处黄河流域中游的山西省文博产业发展依托于当地特色文化遗产资源。截至 2019 年,山西省共有全国重点文物保护单位531 处,红色文化遗址达 3400 处,旧石器文化遗址 400 处,古代建筑资源也十分丰富(张廉等,2020)。河南省也是黄河流域的文博产业大省,2019 年颁发《河南省加强文物保护利用改革实施方案》,提出注重挖掘黄河文化、构建有中原特色的文博体系的保护利用要求。截至 2019 年,全省共有全国重点文物保护单位 419 处,不可移动文物单位总数为 65519 处,在全国排名前列(谷建全等,2020)。甘肃作为文物资源大省,其文博产业发展依托于省内丰富的文物资源,全省现有世界文化遗产 7 处以及全国重点文物保护单位 131 处(马廷旭等,2020)。2019 年,甘肃省发布《关于加强文物保护利用改革的实施意见》,提出了 16 项 35 条文物保护利用的具体任务,积极推动博物馆的场馆建设与特色文物资源的文创产品开发,文博产业改革发展成效显著。

7.数字文化产业:建立示范,高质量发展

数字文化产业从狭义上讲,是依托于数字信息网络技术产生的生产精神内容产品的经济活动;从广义上讲,是所有依托于数字信息网络技术进行生产、传播、消费的文化经济活动。根据国家统计局于 2021 年 1 月 31 日发布的数据,2020 年全国规模以上文化及相关产业企业实现营业收入 98514 亿元,比上年增长 2.2%。其中,文化新业态特征较为明显的 16 个行业小类实现营业收入 31425 亿元,增长 22.1%。可见,数字文化产业在文化产业中的增速最快、势头最好,且与国民经济的其他行业日益融合发展。

根据中国电子信息产业发展研究院发布的《2019 年中国数字经济发展指数(DEDI)》,2019 年,全国 31 个省区的数字经济发展指数平均值为 32.0,其中黄河流域的山东、四川、河南 3 个省区指数在平均值之上,分别得分 48.1、40.6、35.3,位列全国第 6、8、9 名(见表 22)。中国数字经济发展指数由基础指数、产业指数、融合指数、环境指数共 4 个一级指标构成。在基础指数方面,山东处于第一梯队(45~60),河南、四川处于第二梯队(32~45),陕西、山西处于第三梯队(25~32),内蒙古、甘肃、宁夏、青海处于第四梯队(25 以下)。在产业指数方面,山东、四川处于第三梯队(25~50),黄河流域其他 7 个省区均处于第四梯队(25 以下)。在融合指数方面,山东处于第一梯队(40~51),四川、河南处于第二梯队(32~40),陕西处于第三梯队(26~32),山西、宁夏、青海、内蒙古、甘肃处于第四梯队(20~26)。在环境指数方面,山东处于第一梯队(60~80),四川、河南、山西处于第二梯队(44.5~60),宁夏、陕西、甘肃、内蒙古处于第三梯队(30~44.5),青海处于第四梯队(30 以下)。

表 22　黄河流域九省区 2019 年数字经济发展指数

	总指数	排名	基础指数	排名	产业指数	排名	融合指数	排名	环境指数	排名
山西	24.4	21	27.1	17	6.9	24	23.1	26	49.8	11
内蒙古	19.5	25	22.8	24	4.7	26	21.8	29	35.0	28
山东	48.1	6	45.2	5	40.4	6	41.1	6	73.0	1
河南	35.3	9	40.5	8	23.2	10	32.3	13	52.7	8
四川	40.6	8	39.0	9	32.3	8	37.7	10	59.3	4
陕西	26.5	19	27.9	16	16.3	15	28.2	20	37.8	21

	总指数	排名	基础指数	排名	产业指数	排名	融合指数	排名	环境指数	排名
甘肃	19.2	27	21.3	26	4.8	25	21.5	30	35.5	27
青海	16.1	30	17.1	30	2.1	30	22.1	28	26.8	30
宁夏	18.8	28	18.0	29	2.2	29	22.2	27	39.2	18
全国平均值	32.0	—	31.5	—	24.0	—	32.0	—	44.5	—
黄河流域平均值	27.6	—	28.2	—	15.2	—	29.3	—	45.5	—

注:排名包括全国 31 个省区,数据来源于《2019 年中国数字经济发展指数(DEDI)》。

在当前全国数字经济人才分布最多的城市中,黄河流域九省区里有四川成都、陕西西安、河南郑州 3 所城市挤进全国前 15 强,人才占比分别为 3.5%、2.1%、1.4%,排名依次为全国第 6、11、13。

在产业集群驱动区域和城市数字经济发展方面,陕西省培育了一批具有创新活力的数字经济示范载体,创建了一批数字经济示范区、示范园(基地)和示范项目(平台),探索数字经济发展路径和模式。截至 2020 年上半年,陕西省各地市已认定数字经济示范区 12 个、数字经济示范园 34 个、数字经济示范平台 90 个。河南省以 18 个大数据产业园区建设为抓手,打造大数据产业发展载体,培育壮大数据产业集群,造就出一批优秀的数据标注企业,如千机数据、睿金科技。数据标注产业的蓬勃发展也充分带动了城乡就业,出现了特色的"数据标注村",如平顶山郏县。

2021 年 6 月 8 日,中央广播电视总台与山东省人民政府举行文化创意产业高质量发展合作框架协议签约仪式,中央广播电视总台山东总站同日揭牌。总台山东总站和济南市委宣传部相关负责人签署了超高清产业发展暨文化创意产业园项目备忘录。根据协议,双方将在主题宣传、媒体活动、数字经济、科技研发、文旅项目、产业拓展等领域持续深化合作,更加有效地运用总台的媒体力量助力山东,不断讲好中国故事"山东篇",擦亮"好品山东"金字招牌,提高"好客山东"的全球美誉度,在加强国际传播能力建设、推动文化产业高质量发展等方面取得更大实效。

数字文化产业的发展态势昭示着我国正步入数字文化经济时代,黄河流域九省区的表现也可圈可点。如"腾讯博物官"小程序自上线以来,与陕西省秦始皇帝陵博物院、山西博物院、甘肃省敦煌市博物馆联合打造博物馆智能导览服务,通过场馆地图、扫描识别、展览导览智能语音等模块为各大博物馆提供技术服务,使现实版"博物馆奇妙夜"悄然走进人们的生活,赋予博物馆全新鲜活的表现形式。又如陕西西安市政府与主流社交媒体通力合作,深度挖掘西安文化与大众衣食住行多方面结合点,将西安打造为"网红"必打卡之地。从回民街吃到永兴坊,再唱一首被众多网媒称为"中国最火方言歌"的陕西方言歌曲《西安人的歌》,成为一时流行。再如 2021 年春节期间备受好评的河南春晚舞蹈节目《唐宫夜宴》,将代表性的中国传统文化符号巧妙地与现代舞蹈结合起来,再用 VR 植入场景、4K 清晰度直播,收获官媒和广大网友一片赞誉,被网民称为"文化科技融合的正确打开方式"。

8.其他文化产业:带动力强,持续增长

除上述文化产业类型之外,黄河流域文化产业还包括广告产业、节庆产业等其他特色文化产业。

(1)广告产业

2019 年,黄河流域九省区按广告经营额由高到低依次是山东(5792819 万元)、四川(2236708 万元)、河南(571880 万元)、山西(198970 万元)、甘肃(75783 万元)、内蒙古(29032 万元)、青海(26372 万元)、陕西(24663 万元)、宁夏(5113 万元)。其中,在广告经营单位数量、广告从业人员数、广告经营额三个方面,山东均在九省区中遥遥领先,数值比位列第 2 的四川高 2～3 倍;宁夏则位居末位,有明显劣势。山东 2019 年广告经营额约为宁夏的 1133 倍,可见黄河流域地区的广告产业存在极大的发展差距(见表 23)。

表 23　2019 年黄河流域九省区广告产业基本情况

	广告经营单位(个)	广告从业人员(人)	广告经营额(万元)
全国	1646733	5968925	86945898
山西	5129	10228	198970
内蒙古	2770	7081	29032
山东	127341	572075	5792819
河南	9335	52098	571880
四川	44493	164037	2236708
陕西	3828	25504	24663
甘肃	3843	13143	75783
青海	1613	4349	26372
宁夏	1002	3334	5113

资料来源:《中国文化及相关产业统计年鉴》(2020)。

　　总体来看,山东和四川可被划入黄河流域地区广告产业发展的第一梯队;第二梯队主要是河南与山西,在经营单位、从业人员、经营额方面较其余五省区而言具有明显优势。故黄河流域九省区广告产业呈现出东、西部两点发力(即山东、四川)的整体态势。此外,九省区广告产业的发展水平与其经济发展水平不一致,这可能与各省区内部产业格局的差异有关。

　　2017～2019 年,全国的广告经营单位数量、广告从业人数、广告经营额皆稳步持续上升,保持良好发展态势。山东 2017～2019 年的经营单位数、从业人数、经营额均位列九省第 1 位,连续三年高于全国平均水平。2018 年,四川的广告从业人数为 222672 人,高于同年全国平均水平,但 2019 年下滑至 164037 人,低于全国平均水平。

　　2017 年,在经营单位数、从业人数、经营额方面,甘肃均位列九省末位,但在 2018 年、2019 年,甘肃排名波动、缓慢上升,宁夏成为九省末位。此外,相较于 2018 年,2019 年山西、内蒙古、河南、青海、宁夏的经营单位数,山西、内蒙古、河南、四川、青海、宁夏的从业人员,以及山西、内蒙古、河南、陕西、青海、宁夏的经营额,都存在明显的、不同程度的下滑现象,增长动力不足。

　　总体而言,2017～2019 年,山东广告产业发展势头良好,是九省区中唯一一个高于全国平均水平的地区;而山西、内蒙古、河南、青海、宁夏五省区的广告产业与全国平均水平的差距则进一步拉大(见表 24)。

表 24　2017～2019 年黄河流域九省区广告产业基本情况

	广告经营单位(个)			广告从业人员(人)			广告经营额(万元)		
	2017 年	2018 年	2019 年	2017 年	2018 年	2019 年	2017 年	2018 年	2019 年
山西	25249	35985	5129	73576	128455	10228	315040	330121	198970
内蒙古	6942	7206	2770	47716	46275	7081	182259	145791	29032
山东	88271	110926	127341	430054	563135	572075	4926925	5559354	5792819
河南	11871	12570	9335	70603	72812	52098	1390442	1382088	571880
四川	29846	42741	44493	140528	222672	164037	1757234	1826521	2236708
陕西	4079	2058	3828	10337	13398	25504	183209	112045	24663
甘肃	1210	2756	3843	5233	12858	13143	20825	49333	75783
青海	7390	6817	1613	25947	57902	4349	82540	76813	26372
宁夏	3184	1364	1002	18616	4941	3334	43122	8768	5113
全国平均水平	36228	44384	53120	141348	180073	192546	2224647	2577898	2804706

数据来源:《中国文化及相关产业统计年鉴》(2018～2020)。

　　山东省市场监督管理局的统计数据显示,"十三五"期间,山东省广告产业规模持续增长。截至 2019 年 12 月,山东省广告经营单位和从业人员分别为 13.2 万户和 58.3 万人,位居全国前 2 位;广告经营额达 582.1 亿元,位居全国第 6 位。2019 年山东省 GDP 为 71067.50 亿元,广告产业经营额占 GDP 的比重为 0.82%,较 2015 年的 0.56% 提高了 0.26%。可见,广告产业成为拉动山东省经济增长的重要产业之一。在互联网与大数据时代,山东省广告产业逐步向数字化、新媒体方向转型升级,2019 年的互联网广告经营额为 59.38 亿元,互联网广告收入额、从业人员占比分别为 32%、68%。截至 2020 年 12 月,山东省拥有青岛、烟台、潍坊、菏泽共 4 个国家广告产业园,数量居全国首位;拥有济南、青岛新 100、淄博、黄河三角洲、济宁、临沂鸿儒、郓城共 7 个省级广告产业园。国家和省级广告产业园区入驻广告及关联企业 4124 户,从业人员 4.78 万人,2019 年园区内广告经营额为 156 亿元,同比增长 59.34%,占全省广告经营额的 26.8%。2019 年,青岛新 100、潍坊、菏泽 3 个园区获得了国家广告业创新创业示范基地称号。

　　"十三五"期间,四川省成都市广告产业蓬勃发展,全市广告产业产值平均增速达 18.86%。至"十三五"末期,成都市主营广告企业较"十二五"末期增长 47.74%;广告从业人员、从事广告经营主体数量较"十二五"末期增长近 10 倍;产值过亿的广告企业数量较"十二五"末期翻两番,规模以上企业优势凸显。"十三五"末期,成都市人均广告消费额近 1400 元,高出全国人均广告消费额约 55%,市场活跃度和消费需求带动力十分强劲。

　　(2)节庆产业

　　节庆活动是在特定时期举办的、具有鲜明地方特色和群众基础的大型文化活动,具有较强的社会共鸣效应和经济带动能力。

　　2017～2019 年,全国群众文化机构组织品牌节庆活动的总数缓慢增加,2017 年为 5931 个,2018 年为 6034 个,2019 年为 6121 个。在黄河流域地区,2017 年,山东、河南、四川组织品牌节庆活动的数量高于全国平均水平;2018 年、2019 年,山东、河南、四川、内蒙古组织品牌节庆活动的数量高于全国平均水平。2019 年,山东的节庆活动数量是宁夏的约 8.5 倍,节庆活动呈现出区域分布不平衡的状态。2018 年,山西、四川、陕西、青海的节庆活动数量较 2017 年有所下降;2019 年,内蒙古、四川、甘肃、宁夏的节庆活动数量较 2018 年有所下降,可见黄河流域各省区的品牌节庆活动数量具有一定的波动性,节庆产业尚不成熟(见表 25)。

表25 2017～2019年黄河流域群众文化机构组织品牌节庆活动数量　　　单位:个

	2017 年	2018 年	2019 年
山西	91	83	101
内蒙古	189	219	204
山东	374	399	448
河南	205	230	235
四川	361	356	304
陕西	174	164	171
甘肃	140	146	142
青海	50	42	54
宁夏	60	64	53
全国平均水平	191	195	197

数据来源:《中国文化和旅游统计年鉴》(2018～2019)、《中国文化文物和旅游统计年鉴》(2020)。

三、黄河流域与长江流域文化产业发展对比分析

黄河与长江同为中华民族的母亲河,长江流域已成为我国文化产业高质量发展的前沿阵地,黄河流域内各省市文化产业也迫切需要提升发展质量。基于此,下文将结合新时代黄河流域文化产业发展的战略要求,通过与长江流域文化产业发展情况进行对比分析,研判黄河流域文化产业发展的新特点、新趋势,探索黄河流域文化产业高质量发展的现实路径。

(一)黄河流域与长江流域文化产业发展对比分析

1.国家战略定位

长江流域先于黄河流域被确定为国家发展战略。早在2014年,习近平在部署2015年经济工作时就将长江经济带和"一带一路"、京津冀协同发展确定为国家"三大发展战略"。2016年9月,《长江经济带发展规划纲要》正式印发,成为推动长江经济带发展重大国家战略的纲领性文件。2020年11月14日,习近平总书记在全面推动长江经济带发展座谈会上进一步强调要保护、传承、弘扬长江文化,厚植家国情怀,传播时代价值,展示多彩文明。习近平总书记指出,要保护传承弘扬长江文化。长江造就了从巴山蜀水到江南水乡的千年文脉,是中华民族的代表性符号和中华文明的标志性象征,是涵养社会主义核

心价值观的重要源泉。要把长江文化保护好、传承好、弘扬好,延续历史文脉,坚定文化自信。要保护好长江文物和文化遗产,深入研究长江文化内涵,推动优秀传统文化创造性转化、创新性发展。要将长江的历史文化、山水文化与城乡发展相融合,突出地方特色,更多采用"微改造"的"绣花"功夫,对历史文化街区进行修复。

黄河流域国家战略的正式实施始于 2019 年 9 月 18 日,习近平总书记在河南郑州主持召开黄河流域生态保护和高质量发展座谈会时指出,要保护、传承、弘扬黄河文化。黄河文化是中华文明的重要组成部分,是中华民族的根和魂。要推进黄河文化遗产的系统保护,守好老祖宗留给我们的宝贵遗产。要深入挖掘黄河文化蕴含的时代价值,讲好"黄河故事",延续历史文脉,坚定文化自信,为实现中华民族伟大复兴的中国梦凝聚精神力量。

自此,黄河流域在我国经济社会发展和生态安全方面的重要地位得以确立,黄河流域生态保护和高质量发展成为国家战略。深入贯彻落实习近平总书记的重要讲话精神,就要从国家的高度、全局的视野深度审视黄河文化,认真做好黄河文化保护传承弘扬。

2021 年,《"十四五"文化产业发展规划》对区域文化产业协调发展提出新要求,强调围绕长江经济带发展、黄河流域生态保护和高质量发展等重大战略,推动区域文化产业带和产业群建设。充分发挥文化产业在长城、大运河、长征、黄河等国家文化公园建设中的作用。该规划重点定位了长江文化带、黄河文化带等"四群七带"的建设。其中,长江文化产业带要发掘长江沿线羌藏、巴蜀、滇黔、荆楚、湖湘、赣皖、吴越等不同的文化特色和资源,加强传统、现代文化的有机融合,打造各具特色的长江文化产业集群。黄河文化产业带则要依据黄河流域的自然地理格局及地域文化,促进上下游互动、干支流协同、点线面支撑,推动黄河沿线河湟、河套、关中、三晋、河洛、齐鲁等文化产业片区建设,构建覆盖全流域、体现"根和魂"的黄河文化产业带。

依据该规划精神,两河流域都进一步深化了文化的挖掘和研究,加强了文化遗产的系统保护,不断推动文化和旅游的融合发展。比如,长江流域沿线皖苏浙沪四省市旅游部门建立了长三角旅游合作联席会议,相继推出长三角城市群"茶香文化""心醉夜色""岁月余味""江南水乡"等主题的体验之旅和两批次长三角十大自驾游线路等特色产品,积极推动建设长江文化旅游示范带。沿黄河流域各省也已经行动起来,在黄河国家文化公园建设过程中,河南、陕西、山西、甘肃、四川等省开展了黄河文化文物资源专项调查,编制了黄河文化保护传承规划,在促进黄河文化价值挖掘和研究工作方面迈出了坚实步伐。

2.现实基础与发展环境

由于长江流域国家发展战略确立较早,加之其他地缘因素,其文化产业发展的现实基础和发展环境与黄河流域相比具有优势。

首先,从人口分布格局和经济发展水平来看(见表26),2019年,黄河流域9省区总人口4.79亿人,占全国总人口的34.2%;GDP为24.7万亿元,占全国总量的25%。长江流域11省市总人口达到6.02亿人,占全国总人口数的43%;GDP为45.8万亿元,占全国总量的46.7%。人口占比与经济占比的差额表明黄河流域发展的整体水平要低于长江流域,进一步凸显了长江流域经济带对于全国经济的支撑引领作用。

表 26　2019 年两大流域基本情况

	省(区、市)	流域面积(平方公里)	人口(亿人)	GDP(万亿元)
黄河流域	青海、四川、甘肃、宁夏、内蒙古、陕西、山西、河南、山东	79.5 万	4.79	24.7
长江流域	上海、江苏、浙江、安徽、江西、湖北、湖南、重庆、四川、云南、贵州	180 万	6.02	45.8

其次,从产业空间格局角度来看,整个长江流域的经济、人口逐渐向沿江地区集聚,有助于发挥比较优势形成城市群发展,比如扬子江城市带、皖江城市带、中游城市群、成渝城市群等;但是黄河流域形成的多是以省会为中心的都市圈,与黄河沿河段契合关系不紧密,所以黄河流域建设以中心城市辐射周边地区的区域经济系统更为合适。

再次,从消费水平来看,居民家庭平均每人的年教育文化娱乐服务支出及其占全部消费性支出的比重能够有效反映该城市的文化消费能力。由图7可见,2015~2017年我国居民人均文化娱乐消费支出增长较快,但2018~2019年不升反降,人均文化消费支出出现下滑,文化消费水平亟待提升。分地区来看,2015~2019年,黄河流域9省市居民人均文化消费支出数额明显低于长江流域,也低于全国总体水平,年均增速只有1.9%,居民文化消费潜力尚有待深入挖掘。

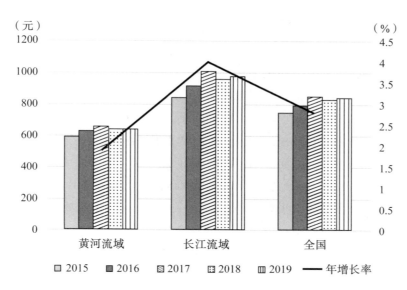

图 7　2015～2019 年分区域全部居民人均文化消费变化情况

数据来源:《中国文化及相关产业统计年鉴》(2016～2020)。

最后,从城乡消费差异来看,2015～2019 年,全国范围内城镇和乡村人均文化消费支出呈现持续稳定增长态势。如图 8 所示,黄河流域和长江流域两地区农村居民人均文化消费支出年均增速超过城镇居民人均文化消费年均增速,城乡之间差距不断缩小,但目前长江流域整体处于高位。随着乡村文化振兴政策的实施,农村居民的消费水平逐步提高,区域发展不平衡将进一步缓解。

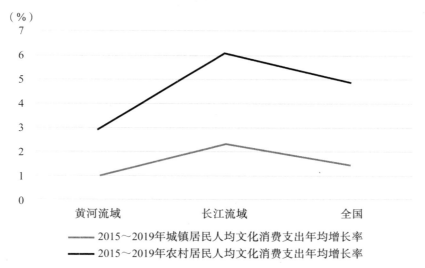

图 8　2015～2019 年分区域城镇居民和农村居民文化消费增长情况

数据来源:《中国文化及相关产业统计年鉴》(2016～2020)。

3.文化产业发展规模

下文重点从文化产业的发展速度和流域内文化企业的经营状况来比较黄河流域和长江流域文化产业的发展规模。

就发展速度来说,从全国范围来看,我国文化产业发展速度与我国经济社会发展增速保持高度一致,文化产业对国民经济增长的支撑和带动作用得到充分发挥。2018年全国文化及相关产业增加值为41171亿元,较上一年增长18.57%,占GDP的比重为4.48%,比上年提高0.22个百分点,比同期GDP名义增速高出近12个百分点。分区域来看,2015~2018年,长江流域与黄河流域文化产业均呈现健康平稳的增长态势,长江流域11省市文化产业发展尤为迅速,年均增长率达到14.5%,与同期全国文化产业增速水平基本保持一致。受区域整体经济发展水平影响,黄河流域9省区文化产业年均增长率为8.9%,低于长江流域,与长江流域文化产业发展存在明显差距(见图9)。

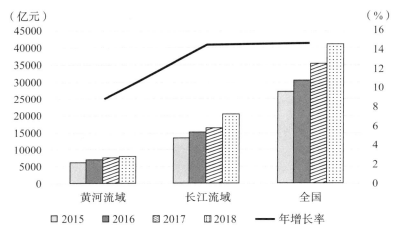

图9 2015~2018年各地区文化产业增加值及年均增长率

数据来源:《中国文化及相关产业统计年鉴》(2016~2020)。

从文化企业经营状况看,2019年,我国文化企业经营情况整体良好,资产总计达到246229.2亿元,营业收入额135025.2亿元,分别比上年增长了9.3%和3.4%,法人单位数基本保持持平,就业人员数量出现小幅度减少。在这样的大背景下,2019年,长江流域11省市文化及相关产业各项指标情况与上年基本持平;黄河流域9省区文化及相关产业各项指标均出现下降情况,整体经营状况不及长江流域。综上,2018~2019年长江流域文化企业整体经营状况依然保持着完全领先优势,黄河流域文化企业整体经营状况较弱;同时,两地区就业人员均出现明显减少的趋势,文化企业对于就业的带动效应有待进一步放大（见表 27）。

表 27　2018 年与 2019 年分区域文化及相关产业各项指标对比

	法人单位数（万个）		就业人员（万人）		资产总计（亿元）		营业收入（亿元）	
	2018 年	2019 年	2018 年	2019 年	2018 年	2019 年	2018 年	2019 年
全国	210.31	209.30	2055.8	1923.2	225785.8	246229.2	130185.7	135025.2
长江流域	89.56	90.50	938.7	912.3	111511.9	125569.7	64475.8	61396.6
黄河流域	49.62	42.41	439.2	374.3	40884.6	40845.0	20407.5	19598.8

数据来源：《中国文化及相关产业统计年鉴》（2019、2020）。

4.文化产业发展结构

随着我国文化体制改革的持续推进，2019 年我国文化产业结构进一步得到优化，产业质量与效益稳步提升；其中，文化服务业占比达到 75.6％，对文化产业发展贡献率最高。这一特点在两江流域表现得很明显，区域文化产业结构发生较大变化。2019 年与 2015 年相比，长江流域和黄河流域文化制造业、文化批零业比重均呈现不同程度的下降，文化服务业比重显著提升，长江流域文化服务业占比超过全国水平（见表 28）。

表 28　2015 年与 2019 年分区域文化产业结构变化情况

	2015 年			2019 年		
	文化制造业占比（％）	文化批零业占比（％）	文化服务业占比（％）	文化制造业占比（％）	文化批零业占比（％）	文化服务业占比（％）
全国	40.6	9.3	50.1	16.7	7.7	75.6
长江流域	33.3	15.4	51.3	12.4	4.4	83.2
黄河流域	46.6	9.8	43.6	36.1	12.3	51.6

数据来源：《中国文化及相关产业统计年鉴》（2016、2020）。

2019 年，黄河流域 9 省区文化制造业占比较大，超过 30％，高于全国整体水平和长江流域 11 省市占比；文化批零业在两流域文化产业结构构成中均占比最低，和全国整体水平较为一致；两流域文化服务业占比均是最高，其中，长江流域 11 省市文化服务业占比更是超过 80％，黄河流域 9 省区文化服务业占比也超过 50％（见图 10）。由此可见，供给侧结构性改革引领的生产结构的变化，有力地推动了文化产业结构的变动，进一步促进文化产业高质量发展。

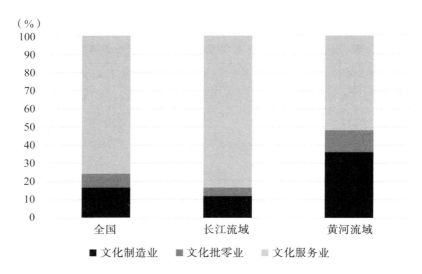

图 10　2019 年分区域文化产业结构情况

数据来源：《中国文化及相关产业统计年鉴》(2020)。

　　文化产业新业态是文化产业发展结构优劣的重要指标。文化新业态特征较为明显的 16 个行业①小类发展数据能较好反映文化产业新业态发展情况。国家统计局调查数据显示，2020 年前三季度，文化新业态特征较为明显的 16 个行业小类实现营业收入 21229 亿元，比上年同期增长 21.9%，而 2020 年前三季度规模以上文化及相关产业企业营业收入降幅继续收窄，同比下降 0.6%，文化产业新业态发展在逆势中依然势头强劲。2019 年，拥有互联网百强企业②的省份达到 18 个，地域覆盖不断增加。在区域分布上，长江流域 11 省市互联网百强企业数量共 41 家，黄河流域 9 省区互联网百强企业主要分布在山东省、四川省与河南省，区域平均数量远低于长江流域（见图 11）。由此可见，长江流域各省市依托良好的区位优势和经济综合实力，在文化产业新业态的发展中拥有绝对优势地位，黄河流域文化产业新业态的发展与之存在明显差异。

---

　　①　文化新业态特征明显的 16 个行业小类是：广播电视集成播控，互联网搜索服务，互联网其他信息服务，数字出版，其他文化艺术业，动漫、游戏数字内容服务，互联网游戏服务，多媒体、游戏动漫和数字出版软件开发，增值电信文化服务，其他文化数字内容服务，互联网广告服务，互联网文化娱乐平台，版权和文化软件服务，娱乐用智能无人飞行器制造，可穿戴智能文化设备制造，其他智能文化消费设备制造。
　　②　互联网百强企业数量指的是各省（自治区、直辖市）互联网头部企业的数量总和，其中尤其注重反映互联网企业的发展实力。

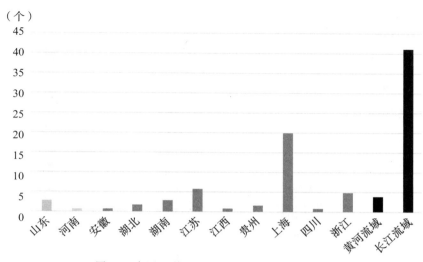

图 11　中国互联网百强企业地区数量分布情况

数据来源:《2019 年中国互联网企业 100 强发展报告》。

5.文化产业创新能力

文化企业的知识产权数量和国家高新技术企业中文化企业数量是创新持续力指标的两个重要测度变量。截至 2019 年年底,我国有 R&D 活动的企业数量超过 6000 家,文化企业获得专利授权超过 15 万件,同比增长 20%。可见,文化产业创新能力实现了快速提升。从各地区规模以上文化制造业企业科技活动情况来看,2017~2019 年,长江流域 11 省市规模以上文化制造业有R&D 企业数实现持续增长,而黄河流域 9 省区规模以上文化制造业有 R&D企业数则呈逐年下滑态势;规模以上文化制造业有 R&D 企业数区域间差距较大,数量上依然是长江流域 11 省市占有绝对优势,属于文化产业发展强势区域(见图 12)。

从规模以上文化制造业研发产出来看,两流域文化制造业有效发明专利数增长速度明显低于全国水平。从有效发明专利数绝对值来看,长江流域 11省市文化制造业有效发明专利数高于黄河流域 9 省区数量,地区文化产业创新发展的不均衡性非常突出,这与各地区文化产业人才数量有着密切关系(见图 13)。

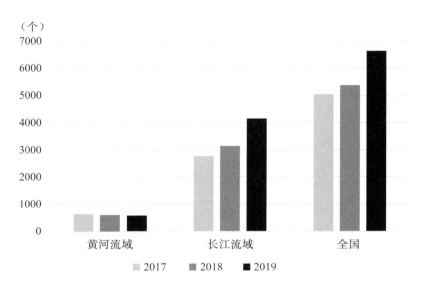

图 12　2017～2019 年各地区规模以上文化制造业有 R&D 活动企业数

数据来源:《中国文化及相关产业统计年鉴》(2018～2020)。

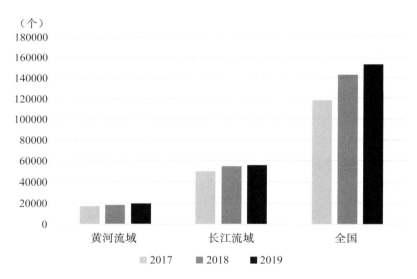

图 13　2017～2019 年各地区文化及相关产业专利授权数

数据来源:《中国文化及相关产业统计年鉴》(2018～2020)。

(二)长江流域文化产业发展经验借鉴

2019 年 9 月 18 日,习近平总书记在黄河流域生态保护和高质量发展座谈会上发表重要讲话,号召"让黄河成为造福人民的幸福河";2020 年 8 月 31 日,习近平总书记主持召开中共中央政治局会议,审议《黄河流域生态保护和高质量发展规划纲要》,为新时代黄河流域生态保护和高质量发展擘画了宏伟蓝图。黄河流域与长江流域文化产业发展同属国家区域重要战略及"十四五"规划重点项目,鉴于二者在文化资源和发展环境等方面具有相似特质及政策基础,以及黄河流域在文化产业发展各方面落后于长江流域的现实状况,因此黄河流域亟须在对比分析中借鉴长江流域文化产业丰富的发展经验,促进区域内部文化产业向一体化、融合化、数字化、品牌化、国际化方向发展。

1.点、线、面的一体化发展模式

长江经济带覆盖沿江 11 省市,横跨我国东、中、西三大板块,人口规模和经济总量占据全国"半壁江山",流域内有 7 个城市在 2020 年前三季度中国城市 GDP 排行榜前 10 位,有 9 个省市经济增速超过 2%。《长江经济带发展规划纲要》确立长江流域"一轴、两翼、三极、多点"的发展新格局①,依此结合国内大循环需要,长江上中下游实行差异化竞争,畅通产业链循环;东中西段完善全要素配置,畅通供应链循环;水铁陆空打造协同化布局,畅通物流链循环;海江边陆加强全流域统筹,畅通商品链循环。打通关键环节的堵点,带动人流、物流、商流、信息流在全国进行大范围转移,使市场供需在更高水平实现动态平衡。

在上述经济发展格局基础上,长江流域文化产业形成了一体化的发展模式。

根据华东师范大学发布的《长江经济带城市协同发展能力指数(2020)》报告,长江流域城市协同发展能力具有显著的正向空间相关性,在空间上趋于集聚,形成了以上海为核心,以杭州、苏州、南京、宁波、合肥等为中心,以沪宁线、沪杭线、杭甬线为走向的文化产业集聚网络,一体化发展现象明显。长江文化产业带串联流域内部不同地域文化特色和资源,上海、南京、武汉、长沙、重庆、成都等沿线节点城市因具备协同合作的基础,文化产业发展各有所长,强调发挥沿线核心城市的创新引领作用,形成了长三角城市群、长江中游城市群、成渝城市群 3 个优势城市群地区。近年来,国家注重通过地方政府职能进行改革和协调,长三角、成渝地区等区域战略已上升为国家战略。上海市张江高新区联合武汉东湖高新区、合肥高新区、南京高新区、重庆两江新区共同发起成立"长江流域园区合作联盟",构建长江流域园区协同发展平台和合作机制,促

---

① 《长江经济带发展规划纲要》确立了长江经济带"一轴、两翼、三极、多点"的发展新格局。"一轴"是以长江黄金水道为依托,发挥上海、武汉、重庆的核心作用;"两翼"分别指沪瑞和沪蓉南北两大运输通道;"三极"指的是长江三角洲、长江中游和成渝三个城市群;"多点"是指发挥三大城市群以外地级城市的支撑作用。

进长江流域园区人才、产业、项目的互动交流、资源共享以及合作发展。长江流域落实《关于依托黄金水道推动长江经济带发展的指导意见》,以沿江综合运输大通道为支撑,促进上中下游要素合理流动、产业分工协作,建设连通南北高速铁路和快速铁路的沿江高速铁路及沪昆高速铁路,形成覆盖 50 万人口以上城市的快速铁路网;同时将《长江经济带发展规划纲要》提出的"文化型城市群"作为目标,以此引导长江经济带空间规划、产业布局、基础设施、公共文化服务配套等方面建设(刘士林,2018)。

《"十四五"文化产业发展规划》提出依托地方历史文化、民族文化和生态文化资源,培育长江文化产业带、黄河文化产业带等 7 个文化产业带。基于黄河流域文化特点,黄河流域文化产业的发展应利用沿线 9 省区的产业资源和要素优势进行协同创新,各省区共同做好黄河文化研发、黄河文化遗产保护,在黄河文化旅游资源开发和黄河文化旅游交流合作等方面进行深度交流合作,依托黄河流域的自然地理格局及地域文化,促进上中下游互动、干支流协同、点线面支撑,围绕黄河流域沿岸重点城市打造区域文化中心并迅速形成黄河流域城市群的梯度效应,建立健全省域、城市之间的协调与沟通机制,完善城市间的协调与联动机制,加速区域一体化发展进程,构建覆盖全流域的黄河文化产业带。实现区域内文化资源的整合,优势互补、信息交流、成果共享,最大程度发挥本区域在国内大循环中的促进作用,在新时代国内循环的背景下,抓住契机,同长江流域文化产业一道形成中华文化的大循环。

2."文化产业+"的融合化发展

在我国经济进入新常态、面临一系列新的突出矛盾和主要问题的环境下,文化产业的发展面临结构性失衡问题。供给侧结构性改革可以有效解决我国文化产业发展中"供需错配"的主要矛盾,以供给侧结构性改革为突破,从文化产品和服务生产、供给端入手,调整文化产业供给结构,实现文化产业合理化和高度化发展,为真正扩大内需、打造文化经济发展新动力提供有效路径。近年来,长江流域文化产业的供给侧结构性改革稳步进行,以创新形成更高质量的文化产品和服务的有效供给,带动新需求;同时通过杜绝低俗供给、减少低端供给、淘汰过剩供给、清理僵尸供给、盘活呆滞供给,培育新的经济增长点(范周,2016)。长江流域构建航运大市场,区域协同机制不断推进,流域 11 省市文化产业呈现健康平稳发展态势,整体发展水平位居全国前列,发展势头良好;市场体系得到完善,供给侧结构主体优化,长江流域文化制造业、文化批零业比重均呈现不同程度的下降,文化服务业比重提升较大,高于全国平均水平;公共文化服务持续升级,长江流域居民人均文化消费支出增速高于全国平均水平,居民文化消费能力进一步增强。

文化产业结构优化的标志是业态融合,即不同产业或同一产业内不同行业间的相互交叉和渗透日益普遍,产业结构发生变化并催生全新业态,形成新的经济增长点(毛蕴诗等,2006)。文化产业的发展需要在跨界中形成多业态交互融合的局面,才能使其在组织形态和资源利用上形成更具适应能力的结构,在技术含量和文化含量方面向更高层面发展并有效助推经济转型升级。长江流域文化产业依托长江经济带,坚持文化产业引领发展、融合发展和理性发展的理念,通过加强区域协同创新,建立了"战略支点"并形成"点轴联动"效应(耿达等,2017)。

在文化产业与科技业的融合方面,近年来国家政策导向高度重视长江流域的创新能力,力图通过创新推动文化产业与科技产业的相互融合,实现二者跨越式发展,使区域文化创新融合成为促进区域经济发展提质升级、提升我国整体文化软实力和对外形象的重要助推器。2014年,国务院印发《关于依托黄金水道推动长江经济带发展的指导意见》,提出要用创新驱动促进产业转型升级,推动长江经济带自主创新能力提升,推进信息化与产业融合发展。2016年,中央政治局审议通过《长江经济带发展规划纲要》,将改革引领、创新驱动定为推动长江经济带发展的基本原则之一,促进文化与科技产业融合发展。长江流域在文化产业发展中积极运用科学技术,长期重视数字技术的研发与应用,文化产品和服务的科技含量有所提升。长江流域11省市互联网百强企业数量占据全国数量的一半以上,建设了重庆中国三峡博物馆国家文化和科技融合示范基地、马栏山视频文创产业园国家文化和科技融合示范基地、苏州高新区国家文化和科技融合示范基地等独具特色的长江文化基地。

在文化产业与旅游业的融合方面,截至2019年,长江流域拥有世界遗产28处,占全国51%;5A级景区数126处,占全国45%;中国传统村落数2605个,占全国38%;中国优秀旅游城市136个,占全国40%。长江流域旅游产业经过多年发展,传统旅游目的地的建设已极为成熟,以传统旅游景区为地理单元的文旅条件性资源集聚态势十分明显。2018年,国家文化和旅游部印发《长江国际黄金旅游带发展规划纲要》,长江流域文旅融合产业发展上升为国家级产业发展战略。作为我国旅游产业和文化产业最先发展的区域之一,长江流域以文旅融合产业为基础的新兴业态正逐渐兴起,沿线各省市重视自身文旅形象定位与品牌营销,依托极具特色的自然人文环境以及民俗文化资源,打造上海迪士尼乐园、杭州宋城千古情、桐乡乌镇西栅景区等在国内外具有较高影响力的文旅产品。

文化产业与资本的融合逐渐成为文化产业发展的创新形式且发展极度活跃,二者的融合以资本为手段,推动文化企业跨地区、跨行业、跨所有制兼并重组,促进文化产业资源的集聚集约发展和产业布局的优化。近年来,长江流域举办"C50 长江峰会",打造武汉市文化与金融合作等示范区,推动文化与资本的深度融合,优化文化产业结构,完善管理机制,提升科技创新能力,积极发展战略性新兴产业。

黄河流域虽文化资源丰富,文化价值较高,但其资源的系统开发与科技、旅游、资本的创新融合发展不够。黄河流域在《关于促进文化和科技深度融合的指导意见》等国家政策引导下,应积极形成并优化黄河流域文化、资本、科技和信息发展的联动机制,提高黄河流域文化产业的业态融合效率。同时,黄河流域与长江流域在区位条件上存在相似之处,可借鉴其已有融合模式获得新发展机会,助推本流域文化产业融合化发展。

3.文化产业发展的数字化转型

加快数字化发展是提高区域经济质量效益和文化产业核心竞争力的必由之路。2020 年,中央文化体制改革工作领导小组办公室发布《关于做好国家文化大数据体系建设的通知》,指出建设国家文化大数据体系是新时代文化建设的重大基础性工程,也是打通文化事业和文化产业、畅通文化生产和文化消费、融通文化和科技、贯通文化门类和业态,推动文化数字化成果走向网络化、智能化的重要举措。2021 年《中华人民共和国国民经济和社会发展第十四个五年规划和 2035 年远景目标纲要》将打造数字经济新优势,坚持新发展理念,营造良好数字生态列为"十四五"时期目标任务之一。国家文化大数据体系建设是新时代文化建设的重大基础性工程,是宣传文化界的"新基建",是贯彻国家大数据战略、推进文化和科技深度融合的有效举措(高书生,2020)。加快数字化发展,推进国家文化大数据体系建设标志着数字时代文化发展即将迈入以新基建为基础支撑、以文化数据为关键要素、以体系化应用激活文化生产力的新阶段(宋洋洋,2020)。《中国区域数字化发展指数报告》中多组数据表明(见表 29),长江流域多个省份在全国数字创新要素投入、数字基础设施建设、数字经济发展水平、数字社会建设发展水平中位居前列。

表 29　中国区域数字化发展指数测算结果

	沿线地区	创新要素投入	数字基础设施	数字经济发展	数字社会建设	总得分
长江流域	江苏	0.57	0.69	0.74	0.66	0.68
	上海	0.75	0.56	0.63	0.59	0.63
	四川	0.53	0.26	0.42	0.54	0.44
	重庆	0.50	0.45	0.27	0.46	0.39
	湖北	0.53	0.31	0.21	0.21	0.35
	安徽	0.27	0.19	0.25	0.25	0.33
	湖南	0.38	0.23	0.25	0.25	0.32
	江西	0.31	0.23	0.28	0.28	0.30
	云南	0.15	0.13	0.18	0.18	0.23
	青海	0.20	0.17	0.11	0.11	0.22
	西藏	0.20	0.14	0.09	0.09	0.21
黄河流域	山东	0.35	0.38	0.50	0.58	0.46
	四川	0.53	0.26	0.42	0.54	0.44
	陕西	0.49	0.27	0.27	0.51	0.36
	河南	0.35	0.33	0.30	0.32	0.32
	宁夏	0.17	0.27	0.11	0.47	0.23
	青海	0.20	0.17	0.11	0.53	0.22
	内蒙古	0.35	0.17	0.10	0.33	0.21
	山西	0.27	0.20	0.10	0.29	0.19
	甘肃	0.16	0.23	0.08	0.36	0.18

数据来源:《中国区域数字化发展指数报告(2021)》。

　　长江流域近年来将"互联网＋""文化＋"作为其经济带的发展宗旨,在很大程度上消解了流域内不同地域之间的差异性与距离性,形成了长江经济带的文化产业群,并有效推进长江经济带的文化大数据和数字化建设。目前,流域内部上海和江苏在推动文化大数据建设方面走在了全国前列,其发展有如下四个特点:(1)把文化大数据建设与当地党委、政府中心工作和重点任务相结合。上海把国家文化大数据建设列入上海市委、市政府新基建的三年行动计划,江苏把文化大数据建设和国家文化公园建设相结合,有效推进了当地文化大数据的建设进度。(2)积极推动红色基因库试点,加大红色文化产品开发,形成全国红色基因库。上海中共一大会址将数据采集同新址数字博物馆建设统筹推进,江苏推动雨花台开展红色基因库建设。(3)调动国有骨干文化企业参与文化大数据建设,上海东方有线展开文化专网和数字化文化生产线工作,江苏有线在新建数据中心为国家文化大数据预留 500 个机柜,凤凰出版和江苏演艺自筹资金建设数字化文化生产线等。(4)积极谋划文化体验体系建设,促进文化社会事业发展,丰富人民群众精神文化生活。上海充分利用公共文化空间,吸收商委、教委共同推进文化体验进商场和学校,江苏推动南京等地市在旅游景区建设文化体验园(高书生,2020)。整体来看,长江流域工业互联网、大数据中心等产业新型基础设施布局系统合理;重视发展数字经济,与实体经济深度融合,打造了具有国际竞争力的数字产业集群;数字社会、数字政府建设持续加强,公共服务、社会治理等数字化水平稳步提升。

黄河流域在劳动、技术、制度、政策方面发挥后发优势具有一定基础条件:流域内部劳动力资源丰富,劳动力价格较为低廉;通过技术引进可以实现技术能力的低成本快速累积;作为国家重点战略,中央政府对黄河流域的政策倾斜和地方政府出台的产业支持政策不断加深;对长江流域文化产业相关制度的移植和效仿能够节约制度创新的成本和时间。黄河流域在文化产业发展上具有多维后发优势,借鉴长江流域文化产业数字化发展过程中的成功经验,能够行之有效地推动本流域文化产业信息化、数字化升级转型。

4.特色文化 IP 和品牌化建设

区域特色文化产业品牌是文化产业核心竞争力和国家文化软实力的重要体现,指借助于某一特定区域的特色文化资源,以创新性转化、科技性提升和市场化运行的方式,在该区域内培育而成的拥有名牌效应和一定知名度与美誉度的文创产品及服务系统。区域特色文化产业品牌的打造需要特色文化 IP的支撑。

IP 产业在文化产业的组成中占据较大比重,在推动文化产业发展、促进社会经济转型升级中发挥着重要作用。国内文化 IP 产业发展源于 2011 年"泛娱乐"战略的提出,但该 IP 内容浅薄空洞、产品质量参差不齐,忽略文化 IP 蕴含的情感与价值观,故"新文创"应运而生。其将文化 IP 产业升级为文化内容的体验,以更为多元的表现形式让大众广泛参与其中,在追求娱乐的同时与文化精神内核建立紧密的情感联结(师曾志,2018)。随着技术驱动力的不断增强,"新文创"更注重文化和科技的深度融合。数字技术与移动互联相互助力,共同构建更受欢迎的数字文化体验与展现体系(朱逸伦等,2019)。在"新文创"发展趋势的带动下,2018 年 9 月,中国文化 IP 及创新设计展发布《2018 中国文化 IP 产业发展报告》,对文化 IP 进行了重新定义:文化 IP 特指一种文化产品之间的连接融合,是有着高辨识度、自带流量、强变现穿透能力、长变现周期的文化符号。

对于长江和黄河流域而言,特色文化IP的打造和品牌化建设一定是建立在"长江"与"黄河"两个超级IP的基础上,通过对当地文化进行提取加工,将原创的艺术设计与本土文化相融合,进而为区域内部城市打造具有特色的文化旅游形象,为城市文化品牌输出提供新途径。区域特色文化IP的开发对于区域内部的文化传承与经济发展具有重要意义,不同地区可通过整合资源,延伸文化IP产业链,打造区域品牌,提升认知度,促进区域文化力和向心力凝聚,助力区域内各城市高质量发展。

以长江流域的上海为例,上海稳居电竞一线城市,目前正在加速建成"国际电竞之都"并带动相关产业如直播、交通、旅游的增长以及城市文化品牌发展。文化IP产业链大致分为创作层、创收层和衍生层三块。创作层创作门槛低,以个人创作为主,内容丰富,形式多样;创收层是将文化IP进行价值开发的最大变现渠道,领域包括影、视、漫、游等;衍生层则是创作层进行一系列开发变现后的衍生品,是当下备受年轻群体追捧的新兴市场(王莹莹,2020)。长江流域文化IP在深度发掘产业链不同方面的同时,通过数字虚拟影像和声光电等"文化＋科技"与地域文化生态"文化＋旅游"的融合发展模式相结合,将长江IP与城市集群、城市文化融合形成双IP模式,打造了以"长三角城市群IP""武汉知音号IP""浙江宋城千古情IP""苏州姑苏八点半""成都三城三都"等为典型代表的一批长江特色文化IP,促使城市文化内容突破历史维度与空间场域限制,更加符合年轻人的审美需求。通过文化驱动,带动文旅产业,实现价值转化,进而带动长江流域文化IP的可持续发展。

黄河流域文化产业在发展过程中要抓住重要时间节点,牢牢把握发展机遇期,学习长江文化IP的发展模式,借助数字化转型、服务化升级、智慧化改造,让黄河文化精神活起来,真正打造出黄河特色文化IP。同时,黄河流域在品牌化建设过程中应效仿长江流域打造诸多特色品牌,在整合丰富多样的黄河流域文化资源的基础上形成带有黄河特色文化IP的文化产业品牌,实现跨区域的统筹规划、错位发展、优势互补,推进黄河流域文化产业的品牌化建设。

5.文化产业发展的国际化视野

早在2006年《国家"十一五"时期文化发展规划纲要》就对文化"走出去"战略进行了明确界定;之后,文化部出台的《文化建设"十一五"规划》提出推动实施五大发展战略,其中之一就是"中华文化走出去战略";十八大报告针对文化领域着重提出"文化软实力显著增强,文化产业成为国民经济支柱性产业,中华文化走出去迈出更大步伐,社会主义文化强国建设基础更加坚实";十八届三中全会进一步指出,在文化领域要"建设社会主义文化强国,增强国家文化软实力"。为贯彻党的方针,国家制定了一系列针对文化"走出去"的政策性文件,陆续出台了《关于加快发展对外文化贸易的意见》《丝绸之路文化产业战略规划》等文件,特别是 2016 年 11 月 1 日,中央全面深化改革领导小组第二十九次会议审议通过《关于进一步加强和改进中华文化走出去工作的指导意见》。

基于国内社会主要矛盾的变化和国际形势变化,以习近平同志为核心的党中央做出了"推动形成以国内大循环为主体、国内国际双循环相互促进的新发展格局"的战略决策。双循环的新发展格局是要让开放的国内文化市场在资源配置和经济成长中起决定性作用,改变中国参与国际产业竞争的形式、方式和途径,让国内市场与国际市场链接起来,以开放的国内市场促进和带动国内企业参与国际外循环。国际外循环是国内国际双循环的重要组成部分,指产业链上下游各个环节的链条完全处在国外,要素与产品都在国外进行生产(周曙东等,2021)。习近平指出,在开展这一工作进程中要统筹沿海沿江沿边和内陆开放,加快培育更多内陆开放高地,提升沿边开放水平,实现高质量"引进来"和高水平"走出去",更高质量利用外资,推动贸易创新发展;加快推进规则标准等制度型开放,完善自由贸易试验区布局,建设更高水平开放型经济新体制;把握好开放和安全的关系,织密织牢开放安全网。畅通国际外循环,要求不同区域文化产业在针对国际发展环境和产业变化规律的同时,持续推动"文化走出去"战略,提高国际化水平。

在以上背景下,2016 年首届长江文化带论坛形成并发布了《长江文化带·泸州共识》,提出"推进长江经济文化协调发展,构筑世界生态文明黄金廊道"的目标,从长远角度助力长江文化"走出去"。长江流域充分依托国家"一带一路"建设和长江经济带战略,抓住对外开放的契机,发挥长江的战略通道和文化纽带作用,推动文化"走出去",增强长江文化影响力和辐射力。一方面,长江流域各省市加大对外开放力度,利用上海作为东西方文化交融的枢纽,发挥桥头堡作用,促进长江文化与海上丝绸之路链接;重庆打造两江新区与成渝地区双城经济圈建设融合,推动长江经济带发展同共建"一带一路"融合;武汉建设长江新区,推动建设湖北自贸试验区武汉片区,坚持以制度创新促进对外开放,积极打造市场化、法治化、国际化营商环境。另一方面,长江流域依托上游西南地区与南亚、东南亚的地域联系,与西南丝绸之路对接,使西南地区特色文化成为沟通南亚、东南亚区域的重要精神纽带。长江流域突破 11 个省市行政边界和区域性市场的束缚,规划建设了长江上游成渝城市群、中游城市群和长三角区域性市场,研究制定了促进其与丝绸之路经济文化市场实现有机链接的体制机制,促进国内文化产业的国际化发展。

黄河流域在强化对外开发的过程中,要依据自身条件、针对关键问题、利用发展机遇,借鉴长江流域成功发展的经验,把对外与对内开放、东部与西部开放、"引进来"与"走出去"进行结合,形成"根基—约束—支撑"独特的建设逻辑,针对国内、国外两个市场衔接流域内部要素,合理配置国内国外不同资源(宋洁,2021)。推进黄河流域多层次融入"一带一路"建设,借助国际化发展解决流域内部转型升级遇到的问题,传承发扬黄河文化,建设外循环,提升国际化水平。

四、黄河流域文化产业发展的问题分析

黄河流域九省区虽然在文化产业的发展方面已然取得了较为明显之成效,但与发展较为迅速的长江流域相比,无论是在产业规模,还是在产业结构、市场环境、智库人才、品牌塑造等方面,仍旧存在一定的差距,与当前经济发展的总体形势不相协同。实际上,黄河流域九省区目前之所以存在这样或那样的问题,与政府的推动和引导有着莫大关联。在体制机制改革与政策法规支援上,可以继续加大力度;在高新技术投入与发展新兴文化产业方面,可以继续积极鼓励和提倡。但无论如何,从发展现状与发展环境来看,黄河流域九省区需高度重视且亟须解决的共性问题主要有以下几个。

(一)政策法规与体制机制仍需完善

首先,文化产业的高质量发展离不开政策法规的支撑,而目前黄河流域九省区在这方面仍有提升之空间。如四川省不仅缺少具体的政策法规支持,还缺乏财政、金融、土地、税收、人才等方面具体的配套政策措施,没有专门保障和促进文化产业发展的地方法规(蹇莉等,2019)。又如山东省为支持文化产业发展,出台了《促进文化产业发展的若干政策》,在财政税收、工商登记、土地使用、融资信贷、信息服务、市场开拓、人才引进与培养等方面制定许多扶持优惠政策,然而有些优惠政策却缺乏更为详细的规定,对文化产业园区(基地)优惠较多,落实起来比较容易;而对大量需要扶持的中小规模企业来说,很多优惠政策无法真正得到有效落实。同时,对文化产业企业而言,有的经营理念落后、缺乏创新,加之与有关土地、金融、税收等部门沟通不畅,也阻碍了文化产业扶持政策的落实(刘文娟等,2019)。

其次,文化产业体制机制的不健全亦制约了黄河流域九省区文化产业高质量发展。实际上,体制机制的问题由来已久,在以市场为主体的今天,一些省份依然以政府为主体,文化体制改革较为滞后,缺乏创新与活力。如山东省虽然在体制改革中取得了重大突破,但对于一些深层次问题仍然一时难以解决,而这主要体现在以下几点:一是政府与文化产业的关系还没有理顺。政企不分、管办不分、事企相混等问题还没有从根本上解决。文化资产经营权和经济责任不明确,真正的市场主体尚未形成。从文化事业到文化产业的管理体制还不健全,也是困扰产业发展的重要因素之一。二是文化体制改革推进力度不平衡,表现为各地进度不一,有的还跟不上发展的要求,全面改革有待进一步深化。三是文化产业结构还不够合理,虽然新闻出版、广播影视、文化艺术等文化产业核心层实力明显提高,新兴文化产业有了很大发展,但文化用品、设备制造业等相关层仍占较大比重(占文化产业增加值的56%)。四是文化产业对经济增长的贡献率偏低,山东文化产业增加值占GDP的比重偏低,这与重要支柱产业的要求相差甚远(刘文娟等,2019)。又如宁夏回族自治区存在政府人员编制配备不足的问题,银川市之外的市县级文化产业工作人员没有专门的工作编制,通常是由文化馆的干部或乡村干部临时担当完成文化产业任务的角色,这些干部在做好本职工作的同时,临时性地负责文化产业管理工作,其工作效率和质量难以保证(杨学燕,2019)。总之,新时代沿黄九省区文化产业的高质量发展,需要对体制机制进行相应的完善。

(二)产业规模与业态融合有待显现

首先,黄河流域九省区文化产业的发展速度虽然在不断增长,但文化产业规模总量偏小与竞争力弱也是其主要问题之一。以四川省为例,2016年四川文化产业增加值占GDP比重为4.02%,比全国低0.12个百分点,仅位于全国第11位;2017年文化产业增加值达到1537.5亿元,占GDP比重为4.16%,在全国位于第7位,但和广东文化产业增加值4817.2亿元、江苏3979.2亿元、浙江3202.3亿元相比,差距巨大。同时,四川省规模以上文化企业总量较小,2016年规模以上文化企业1543个,数量居全国第12位,占整个文化产业法人单位的比重仅3.7%;2017年规模以上文化企业1587个,仅比上年增长2.9%,数量均未超过北京、广东、江苏等省市的30%(塞莉等,2019)。又如宁夏回族自治区,2016年宁夏规模以上文化企业为99家,比上年增长2.1%;从业人员1.18万人,比上年增长1.7%;实现营业收入51.07亿元,比上年下降

7.9％；亏损企业 35 家，亏损面为 35.4％，比上年扩大 5.5 个百分点；利润总额 3.01 亿元，比上年下降 45.7％；营业收入利润率为 5.9％，比上年降低 4.1 个百分点。2016 年，全国规模以上文化企业实现营业收入比上年增长 11.7％，其中西部地区增长 12.5％，但宁夏下降 7.9％，说明宁夏与全国和西部地区相比，文化产业发展亟须提高(杨学燕，2019)。

其次，文化与其他产业深度融合度较低是目前沿黄省份的主要问题。如四川省作为文化资源和旅游资源"双富集"的大省，具有三星堆、九寨沟、大熊猫、康定情歌等世界级影响力的 IP 资源，但全省文化旅游资源开发利用、转化能力较弱，特别是特色资源富集的边远山区和民族地区，受交通和经济等因素制约，资源开发利用与融合转化尤其缓慢，使得目前四川省文化旅游的深度广度融合不够，产品和市场创新不足，文化旅游整体合力不强(蹇莉等，2019)。又如甘肃省亦是文化资源丰富且品位较高之省份，但是文化资源缺乏有效的整合，资源的开发思路和利用方式落后，发展方式粗放、产业链条短，因而文化资源难以实现合理高效的开发。文化与科技、旅游、信息、商贸、农业、体育、会展等产业联动少，与网络、数字、信息技术等高新技术融合度不够，文化产品和服务品位不高，新型业态发展缓慢，特别是甘肃的动漫、游戏、网络、新兴媒体、工艺设计等文化创意产业与全国其他地区相比还处在起步阶段(李俊霞等，2018)。再如陕西省也存在文化旅游融合与文化科技融合问题，陕西丰富的文化旅游资源潜力挖掘和产品开发还远远不够，需要适应文化和旅游机构改革形势，不断加强深度融合；5G 时代已经到来，陕西文化产业对现代科技的应用程度还不够高，数字出版、数字电影、手机电视、网络电视等以数字技术为核心的产品和服务还在探索中，动漫、网络游戏等新兴文化业态虽然发展较快，但总体规模大多较小，行业间缺乏交流与有效合作，尤其是有效资源整合不够，发展内生动力不足，缺乏竞争力(赵东，2020)。

(三)产业布局与产业结构有待优化

首先，黄河流域九省区文化产业发展不均衡、布局不合理是目前的突出问题之一。如四川省规模以上文化产业五大经济区中出现了成都经济区一地独大的现象。2017 年，成都经济区规模以上文化产业法人单位数占全省的 59.4％，规模以上文化产业营业收入占全省的 82.3％，而且成都市 2017 年文化及相关产业增加值达到 724.4 亿元，占全省的 47％以上。攀西经济区和川西经济区规模以上文化产业单位数分别仅占全省的 4.2％和 1.4％，规模以上文化产业营业收入分别仅占全省的 0.9％和 0.2％(蹇莉等，2019)。又如宁夏回族自治区的文化产业单位主要集中在银川地区,占到 67.58％,而其他地区仅占 32.42％。2016 年,银川市文化产业增加值为 49.91 亿元,占全省的比重为 67.12％;中卫市文化产业增加值为 8.28 亿元,占 11.14％;吴忠市文化产业增加值为 6.81 亿元,占 9.16％;石嘴山市文化产业增加值为 5.56 亿元,占 7.48％;固原市文化产业增加值为 3.80 亿元,占 5.11％。从对经济发展的贡献看,2016 年,银川市文化产业增加值占 GDP 的比重为 3.08％;中卫市占 2.44％,占比高于宁夏平均水平;固原市占 1.58％,吴忠市占 1.54％,石嘴山市占 1.08％,占比均低于宁夏平均水平。2016 年,银川市规模以上文化企业营业收入为 30.08 亿元,占全省的 58.9％,较上年下降 16.2％;中卫市为 10.08 亿元,占 19.7％,增长 5.4％;吴忠市为 8.02 亿元,占 15.7％,增长 7.8％;固原市为 2.47 亿元,占 4.8％,增长 13.3％;石嘴山市为 0.42 亿元,占 0.8％,增长 13.5％(杨学燕,2019)。此外,其他省份也存在这类问题,并未形成均衡协同发展之势。

其次,黄河流域九省区的新兴文化产业大多处于起步阶段。如宁夏回族自治区的文化信息服务、互联网技术、文化数字、3D 打印、文化创意设计等新兴产业尚在起步阶段,企业整体创新能力不够强,创新型领军企业较少,科学技术与文化创意还没有实现深度融合,经济效益不够明显(杨学燕,2019)。又如以文化旅游、出版传媒、影视文化、休闲娱乐等传统文化产业为主的山西省,其动漫游戏、网络文化、会展等新兴文化产业明显发展不足。传统文化产业提供的文化产品服务层次较低,原创能力较差,处于供给过剩、低端供给水平。新兴文化产业与新媒体、新技术结合不够,未能充分利用国家优惠政策,处于低水平发展阶段,高层次文化产品供给不足(张文霞等,2020)。

(四)市场体系与投融资建设不完善

首先,现代化文化产业市场体系尚未形成。从宏观领域看,黄河文化产业市场体系仍处于起步阶段,而从微观视域看,黄河流域九省区内部也并未建立符合自身发展的省域文化产业市场体系。以四川省为例,其问题主要表现在两个方面:一是"旗舰"和"航母"文化企业缺乏。四川省属国有文化企业数量与湖南省同为 8 家,但总资产仅为湖南省的 44％,净资产仅为其 34％。四川省属骨干文化企业"新华发行集团"虽然进入全国文化企业 30 强,但同国内知名文化企业相比,其经营规模相对偏小。"新华发行集团"和"博瑞传播"2017 年营业收入仅占"北京万达文化集团"同期营业收入的 10％和 3％。二是省内文化产业相关行业组织、中介机构数量较少,未能有效整合行业内资金、技术、人才、信息等资源。文化产业链短、创新链弱、价值链窄,激励机制不健全,盈利和商业模式不成熟,导致文化资源的开发转化能力较弱。

其次,黄河流域九省区对文化产业投融资建设重视度不够,投融资问题亦是当下发展中的主要问题之一。如四川省目前文化企业融资渠道较为单一,缺少专门服务于文化产业发展的金融机构,政府也未建立专门针对文化企业的融资服务体系,而财政对文化产业发展的支持力度也十分有限(塞莉等,2019)。又如宁夏回族自治区,其文化产业的资金投入量小,重公共硬件投资、轻软资源投资的现象较为普遍。金融系统为规避信贷风险,设立门槛限制,加之市、县(区)政府没有设立扶持文化产业发展的资金,文化企业的资金后盾严重不足。大多数文化产业经营单位很难融到扩大再生产的资金,已有较好发展基础的企业也因后续资金不足而影响扩大再生产,从而错失转型升级的机会(赵东,2020)。

(五)智库人才与高端品牌匮乏

首先,智库人才不仅要掌握丰富的文化科技知识,更重要的是具备文化创新和文化管理能力,能够熟悉市场运作规则和企业化操作,了解文化市场的特性。然而目前,黄河流域九省区这方面的人才数量非常稀少。以陕西省为例,目前陕西仅有5家高校开设文化产业本科专业,与全国相比,数量远远偏少,硕博招生更少,文化产业研究领域的论著成果屈指可数,严重制约了陕西文化产业人才培养的数量与质量。当前,陕西文化产业发展中明显缺乏以下四类人才:一是经过文化体制改革后,从省到市县缺乏一批文化产业党政管理人才;二是在文化产业的核心文创环节,缺乏大量高层次文化产业创意人才及文化专业技术人才;三是在文化企业运营中,缺乏一大批高层次综合性文化产业经营管理人才;四是全省缺乏文化产业研究与教学人才(赵东,2020)。又如内蒙古自治区,虽然近年来全区文化产业人才在数量和质量上都有较大提升,但面对文化产业迅猛发展的要求,仍存在文化产业人才匮乏的现象。尤其是随着现代传媒、动漫游戏等新兴文化产业的迅速发展,高科技人才、文化创意人才等匮乏问题日益凸显,一定程度上限制了新兴文化产业的发展速度。此外,大多数小企业研发不活跃,文化产业自主创新能力不强。受经济欠发达、生态环境宜居性差、科技落后、人才激励政策力度不够等因素的影响,内蒙古引进外部高端人才相对困难。同时,内蒙古本土人才的培养机制也不够健全,缺乏合理的规划,由于专业设置和课程体系设置不理想,高校文化产业人才培养与文化企业人才需求不能有效对接,导致结构性人才缺乏。文化产业人才培训基地与专业培训中心稀少,缺乏培养或引进高层次复合型人才和专门性实用性人才的机制,跨学科、跨领域、跨行业的复合型人才短缺(杜淑芳,2019)。

其次,高端文化品牌的树立可有效提升文化产业的核心竞争力,而黄河流域九省区在高端品牌树立方面还有待提高。即便有些省份已然拥有了自己的文化品牌,但却并未形成规模。以陕西省为例,虽然近年来陕西文化产业发展迅速,但其龙头企业在全国范围内仍处于弱势,且知名品牌较少,严重影响陕西文化产业竞争力。省内大型国有文化企业中,曲文投集团连续多年荣获"全国文化企业30强",却仍存在靠土地资源"输血"现象,文化创意乏力;陕西新华出版传媒集团80%靠教材教辅;陕西广电网络主要靠垄断省内有线电视传输网络,市场竞争力不强(赵东,2020)。又如河南省,近年来河南文化企业有了快速发展,2015年规模以上文化制造企业有1006家,规模以上文化服务企业有1072家,数量均位居全国第7位;规模以上文化制造企业营业利润为1880805万元,规模以上文化服务企业营业利润为323728万元,分别位居全国第4位和第9位。然而,无论从文化品牌的数量还是其影响力来看,与北京、上海、广东、浙江、江苏等省市相比,河南还有较大的差距,产业集聚优势并不明显,文化品牌的支撑能力不足(侯燕,2017)。

五、黄河流域文化产业高质量发展的对策建议

黄河流域文化产业是讲好"黄河故事"的重要引擎,符合新时代高质量发展的战略要求和政策方向。当前应抓住黄河国家战略机遇,以黄河流域文化产业高质量发展为导向,以黄河流域文化产业发展过程中存在的突出问题和薄弱环节为靶向,结合黄河流域文化产业发展实际和国内外大河流域文化产业发展经验,基于政策、文化、产业、技术、创新五个维度,推动黄河流域文化产业体制机制创新、产业特色化发展、产业格局优化、高赋能发展和生态系统建设。

(一)基于政策维度的体制机制创新

黄河流域文化产业高质量发展,需要黄河流域文化产业科学、合理、有效的制度供给,应通过顶层设计实现黄河流域文化产业政策有效供给和体制机制创新,推动黄河流域文化产业的高水平统筹协调和有序健康发展。

1.主动融入国家战略,构建黄河流域文化产业政策体系

黄河流域生态保护和高质量发展是国家重大战略,黄河流域文化产业发

展是国家战略的重要构成,国家层面密集关注黄河流域文化产业(文化遗产、文化旅游)议题。2020 年 1 月,习近平总书记主持召开中央财经委员会第六次会议,专题研究黄河流域生态保护和高质量发展等问题,强调要实施黄河文化遗产系统保护工程,打造具有国际影响力的黄河文化旅游带,开展黄河文化宣传,大力弘扬黄河文化。2021 年 3 月,黄河流域生态保护和高质量发展作为重大国家战略被纳入《中华人民共和国国民经济和社会发展第十四个五年规划和 2035 年远景目标纲要》,要求实施黄河文化遗产系统保护工程,打造具有国际影响力的黄河文化旅游带,建设黄河国家文化公园。这些国家层面对黄河流域文化产业的密集关注,充分体现了国家对黄河流域文化产业高质量发展的战略认识和重视程度,也体现了国家对黄河流域文化产业高质量发展的战略定力和坚定信念。自黄河流域生态保护和高质量发展上升为国家战略以来,沿黄九省区及各级政府深入贯彻国家政策文件精神,制定出台支持和融入黄河流域文化产业的政策文件,沿黄九省区"十四五"规划均涉及文化产业的政策论述。黄河流域文化产业政策是政府根据黄河文化和国民经济发展要求,以及一定时期内黄河流域文化产业发展现状和变动趋势,以市场机制为基础,规划、引导和干预黄河流域文化产业形成和发展的文化主张体系。

黄河流域文化产业政策是一个复杂的体系,具有不同的政策形态、政策效力和作用机理。从政策的实施主体来看,可分为黄河流域文化产业的中央政策与地方政策;从政策的作用效力来看,可分为黄河流域文化产业的上位政策与下位政策;从政策的作用机理来看,可分为黄河流域文化产业的激励性政策和竞争性政策。黄河流域文化产业政策体系建设不仅关注政策的制定和实施,同时也关注政策效能并进行适时的政策调适。这些政策既要注重与国家宏观发展战略、国际文化经济发展趋势的协调,也要统筹沿黄省区、城市、县(区、旗)的规划编制、文化特色、人才配置等,注重黄河流域文化产业的空间统筹、资源统筹,逐步消除黄河流域文化产业发展不平衡现象,并在这种均衡中实现黄河流域文化产业的差异化、特色化发展。"十四五"期间,黄河流域文化产业要进一步强化税收、财政、土地政策支持,深化黄河流域文化产业的业态调整和转型升级;统筹文化产业发展专项资金使用,形成以贴息、补助、奖励等为主的资金支持方式,构建从研发到孵化再到应用的完整资金覆盖体系,推动跨流域文化资源、文化政策、运行机制等逐步实现相对均衡,实现黄河流域文化产业跨区域文化协同和重大政策、重要服务平台的一体化与协同化(吴维海,2020)。特别是新冠疫情暴发后,黄河流域文化产业要特别重视应急管理体系和应急管理能力现代化建设,包括但不限于应急文化装备和应急文化内容的储备、突发舆论事件的引导、突发性公共危机后的心理干预等(范周,2020),这也是提高黄河流域文化产业发展韧性的必然要求。

2.深化九省区协同,推进全方位、深层次一体化

黄河上游、中游和下游之间虽然具有发展阶段上的差异性,但沿黄九省区整体上处于从传统农耕社会向现代工业社会的转型阶段。如何避免沿黄九省区文化产业发展的同质化竞争,避免简单的重复建设以及拼地价、拼补贴、拼税收的低水平竞争,创造沿黄九省区文化产业"1+1>2"的协同优势,显然需要黄河流域文化产业全方位、深层次的一体化。按照"十四五"规划,应构建覆盖全流域的黄河文化产业带,依据黄河流域的自然地理格局及地域文化,促进上下游互动、干支流协同、点线面支撑,推动黄河沿线河湟、河套、关中、三晋、河洛、齐鲁等文化产业片区建设,探索推动历史文化寻根、红色基因传承、治水文化体验、古都新城休闲度假、生态文化展示等不同类型文化业态集聚发展。这些都需要打通黄河流域文化产业生产要素的流动通道,优化黄河流域文化产业的资源配置,形成"东部率先—中部崛起—西部开发"的以强带弱、协同创新式跨区域合作机制,推动黄河流域非均衡发展向均衡发展的根本性转变。

沿黄九省区文化产业一体化是真正意义上高质量的协调创新,而非低质量的"均衡发展",在产业结构和空间布局上既具有整体性又具有差异性。要按照建立黄河流域现代文化产业体系的要求,推动黄河流域文化产业发展的政府协同、企业协同、市场开拓协同、技术研发协同、资源开发协同(郑自立,2020),共同建设黄河流域文化产业带。一是建立直属中央的黄河流域文化产业发展领导小组,专门负责沿黄九省区文化产业的跨行政沟通协调,打破以行政区划为单元实施的黄河流域区域性文化产业经济政策。二是要强化黄河流域文化产业统计标准建设,客观真实反映黄河流域文化产业发展状况并为决策提供参考。三是科学编制黄河流域文化产业发展规划,制定指导目录,形成黄河流域文化产业的梯次发展格局。四是西安、郑州、济南等大城市要加强与黄河流域中小城市的文化经济交流,促进黄河流域文化产业的城市分工与协作。由此,最终构建起沿黄九省区科学合理的文化产业分工体系,推动黄河流域各区域之间资源、要素的合理流动,推动黄河流域文化产业高质量发展。

(二)基于文化维度的特色化发展

习近平总书记在黄河流域生态保护和高质量发展座谈会上强调,要深入挖掘黄河文化蕴含的时代价值,讲好"黄河故事"。推动黄河流域文化产业特色化发展,既要聚焦黄河文化战略,打造具有国家战略分量的黄河流域文化产

业带,也要重视黄河文化创新研究,强化国际级黄河文化智库建设。

1.聚焦黄河文化战略,打造黄河流域特色文化产业带

黄河文化战略是黄河国家战略的重要维度。2021 年 6 月,文化和旅游部发布《"十四五"文化产业发展规划》,明确要围绕黄河流域生态保护和高质量发展国家重大战略,充分发挥文化产业在黄河国家文化公园建设中的作用,并将建设"黄河文化产业带"作为全国文化产业空间布局的 12 个重点布局之一。沿黄九省"十四五"规划中均有针对黄河文化战略的相关论述:山东提出打造黄河流域"双创"大平台,打响"黄河入海"国际文化旅游品牌;河南提出构建以郑汴洛为引领、省内全流域贯通的黄河历史文化旅游带;山西提出构建长城、黄河文化遗产保护廊道和文化旅游带;陕西提出加强与黄河流域省区全方位合作;宁夏提出发挥沿黄河地区文化旅游发展核心区功能作用;甘肃提出建设黄河流域重要水源涵养区、黄河上游高质量发展先行区、黄河文化保护传承弘扬示范区;青海提出打造黄河上游河湟文化生态保护实验区,推进国家级和省级民族文化生态保护实验区建设等。要整合黄河流域九省区文化产业政策定位,共同服务于黄河流域特色文化产业带建设,使之既符合黄河流域文化产业带的总体布局,又满足各地黄河特色文化产业的差异化建设。

总的来说,黄河流域流经青海、四川、甘肃、宁夏、内蒙古、陕西、山西、河南、山东等九个省区,沿线大、中、小城市 69 个,县、区、旗 329 个。这些省区、城市、县(区、旗)都要抓住黄河国家重大战略契机,主动融入黄河战略、"一带一路"建设,针对我国文化产业"带状发展"的趋势(范建华,2015),共同打造黄河流域文化产业带。沿黄省区打造黄河流域特色文化产业带,既要将横跨九省区的黄河流域当作一个整体打造,也要推进黄河流域文化资源整合与协作,打造有国际影响力的高质量黄河文化产品或服务体系。沿黄城市群可共同策划设计和完善黄河文化旅游品牌标识系统,协同推进标准化黄河文化旅游服务体系建设,携手打造区域特征鲜明而又相互协调、联系紧密的黄河文化品牌形象(戴有山,2021)。沿黄各县(区、旗)、村镇也要在黄河流域特色文化产业带中找到自身的定位,打造具有本土风格的特色文化产业。省区、城市、县(区、旗)以及村镇四个层次的黄河特色文化产业要构建起跨行政区、跨地域管辖的黄河流域特色文化产业带,成为向世界讲述"黄河故事"的重要载体,打造 21世纪黄河文明的国家地标和战略高地。

2.强化黄河文化智库建设,构建黄河特色文化品牌体系

习近平总书记强调,要建设一批国家急需、特色鲜明、制度创新、引领发展的高端智库,重点围绕国家重大战略需求开展前瞻性、针对性、储备性政策研究。黄河流域文化产业高质量发展是一个长期复杂的系统工程,必须要建立在对黄河流域文化产业发展规律的深刻把握之上。要高度重视黄河流域文化产业的基础性理论研究和综合性应用研究,围绕黄河流域高质量发展的全局性、战略性、前瞻性问题,坚持问题导向、需求导向、课题导向,组建黄河流域文化产业的权威研究机构。要深刻把握黄河流域文化产业的复杂性、多样性和特殊性,将学术导向和问题导向相结合,整合政、产、学、研多方力量建设黄河流域文化产业智库,打通文化智库和决策层、产业界之间的制度化通道。这也是应对黄河流域文化产业未来发展环境的不确定性,保证黄河流域文化产业政策的科学性、有效性和连贯性,推动黄河流域文化企业决策的创新性、专业性和安全性的必然要求。黄河流域文化产业智库建设既服务于国家战略、讲好黄河流域的中国故事,也服务于沿黄九省区的地方战略,为加快区域文化产业结构创新、链条创新、形态创新,为推动文化企业重构价值链以及文化产品生产流程和商业模式等提供决策参考,真正实现黄河流域文化产业政、产、学、研的协同创新,推动黄河流域文化产业高质量发展。

黄河文化品牌是具有世界级影响力的超级文化品牌,对黄河文化资源、要素等具有强大的整合作用。黄河文化品牌体系是由旅游、节庆、动漫等不同内容,产品、企业、地域等不同形式,以及乡村文化品牌、城市文化品牌、省域文化品牌、流域文化品牌、国内文化品牌、国际文化品牌等不同载体所构成的复杂系统。通过对黄河文化品牌体系的构建、管理与推介,可以持续强化黄河流域文化产业的影响力和辐射力,产生难以估计的黄河文化品牌效应。构建黄河文化品牌体系,既要调动和发挥黄河流域文化产业各类主体的积极性和创造性,也要建立起政府、企业、社会的联动机制,逐步建立起以文化消费需求为导向,与城市品牌、产业品牌、企业品牌、产品品牌等相融合的分层次、分类别黄河文化品牌体系。要从国家文化品牌的战略高度出发,为黄河文化品牌体系的构建搭建起国际化的通道和平台,特别要准确定位黄河文化的品牌价值及其转化路径,对黄河文化品牌体系进行全方位、系统性的策划、培育和传播推广,用黄河文化品牌凝聚起黄河文化"朋友圈""粉丝群",打造具有国际影响力的黄河文化品牌。要建立起黄河文化品牌信息收集、分析、反馈、研判机制,对黄河文化消费需求的变化迅速做出反应和研判,促进黄河流域文化产业的制度创新与技术创新、供给侧改革与需求侧导向、新动能培育与传统动能改造提升的协调互动,在"黄河文化+旅游""黄河文化+创意""黄河文化+金融""黄河文化+科技"等方面构建黄河文化品牌重点,加快黄河流域文化产业跨要素、跨行业、跨平台融合创新。

（三）基于产业维度的发展格局优化

黄河流域文化产业高质量发展，需要构建一个以产业而非行政为导向的黄河流域文化产业发展格局。优化黄河流域文化产业的空间结构和行业结构，发展黄河流域特色文化产业，促进黄河文化产业跨界融合。

1.优化文化产业空间结构，发展黄河流域特色文化产业

优化黄河流域文化产业的空间结构，要兼顾沿黄九省区文化产业的差异性与统一性，在黄河流域文化产业现有布局下更好地整合资源，实现资源共享、优势互补、协同创新。黄河流域文化产业的空间结构不是基于行政区划的空间设计，而是一种基于产业功能定位的空间生产，既涉及空间的定位也涉及产业的定位。沿黄九省区文化产业既要有各自的功能定位，也要在黄河流域文化产业带中分工协作，共同打造黄河流域文化产业品牌。例如，山岳资源是黄河流域生态文化资源的突出代表，"五岳"中的四岳都位于黄河流域（东岳泰山、中岳嵩山、西岳华山、北岳恒山）。黄河流域山岳文化旅游是自然地理、历史地理形成的一种空间结构，在此基础上进一步整合文化地理、经济地理等多种人文要素，就可能打破地理、行政等的界限，形成黄河流域山岳文化旅游的文化品牌。互联网空间的发展则为黄河流域文化产业的空间布局提供了更多可能，新时代黄河流域文化产业高质量发展必须充分挖掘"互联网＋"，着力构建黄河流域文化产业"互联网＋"空间布局。

要充分挖掘黄河流域丰富的、多元的特色文化资源优势，构建黄河流域特色文化产业集群。黄河流域特色文化产业集群可以分为两类：城市特色文化产业集群和农村特色文化产业集群。要支持西安、郑州、济南等大城市优先发展城市特色文化产业集群，并以大城市辐射带动周边城市。通过建立黄河流域特色文化产业孵化基地、产业园区等多种形式，发挥园区的虹吸效应，吸引集群内部文化企业间的联合兼并和孵化协作，有效避免文化项目的重复规划建设和恶性竞争，最终更好实现黄河流域文化产业的集聚整合、错位协调式发展。发展黄河流域农村特色文化产业是加快农村产业结构调整、实现农村经济高质量发展的重要路径（邵明华，2020），也是落实黄河流域乡村振兴的战略考量。农村特色文化产业集群要面向黄河流域农村文化特色，聚焦黄河流域文化资源和乡土社会的网络优势，推动乡村旅游、乡村再生和乡村手作等特色文化产业，促进黄河流域农业生产的转型升级并延伸产业链，探索黄河流域农村特色文化产业规模化和集约化发展路径。当然，特色文化产业集群除了特色文化产业市场主体之间的协作，也包括提供基础服务的教育培训、科研、金

融等相关支撑产业，以及配套服务、交通运输等关联产业，这也是对黄河流域特色文化产业集群发展的规律性要求。

2.调整文化产业行业结构，深化黄河文化产业融合发展

要深化黄河文化产业、文化事业、旅游业融合发展，以融合发展调整文化产业行业结构。黄河流域文化产业行业结构是黄河流域文化政策、文化技术、文化资本、文化消费等多种因素相互联系、相互影响的表现形态。目前来看，黄河流域文化制造业、文化批零业、文化服务业规上企业资产总值由 2017 年的 0.466∶0.098∶0.436 调整为 2019 年的 0.361∶0.123∶0.518，文化服务业企业资产所占比重显著提高，文化制造业企业资产比重则显著下降。可以说，所有文化产业的具体行业在沿黄九省区均有布局，但各文化产业行业在不同省（区）受到文化政策、文化市场、文化资源等多种因素影响，在产业集中度方面呈现出区域差异。文化旅游业是黄河流域文化产业的重要部类，四川、山东、河南旅游总收入分别占沿黄九省区的 21％、20％和 17％，分列前三位；新闻出版业、电影电视业、动漫产业也主要集中于四川、山东、河南三个省份。优化黄河流域文化产业的行业结构，就要打破行政边界、市场边界，建立起以行业竞争力为导向的黄河流域文化产业发展机制，推动黄河流域文化产业从外延式、数量型增长转向内涵式、质量型增长，最终提高黄河流域文化产业的综合竞争力。

融合发展是黄河流域文化产业提质增效的新动能（范玉刚，2021）。其一，深入推进"黄河文化＋旅游"融合。文化和旅游融合既是发展趋势也是国家战略，体现为"以文促旅，以旅彰文"的"体""用"相互依存和相互促进关系（傅才武，2020），黄河流域文化和旅游具有特殊的资源禀赋，文化和旅游双向赋能发展过程也是彼此提质增效的创新过程。其二，加快推进"黄河文化＋科技"融合。黄河流域文化产业发展要深刻把握全球新一轮文化科技制高点，重点扶持具有示范引领与带动性的"文化＋科技"项目，推动黄河流域文化产业由传统文化产业向数字文化产业的转型升级和产业链攀升，提高黄河流域文化产业的科技附加值。此外，黄河流域文化产业还可以推动"黄河文化＋事业""黄河文化＋体育""黄河文化＋康养""黄河文化＋影视""黄河文化＋生态"等多种类型的跨界融合，凸显黄河文化的内容优势和价值引领并形成新的商业模式，在跨界融合中打造黄河流域文化产业新的增长点。

（四）基于技术维度的高赋能发展

强化黄河流域文化产业发展的技术支撑，以数字赋能黄河流域文化产业高质量发展。既要发挥数据的基础资源优势,加速文化"新基建",建设黄河文化大数据库,也要培育和发展文化新业态,加快黄河流域"互联网＋文化"产业发展。

1.加速文化"新基建",建设黄河文化大数据体系

以数字经济为代表的新经济是中国经济发展的未来方向,"新基建"是中国经济的新引擎(盘和林等,2020)。2018 年 12 月 19 日,中央经济工作会议首次在官方层面提出"新基建",并在此后历年政府工作报告中均提出加强"新基建"的表述。黄河流域的文化"新基建"是黄河流域文化产业新经济的重要支撑。沿黄九省区"十四五"规划中均有建设"数字强省"、加强"新基建"的工作任务和阶段目标。例如,山东发布《山东省"十四五"数字强省建设规划》,强调不断完善山东特色基础网络体系,打造山东半岛工业互联网示范区;河南发布《河南省推进新型基础设施建设行动计划(2021～2023 年)》,明确将"新基建"打造成全省经济社会高质量发展的重要支撑;四川也正式印发《四川省加快推进新型基础设施建设行动方案(2020～2022 年)》,打造全国核心通信网络枢纽,初步形成具有全国影响力的创新基础设施体系。沿黄九省区要抢抓"新基建"机遇,加速推进以 5G、大数据、云技术等为代表的文化"新基建",为 5G、VR、人工智能等在黄河流域文化产业中的技术应用提供强大的基础设施支持,推动黄河流域文化产业"文化＋科技"的全方位深度融合。

黄河文化大数据体系是黄河流域文化"新基建"的重要代表,也是国家文化大数据体系的重要构成。2020 年 5 月,中央文化体制改革和发展工作领导小组办公室发布《关于做好国家文化大数据体系建设的通知》,明确指出建设国家文化大数据体系的战略要求。2020 年 9 月 7 日,三门峡市政务服务和大数据管理局与马蜂窝旅游共同建设的全国首家黄河文化旅游研究(大数据)中心正式启动,旨在通过旅游大数据推动黄河在线旅游资产指数实践应用、黄河文化旅游内容生态和创作者共建、黄河文化旅游新产品打造等领域发展。2020 年 12 月,《中共济南市委关于制定济南市国民经济和社会发展第十四个五年规划和二〇三五年远景目标的建议》,也明确提出推进黄河大数据中心规划建设。要积极融入国家大数据体系建设,整合沿黄九省区文化大数据资源,高起点谋划建设黄河文化大数据体系。黄河文化大数据体系的架构主要由"四端"——供给端、生产端、需求端以及云端构成(高书生,2020),沿黄九省区应协力构建起高水平的国家级黄河文化素材库,并将碎片化的黄河文化数据资源转化为文化体验产品,构建符合中国特色社会主义文化的黄河文化消费内容,建成连接黄河文化生产与黄河文化消费的高端平台,在国家文化大数据体系建设中承担起黄河文化的使命与责任,引导黄河流域文化产业走入新时代。

2.培育文化新业态,加快黄河文化产业"互联网＋"

培育和发展新型文化业态,是黄河流域文化产业高质量发展的重要抓手。文化新业态是一个动态的、不断拓展的概念,包括数字动漫、数字游戏、数字影视、新媒体直播等多种业态。黄河流域文化产业主要以文化旅游、新闻出版、电影电视等传统文化产业为主,也有部分省份进行了新业态的积极尝试。例如山东大学文化产业研究院推动的"齐鲁文化动漫工程·题材库"建设,通过对近 10 万个选题的梳理,筛选完成了"沂猿""添上""天齐""莲真""天工城""汶阳田""鸡黍镇""鸟语者""丘成对""雷泽之龙""孔子的歌""齐纨鲁缟""雪神滕六""翩翩者鹊""泉城小喜""红嫂后情·桃棵子"等首批 200 个"示范性题材库"(每个 50 万字,总量约 1 亿字)的整理、策划与创意设定。其中,"沂猿""天工城"已进入前期商业合作,"丘成对""添上"与哈萨克斯坦国家电影集团、美国黑马漫画等达成合作意向。山东省青年群体推动的这一题材库基础性建设,已经走在全国乃至全球前列,有望成为全球最大的中国本土 IP 研发高地。但在整合黄河流域九省区的力量,推动黄河流域文化新业态的均衡发展和协同创新方面,这显然才是起步。

"互联网＋文化"产业是催生文化新业态的重要方式,也是文化和科技深度融合的战略举措。互联网对文化产业具有显著的高赋能性,要深刻认识到互联网正加速与经济社会各领域深度融合,黄河文化产业"互联网＋"可以纵深推进黄河流域文化产业的跨界融合和新技术广泛应用,缩小与其他省市的发展差距,加快并提高黄河流域文化和科技深度融合的速度与质量。一是要重视互联网应用,充分应用信息技术、数字网络技术等科技手段改造传统文化产业,推动数字出版、数字影视等产业链攀升。二是要充分重视技术研发,推进文化与网络信息技术融合深度,推出更多类似于"唐宫夜宴""端午奇妙夜"的"文化出圈",不断打造黄河流域文化产业的新产品、新业态、新模式。三是要建立黄河文化产业"互联网＋"项目库,遴选优质"互联网＋文化"产业项目纳入重点扶持范围,为黄河流域"互联网＋文化"产业提供支撑保障。可以预见,黄河文化产业"互联网＋"将深刻改变黄河流域文化产业的内在结构,也将深刻改变黄河流域文化产业的消费习惯,最终推动黄河流域文化产业的转型升级,为黄河流域高质量发展提供动力支持。

(五)基于创新维度的生态系统建设

黄河流域文化产业创新旨在形成价值创造和共同进化的动态关系网络

（Zhang 等,2014），指向基于消费端的黄河流域文化产业供给侧结构性改革。深化供给侧结构性改革,加强市场主体培育,完善文化产业要素市场,实现资源优化配置。

1.深化供给侧结构性改革,加强市场主体培育

深化供给侧结构性改革是黄河流域文化产业高质量发展的战略路径,也是落实中央总体战略部署的重要选择。马克思认为,生产通过它起初当作对象生产出来的产品在消费者身上引起需要,这是对生产作为供给侧"生产着"消费的经典判断,也是黄河流域文化产业深化供给侧结构性改革的重要参照。特别是在文化工业体系下,文化消费不再是产业活动的终点,传统的受众角色——被动的信息接收者、消费者、目标对象将终止,取而代之的是搜寻者、咨询者、浏览者、反馈者、对话者、交谈者等诸多角色中的任何一个(丹尼斯·麦奎尔,2006)。这就要充分挖掘文化消费者对黄河流域文化产业的消费潜力,破除文化消费集中于教育、文化旅游等领域的单一文化消费结构,引导文化消费者进行黄河流域文化产业的享受型、发展型消费,引导文化消费从低端向更高层次拓展。类似自然生态系统的变异、遗传与选择机制,黄河流域文化产业发展也有模仿、竞合与知识传导机制(曹如中等,2011),文化生产和消费也具有类似的原理。这就很好地兼顾了黄河流域文化产业供给侧和需求侧的双向驱动,引导黄河流域文化产业的新产品、新市场、新业态、新模式。

文化企业作为黄河流域文化产业的市场主体,其主体作用能否得到有效发挥是供给侧结构性改革的关键所在。要加强黄河流域文化企业的梯队建设,鼓励多种所有制形式的资本进入黄河流域文化产业领域,构建领军型企业、高成长型企业、中小微企业的多层次文化企业体系。一是注重对领军型文化企业的培育,鼓励黄河流域影视传媒集团、出版集团等大型文化企业通过行业资源整合、兼并重组等方式,组建跨行政区、跨所有制的大型文化集团,培育更多骨干文化企业进入"中国文化企业 30 强"。二是注重对小微企业的培育,鼓励黄河流域文化产业的"大众创业,万众创新"。个体创业者、经营者、工作室等小微文化企业是激发黄河流域文化创新创造活力的重要市场主体,也是保持黄河流域文化多样性、推动黄河流域文化产业创新的重要载体。三是要构建成长型文化企业的支持系统。要针对黄河流域文化企业发展所处的阶段,对创业期、成长期、进军期等不同阶段企业提供差异化支持,逐步培育黄河流域文化企业的核心竞争力。完善黄河流域文化产业市场主体建设,促进黄河流域文化企业跨行政单元、跨所有制合作,深化黄河流域文化产业集群发展,提高黄河流域文化产业核心竞争力。

2.完善文化产业要素市场,实现资源优化配置

习近平总书记指出,发挥各地区比较优势,促进各类要素合理流动和高效集聚,增强创新发展动力,加快构建高质量发展的动力系统,形成优势互补、高质量发展的区域经济布局。2020 年 4 月 9 日,中共中央、国务院印发《关于构建更加完善的要素市场化配置体制机制的意见》,在传统的资本、土地、劳动力、技术市场要素之外,明确提出把数据作为第五大要素,加快培育数据要素市场。黄河流域文化产业要素市场也可分为资本、土地、劳动力、技术、数据五大要素市场。黄河流域文化产业资本要素市场是调剂借贷资本的市场,本质上指由文化市场参与主体通过交易手段进行资本要素配置(王秀丽,2020),用金融手段推动黄河流域文化产业高质量发展;黄河流域文化产业土地要素市场是从事土地出售、租赁、买卖、抵押等交易活动的场所,构建起黄河流域文化产业与国土空间布局融合体系;黄河流域文化产业劳动力要素市场是通过市场配置交换文化劳动力的场所,这是一种文化劳动力,具有不同于一般劳动力的特殊性;黄河流域文化产业技术要素市场是对文化科技知识和科技成果进行交换的场所及其交换关系的总和,有转让、咨询等多种形式;黄河流域文化产业数据要素市场是一种新的要素市场,在互联网时代,数据也是一种关键生产要素,黄河流域文化产业需超前布局。

完善黄河流域文化产业要素市场,可有效推动黄河流域文化产业生产要素在各行政单元间的自由流动,提升黄河流域文化产业市场配置效率。通过制定黄河流域文化产业统一的要素市场规划、治理方式和管理制度,建立黄河流域文化生产要素统一的定价标准、质量标准和交易机制,架起黄河流域文化产业要素供给方、需求方与文化要素市场之间的桥梁。黄河流域文化产业要素市场的建设,应特别重视要素市场的中介组织建设。拥有一批专业化水平高的中介组织,是黄河流域文化产业高质量发展的必然要求。从某种意义上来说,文化中介组织发展水平是衡量文化市场繁荣程度和文化产业发达程度的重要标尺(刘金祥,2018)。搭建黄河流域文化产业产权交易、金融服务等公共平台,可以为黄河流域文化产业要素信息交互、市场拓展、品牌推广等活动提供必要支持,也可以为文化产业要素供给方和需求方提供必要的政策、法务等咨询服务。这些中介组织又可与黄河流域文化产业项目投融资、文化信息交流、"文化+设计服务"、国际文化贸易等平台相连接,共同建设黄河流域文化产业要素市场。

结　语

　　黄河国家战略提出以来，国家和黄河流域九省区深入挖掘黄河文化蕴含的时代价值，积极挖掘黄河文化资源讲好"黄河故事"，黄河流域文化产业的发展为黄河流域九省区乃至全国经济社会发展都赋予了新的动能。但相对于黄河文化的地位和价值，相较于我国文化产业发展大局，黄河流域丰富的文化资源优势尚未充分转化成产业优势，黄河流域文化产业发展还很不平衡、不充分，黄河流域文化产业高质量发展潜力巨大。黄河流域文化资源禀赋的突出优势，构成黄河流域文化产业高质量发展的绝对优势。但受历史、地理等因素的影响，黄河流域文化资源分布具有不均衡的特征，山东、四川、陕西、河南四省是黄河流域文化资源富集的省份，而宁夏、青海则在自然遗产、物质文化遗产、非物质文化遗产的数量方面相对逊色。随着文化体制改革红利的进一步释放，黄河流域文化产业虽然整体保持高速增长态势，但不同区域间的文化产业发展方式及增速差异更加明显。黄河流域文化产业长期的资源发展观也深度制约了黄河流域文化产业高质量发展的进一步拓展，当前迫切需要降低黄河流域文化产业的资源依赖度，通过产业融合、数字赋能等强化黄河文化资源的深度开拓和黄河文化产业链的系统打造，深化文化资源与其他文化产业资源的系统配置。

　　黄河流域文化产业正迎来一个加快发展的重要战略机遇期，高质量发展是构建黄河流域文化产业发展新格局的主题。要按照十九大健全现代文化产业体系和市场体系的战略要求，深化黄河流域九省区协同创新，推动黄河流域文化产业高质量发展。利用黄河流域九省区的产业资源和要素优势，进行跨行政、跨部门、跨行业的协同创新，有计划、分阶段地共同做好黄河文化研发、黄河文化遗产保护，在黄河文化旅游资源开发和黄河文化旅游交流等方面进行深度合作。依托黄河流域的自然地理与文化地理，促进上中下游互动、干支流协同、点线面支撑，围绕黄河流域沿岸重点城市打造区域文化中心并迅速形成黄河流域文化城市群的梯度效应，建立健全省域、城市之间的协调与沟通机制，完善城市间的协调与联动机制，加速区域一体化发展进程。构建覆盖全流域的黄河文化产业高质量发展带，最大限度发挥黄河流域文化产业在双循环特别是国内大循环中的促进作用，推进黄河流域文化产业多层次融入黄河国家战略、乡村振兴战略、"一带一路"建设，同长江流域文化产业一道构成中国文化产业大循环的重要支撑。

参考文献

[1]程恩富.文化经济学通论[M].上海:上海财经大学出版社,1999.

[2]丹尼斯·麦奎尔.受众分析[M].刘燕南,李颖,杨振荣,译.北京:中国人民大学出版社,2006.

[3]谷建全,李立新,杨波.河南文化发展报告(2020)[M].北京:社会科学文献出版社,2020.

[4]国家统计局社会科技和文化产业统计司,中宣部文化体制改革和发展办公室.中国文化及相关产业统计年鉴(2020)[M].北京:中国统计出版社,2020.

[5]马克思恩格斯全集:第三十卷[M].北京:人民出版社,2016.

[6]彭剑,张立伟,向宝云.四川文化产业发展报告(2020)[M].北京:社会科学文献出版社,2020.

[7]司晓宏,白宽犁,王长寿.陕西文化发展报告(2020)[M].北京:社会科学文献出版社,2020.

[8]廷旭,戚晓萍.甘肃蓝皮书:甘肃文化发展分析与预测(2020)[M].北京:社会科学文献出版社,2020.

[9]曾刚.长江经济带城市协同发展能力指数(2020)[M].北京:中国社会科学出版社,2020.

[10]张廉,段庆林,王林伶.黄河流域生态保护和高质量发展报告(2020)[M].北京:社会科学文献出版社,2020.

[11]张伟,徐建勇,赵迎芳,等.山东文化发展报告(2020)[M].北京:社会科学文献出版社,2020.

[12]曹如中,刘长奎,曹桂红.基于组织生态理论的创意产业创新生态系统演化规律研究[J].科技进步与对策,2011,28(3):64-68.

[13]杜淑芳.内蒙古文化产业发展现状、存在问题及发展策略[J].新西部,2019(19):45-49.

[14]范建华.带状发展:"十三五"中国文化产业发展新趋势[J].云南师范大学学报(哲学社会科学版),2015,47(3):84-93.

[15]范玉刚.新时代文化产业发展的使命担当[J].东岳论丛,2021(5):5-13.

[16]范周.关于文化产业供给侧结构性改革的几点思考[J].人文天下,2016(12):2-6.

[17]傅才武.论文化和旅游融合的内在逻辑[J].武汉大学学报(哲学社会科学版),2020,73(2):89-100.

[18]高书生.国家文化大数据建设:加速文化界"新基建"促进文化产业转型升级[J].清华金融评论,2020(10):29-30.

[19]耿达,傅才武.带际发展与业态融合:长江文化产业带的战略定位与因应策略[J].福建论坛(人文社会科学版),2016(8):127-133.

[20]荷叶,张森林.内蒙古文化产业与旅游融合发展研究[J].内蒙古社会科学(汉文版),2015,36(5):191-196.

[21]侯燕.新媒体时代河南文化产业发展研究[J].新闻爱好者,2017(9):48-50.

[22]寨莉,杜唐丹.文化强省建设视域下四川文化产业的发展路径[J].新西部,2019(19):54-59.

[23]李俊霞,韩晓东.甘肃文化产业高质量发展面临的困境及对策[J].社科纵横,2018,33(6):51-54.

[24]刘文娟,惠子.山东文化产业发展存在的问题及对策研究[J].产业与科技论坛,2019,18(6):16-19.

[25]毛蕴诗,梁永宽.以产业融合为动力促进文化产业发展[J].经济与管理研究,2006(7):9-13.

[26]牛家儒.论黄河流域文化的保护传承和合理利用[J].中国市场,2021(6):1-4.

[27]盘和林,胡霖,杨慧.新基建——中国经济新引擎[J].经济理论与经济管理,2020(9):F0004.

[28]邵明华.农村特色文化产业发展的山东模式[J].山东社会科学,2020(5):165-171.

[29]邵明华.我国农村特色文化产业生态升级:基于供给侧的视角[J].深圳大学学报(人文社会科学版),2020,37(4):66-73.

[30]师曾志."新文创"的变与不变[J].人民论坛,2018(22):128-129.

[31]宋洁.新发展格局下黄河流域高质量发展"内外循环"建设的逻辑与路径[J].当代经济管理,2021,43(7):69-76.

[32]王莹莹.浅析文化IP产业发展路径[J].今古文创,2020(45):43-44.

[33]习近平.推动形成优势互补高质量发展的区域经济布局[J].求是,2019(24):4-9.

[34]习近平.在黄河流域生态保护和高质量发展座谈会上的讲话[J].新

华月报，2019(21):26-29.

[35]徐学书."藏羌彝走廊"相关概念的提出及其范畴界定[J].西南民族大学学报（人文社科版），2016,37(7):9-13.

[36]杨学燕.宁夏文化产业发展现状及对策研究[J].民族艺林，2019(3):32-42.

[37]张文霞，王小芳.山西文化产业供给侧结构性改革研究[J].辽宁教育行政学院学报，2020,37(2):107-110.

[38]张佑林.文化资源开发与成都文化休闲产业发展模式研究[J].社会科学家，2020(1):90-98.

[39]赵东.新时代陕西文化产业发展报告[J].新西部，2020(Z2):78-82.

[40]郑自立.长江经济带文化产业高质量发展的区域协同创新机制建构研究[J].北京文化创意，2020(5):12-19.

[41]周曙东，韩纪琴，葛继红，等.以国内大循环为主体的国内国际双循环战略的理论探索[J].南京农业大学学报（社会科学版），2021,21(3):22-29.

[42]朱逸伦，郝雨.新文创，让传统文化更好地"活"在当下[J].出版广角，2019(12):18-21.

[43]程守田.凝心聚力打造精品，努力构建山东电影新高地[N].中国电影报，2021-03-17(3).

[44]戴有山.推动黄河流域文化旅游高质量发展[N].中国文化报，2021-05-15(3).

[45]范周.文化应急管理体系的建设与思考[N].中国社会科学报，2020-06-04(4).

[46]刘金祥.畅通要素流通，繁荣文化产业，着力培育文化中介组织[N].人民日报，2018-05-25(12)

[47]刘士林."文化型城市群"引领长江流域发展[N].经济参考报，2018-08-15(6).

[48]王小萍，刘春香，龚鸣.全国首家黄河文化旅游研究（大数据）中心启动[N].河南日报，2020-09-08(2).

[49]王秀丽.深化资本要素市场化配置改革[N].中国社会科学报，2020-12-23(3).

[50]2021数字经济人才白皮书[R].北京:猎聘大数据研究院，2021.

[51]文化科技融合2021:迈入数字文化经济时代[R].北京:清华大学文化创意发展研究院，腾讯研究院，2021.

[52]"长江文化带"横空出世 活跃全球内河经济[EB/OL].（2016-05-05）
[2021-06-26]. http：//district. ce. cn/newarea/roll/201605/05/t20160505 _
11229781.shtml.

[53]《2018 中国文化 IP 产业发展报告》在京发布[EB/OL].（2018-09-29）
[2021-06-26]. https：//page.om.qq.com/page/Oig5Jn1GYkK8dWoylMlFUYGw0.

[54]2019 年度山东省旅游大数据报告[EB/OL].（2020-02-24）[2021-06-
26]. https：//new.qq.com/omn/20200224/20200224A0ODHR00.html.

[55]2019 年内蒙古旅游接待人数和旅游收入实现两位数增长 各领域工
作亮点纷呈[EB/OL].（2020-03-18）[2021-06-26]. https：//www.sohu.com/a/
381098347_114731.

[56]2019 年山西省旅游业发展大数据报告[EB/OL].（2020-04-02）
[2021-06-26]. http：//wlt. shanxi.gov.cn/sitefiles/sxzwcms/html/xwzx/szyw/
33830.shtml.

[57]2019 年四川新发现旅游资源 3000 余处[EB/OL].（2020-01-11）[2021-
06-26]. http：//www. sc. gov. cn/10462/10464/10797/2020/1/11/f1474297658f
4219acdb068439d8d013.shtml.

[58]2019 年新闻出版产业分析报告（摘要）[EB/OL].（2020-11-03）[2021-06-
26]. http：//www.nppa.gov.cn/nppa/upload/files/2020/11/c46bb2bcafec205c.pdf.

[59]关于印发《大遗址保护"十三五"专项规划》的通知[EB/OL].（2016-11-22）
[2021-06-26]. http：//www.ncha.gov.cn/art/2016/11/22/art_2237_35508.html.

[60]践行长江经济带发展规划纲要 长江流域园区联盟一体化[EB/OL].
（2020-09-27）[2021-06-26]. https：//www.sohu.com/a/421250028_99957885.

[61]如何推动河南文旅融合高质量发展？全省文化和旅游工作会议划重点
[EB/OL].（2019-01-23）[2021-06-26]. https：//baijiahao. baidu. com/s？ id＝
1623453079040270620&wfr＝spider&for＝pc.

[62]市场监管"十三五"成就巡礼（五）——以广告产业园区建设为总抓手
"十三五"期间山东省广告产业取得新成就[EB/OL].（2020-12-25）[2021-06-26].
http：//amr.shandong.gov.cn/art/2020/12/25/art_76477_10215005.html.

[63]四川成都"十三五"期间广告业产值稳步增长[EB/OL].（2021-03-02）
[2021-06-26]. http：//www.samr.gov.cn/xw/df/202103/t20210302_326414.html.

[64]宋洋洋. 中央最新政策：国家文化大数据体系，文化产业新基建[EB/
OL].（2020-05-31）[2021-06-26]. https：//baijiahao. baidu. com/s？ id＝
1668144636995881452&wfr＝spider&for＝pc.

[65]王辉龙.发展长江经济带 畅通双循环主动脉[EB/OL].(2021-03-09)[2021-06-26]. http://dx. nanjing. gov. cn/kyzx/dxsy/202103/t20210309_2841529.html.

[66]文化有活力 旅游添魅力——河南省文化和旅游产业融合发展综述[EB/OL].(2019-05-16)[2021-06-26]. http://www. henan. gov. cn/2019/05-16/793587.html.

[67]吴维海.黄河流域战略研究院系列研究之十:创新黄河文化的"六化"体系[EB/OL].(2020-03-02)[2021-06-26].http://www.icci.online/h-nd-538.html.

[68]习近平主持召开全面推动长江经济带发展座谈会并发表重要讲话[EB/OL].(2020-11-15)[2021-06-26].http://www.gov.cn/xinwen/2020-11/15/content_5561711.htm.

[69]中国区域与城市数字经济发展报告(2020 年)[EB/OL].(2021-01-04)[2021-06-26].http://www. caict. ac. cn/kxyj/qwfb/ztbg/202101/t20210104_367593.htm.

[70]中华人民共和国 2020 年国民经济和社会发展统计公报[EB/OL].(2021-02-27)[2021-06-26]. http://www. stats. gov. cn/tjsj/zxfb/202102/t20210227_1814154.html.

[71]Zhang X，Ding L，Chen X. Interaction of Open Innovation and Business Ecosystem[J].International Journal of U- & E-Service，Science& Technology,2014,7:51-64.

第六部分 | 黄河流域旅游产业与文旅融合发展[*]

"十四五"规划指出,文化和旅游融合发展,坚持以文塑旅、以旅彰文,打造独具魅力的中华文化旅游体验;加强区域旅游品牌和服务整合,建设一批富有文化底蕴的世界级旅游景区和度假区,打造一批文化特色鲜明的国家级旅游休闲城市和街区;加强旅游目的地质量提升,打造黄河文化旅游带;传承弘扬中华优秀传统文化,建设黄河等国家文化公园,加强世界文化遗产、文物保护单位、考古遗址公园、历史文化名城名镇名村保护。此即要求完善文化旅游产业发展,在把握黄河流域旅游产业各要素与空间布局的基础上,实施黄河国家文化公园建设规划,打造黄河文化旅游品牌体系,扩大黄河文化旅游带建设的国际影响力。"十四五"是推动黄河流域生态保护和高质量发展的关键时期。文化旅游产业是推动黄河流域生态保护和高质量发展的支柱产业,丰富的文化旅游资源既为黄河文化旅游带建设奠定基础,也为世界级黄河文化旅游品牌的培育创造有利条件。这不仅需要强化黄河流域区域间资源整合和协作,还要建立健全文化旅游融合发展协调机制,推动文化和旅游深度融合,充分提升黄河文化旅游发展合力。

然而当前黄河流域仍存在着困难与问题,正如习近平总书记所说的,这些问题,表象在黄河,根子在流域。所以,如何通过梳理黄河流域旅游产业要素特征,把握黄河流域当前文化旅游发展仍面临的问题,分析问题并提出解决问题的对策;如何统筹文化传承保护利用与旅游产业发展,推动黄河流域文化旅游品牌打造;如何规划与落地建设国家文化公园,推动黄河流域文化旅游高质量发展,是黄河流域旅游产业与文旅融合发展的重要内容与现实路径。应进

---

* 承担单位:山东大学管理学院;课题负责人:黄潇婷;课题组成员:韩若冰、李帅帅、孙晋坤。

一步完善黄河流域文化旅游产业发展,打造黄河文化旅游品牌体系,推动黄河国家文化公园建设,夯实黄河流域生态保护、产业融合、创新驱动、文化传承的发展之路,不断满足人民对美好生活的向往,让黄河成为造福人民的幸福河。

一、黄河流域旅游产业要素

(一)黄河流域文旅产业要素整体发展情况

1.A级景区数量充足,但省际差异较大

2019年,黄河流域的A级景区共有4001个,数量充足,但各省数量差异较大。其中,山东省是沿黄九省区中唯一一个A级景区数量过千的省份;四川省、河南省的A级景区数量也位居前列;宁夏回族自治区和甘肃省的A级景区数量较少,宁夏回族自治区是九省区中唯一一个A级景区数量未过百的地区。

2019年,沿黄九省区中,山东省A级景区数量最多,为1229个,包括5A级景区12家,4A级景区224家,3A级景区638家,2A级景区351家,1A级景区4家。四川省A级景区数量次之,为679个,包括5A级景区13家,4A级景区269家,3A级景区275家,2A级景区119家,1A级景区3家。河南省A级景区数量排名第三,为519个,包括5A级景区14家,4A级景区171家,3A级景区229家,2A级景区104家,1A级景区1家。陕西省A级景区数量排名第四,为460个,包括5A级景区10家,4A级景区116家,3A级景区290家,2A级景区43家,1A级景区1家。内蒙古自治区A级景区数量排名第五,为375个,包括5A级景区6家,4A级景区132家,3A级景区102家,2A级景区134家,1A级景区1家。青海省A级景区数量排名第六,为312个,包括5A级景区5家,4A级景区99家,3A级景区132家,2A级景区75家,1A级景区1家。山西省A级景区数量排名第七,为216个,包括5A级景区8家,4A级景区99家,3A级景区87家,2A级景区20家,1A级景区2家。甘肃省A级景区数量排名第八,为115个,包括5A级景区3家,4A级景区25家,3A级景区69家,2A级景区18家,1A级景区0家。宁夏回族自治区A级景区数量最少,为96个,包括5A级景区4家,4A级景区23家,3A级景区42家,2A级景区25家,1A级景区2家。2019年黄河流域各省区A级景区数量如表1、图1所示。

表1 沿黄各省区A级景区数量

	青海	宁夏	甘肃	四川	陕西	山西	内蒙古	河南	山东
5A	5	4	3	13	10	8	6	14	12
4A	99	23	25	269	116	99	132	171	224
3A	132	42	69	275	290	87	102	229	638
2A	75	25	18	119	43	20	134	104	351
1A	1	2	0	3	1	2	1	1	4
合计	312	96	115	679	460	216	375	519	1229

数据来源:《中国文化文物和旅游统计年鉴》(2020)。

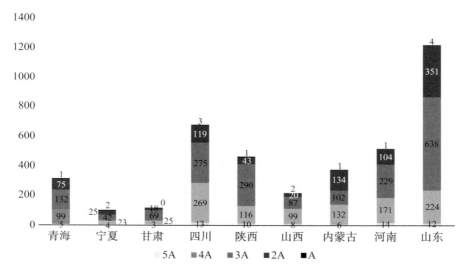

图1 沿黄各省区A级景区数量

2.国家自然保护区数量不多,各省区之间存在差异

截至2018年,黄河流域国家自然保护区共计152个,数量较少,各省区数量存在差异。其中,国家自然保护区数量最多的省为四川省,紧随其后的为内蒙古自治区,青海省、山西省和山东省的国家自然保护区数量较少。

沿黄九省区中,四川省国家自然保护区数量最多,为32个。内蒙古自治区国家自然保护区数量次之,为29个。陕西省国家自然保护区数量排名第三,为26个。甘肃省国家自然保护区数量排名第四,为21个。河南省国家自然保护区数量排名第五,为13个。宁夏回族自治区国家自然保护区数量排名第六,为9个。山西省国家自然保护区数量排名第七,为8个。山东省和青海省国家自然保护区数量最少,各为7个。2018年黄河流域各省区国家自然保护区数量如表2、图2所示。

表 2　黄河流域各省区国家自然保护区数量

	青海	宁夏	甘肃	四川	陕西	山西	内蒙古	河南	山东
数量	7	9	21	32	26	8	29	13	7

数据来源:《中国林业和草原统计年鉴》(2019)。

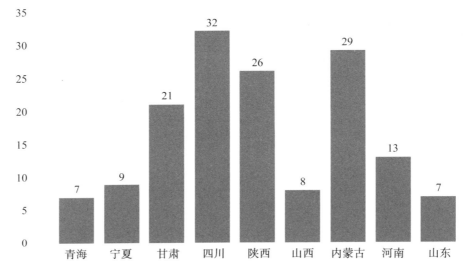

图 2　黄河流域各省区国家自然保护区数量

3.国家森林公园的数量适中,各省数量存在差异

截至 2018 年,黄河流域国家森林公园数量适中,共有 253 个,但各省数量存在一定的差异。其中,国家森林公园数量最多的省份为山东省;国家森林公园数量超过 30 个的省区包括四川省、内蒙古自治区、陕西省、河南省;国家森林公园数量最少的是宁夏回族自治区,仅有 4 个。

沿黄九省区中,山东省国家森林公园数量最多,为 49 个。四川省国家森林公园数量次之,为 44 个。内蒙古自治区国家森林公园数量排名第三,为 36 个。陕西省国家森林公园数量排名第四,为 35 个。河南省国家森林公园数量排名第五,为 32 个。山西省国家森林公园数量排名第六,为 24 个。甘肃省国家森林公园数量排名第七,为 22 个。青海省国家森林公园数量排名第八,为 7 个。宁夏回族自治区国家森林公园数量最少,为 4 个。2018 年黄河流域各省区国家森林公园数量如表 3、图 3 所示。

表 3　黄河流域各省区国家森林公园数量

	青海	宁夏	甘肃	四川	陕西	山西	内蒙古	河南	山东
数量	7	4	22	44	35	24	36	32	49

数据来源：《中国林业和草原统计年鉴》（2019）。

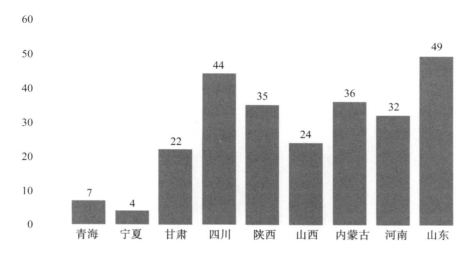

图 3　黄河流域各省区国家森林公园数量

4.重点文物保护单位的数量可观，但各省区数量差异显著

截至 2019 年，黄河流域全国重点文物保护单位数量较多，总计 2106 个，但各省区数量差异较大。其中，山西省为九省区中文物保护单位数量最多的省份；其次为河南省；四川省、陕西省和山东省的文物保护单位数量较为相近，皆为 200～300 个；文物保护单位数量较少的省区则为青海省和宁夏回族自治区，数量分别为 51 个和 37 个。

沿黄九省区中，山西省文物保护单位数量最多，为 530 个。河南省文物保护单位数量次之，为 420 个。陕西省和四川省文物保护单位数量排名第三、第四，分别为 270 个、262 个。山东省文物保护单位数量排名第五，为 226 个。内蒙古自治区文物保护单位数量排名第六，为 158 个。甘肃省文物保护单位数量排名第七，为 152 个。青海省文物保护单位数量排名第八，为 51 个。宁夏回族自治区文物保护单位数量最少，为 37 个。2019 年黄河流域各省区文物保护单位数量如表 4、图 4 所示。

表4 黄河流域各省区全国重点文物保护单位数量

	青海	宁夏	甘肃	四川	陕西	山西	内蒙古	河南	山东
数量	51	37	152	262	270	530	158	420	226

数据来源:国家文物局官网。

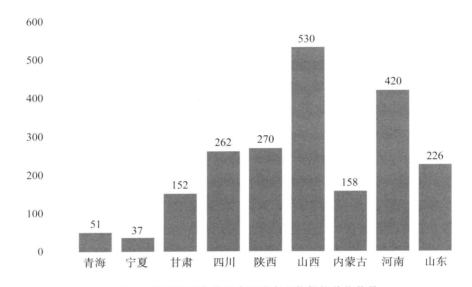

图4 黄河流域各省区全国重点文物保护单位数量

5.国家地质公园的数量不多,各省区数量相对接近

截至2017年,黄河流域国家级以上(含国家级)地质公园共有101个,数量不多,各省数量差异不大。其中,国家级以上地质公园数量超过10个的省区有四川省、河南省、山东省、甘肃省、内蒙古自治区;陕西省、山西省的国家级以上地质公园数量相同,皆为9个;紧随其后的是青海省;宁夏回族自治区仅有1个国家级以上地质公园。

沿黄九省区中,四川省国家级以上地质公园数量最多,为20个。河南省国家级以上地质公园数量次之,为19个。山东省国家级以上地质公园数量排名第三,为13个。甘肃省和内蒙古自治区国家级以上地质公园数量排名第四,为11个。陕西省和山西省国家级以上地质公园数量排名第五,为9个。青海省国家级以上地质公园数量排名第六,为8个。宁夏回族自治区国家级以上地质公园数量最少,为1个。2017年黄河流域各省区国家级以上地质公园数量如表5、图5所示。

表5 黄河流域各省区国家级以上地质公园数量

	青海	宁夏	甘肃	四川	陕西	山西	内蒙古	河南	山东
数量	8	1	11	20	9	9	11	19	13

数据来源:《中国国土资源统计年鉴》(2018)。

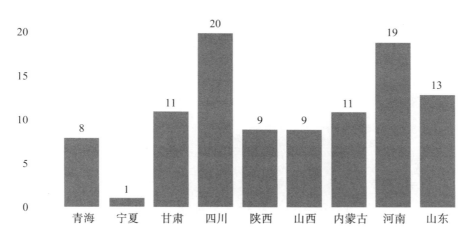

图5 黄河流域各省区国家级以上地质公园数量

6.博物馆的数量适中,大部分省区的数量相对接近

截至2019年,黄河流域的博物馆数量适中,共计2017个,但各省数量存在差异。其中,甘肃省、四川省、陕西省、河南省和山东省的博物馆数量较多,宁夏回族自治区和青海省的博物馆数量较少。

沿黄九省区中,山东省和河南省的博物馆数量最多,分别为541个和340个。陕西省的博物馆数量次之,为294个。四川省的博物馆数量紧随其后,排名第四,为256个。甘肃省的博物馆数量排名第五,为224个。山西省、内蒙古自治区的博物馆数量排名第六、第七,分别为158个、125个。宁夏回族自治区和青海省的博物馆数量排名最后,分别为55个和24个。2019年黄河流域各省区博物馆数量如表6、图6所示。

表6 黄河流域各省区博物馆数量

	青海	宁夏	甘肃	四川	陕西	山西	内蒙古	河南	山东
数量	24	55	224	256	294	158	125	340	541

数据来源:《中国文化文物和旅游统计年鉴》(2020)。

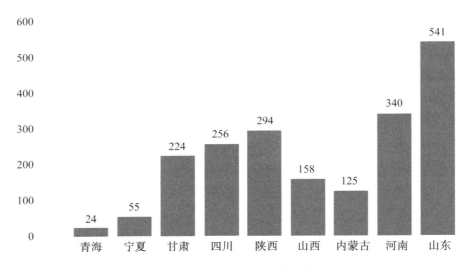

图 6　黄河流域各省区博物馆数量

7.旅行社数量多,各省区数量差异大

截至 2019 年,黄河流域各省区旅行社数量非常多,共有 9349 个,各省区数量存在的差异也非常大。其中,旅行社数量大于 2000 个的省区仅有山东省,旅行社数量在 1000~2000 个的省区包括四川省、内蒙古自治区、河南省,旅行社数量在 500~1000 个的省区包括青海省、甘肃省、陕西省、山西省,宁夏回族自治区的旅行社数量最少。

沿黄九省区中,山东省旅行社数量最多,为 2613 个。四川省旅行社数量次之,为 1242 个。河南省旅行社数量排名第三,为 1156 个。内蒙古自治区旅行社数量排名第四,为 1147 个。山西省旅行社数量排名第五,为 927 个。陕西省旅行社数量排名第六,为 862 个。甘肃省旅行社数量排名第七,为 723 个。青海省旅行社数量排名第八,为 515 个。宁夏回族自治区旅行社数量最少,为 164 个。2019 年黄河流域各省区旅行社数量如表 7、图 7 所示。

表 7　黄河流域各省区旅行社数量

	青海	宁夏	甘肃	四川	陕西	山西	内蒙古	河南	山东
数量	515	164	723	1242	862	927	1147	1156	2613

数据来源:《中国文化文物和旅游统计年鉴》(2020)。

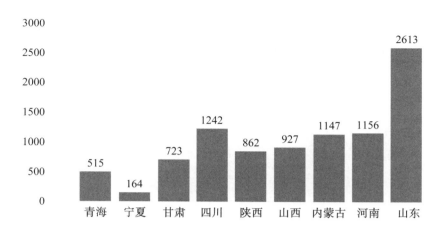

图 7　黄河流域各省区旅行社数量

8.星级饭店的数量较多，各省数量差异较大

截至 2019 年，黄河流域星级饭店数量较多，共有 2526 家，各省数量存在很大差异。其中，山东省是九省区中星级饭店数量最多的省份，紧随其后的为四川省、河南省等，星级饭店数量较少的省份为宁夏回族自治区。

沿黄九省区中，山东省星级饭店数量最多，为 502 家，包括五星级饭店 34 家，四星级饭店 140 家，三星级饭店 289 家，二星级饭店 39 家，一星级饭店 0 家。四川省星级饭店数量次之，为 370 家，包括五星级饭店 33 家，四星级饭店 114 家，三星级饭店 137 家，二星级饭店 85 家，一星级饭店 1 家。河南省星级饭店数量排名第三，为 361 家，包括五星级饭店 21 家，四星级饭店 81 家，三星级饭店 214 家，二星级饭店 45 家，一星级饭店 0 家。甘肃省星级饭店数量排名第四，为 315 家，包括五星级饭店 2 家，四星级饭店 73 家，三星级饭店 171 家，二星级饭店 67 家，一星级饭店 2 家。陕西省星级饭店数量排名第五，为 287 家，包括五星级饭店 16 家，四星级饭店 48 家，三星级饭店 178 家，二星级饭店 45 家，一星级饭店 0 家。青海省星级饭店数量排名第六，为 207 家，包括五星级饭店 2 家，四星级饭店 41 家，三星级饭店 116 家，二星级饭店 46 家，一星级饭店 2 家。内蒙古自治区星级饭店数量排名第七，为 205 家，包括五星级饭店 12 家，四星级饭店 32 家，三星级饭店 98 家，二星级饭店 63 家，一星级饭店 0 家。山西省星级饭店数量排行第八，为 190 家，包括五星级饭店 14 家，四星级饭店 52 家，三星级饭店 94 家，二星级饭店 30 家，一星级饭店 0 家。宁夏回族自治区星级饭店数量最少，为 89 家，包括五星级饭店 0 家，四星级饭店 33 家，三星级饭店 44 家，二星级饭店 9 家，一星级饭店 3 家。2019 年黄河流域各省区星级饭店数量如表 8、图 8 所示。

表8　黄河流域各省区星级饭店数量

	青海	宁夏	甘肃	四川	陕西	山西	内蒙古	河南	山东
星级饭店数量	207	89	315	370	287	190	205	361	502
五星级	2	0	2	33	16	14	12	21	34
四星级	41	33	73	114	48	52	32	81	140
三星级	116	44	171	137	178	94	98	214	289
二星级	46	9	67	85	45	30	63	45	39
一星级	2	3	2	1	0	0	0	0	0

数据来源：《中国文化文物和旅游统计年鉴》（2020）。

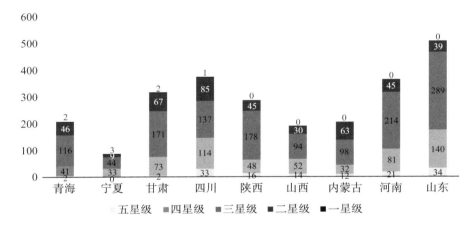

图8　黄河流域各省区星级饭店数量

（二）黄河流域文旅产业要素空间布局

1.山东4A级与5A级景区空间分布

山东省的4A级景区和5A级景区总体上分布较为均衡，山东中部地区和沿海地区的4A级景区和5A级景区分布数量较多。其中，4A级景区主要集中分布于山东鲁中地区（济南市、泰安市、淄博市）、鲁西南地区的部分地级市（临沂市、济宁市、枣庄市）、半岛沿海地区的部分地级市（青岛市、烟台市、威海市）。5A级景区则主要分布于鲁中地区和半岛沿海地区，在鲁西南地区的些许地级市（济宁市、临沂市）也有零星分布。

4A级景区和5A级景区的密度分布特征呈现"两核两带"模式，"两核（心）"的高密度聚集区分别位于临沂市和潍坊市。"两带（状）"分别呈现类似直角形和弧形的形态，呈现似直角形的带状高密度聚集区主要位于济南市、泰安市、济宁市、淄博市,而似弧形的带状高密度聚集区位于青岛市的沿海区域。两类景区的空间分布存在区域差异性,山东中部地区和东部地区的景区数量较多,而山东北部地区和南部地区的景区数量相对较少。

4A级景区和5A级景区方位角为北偏东。长半轴皆呈现不同程度的东北—西南走向,反映两者具有较好的空间关联性。短半轴皆较短,说明分布范围的向心力较显著。两个标准差椭圆的长半轴和短半轴的长度差异皆较大,揭示了两类景区分布的方向性较明显。

4A级景区的分布重心位于淄博市和潍坊市的交界处,5A级景区的分布重心则位于潍坊市。两类景区标准差椭圆的中心相差不远。从标准差椭圆的覆盖范围来看,4A级景区和5A级景区主要集中分布于山东省的中部地区,两类景区的标准差椭圆与山东省的形状方向相似。

2.河南4A级与5A级景区空间分布

河南省的4A级景区和5A级景区的分布存在空间分异性,总体呈现"西多东少,北多南少"的分布特征。其中,郑州市、南阳市、洛阳市、三门峡市及新乡市的4A级景区和5A级景区的分布呈现相对集聚的特征,而濮阳市和周口市的4A级景区和5A级景区的分布则呈现相对分散的特征。

4A级景区和5A级景区呈现"一个主中心,一个副中心"的分布模式。"一个主中心"所在的地级市为开封市,"副中心"所在的地级市则为洛阳市。景区空间分布存在一定的区域差异性,一个点状高度聚集区和一个次聚集区位于河南省北部,南部缺少高密度聚集区域。

4A级景区标准差椭圆的方位角为北偏西,5A级景区标准差椭圆的方位角为北偏东。两类景区的长半轴的方向较为不同,说明两者不具有较强的空间关联性。其中,4A级景区标准差椭圆的长半轴呈现西北—东南的分布态势,5A级景区的标准差椭圆长半轴呈东北—西南走向。两类景区的短半轴长度有所差异。4A级景区标准差椭圆的短半轴较长,离散程度较大。5A级景区的标准差椭圆短半轴较短,向心力显著。4A级景区标准差椭圆的长半轴和短半轴的长度差异较小,近于圆形,空间分布更为均衡。5A级景区标准差椭圆的长半轴和短半轴的长度差异皆较大,显示分布的方向性明显。

4A级景区的分布重心位于许昌市,5A级景区的分布重心位于郑州市,两者相距较近。4A级景区和5A级景区的标准差椭圆的规模要素集中分布于河南省的北部地区、中部地区和西部地区。

3.山西4A级与5A级景区空间分布

山西省的4A级景区和5A级景区的空间分布总体上呈现较为分散的特

征,空间分布的差异性较小。其中,山西省中心区域的省会城市太原市的 4A 级景区分布较为集聚。5A 级景区的空间分布则相对分散,在由北至南的各个地级市呈现零星分布态势,区域均衡性较为明显。

4A 级景区和 5A 级景区的密度分布呈现"两个主中心,一个副中心"的分布格局。"两个主中心"所在地分别为太原市和大同市,"一个副中心"的所在地则为吕梁地区的孝义市。高密度聚集区在太原市和大同市以点状分布,低密度聚集区在该省的北部及南部的部分地区呈块状分布。

4A 级景区和 5A 级景区标准差椭圆的方位角为北偏东。两者的标准差椭圆的长半轴均呈现不同程度的东北—西南方向分布态势,具有较好的空间关联性。短半轴长度皆较短,反映向心力较显著。两个标准差椭圆的长半轴和短半轴的长度差异较大,分布方向性明显。

4A 级景区和 5A 级景区的平均分布中心皆在晋中市的西部区域,中心相差不远。两类景区的标准差椭圆覆盖范围重合区域较多,主要包含山西省中部区域、北部和南部的部分区域。两类景区的标准差椭圆与山西省的形状方向具有一定相似性。

4.陕西 4A 级与 5A 级景区空间分布

陕西省的 4A 级景区和 5A 级景区的空间分布集聚性较强,空间分异性明显。两类景区呈现"南多北少"的分布格局。其中,西安市、宝鸡市、咸阳市、铜川市和渭南市的 4A 级景区和 5A 级景区的数量皆较多,而榆林市仅有少量 4A 级景区分布。

4A 级景区和 5A 级景区分布模式为"单核心",分布特征为"中密周疏"。"单核心"位于西安市,次聚集区位于渭南市,南部地区有较多的点状聚集区分布,而北部和南部的边缘地区则呈现块状的低密度区分布,景区的集聚差异性较为明显。

4A 级景区的标准差椭圆的方位角为北偏东,5A 级景区的标准差椭圆的方位角为正北。4A 级景区标准差椭圆的长半轴呈东北—西南走向,5A 级景区的标准差椭圆的长半轴则呈现南北向的分布态势。4A 级景区的标准差椭圆的短半轴长度较长,反映离散程度较大;5A 级景区的标准差椭圆的短半轴长度较短,反映向心力较显著。4A 级景区的标准差椭圆的长半轴和短半轴的长度差异较大,分布方向性明显;5A 级景区的标准差椭圆的长半轴和短半轴的长度差异较小,分布方向性不明显。

4A 级景区的分布重心处于西安市和咸阳市的交界处,5A 级景区的分布重心位于西安市,两者相差不远。4A 级景区的标准差椭圆的覆盖范围集中在陕西省中部地区和南部地区,5A级景区的标准差椭圆的覆盖范围则集中在陕西省的中部地区,包含西安市、咸阳市、渭南市等多个地级市。

5.内蒙古 4A 级与 5A 级景区空间分布

内蒙古自治区的4A级景区和5A级景区总体上呈现相对集聚的分布格局,两类景区在内蒙古的中部部分地区(包头市、呼和浩特市、乌兰察布市、鄂尔多斯市)集聚分布特征明显。

4A级景区和5A级景区呈现"双核心"分布模式,核心所在地分别为鄂尔多斯市和呼和浩特市,次聚集区位于阿拉善盟。高密度聚集区和低密度聚集区存在一定的区域差异性,高密度区以点状分布于中部偏西地区,低密度区以块状分布于东北部地区和西部部分地区。

4A级景区和5A级景区的标准差椭圆的方位角皆为北偏东,长半轴皆呈东北—西南分布态势,反映具有一定的空间关联性。4A级景区的标准差椭圆的短半轴长度较短,反映向心力较为明显;5A级景区的标准差椭圆的短半轴长度较长,反映离散程度较大。两类景区的标准差椭圆长半轴和短半轴的长度差异较大,分布方向性明显。

4A级景区的平均分布中心为乌兰察布市,5A级景区的平均分布中心为锡林郭勒盟。两类景区标准差椭圆的规模要素集中分布于中部地区,也涉及西部和东北部的部分区域。5A级景区的标准差椭圆的覆盖范围大于4A级景区的标准差椭圆的覆盖范围。

6.甘肃 4A 级与 5A 级景区空间分布

甘肃省的4A级景区数量较多,且4A级景区在多个地级市的分布相对集聚。具体而言,该省南部地区的4A级景区分布尤为密集,集聚性较强。甘肃省的5A级景区呈分散分布状,主要分布于酒泉市、嘉峪关市、张掖市、临夏回族自治州、平凉市和天水市等地。

4A级景区和5A级景区的分布呈现"多核心"的格局。"多核心"即多个点状高密度聚集区,核心点分别位于酒泉市、嘉峪关市、张掖市、武威市、兰州市、临夏回族自治州、甘南藏族自治州、天水市等(由北至南排列)。从地域角度分析,甘肃省的南部地区分布有较多以点状带面状的高密度区,北部边缘地带则分散着块状的低密度区。

4A级景区和5A级景区的标准差椭圆的方位角皆为北偏西,长半轴均呈不同程度的西北—东南方向,反映两者具有较好的空间一致性。两类景区的标准差椭圆的短半轴长度较短,说明向心力较显著;标准差椭圆长半轴和短半轴的长度皆有所差异,分布方向性较为明显。

4A 级景区标准差椭圆的分布重心为兰州市,5A 级景区标准差椭圆的分布重心在甘肃省中部。两个标准差椭圆与甘肃省的形状存在一定相似性。

7.宁夏 4A 级与 5A 级景区空间分布

宁夏回族自治区的 4A 级景区和 5A 级景区的数量皆较少,总体上大致呈现"中疏周密,北多南少"的分布格局。4A 级景区在银川市分布相对集聚,5A 级景区分布在石嘴山市、银川市、中卫市等地级市。

4A 级景区和 5A 级景区为"三核一带"的分布模式。"三核"所在地主要包括石嘴山市、吴忠市、中卫市和固原市的交界处。"一带"位于银川市,其由数个条状的聚集区组成,整体约为半环状。此外,次聚集区主要分布在吴忠市、固原市。

4A 级和 5A 级景区标准差椭圆的方位角均为北偏东。4A 级景区的标准差椭圆的长半轴大致呈南北走向,5A 级景区的标准差椭圆的长半轴则为东北—西南走向。两类景区的标准差椭圆的短半轴长度皆较短,反映向心力较为显著;长半轴和短半轴的长度差异均较大,分布方向性较为明显。

4A 级景区标准差椭圆的平均分布中心位于吴忠市,5A 级景区的标准差椭圆平均分布中心则位于银川市,两个中心相距较近。从标准差椭圆的覆盖范围来看,4A 级景区的标准差椭圆覆盖范围由北至南涵盖了宁夏回族自治区所有的地级市;而 5A 级景区的标准差椭圆覆盖范围较小,主要集中于北部地区。

8.青海 4A 级与 5A 级景区空间分布

青海省的 4A 级景区和 5A 级景区呈现相对集聚的分布特征。两类景区在西宁市尤为集聚,数量较多。西宁市周边的地级市(包括海北藏族自治州、海南藏族自治州、黄南藏族自治州、海东市)的 4A 级景区数量则较少,分布渐趋分散。

4A 级景区和 5A 级景区呈现"单核心"的分布模式,"单核心"所在位置为西宁市东部。"单核心"为高度聚集区,其周围的各地级市分布有多个点状的次聚集区。次聚集区主要位于海北藏族自治州、海南藏族自治州、黄南藏族自治州、海东市、海西蒙古族藏族自治州。东部地区主要分布有高度聚集区和次聚集区,由东至西核密度值总体呈现下降趋势,西部地区的核密度值较低,分布有呈面状、块状的低密度区。

4A 级景区的标准差椭圆的方位角为西偏南,5A 级景区的标准差椭圆的方位角为北偏西。两类景区的标准差椭圆的分布态势存在差异,且 5A 级景区标准差椭圆的长轴和短轴皆小于 4A 级景区标准差椭圆的长轴和短轴。4A 级景区的标准差椭圆的长半轴呈东北—西南走向,5A级景区的标准差椭圆的长半轴则呈西北—东南走向。两类景区的标准差椭圆的短半轴长度皆较短,说明向心力较显著。4A级景区的标准差椭圆长半轴和短半轴的长度差异较大,分布方向性较为明显;5A级景区的标准差椭圆长半轴和短半轴的长度差异较小,没有明显的方向特征。

4A级景区的标准差椭圆的分布重心位于海南藏族自治州,5A级景区的标准差椭圆的分布重心位于海北藏族自治州,两者相距不远。两类景区的标准差椭圆的规模要素均集中分布于青海省东部地区。

9.四川4A级与5A级景区空间分布

四川省的4A级景区和5A级景区在数量上具有“东多西少”的分布特征,存在空间分异性,集聚特征较为明显。其中,4A级景区和5A级景区在成都市的分布数量较多且较为密集。

4A级景区和5A级景区具有“三核一带”的分布格局。“三核”主要位于广元市、绵阳市和遂宁市,“一带”则似直线状分布在成都市—雅安市。次聚集区主要分布于巴中市、内江市、自贡市、宜宾市、泸州市。两类景区的空间分布相对集聚,主要呈点状、带状集中分布于东部地区;而西部地区的核密度值则较低,主要以点状低密度区分布为主。

4A级景区和5A级景区的标准差椭圆的方位角皆为北偏东;长半轴的分布方向具有相似性,皆为东北—西南走向,反映两者具有较好的空间一致性。4A级景区的标准差椭圆的短半轴长度较长,说明离散程度较大,且标准差椭圆的形状接近圆形,反映空间分布更为均衡;5A级景区的标准差椭圆的短半轴长度较短,说明向心力较明显。

4A级景区的平均分布中心位于成都市,5A级景区的平均分布中心则位于德阳市,两个中心相距不远。两个标准差椭圆的覆盖范围皆位于四川省东部地区。

10.黄河流域所有4A级与5A级景区空间分布

全国范围内的4A级景区和5A级景区的分布大致呈现“南多北少”的特征。黄河流域两类景区在下游部分地区(河南省、山东省)分布数量较多且密集,中游地区的两类景区分布数量较少且不均匀,上游地区的两类景区在甘肃省分布较密集,其余省份则分布较为稀疏。

(三)黄河流域文旅产业融合发展存在的问题

表9为黄河流域文旅产业融合发展可能存在的问题、具体表现及影响。

表9 黄河流域文旅产业融合发展存在问题

可能存在的问题	具体表现及影响
黄河流域各省区的文旅产业发展缺乏统筹协调和区域协调机制	黄河流域内各区域缺乏资源共享,黄河文化资源的挖掘和开发较为片面化,黄河旅游资源的开发存在同质化倾向,可能进一步导致黄河流域的文旅市场呈现一定的无序性,不利于黄河流域文旅产业链条的形成和发展
黄河流域的生态保护情况不甚乐观	近年来,黄河流域出现水土流失加剧、生物多样性减少以及水源涵养功能减弱等问题,影响沿黄城市及区域的生态环境治理成效,不利于其提升承载能力,对于该流域内各省区的文旅产业的发展也会造成一定不良影响
黄河流域的黄河文化旅游产品开发质量有待提升	目前黄河文化旅游产品的开发质量存在以下几个问题:一是形式较为传统单调,缺乏创新意识和想象空间;二是黄河观光旅游产品缺少消费场景支撑;三是黄河历史故事缺少沉浸式体验内容。以上问题在一定程度上不利于传递黄河文化价值及提升黄河流域文旅产业的发展效率

(四)黄河流域文旅产业融合的发展对策

1.分省区角度

黄河流经九个省区,各省区的文旅资源特色各异,具有发展黄河文化旅游的特色优势。本部分针对九省区分别提出有关黄河文旅产业融合的对策建议。

(1)山东省

第一,统筹规划黄河文旅,执行落实国家战略。

黄河经由山东省入海,黄河水造就和孕育了璀璨的齐鲁文化。因此,山东省做好黄河文旅产业相关的统筹规划工作极为重要。具体措施而言,山东省可以调查和收集黄河文旅资源的详细情况,并以黄河沿线为轴线,对沿线的干流与支流、城市和乡村等划定片区进行合理的统筹规划,形成以多片区支撑的联动发展格局,带动山东省境内的沿黄河九市实现黄河文旅产业的高质量发展。

此外,山东省也应密切关注并执行落实国家有关黄河流域的相关战略。如黄河流域生态保护战略和黄河流域高质量发展战略等,将国家的方针政策与本省黄河文旅产业实际情况进行有效结合,提升山东省黄河文旅产业的发展水平和质量。

第二,项目企业促进供给,增大投资助力文旅。

山东省可通过投资重点文旅项目,积极推动本省的黄河文旅产业朝精品化和规模化发展。目前已经建成的黄河文化旅游的标志性项目有德百旅游小镇、尼山圣境等,黄河口生态旅游区也已成功创建国家 5A 级景区。山东省可加快确立黄河文旅开发的重点项目并给予项目补贴,尤其对于沿黄地区的文旅项目可加大补贴支持力度。如可打造儒学研学线路等别具特色的研学产品,对于德州齐河博物馆群、菏泽郓城水浒好汉城等重点文旅项目可加快推进建设进度,推动济南宋风古城等省级重点项目的开工建设等。

第三,纳入本省品牌体系,加大品牌宣传力度。

"好客山东"为山东省知名的文化旅游品牌。山东省可调查和整合沿黄九市的特色文旅资源,将其巧妙融入"好客山东"的品牌体系之中,并通过开展一系列的旅游节事活动等加大"好客山东＋黄河文旅"的宣传力度,扩大山东省黄河文旅资源的知名度。如济南市已发起成立"黄河流域振兴传统工艺城市共同体";东营市承办 2021 年全国休闲度假大会,通过精准营销策略提升"黄河入海、我们回家"的文化旅游品牌的影响力。

（2）河南省

第一,打造特色文旅项目,促进自然人文结合。

目前,河南省黄河文旅产业存在区域发展不协调等问题。河南省可重点培育如郑、洛、汴等跨市及跨区域的黄河文化旅游联盟,加快本省内各市区的黄河文化旅游资源的互补,带动本省黄河文化旅游产业的总体发展。

河南省也可以通过规划建造黄河国家文化公园、合理构建黄河文化旅游共同体和开发黄河文化旅游精品线路等方式打造河南省的特色黄河文旅项目。通过妥善利用各区域文旅资源,推动本省沿黄地区的自然风光和历史文化的有机结合。

在黄河文化公园的开发建造上,河南省可以规划建造郑州、洛阳、开封、三门峡等黄河沿线城市的生态文旅观光廊道,完善相应的基础设施配套,并建设具有标志性的文化景观,形成河南省别具特色的黄河文化风情体验区域。

在黄河文化共同体的构建方面,河南省可以构建"线点区互联"的发展格局。以黄河为线,以郑州市、洛阳市等国家历史文化名城作为节点,再以郑州黄河文化公园、兰考东坝头黄河湾风景区等黄河文旅区为重点,构建河南省的文化旅游共同体。

在黄河文化旅游精品线路的打造上,可开发具有河南黄河文化特色的多样化主题文旅精品线路。如黄河国家地质公园、黄河大堤等景点的研学体验线路;以太极拳、少林功夫为主题的武术文化体验线路;贯穿郑州商城遗址、渑池仰韶文化遗址等历史文化名地的文明体验线路。

第二,推动黄河文化"活化",提升文旅产业水平。

河南省的文旅产业发展存在市场化程度总体不高、产业总量较小等问题,在一定程度上制约了黄河文化的保护传承与产业化发展水平。针对这一问题,应"活化"河南省的黄河文化,让其在当代得到合理保护和传承弘扬,提升黄河文旅产业的市场化发展质量和水平。如深入挖掘以炎帝、黄帝为代表的人文始祖文化,"活化"再现河图洛书等非物质文化遗产等,也可以依据流传广泛的大禹治水传说故事打造旅游演艺项目等。通过黄河文化的"活化",让游客充分感受河南省黄河文化的深厚内涵和别样魅力。

(3)山西省

第一,创新文化旅游产品,提升游客互动体验。

山西省的黄河文旅产业发展存在开发程度不高、创新能力有限等问题。当下文旅融合逐渐成为发展趋势,山西省应借助互联网、大数据等先进科技手段提升黄河文旅产品的质量,提升黄河文化旅游资源的吸引力。

在旅游演艺项目上,近年来,旅游演艺的业态发生了较大的变化,沉浸式的旅游演艺项目得到了较多旅游者的青睐。山西省可结合沿黄城市的文旅资源特色,深入挖掘当地的黄河文化,并与成熟的演艺公司合作开发山西省特有的黄河文旅演艺项目。在旅游目的地游览方面,可增强黄河相关的旅游目的地的体验感,适当借助 AR、VR 等先进科技,提升游客的游览乐趣和体验沉浸感;也可以通过打造黄河文化体验园、黄河特色民俗活动传承体验基地等旅游目的地并开发游客可参与的体验项目,使游客能够感受和触及黄河文化。在文化创意产品上,可结合山西省的黄河元素,打造具有山西黄河文化特色的文创产品。

第二,强化生态涵养保护,促进文旅融合发展。

山西省应加快推进本省黄河流域的水土保持和生态涵养工作,重点建设生态文化旅游示范区,促进旅游开发与生态环境保护的和谐共生。具体而言,一方面,山西省应重点推动吕梁山区、南太行山区等地的生态文化绿色发展片区建设,推进"两山七河"的生态治理和吕梁景区等的景观美化;另一方面,山西省应加快建造左权、太原等地的省级生态文化旅游开发区及陵川、平顺等地的生态文化旅游示范区,推动生态文化与旅游的融合发展。

(4)陕西省

统筹文化旅游资源,构建黄河产业格局。

陕西省可以结合省内黄河流域的自然地理状况和人文景观,统筹文化旅游资源,加快对于渭河文化、丝路文化、农耕文化等的保护和传承弘扬,并完善黄河流域沿线的文化和旅游基础配套设施,整合沿线的文化遗产资源、历史文化名城、名胜古迹景区等,打造黄河文化和旅游廊道,形成具有影响力的黄河文化旅游带,如渭河文化旅游带、边塞文化发展带等主题文化旅游带。通过黄河文化旅游带推动相关区域的文旅节点的发展,促进陕西省黄河流域文旅产业的整体发展。

（5）内蒙古自治区

优化黄河产品结构,推动文旅产业发展。

内蒙古自治区一方面可依托黄河文化旅游带,推进省区内文化旅游产品体系和旅游线路的规划设计,培育多元化、特色化的黄河"几"字弯文化旅游产品;另一方面,应注意文化旅游产品的季节性,对时令文旅产品进行适时优化。此外,还可捕捉和紧随文旅消费热点,满足旅游者不断涌现的旅游新需求。

（6）甘肃省

多策齐促产业融合,推动文旅高质量发展。

甘肃省可采取以下方式推动黄河文旅产业融合发展。一是构建"文化＋旅游"的发展机制。可打造黄河文化旅游产业融合基地等,加快推动甘肃省黄河文旅产业的发展。二是创新旅游产品。甘肃省应深入挖掘该省黄河文化独特及深厚的内涵,并在此基础上加以创新,推出具有新意的文创产品、旅游纪念品、旅游商品、民俗工艺品等,提升游客的旅游消费体验。三是举办节庆活动。如可以举办具有黄河元素的文化旅游节庆活动,提高该省黄河文化旅游资源的知名度。四是借助"一带一路"作为发展契机,整合优化黄河文化资源的内涵,发挥黄河文化旅游资源的优势,结合市场需求,推动本省黄河文旅产业的融合发展。

（7）宁夏回族自治区

第一,多策齐促产业融合,推动文旅高质量发展。

宁夏回族自治区可采取多种方式促进黄河文旅产业融合。一是深入挖掘本省区的特色历史文化资源优势。如加大对黄河大峡谷、黄河楼、古灌区等宁夏特色旅游资源文化内涵的挖掘和展示,打造黄河文化保护的展示区域,将本省沿黄区域的渡口、古镇、峡口及遗址等进行有机串联和结合,开发以黄河为轴的宁夏特色旅游线路。结合边塞文化、西夏文化等宁夏其他特色文化,实现多种文化旅游资源的融合发展。二是将历史文化资源优势转化成为产业优势,推动本省区的黄河文化与技术、人才的融合,借助高科技手段动态化、情景化展现黄河文化,并延伸开发视听类文化产品及服务,延长产业链条,培育宁夏特色的黄河文创产品体系。三是优化产业结构。宁夏可以推进黄河文化旅游产业与体育、康养等产业的共通共赢。

第二,集中力量保护生态,助力文旅绿色发展。

宁夏回族自治区应坚持绿色发展、生态优先的发展理念,坚持黄河文旅产业生态化导向。落实相关政府部门制定的各类生态保护政策,完善相关法律法规,推动文旅市场规范化发展和运行。在此基础上,可通过整合资源和协同开发等方式,开发和打造精品旅游小镇、精品农家乐等,促进黄河生态文化旅游的有序发展,推动黄河文旅产业的融合发展。

（8）青海省

加快生态环境保护,构建和谐发展模式。

青海省是中国海拔最高、面积最大的天然湿地和生物多样性分布区之一,也是长江、黄河等的发源地。其享有"三江之源、中华水塔、山水之宗"的美誉,自然和人文的旅游资源皆十分丰富,类型多样。在文旅融合发展趋势下,青海省应推动黄河流域的生态立法等工作,并支持黄河流域的各类生态项目。

（9）四川省

有效构筑生态屏障,推动文旅良性发展。

四川省应建设黄河上游地区的生态屏障,这是黄河流域生态保护和高质量发展的重要内容之一。相关政府部门应坚持"两手抓,两手硬",稳步提升四川省境内黄河流域的水源涵养能力。具体可通过以下途径实现:一是推出和完善生态建设奖励的补助政策,加大对于黄河上游生态保护区、限制开发区等区域的生态补偿财政转移支付力度,合理确立补偿标准。二是加大对本省黄河相关的基础设施建设项目的支持力度,尤其是黄河上游生态屏障项目等,推动实施生态修复工程。三是制定和完善相关法律法规。

2.九省区联合角度

（1）打造主题线路,促进文旅融合

黄河流域九省区可依托各自地域的地理特征及文旅资源打造多元化的主题线路,推进黄河文化旅游带建设,促进文旅融合发展。如开发黄河寻根之旅、黄河非遗文化之旅、黄河乡村体验之旅、黄河红色基因之旅、黄河自驾之旅等旅游线路。其中,党的十九大提出了乡村振兴的重大战略部署,乡村旅游的发展有助于推动落实乡村振兴战略的总要求。结合旅游者行为的新特征,各省区可因地制宜打造黄河主题精品旅游村落、旅游小镇等,整合民宿、餐饮等多种业态,开发研学、农事体验等多类活动,促进黄河流域省区的乡村振兴和文旅融合发展,传承黄河文化。为提升黄河主题旅游线路的吸引力和竞争力,可适当举办节事活动,如黄河文化旅游节等,加深公众对于黄河旅游线路乃至黄河文化的认识。此外,黄河流域各省区可依据 A 级景区、自然保护区、森林公园的空间分布特征相应建设与黄河密切相关的文化旅游目的地,如黄河国家文化公园、沿黄旅游风景道等,推动黄河流域优质旅游目的地开发建设和有效融通,推动文旅产业持续发展。

（2）创新文创 IP,讲好黄河故事

黄河流域各省区可通过开发文创产品和打造 IP 等方式实现高质量发展,提升文旅融合的综合效益。

在开发文创产品方面,黄河流域九省区可通过深入挖掘地方黄河文化特色,提炼黄河文化元素,打造别具一格的黄河文化符号,开发具有创新化、差异化的文创产品。如河南省可推出"黄河文化＋河南味道"系列文创产品,山东省可结合儒家文化、黄河文化等文化元素打造文创产品。黄河流域各省区还可就黄河文创产品的开发加强协作,并结合年轻人喜闻乐见的潮玩物件（如盲盒等）开发黄河文创产品,打造黄河文创体系。推动黄河流域各省区文旅产业有序发展,提升公众对于黄河文化的认同感和喜爱度,促进黄河文化在当代焕发光彩。

在打造 IP 方面,2021 年 7 月 5 日,黄河流域九省区代表共同发布《保护传承弘扬黄河文化倡议书》,并揭晓了黄河标志和一组由"黄小轩"等六个吉祥物组成的"黄河六宝",意味着古老的黄河文化即将跨入超级 IP 时代。各省区可围绕黄河标志和吉祥物等,深化文化交流与友好合作,通过制作相关的动画动漫及游戏产品、与游乐园进行联名巡回活动、景区"快闪×短视频"等形式,利用微博、抖音等新媒体平台进行网络宣传与营销,讲好黄河故事,增强游客对于黄河文化的沉浸式体验,使黄河文化遗产活起来、火起来。

（3）推动生态保护,实现绿色发展

黄河流域作为我国重要的生态屏障和经济地带,其生态安全和经济发展具有重要意义。其中生态是黄河流域协同发展的重点。习近平总书记多次强调"绿水青山就是金山银山",黄河流域生态环境的建设与发展对于流域各省区的文旅产业发展具有深刻影响。可从以下两方面着手改善黄河流域生态环境,实现绿色发展,促进文旅产业可持续发展。

一是修复生态环境,保护生态资源。具体可通过构建分级开发区域的标准（优先开发、重点开发、限制开发和禁止开发等）、加强水资源质量监管、各地区因地制宜合理构建产业体系等手段实现。此外,黄河流域作为中华文明的主要发祥地之一,拥有丰富的非物质文化遗产资源,沿黄各省区应做好黄河流域非物质文化遗产的挖掘整理和保护修复工作,传承历史文脉,促进文旅融合,增强文化自信。

二是坚持绿色发展,建设生态景观。黄河流域九省区应坚持绿色发展理念,推进生态廊道、湿地公园等生态景观的建设;同时推进文化旅游协作区建设,促进黄河流域文旅产业高质量发展。

二、黄河流域文旅品牌与营销发展

黄河流经九省区,谱写了一篇篇精彩动人的黄河故事,也催生了一个个各具特色的文旅品牌,近年来有关文旅产品的营销推广更是有声有色,黄河流域的文旅口碑日渐向好。

(一)黄河流域文旅品牌体系

目前,围绕着"黄河母亲"和"九曲黄河"的总品牌,相关部门已经开展了丰富的实践活动,打造了诸多不同层次的文旅产品,衍生了包括旅游景区、旅游线路、节事活动、旅游目的地和文旅知识共同体在内的五大子品牌,各子品牌个性化的相互依存与协作中的彼此独立构成了整个黄河流域文旅品牌体系。

1.黄河流域文旅总品牌

黄河逶迤千里,历史悠久,是我们国家和民族的重要象征,被誉为"中华民族的母亲河",由此也构成了"黄河母亲"和"九曲黄河"的总品牌。这一方面体现在黄河对中华文明的起源、传承和发展具有无可比拟的重大贡献。黄河有着世界大河中最为伟大的塑造平原的能力,黄河泛滥所形成的黄河两岸及华北大型冲积扇平原,正是最适合农业发展的地方,为人类文明的诞生和发展奠定了坚实的自然地理基础。另一方面,很多有代表性的中华优秀传统文化都是在黄河流域诞生和发展完善的。如代表古代先进物质文明的农耕种植技术、天文历法、数理算术、灌溉工程、传统医药、彩陶瓷器等均在黄河流域高度发展。

习近平总书记在黄河流域生态保护和高质量发展座谈会上强调,黄河文化是中华文明的重要组成部分,是中华民族的根和魂。所谓根,是指中华文明产生于黄河流域。所谓魂,是说中华文明的基本内核、价值观念和黄河文化一脉相承。习近平总书记用"根"和"魂"二字形象生动地将黄河文化的保护和治理提高到了延续历史文脉、坚定文化自信、凝聚精神力量的高度,也奠定了"黄河母亲""九曲黄河"文旅品牌的总基调,培"根"铸"魂",弘扬黄河文化孕育的民族精神也成为新时代文旅人的重要责任和担当。

2.黄河流域文旅子品牌

黄河流域生态资源丰富、历史文化厚重、生物资源富集,具备国际级的观赏游憩价值、科学研究价值、自然教育价值和康养度假价值。在多重资源优势叠加、培育核心竞争力方面,目前黄河流域已经形成包含旅游景区、旅游线路、节事活动、旅游目的地和文旅知识共同体在内的五大子品牌。品牌体系的构建对于黄河文化的深度开发和创新发展、培育具有黄河特色的文旅商融合发展新格局具有重要意义。

(1)旅游景区:自然风光与人文底蕴

①中国黄河50景

中国黄河50景是黄河旅游的典型代表,集中展示了黄河沿岸景象万千的历史遗存、自然风光、民俗风情。其中,陕西拥有11个景区景点,数量位居榜首,其次为宁夏、青海和河南(见表10)。

表10　中国黄河50景

	景区景点	数量
青海	三江源自然保护区、贵德高原生态旅游区(贵德国家地质公园)、坎布拉景区、龙羊峡景区、循化撒拉族绿色家园、喇家国家遗址公园	6
四川	九曲黄河第一湾	1
甘肃	永靖黄河三峡风景区、兰州百里黄河风情线、兰州夜游黄河大景区、景泰黄河石林、渭河源风景区	5
宁夏	中卫沙坡头、腾格里沙漠湿地金沙岛、沙湖风景区、西夏陵、镇北堡西部影视城、贺兰山岩画、青铜峡黄河大峡谷、水洞沟景区	8
内蒙古	包头黄河国家湿地公园、达拉特旗响沙湾、黄河河套文化旅游区湿地公园、内蒙古黄河滩岛	4
山西	黄河大禹渡风景名胜区、永济鹳雀楼、娘娘滩、乔家大院、皇城相府	5
陕西	黄河壶口瀑布、西岳华山、佳县白云山、大荔丰图义仓/同洲湖、黄河乾坤湾、郑国渠风景区、陕西沿黄观光路、龙洲丹霞地貌景区、神木天台山、合阳洽川风景名胜区、司马迁祠墓—国家文史公园—韩城夜色	11
河南	济源黄河小三峡景区、龙门石窟、清明上河园、豫西大峡谷、函谷关历史文化旅游区、黄河小浪底、龙潭大峡谷	7

续表

	景区景点	数量
山东	黄河口生态旅游区、济南百里黄河风景区、黄河三角洲生态文化旅游岛	3

②黄河国家文化公园

我国的国家公园体制建设起步较晚,从 2013 年首次提出国家公园体制的建立,到 2015 年展开的 10 个国家公园体制试点工作,再到 2017 年《国家"十三五"时期文化发展改革规划纲要》,我国依托长城、大运河、黄帝陵、孔府、卢沟桥等重大历史文化遗产,规划建设一批国家文化公园,国家公园建设走出了一条曲折的发展之路。

国家文化公园的设立是我国基于国情提出的独特创造,是对国家公园体系的创新。2020 年 10 月 29 日,中共第十九届中央委员会第五次全体会议通过《中共中央关于制定国民经济和社会发展第十四个五年规划和二〇三五年远景目标的建议》,提出建设长城、大运河、长征、黄河等国家文化公园,首次提出将黄河列入国家文化公园建设名录。2021 年 6 月,国家发展改革委在济南组织召开黄河国家文化公园建设推进会,沿黄九省区以黄河国家文化公园建设为契机,促进黄河文化保护、传承和弘扬,推动黄河流域文化旅游高质量发展。

③黄河文化旅游带

"十四五"规划指出,要打造长江国际黄金旅游带、黄河文化旅游带。黄河文化是中华文明的重要起源,在日益提倡传统文化、强调文化自信的当下,建设黄河文化旅游带是自然而然、兼顾社会效益与经济效益的创新发展之举。在保护的基础上有序开发利用的基本策略,也让人们对黄河文化旅游带的长期可持续良性发展充满信心。

(2)旅游线路:全域精品与四季深游

为了增加高质量旅游产品供给,助力黄河流域建设彰显国家形象、具有国际影响力的区域旅游目的地,2021 年 6 月,文化和旅游部在黄河文化旅游带建设推进活动上发布 10 条黄河主题国家级旅游线路。其他城市和地区纷纷响应国家号召,积极推陈出新,发布以黄河文化为主题的特色路线。

①黄河主题国家级旅游线路

10 条黄河主题国家级旅游线路包括中华文明探源之旅、黄河寻根问祖之旅、黄河世界遗产之旅、黄河生态文化之旅、黄河安澜文化之旅、中国石窟文化之旅、黄河非遗之旅、红色基因传承之旅、黄河古都新城之旅、黄河乡村振兴之旅等主题线路。

②"中华源黄河魂"黄河文化特色主题游线路

河南省文旅厅挖掘整理了中华文明溯源之旅、大河风光体验之旅、治黄水利水工研学之旅等3条黄河文化特色主题游线路,涵盖古都探寻、寻根问祖、非遗展示、功夫体验、诗词传诵、湿地峡谷、水利水工、红色文化等方面。

③河南十大黄河文化旅游线路

河南十大黄河文化旅游线路:一是"穿越五千年"华夏文明溯源之旅,二是"大河安澜"水利水工研学之旅,三是"黄河岸边古村落"探秘体验之旅,四是"我是非遗传承人"黄河传统文化传承之旅,五是"慢行黄河生态廊道"自驾骑行之旅,六是"泛舟黄河"水上体验之旅,七是"老屋中的新时光"精品民宿体验之旅,八是"黄河岸边潮生活"时尚生活休闲体验之旅,九是"黄河味道"特色美食之旅,十是"点亮夜经济"沿黄城市休闲夜游之旅。

此外,河南以"大河之旅,老家河南"为主题,陆续举办十大主题活动:网络"大V"主题采风活动,黄河文化旅行研学大会,"金夏有约,豫见黄河"直播推介活动,黄河大堤星空露营节,"黄河岸边是我家"采风写生活动,"情系老家,唱响黄河"群众演艺挑战赛,"大河上下"艺术摄影展,"悦读黄河"演讲、征文、微视频大赛,"颂黄河·迎国庆"系列宣传片展播季,"约惠一夏,行知大河"暑期文旅消费季等。

郑州、开封、洛阳、安阳、新乡、焦作、濮阳、三门峡等黄河沿线城市还举办了十大配套活动:"大美黄河·醉郑州"短视频创作大赛活动,"多彩黄河,印象赞歌"艺术作品展,"古都夜八点"文旅消费品牌行动,殷商文化主题活动,"宿在黄河畔"美宿家体验活动,"从黄河之滨到太行之巅"自驾旅游大会,黄河文明与太极文化研讨会,黄河沿岸杂技展示系列活动,三门峡黄河文化旅游节,黄河故道湿地花海徒步穿越活动等。

④黄河金三角休闲度假旅游线路

旅游百事通与运城、临汾、渭南、三门峡四地市正式推出黄河金三角休闲度假旅游线路,主要包含黄河风情、山水生态、寻根访祖、民俗文化、风味美食、养生度假6条旅游线路,涵盖了黄河金三角区域的主要特色景点。

⑤山东红色旅游线路

2021年3月,山东省文化和旅游厅召开新闻发布会,推出100条山东红色旅游线路。其中,"黄河入海,我们回家,感受时空交融"线路,是一条黄河风光、渤海革命老区斗争历史与知青文化结合的线路。

（3）节事活动：消费升级与创意迭代

①节庆活动（见表11）

表 11　黄河流域主要文旅节庆活动汇总

举办时间	举办地点	活动主题	活动内容
2009 年至今	河南洛阳	"观瀑小浪底，全域游洛阳"黄河小浪底观瀑节	2009 年始创，每年定期举办
2011 年 12 月	河南三门峡	国际黄河旅游节	—
2016 年 3 月	河南郑州	黄河樱花节暨黄河樱花风情游·METOO 樱花生活季	—
2019 年 9 月	甘肃兰州	兰州首届黄河之滨音乐节	以"奔腾的黄河，流动的音乐，时尚之夜音乐会""百年的铁桥，华彩的乐章，经典之夜音乐会""都会的城市，精致的兰州，欢乐之夜音乐会"为主题，举行 3 场专题活动
2019 年 12 月	河南洛阳	大黄河研（游）学旅行活动	参加文物修复体验课程，聆听专题讲座，赴河南沿黄城市的代表性景区进行研学
2020 年 5 月	山东东营	山东人游山东暨千车万人自驾黄河口	游览黄河口生态旅游区、揽翠湖旅游度假区等东营市重点景区
2020 年 9 月	陕西宜川	九曲黄河·魅力非遗——2020 陕西省非遗进景区暨"黄河记忆"非遗展	—
2021 年 4 月	河南郑州	中国（郑州）黄河文化月	"河之魂""艺之萃""地之灵""城之魅""人之杰"5 个方面的主题活动
2021 年 6 月	山西运城	"清爽一夏，七彩运城"夏季文化旅游系列活动	4 大主题游、18 条精品线路、6 大文化旅游节以及 9 大系列 64 项文旅活动
2021 年	内蒙古	畅游"几"字弯，感悟黄河魂	内蒙古黄河"几"字弯生态文化旅游

②会议论坛

三门峡以黄河为主题的国际旅游节多年来吸引了无数游客，经过多年的培育和发展，已经打响了"黄河旅游"的品牌。此一年一度的国际黄河旅游节每次都会围绕黄河旅游举办精彩纷呈的论坛，论坛中学者专家积极建言献策，为论坛添彩。

③艺术活动

沿黄省区深入挖掘黄河文化,创新文化表达方式,打造了以黄河数字音乐节、"大河上下"黄河流域九省区获奖摄影作品展、"黄河文化月"黄河流域舞台艺术精品演出季等为代表的艺术活动,以宁夏黄河流域非遗作品创意大赛、"黄河记忆"非遗展示展演活动、陕西黄河记忆非遗展等为代表的非遗展演活动,以"我爱母亲河"黄河文化全国书画大赛、"大美黄河·醉郑州"短视频大赛、河南郑州"黄河游"短视频创作成果发布会等为代表的赛事征文活动,坚持讲好黄河故事,大力弘扬黄河文化。

（4）旅游目的地:品牌塑造与全域营造

①东营:打造"黄河入海"文化旅游目的地

东营市以打造黄河入海文化旅游目的地为目标,全力打响"黄河入海,我们回家"品牌,举办首届黄河口（东营）国际啤酒美食节,吸引游客 6.5 万余人次,营业总额达 960 余万元;在央视《朝闻天下》播放《黄河入海我们回家》宣传片;举办"黄河入海"文化旅游目的地品牌建设研讨会,成立沿黄九市旅游联盟,开创了全市文化和旅游高质量发展新局面。

②洛阳:生态黄河点亮乡村振兴

洛阳是黄河流域重要节点城市,生态优势明显。目前洛阳市正在强力推进沿黄生态廊道建设,建设东接郑州、西接三门峡的沿黄百里风光带,同步实施沿黄道路和黄河乐道工程,分区打造锦绣湿地段、河清彩源段、高峡平湖段、青山黛眉段,沿线点缀扣马古渡、河图烟雨、万羽之洲、大河飞瀑、山水田园、千岛湖光、荆紫观澜、黛眉秘境八大景观节点,充分彰显沿黄地区的自然山水、民风民俗、历史文化,不断擦亮黄河流域高质量发展的生态底色。

③"五彩黄河"成为濮阳旅游打造重点

"五彩黄河",就是五颜六色、五彩缤纷的黄河。濮阳市通过在黄河沿岸大面积种植各种各样的花草植物,建成花草繁盛、次第开放的黄河旅游观光长廊,把黄河装扮成花海长廊、休闲度假观光带。围绕黄河做足"吃"的文章,重点规划建设 1～2 个黄河渔村农家乐,推出黄河鱼虾、野菜、粗粮等特色餐饮产品;让游客"住"得舒服,鼓励引导旅游住宿设施个性化、特色化,建设汽车旅馆等主题风格酒店;开发多种娱乐项目,让游客"玩"得开心,结合黄河自身资源,规划建设黄河沙雕、滑沙、黄河洗浴、垂钓等项目。

④沿黄文旅展区

2019 年举办的第八届山东文博会,首次设立了沿黄省区文化产业联展,为沿黄省区的交流协作搭建了良好平台。2020 年首届中国文旅博览会借鉴已有经验,设立了沿黄文旅展区,将沿黄九省区生态环境保护与绿色发展的蓝图浓缩其中。同年,河南省文游大会提出,以仰韶文化遗址群、函谷关、三门峡大坝、愚公故里等为依托,建设连陕通晋、承东启西的黄河金三角文化旅游区。

（5）文旅知识共同体:共建共享与协同发展

黄河自青海始,流经四川、甘肃、宁夏、内蒙古、山西、陕西、河南,于山东入海,途径九省区、六十余城。作为时空跨度较大的线性文化遗产,成立跨区域合作的知识共同体十分有必要。目前,各大中心城市和城市群以黄河文化资源整合提升、生态控制性整合建设为手段,成立了以黄河流域博物馆联盟、黄河流域城市文化旅游联盟、黄河文化旅游融合发展协作体等为代表的跨区域合作组织,举办了黄河文化数字化论坛、黄河流域国家级非物质文化遗产代表性传承人研修班等文化论坛,打造了具有影响力的黄河文化生态走廊和黄河文化旅游目的地品牌,带动了黄河区域旅游整体的协同联动发展。

①知识联盟

早在 2019 年,黄河流域博物馆联盟便已成立,沿黄九省区 45 家博物馆携手共讲黄河故事,联合推出黄河文明系列巡回展。2020 年 7 月,济南、淄博、东营、济宁、泰安、德州、聊城、滨州、菏泽九市文化和旅游局共同主办的"山东黄河流域城市文化旅游联盟成立大会"在济南舜耕山庄举行。目前,河南省和甘肃省已经成立以黄河国家文化公园为主要研究对象的研究机构——黄河国家文化公园研究院,有效推进黄河旅游各项任务落实落地。

②文旅场馆

为积极融入黄河流域生态保护和高质量发展国家战略,河南郑州编制了文化博物旅游三年行动计划和年度专项实施方案,总投资 32 亿元的黄河国家博物馆、16 亿元的大河村国家考古遗址公园、17 亿元的黄河文化演艺综合体已全部启动;同时积极构建文化旅游发展新格局,打造郑、汴、洛"三座城、三百里、三千年"黄金文化旅游带,讲好黄河故事。山东德州也提出建设黄河文化博物馆。与此同时,甘肃黄河文化博物馆和甘肃黄河文化学院的成立,更是贯彻落实黄河流域生态保护和高质量发展的重大举措。

(二)黄河流域文旅营销

酒香也怕巷子深,营销推广对于黄河流域的文旅发展尤为重要。近年来,各级部门在新媒体营销、大型节事活动、海外营销活动以及旅游品牌合作等方面积极发力,取得了显著效果。

1.新媒体营销

新媒体营销是指以新媒体为中介的新兴营销模式。得益于互联网技术的发展,新媒体营销发展越来越快。短视频、直播的出现和发展充实了新媒体营销方式。在黄河流域文旅营销中,各省区主要采用了短视频、微博、微信、客户端、直播间和主流媒体等营销模式。其中,山东省采用了多种营销方式,构建以几个主要的新媒体营销方式为主体的新媒体宣传矩阵,扩大受众群体,并且以新颖的宣传方式给受众留下深刻的印象,提高了营销效果。

虽然沿黄九省区采用了新媒体营销方式对其文旅资源进行宣传(见表12),但部分省区并没有针对性地宣传黄河流域文旅资源,而是对其整体文旅资源进行整合宣传,导致受众群体对黄河流域文化旅游印象并不深刻。因此,沿黄九省区需要提高对黄河流域文旅营销的重视程度,设计出更有针对性的宣传内容来吸引用户群体,做到对黄河流域文化旅游资源的高质量营销。

表 12 黄河流域文旅新媒体营销活动

	活 动
河南	"打卡老家河南·弘扬黄河文化——2020 网络名人读中原"活动采风团走进郑州,通过邀请网络红人参观黄河并在社交平台发文以吸引潜在游客的关注
山东	齐河借助主流媒体、节事活动等平台载体,促进"黄河水乡,生态齐河"旅游品牌传播;东营承办 2021 全国休闲度假大会之后,成功打响了"黄河入海,我们回家"文化旅游品牌,构建了以短视频、微信、微博、客户端为主体的新媒体宣传矩阵
山西	充分利用抖音、快手等新媒体平台精准把握游客的消费需求,促进优秀文旅项目多渠道传输、多平台展示、多终端推送,全面充分宣传黄河、长城、太行三大旅游板块
陕西	通过"2020 年陕西文化旅游新媒体整合传播"项目,组织推进文旅数字化加工和短视频内容开发,综合运用短视频在主流平台的传播,邀请了 30 位旅游、美食、时尚类 KOL(网红)到场进行宣传,提高关注度
内蒙古	通过人民网 PC 端、移动端、地方频道、人民智云、微信、微博、抖音号等平台形成全媒体传播矩阵,推动内蒙古文化旅游业振兴复苏,有效提升"亮丽内蒙古"核心旅游品牌在国内外的知名度和影响力
宁夏	在传统旅游推介基础上,宁夏首次尝试了区(市、县)全域、全行业、全产业链参与的全媒体融合营销方式——"晒文旅·晒优品·促消费"大型文旅推介活动,也拍摄制作了 300 部以"美丽宁夏·星星故乡""葡萄酒之都"等 IP 为主题的微视频、短视频作品对其进行宣传
甘肃	甘肃和宁夏借助双方文旅官网、新闻媒体等各类宣传平台,更好发挥两省区旅游推广联盟、行业协会和新媒体作用,推进黄河文化旅游圈建设

	活 动
四川	四川省通过四川文化旅游推介会、安逸直播等多样化的活动,通过"现场推介展示＋网络直播＋合作洽谈"方式对四川文旅资源进行宣传
青海	青海文化旅游节暨中国西北旅游营销大会发挥主流媒体、专业媒体的宣传引领作用,突出新媒体、自媒体传播

2.大型节事活动

沿黄九省区根据自己的具体文化和旅游资源背景,举办了不同的大型节事活动,起到了良好的引流作用。其中,国家政策的引领是关键。在国家政策的指导下,各省区有目的地举办各种活动,对当地的黄河流域文化旅游资源进行宣传,比如四川省黄河文化书法摄影大赛、陕西省黄河主题中国画作品巡回展等。

从沿黄九省区举办的大型活动主题中可以看出,大多数省区偏向于黄河流域文旅资源创新和高质量发展,而较少注重对黄河流域文旅资源的保护和传承(见表13)。如今,在每个领域都注重创新精神的背景下,我们不仅需要注重对黄河流域文旅资源的创新和发展,也要注重对原始黄河流域文旅资源的保护与传承。只有保护好黄河流域原始的文旅资源,才能让创新发展有路可走并且越走越宽。

表 13 黄河流域文旅大型节事活动

	活 动
黄河流域	(1)中国黄河旅游大会:西北旅游协作区发起,由沿黄九省区旅游部门和沿线市县共同支持,是万里黄河沿线旅游市场的年度盛会。(2)"母亲河·幸福河"黄河文化旅游微视频大赛:由文化和旅游部资源开发司指导,沿黄九省区黄河之旅旅游联盟主办,中央广播电视总台央视网承办,小红书协办,面向全社会征集短视频等融媒体作品。(3)黄河流域文旅高质量发展论坛:已举办多届并取得不错的成果,为更好地促进黄河流域文旅高质量发展,每一届都有特定的主题
河南	(1)中国(三门峡)国际黄河文化旅游节:以黄河文化为主题,集旅游、文化、经贸于一体的大型节庆活动,主要内容包括黄河游、寻古朝敬游、黄河风情游、豫国文化游、豫西天井民居游等。(2)黄河文化月:中国(郑州)黄河文化月旨在全面展示黄河文化。(3)黄河流域文化旅游创新大会:以"焕新黄河文化,创新文旅发展"为主题,在三门峡召开

续表

	活动
山东	"千里走黄河"系列活动:提高黄河文化遗产展示水平,加强沿黄各市博物馆、美术馆、图书馆、文化馆和非遗展示基地合作,以精品联展、专业巡展、创意产品联合开发等多种形式,促进黄河文化传播推广
山西	吕梁黄河人家旅游季:吕梁市打造了6条特色线路、25条县市区乡村旅游线路和40家市级乡村旅游示范村、43个市级黄河人家,筹划安排了一系列丰富多彩的文化旅游主题活动
陕西	陕西国画院黄河主题中国画作品巡回展:以陕西国画院画家为创作主体,旨在积极创作和研究当代黄河主题美术创作,推动黄河文化保护与传承,加强黄河流经省份的文化艺术交流与合作
内蒙古	内蒙古黄河"几"字弯生态文化旅游季:2021内蒙古黄河"几"字弯生态文化旅游季在鄂尔多斯市黄河大峡谷景区正式开幕,之后,旅游推介会和"黄河流域生态保护与绿色矿山建设"摄影展等14项活动相继开展
宁夏	丝绸之路大漠黄河国际文化旅游节:在中卫市沙坡头旅游新镇举办,开幕式以"沿黄九省根连根,同心筑梦迎百年"为主题,紧扣"大漠""黄河""丝路"三个核心要素
甘肃	黄河之滨艺术节:以高品质的歌舞乐,与广大市民共庆建党百年、共享百年荣光
四川	(1)四川国际文化旅游节:开展"一节、三会、一赛、三场活动"等一系列丰富的文化和旅游活动,全面展示大美黄河、辽阔草原、安逸四川的美好画卷。(2)黄河文化主题美术书法摄影作品展:根据文化和旅游部《黄河文化主题美术创作实施方案》,四川省开展黄河文化主题美术书法摄影创作活动
青海	(1)"青绣"大赛暨黄河流域刺绣艺术大展:围绕"传承文化根脉,锦绣美好生活"的主题,开展黄河流域刺绣艺术大展等系列活动。(2)"黄河·河湟文化"惠民消费季活动:积极应对疫情带来的影响,有效激发文旅消费活力,全面复苏和重振文旅行业,助力青海经济发展

3.海外营销活动

为了更好地推动黄河流域文旅资源走向世界,沿黄九省做出了不懈的努力,持续加强与海外国家的友好交流。当前,受新冠肺炎疫情的影响,很多交流活动都采用线上形式,比如陕西和美国怀俄明州合作对接会就是通过网络视频连线。通过线上活动的方式,既节约了人力、物力和财力,也实现了友好合作的目标;而且,现在"云游＋旅游景点"的方式已经非常普遍。

目前单独对黄河流域文化旅游资源进行海外宣传的活动还比较少(见表14)。沿黄九省区需要结合各国文化背景和居民旅游偏好,对黄河流域文旅产品进行针对性设计,创造出更多具有创新性和吸引力的文旅产品来吸引海外游客。同时,可以采取"云游黄河流域"的方式带领外国友人欣赏美丽壮阔的黄河流域,感受黄河流域文化的伟大和生生不息。

表 14　黄河流域文旅海外营销活动

	活动
黄河流域	《中国—中东欧国家合作索非亚纲要》推动中国与中东欧国家深化文化和旅游交流合作,中国与中东欧国家未来将继续利用旅游展会契机,相互组织代表团参展,宣传旅游资源,推动中国企业和中东欧旅游企业对接,共同开发旅游产品,实现客源互送
河南	济源市与韩国漆谷郡加强文化旅游合作
山东	(1)韩国·中国山东文化年闭幕式暨山东省文化旅游推介会在韩国首尔举办,双方就深度拓展双向文化旅游市场、深化文化旅游合作进行了深入会谈。(2)山东文化和旅游推介会在白俄罗斯首都明斯克举办,大力推动两地在文化和旅游领域开展更多务实合作交流,扩大合作成果
山西	(1)山西文化旅游推介会走进奥地利维也纳,重点推介黄河、长城、太行三张承载着中华文明和"壮美山西"的靓丽名片,双方旅行社签署了合作协议。(2)山西代表团对克罗地亚进行友好访问,旨在拓展文化旅游合作,为中克友好关系做出山西努力
陕西	中国陕西—美国怀俄明州经贸旅游文化产业合作对接会通过网络视频连线的方式在两地同步进行,陕西也曾在西雅图等城市开展旅游宣传推广活动
内蒙古	内蒙古同俄罗斯和蒙古国积极开展交流合作;赴印度、日本、埃塞俄比亚等9个国家开展活动;与坦桑尼亚中国文化中心合作,开展内蒙古文化旅游年活动;在日本、韩国、新加坡和蒙古国设立文化旅游营销推广中心;赴境外重要客源国开展旅游营销推广活动
宁夏	为促进中国与阿拉伯国家的旅游合作,第五届"中国—阿拉伯国家旅行商大会(中阿休闲旅游论坛)"在银川通过线上线下结合的方式举办;在旅游领域,中国与阿拉伯各国旅游主管部门将继续保持密切合作
甘肃	(1)甘肃与俄、蒙进行深入交流洽谈,介绍甘肃旅游资源以及"引客入甘"奖补政策,就多项旅游合作达成共识。(2)甘肃与马来西亚在文化旅游领域往来交流密切,并在"交响丝路,如意甘肃"上海系列宣传推介会中与马来西亚达成友好合作

	活动
四川	(1)为加强成都市与阿拉木图州在旅游领域的合作,推动两地旅游业长期稳定发展,成都市旅游局与哈萨克斯坦共和国阿拉木图州旅游局签订了旅游合作备忘录,并举行了旅游产品推介和 B2B 旅游企业洽谈。(2)岘港市旅游厅与成都市旅游局签订了《旅游业合作备忘录》,成都文旅集团与越南下龙旅行社签订了客源互送协议。(3)四川旅游促销团与墨西哥当地旅游管理部门和旅游企业进行会晤并确立合作意向
青海	"十三五"以来,青海代表团先后赴韩国、西班牙、泰国等国家开展 20 多批次对外文化交流活动,在泰国泰亚洲旅运集团设立了第一个青海海外文化旅游推广中心;与日本东京中国文化中心开展为期一年的"大美青海走进日本"系列对口交流合作

4.政企合作

整体来看,黄河流域文旅营销领域的政企合作非常密切,而且达到了比较好的效果(见表 15)。比如腾讯文旅和河南合作设计的太极拳非遗 QQ 表情包以一种新颖的方式凝聚数字科技创意的力量,为黄河流域非遗文化开拓了新奇的宣传方式。2020 年我国的网民规模已经达到 9.89 亿,将这套黄河流域非遗文化表情包应用到腾讯 QQ 软件中,可以让用户更直观地感受到非遗文化就在自己身边,拉近文化和用户的心理距离。

沿黄九省区应积极与企业合作,借助企业创新的活力和相关部门的丰富信息,双方共同努力,将黄河流域文旅资源形象化、产品化。

表 15 黄河流域文旅政企合作

	活动
黄河流域	文旅中国:作为文化和旅游部的官方媒体,积极参与黄河文化和旅游的数字化建设与产业推动,在文化和旅游部数字资源库体系内,建立黄河文化和旅游数字资源库专题,建设黄河文化和旅游数字资源库
河南	(1)三门峡与华侨城集团开展旅游合作。(2)腾讯文旅"老家河南·黄河之礼"2020 国际文旅创意设计季由河南省文化和旅游厅、开封市人民政府、腾讯公司联合主办,旨在凝聚数字科技创意力量,点亮河南黄河流域的非遗光彩。(3)郑州银基旅游度假区与众多文旅大咖签订打造"大黄河研学枢纽"实践基地等战略合作协议

续表

	活动
山东	坤河旅游开发有限公司在"黄河之旅·德州有约"首届德州市旅游发展大会上与齐河县签订了黄河运动康养综合体等 15 个文化旅游项目；保利、碧桂园等大企业纷纷投资落户齐河；中国旅游集团旅行服务有限公司与山东省签署战略合作协议，共同深度开发山东丰富的文旅资源
山西	山西省文化和旅游厅与中国农业银行股份有限公司山西省分行签订战略合作协议，双方将在乡村旅游及旅游扶贫、旅游投资项目、区域旅游资源整合、"互联网＋旅游"等领域开展合作
陕西	陕西省文旅厅与美团点评举办战略合作签约仪式，双方将通过旅游目的地品牌馆打造、文旅专题活动数字化营销、智慧旅游建设等，助力陕西文旅产业全面复苏
内蒙古	内蒙古自治区文化和旅游厅与人民网签署战略合作框架协议，共同打造"智慧旅游"
宁夏	大西北文旅高峰会期间，宁夏文旅厅与携程集团、今日头条、抖音平台、五洲世纪集团分别签订战略合作协议，推动文旅高质量发展
甘肃	甘肃与携程集团开展文化旅游合作
四川	四川旅投集团与乐山市和雅安市签订旅游合作项目；四川省文旅厅、四川旅投集团联合阿里巴巴集团、新希望集团、四川省投资集团，以"文化＋旅游＋科技"的方式共推四川文旅产业高质量发展
青海	青海省文旅厅与中石化青海石油公司签署战略合作协议，就"游""油"合作、旅游驿站建设等方面进行交流合作

（三）黄河流域文旅形象与口碑

文旅形象与口碑是检验产业发展质量的重要标准，也是指引产业发展方向的重要风向标。下文通过对网络大数据（数据截至 2021 年 10 月）的挖掘与分析，梳理了黄河流域文旅主要品牌或目的地的形象特征和游客口碑。

1.黄河流域文旅热度与口碑

中国黄河 50 景是黄河旅游的典型代表，集中展示了黄河沿岸景象万千的历史遗存、自然风光、民俗风情。通过整理黄河 50 景的携程网评分和评价数，汇总形成中国黄河 50 景携程评分统计表（见表 16）。

表16　黄河50景携程评分统计(数据截至2021年10月)

	黄河50景景点	携程评分(满分5分)	评论数
青海	三江源自然保护区	4.4	61
	贵德高原生态旅游区(贵德国家地质公园)	4.6	689
	坎布拉景区	4.3	440
	龙羊峡景区	4.6	56
	循化撒拉族绿色家园	—	—
	喇家国家遗址公园		
四川	九曲黄河第一湾	4.3	887
甘肃	永靖黄河三峡风景区	4.5	64
	兰州百里黄河风情线(兰州黄河铁桥)	4.6	2994
	兰州夜游黄河大景区	—	—
	景泰黄河石林	4.2	665
	渭河源风景区	4.5	65
宁夏	中卫沙坡头	4.6	9820
	腾格里沙漠湿地金沙岛	—	—
	沙湖风景区	—	—
	西夏陵	—	—
	镇北堡西部影视城		
	贺兰山岩画	4.5	3252
	青铜峡黄河大峡谷	4.2	398
	水洞沟景区	4.5	4309
内蒙古	包头黄河国家湿地公园		
	达拉特旗响沙湾	4.4	1908
	黄河河套文化旅游区湿地公园	4.4	8
	内蒙古黄河滩岛	4.6	37
山西	黄河大禹渡风景名胜区	4.0	53
	永济鹳雀楼	4.4	576
	娘娘滩	4.7	3
	乔家大院	4.4	4968
	皇城相府	4.6	3568
	山西临汾吉县壶口瀑布(和陕西交界)	4.6	5997

续表

	黄河 50 景景点	携程评分（满分 5 分）	评论数
陕西	黄河壶口瀑布	4.6	7286
	西岳华山	4.7	29462
	佳县白云山	4.5	83
	大荔丰图义仓/同洲湖	4.4	63
	黄河乾坤湾	4.6	802
	郑国渠风景区	4.1	260
	陕西沿黄观光路	—	—
	龙洲丹霞地貌景区	4.7	41
	神木天台山	—	—
	合阳洽川风景名胜区	4.5	182
	司马迁祠墓—国家文史公园—韩城夜色	4.5	699
河南	济源黄河小三峡景区	4.4	507
	龙门石窟	4.6	14154
	清明上河园	4.5	8401
	豫西大峡谷	4.5	306
	函谷关历史文化旅游区	4.2	429
	黄河小浪底	4.3	265
	龙潭大峡谷	—	—
山东	黄河口生态旅游区	4.1	1413
	济南百里黄河风景区	4.4	32
	黄河三角洲生态文化旅游岛	3.9	39

　　黄河 50 景大部分景点都可以在携程网上查到评分，但由于 50 景中部分是属于大面积的旅游区，或者包含了多个景点，导致在携程网无法查到评分，如循化撒哈拉绿色家园、喇家国家遗址公园等。此外黄河壶口瀑布虽在 50 景中，但实际上该景点为陕西和山西共有，两者独立运营且携程网上亦有两个独立的界面，因此将两者分别纳入统计。

　　在黄河 50 景中，评分最高的是西岳华山、娘娘滩、龙洲丹霞地貌景区，均为 4.7 分（满分 5 分），但后两地的评价数较少，分别为 3 条和 41 条，不具有代表性。因此，西岳华山是唯一的评分最高且评价最多的景点。除上述三个景区外，评分超过 4.5 分的景区还有贵德高原生态旅游区（贵德国家地质公园）、龙羊峡景区、永靖黄河三峡风景区、兰州百里黄河风情线（兰州黄河铁桥）、渭河源风景区、中卫沙坡头、贺兰山岩画、水洞沟景区、内蒙古黄河滩岛、皇城相府、山西临汾吉县壶口瀑布（和陕西交界）、黄河壶口瀑布、佳县白云山、黄河乾坤湾、合阳洽川风景名胜区、司马迁祠墓—国家文史公园—韩城夜色、龙门石窟、清明上河园、豫西大峡谷。

除西岳华山外，评价超过 2000 条的景区还有龙门石窟（14154 条）、中卫沙坡头（9820 条）、清明上河园（8401 条）、黄河壶口瀑布（7286 条）、山西临汾吉县壶口瀑布（5997 条）、乔家大院（4968 条）、水洞沟景区（4309 条）、皇城相府（3568 条）、贺兰山岩画（3252 条）、兰州百里黄河风情线（2994 条）。评价数量大体与景点的等级符合，评价数量最多的西岳华山、龙门石窟、中卫沙坡头都是 5A 级景区。评价数量的多少也从侧面反映了黄河流域文旅的热度差异。

2.黄河流域文旅形象分析

黄河全长 5464 公里，是中国境内第二长河，流域地形地貌复杂，气候四季分明，人文底蕴深厚，旅游资源丰富且具有较大差异。按照《旅游资源分类、调查与评价》（GB/T18972—2017），黄河流域典型的旅游资源主要有地文景观、水域景观、建筑与设施、生物景观、历史遗迹类。其丰富且差异化的旅游资源及旅游产品开发的不同程度，使得游客心目中黄河流域不同景点的文旅形象与口碑截然不同。虽然大家都认同黄河是我们的"母亲河"，但这条母亲河也有不同维度的美，黄河是一条水利之河、生态之河，更是一条文旅之河。黄河流域旅游景点众多，重点集中在沿线的宁、陕、晋、豫、鲁五省，因此本研究选取黄河 50 景中上述五省的五个景点来进行黄河文旅形象分析。

本研究使用文本分析法（content analysis）进行分析，文本分析或者内容分析法是一种对显性内容进行客观、定量描述的研究方法。与基于问卷调查的多变量分析法相比，文本分析的最大优势在于能获取游客完整的心理感知。具体而言，本研究采用 ROST Content Mining 方法以及对应的 ROSTCM 6.0 软件词频分析（frequency analysis）。词频分析主要用于统计网络文本材料中词语的出现次数，发现隐藏在文本内容中的核心信息，并借助语义网络分析等手段发现研究对象词汇描述中的规律性。词频分析是一种较为基础但十分有效的文本挖掘方法。一方面，本研究使用 ROSTCM 6.0 软件对携程网游客评论进行分词，分词后继续使用该软件进行词频分析，生成词频统计数据后汇总形成高词频统计表；另一方面，通过图悦在线词频分析工具（picdata）生成标签云图，直观展现游客对旅游目的地的认知情况。

（1）黄河口生态旅游区

黄河口生态旅游区位于山东省东营市垦利区黄河入海口,区内拥有河海交汇、湿地生态、石油工业和滨海滩涂景观等黄河三角洲独具特色的生态旅游资源。2020 年 1 月,该旅游区被文化和旅游部确定为国家 5A 级旅游景区。

从词频统计来看(见表 17、图 9),游客最关注的是黄河入海口河海交汇的景色,但"湿地""鸟类"等生态景观也给游客留下了较深印象,符合该景区"生态旅游区"的定位。值得注意的是,黄河口生态旅游区于 2020 年 1 月被评为国家 5A 级景区,其管理水平和设施的成熟度相较于老牌国家 5A 级景区仍有差距,部分区域还在开发中。"遗憾"也成为游客在评论中提到的高频词,河海交汇景观处,7～8 月汛期游船停航,在正常开放的时间段,假使遇到天气不佳如大风、下雨等情况,游客也无法乘船出海,往往会乘兴而来败兴而归。对此,一方面,景区没有做好提前的天气预告;另一方面,因突发天气导致无法游览后对游客的安抚和弥补也做得不够。该景区六要素评价见表 18。

表 17　黄河口生态旅游区网络评价高频词统计

排序	词汇	词频	排序	词汇	词频
1	景区	34	16	门票	6
2	黄河	32	17	鸟岛	6
3	入海口	25	18	黄河口	5
4	景点	21	19	南门	5
5	鸟类	19	20	免费	5
6	湿地	11	21	芦苇	5
7	遗憾	10	22	服务	5
8	放飞	10	23	面积	5
9	坐船	9	24	方便	5
10	公园	9	25	公里	5
11	入海	8	26	孩子	5
12	景色	8	27	交汇	5
13	分钟	8	28	博物馆	5
14	壮观	7	29	游客	5
15	游船	7	30	远望	5

图 9　黄河口生态旅游区网络评价标签云图

表 18　黄河口生态旅游区六要素评价

	正向评价	负向评价
吃	海鲜、大闸蟹	景区内部餐饮价格贵、品种少
住	特色度假房车	无
行	高速公路完善,景区停车场很大,景区观光车较方便	东营未通高铁,胜利机场至景区的班车较少,景区内船票无法网上预约和购买
娱	鸟类互动与放飞、抓螃蟹、滑梯、沙滩、秋千	开放与否网上公布不及时
购	无	无
游	鸟类博物馆、直升机观光、远望楼	候鸟迁徙、河海交汇具有季节性,且后者受潮汐、水量、天气、含沙量影响较大

（2）龙门石窟

龙门石窟位于河南省洛阳市,是世界上造像最多、规模最大的石刻艺术宝库,被联合国教科文组织评为"中国石刻艺术的最高峰",现为世界文化遗产、全国重点文物保护单位、国家 5A 级旅游景区。

通过词频分析（见表 19、图 10）,可以看到游客最为关注龙门石窟的佛像本身,"佛像""大佛"等名词出现频次较多。对石窟的形容中,较为突出的有"震撼""威严"等。对于此类遗址,游客较为看重"讲解",希望更多地了解佛像的雕刻艺术、历史、文化,因此"导游"和"讲解"也成为高频词。龙门石窟开放时间分日场和夜场,许多游客在评论中写了自己选择日场和夜场的原因,不少游客特意选择夜场开放时进入景区,打卡龙门石窟的夜景。该景区六要素评价见表20。

表 19　龙门石窟网络评价高频词统计

排序	词汇	词频	排序	词汇	词频
1	石窟	66	16	香山	8
2	龙门	38	17	历史	8
3	景区	21	18	值得	8
4	震撼	19	19	讲解	7
5	西山	18	20	夜景	7
6	东山	12	21	景点	7
7	佛像	11	22	文化	7
8	大佛	11	23	导游	7
9	洛阳	10	24	小时	7
10	卢舍	10	25	雕刻	7
11	游览	10	26	公交	7
12	白园	9	27	感受	6
13	晚上	9	28	白天	6
14	艺术	8	29	智慧	6
15	山寺	8	30	伊河	6

图 10　龙门石窟网络评价标签云图

表20 龙门石窟六要素评价

	正向评价	负向评价
吃	洛阳特产面条	食物价格较贵,质量较差
住	无	无
行	市区—景区公共交通便利	检票口至景点路程较远,晚上打车不方便,停车场须下载App缴费
娱	龙门古街演出	娱乐设施较少
购	龙门古街纪念品商店	商业街设在入口处,体验较差
游	夜景惊艳,公众号免费语音讲解,导游服务好	文物保护较差,特窟价格较贵

（3）壶口瀑布

壶口瀑布是国家级风景名胜区,国家4A级旅游景区,西临陕西省延安市宜川县壶口镇,东濒山西省临汾市吉县壶口镇,为两省共有旅游景区。此处以山西境内的壶口瀑布作为分析对象。

根据词频分析(见表21、图11),该景点的游览项目较为单调,主要的游览观光项目即为瀑布。从词频表可以看出,排名前三的词汇为"瀑布""壶口""黄河"。游客关于瀑布的印象比较一致——"壮观""震撼""气势磅礴""咆哮""奔腾",壶口瀑布景观基本符合游客的心理预期。黄河壶口瀑布是诸多游客对于黄河最深刻的印象,游客也很容易将壶口瀑布与中华民族、大自然联系起来。此处景点虽为国家4A级景区,但就其地位和名声而言,在黄河流域文旅景点中数一数二。该景区六要素评价见表22。

表21 山西壶口瀑布网络评价高频词统计

排序	词汇	词频	排序	词汇	词频
1	瀑布	55	16	气势磅礴	5
2	壶口	38	17	场面	5
3	黄河	33	18	水量	4
4	壮观	19	19	咆哮	4
5	山西	15	20	自然	4
6	景区	10	21	大自然	4
7	气势	8	22	磅礴	4

续表

排序	词汇	词频	排序	词汇	词频
8	陕西	8	23	形成	4
9	感受	7	24	彩虹	4
10	景点	7	25	拍照	4
11	景色	7	26	奔腾	4
12	旅游	7	27	值得	4
13	震撼	6	28	中华民族	4
14	精神	5	29	风景	3
15	景观	5	30	波涛	3

图 11　山西壶口瀑布网络评价标签云图

表 22　山西壶口瀑布生态旅游区六要素评价

	正向评价	负向评价
吃	苹果很甜	价格贵,质量较差
住	吉县黄河壶口饭店	距离景区仍有一段距离
行	高速公路直达	位置较偏僻,停车场设施较差
娱	毛驴拍照	娱乐体验项目较少
购	商品价格实惠	网上购票仍需取票,出口购物体验较差
游	瀑布很壮观	排队场景较多

（4）华山

华山，古称"西岳"，雅称"太华山"，为五岳之一，地处陕西省渭南市华阴市，在省会西安以东 120 公里处，位于黄河以南，自古以来就有"奇险天下第一山"的说法。

根据携程网游客评论的完整内容，结合高频词统计结果（见表 23、图 12），我们发现游客对于西岳华山的形象感知与华山本身想要塑造的目的地形象较为契合。在华山景点中，游客最为关注的是华山西峰，其次是长空栈道、玉泉院、鹞子翻身、华山东峰、苍龙岭，除了长空栈道具有较高的吸引力外，夜爬华山看日出也被较多游客选择。华山上下山的道路和方式，即"索道""栈道"也给游客留下了较深的印象，游客在评论中也大量描述了登山和下山的路线攻略，大部分游客都反映了徒步登山过程中对华山的真实感受，如"险峻""危险""辛苦"等。作为黄河流域的著名山岳型景区，华山以其险峻著称，吸引了大量游客前往，且携程评分为 4.7 分，在诸多景区中名列前茅。该景区六要素评价见表 24。

表 23　华山网络评论高频词统计

排序	词汇	词频	排序	词汇	词频
1	华山	89	16	选择	9
2	西峰	24	17	值得	8
3	索道	24	18	风景	7
4	栈道	19	19	五岳	7
5	日出	15	20	朋友	7
6	登山	13	21	上山	7
7	长空	13	22	上去	7
8	玉泉	12	23	翻身	7
9	小时	12	24	陡峭	7
10	爬山	11	25	鹞子	7
11	建议	11	26	东峰	6
12	下山	11	27	华山论剑	6
13	然后	11	28	苍龙	6
14	路线	9	29	体验	6
15	险峻	9	30	危险	6

图 12　华山生态旅游区网络评价标签云图

表 24　华山六要素评价

	正向评价	负向评价
吃	景区内设多个餐厅,华阴大刀面	山上食品价格较贵
住	四个饭店、宾馆	因条件限制,无独卫,无法洗澡
行	高铁便利,公交直达	景区内交通班次较少
娱	长空栈道,过山车	长空栈道排队太长
购	商店较多,基本满足登山游客需求	商店拉客现象严重,价格较贵,商品无特色
游	日出漂亮	厕所卫生较差

(5)沙坡头

宁夏沙坡头国家级自然保护区为国家 5A 级旅游景区、国家级沙漠生态自然保护区。

从词频统计来看(见表 25、图 13),游客对于该景区总体印象是"沙漠"和"黄河"的结合体,"咫尺之间可以领略大漠孤烟、长河落日的奇观"。景区内娱乐体验项目众多,也被游客频繁提起,如乘坐黄河最古老的运输工具"羊皮筏子"、体验中国最大的天然滑沙场、体验横跨黄河的"天下黄河第一索",还有"快艇""缆车""骆驼"等体验项目,给游客带来了难忘的旅游体验。但也有游客反映体验项目收费较高。"网红星星酒店""帐篷酒店"是沙坡头具有特色的休闲度假酒店,吸引不少游客特地前来"打卡"。该景区六要素评价见表 26。

表 25　沙坡头网络评价高频词统计

排序	词汇	词频	排序	词汇	词频
1	沙漠	64	16	套票	9
2	黄河	38	17	帐篷	8
3	项目	29	18	建议	7
4	景区	28	19	快艇	7
5	坡头	21	20	中卫	7
6	景色	17	21	总体	6
7	筏子	16	22	星星	6
8	骆驼	13	23	然后	6
9	体验	13	24	缆车	6
10	地方	13	25	漂流	5
11	滑沙	13	26	亲子	5
12	羊皮	12	27	风光	5
13	游玩	10	28	索道	5
14	铁路	9	29	玩的	5
15	好玩	9	30	酒店	5

图 13　沙坡头网络评价标签云图

表 26　沙坡头六要素评价

	正向评价	负向评价
吃	套票包含餐饮	餐厅较少,"网红餐厅"排队
住	"网红星星酒店"、帐篷露营、火车主题酒店	价格较高
行	火车直达	停车场距离景点较远
娱	骑骆驼、滑沙、索道、越野吉普车、沙漠摩托、羊皮筏子、滑索	游玩项目单独收费,价格较高
购	无	商业气氛浓厚
游	沙漠、黄河 3D 桥、沙漠博物馆	门票包含内容较少,3D 桥大部分都是贴纸和磨砂玻璃

三、黄河国家文化公园建设与文旅融合

(一)国家文化公园建设与规划

国家文化公园建设是一项立足当下、着眼未来的长期性、系统性决策,同时也是基于国家发展战略的重大文化工程与中国特色社会主义文化事业建设的重要内容。

1.国家文化公园建设背景

2017 年 1 月,中共中央办公厅、国务院办公厅印发的《关于实施中华优秀传统文化传承发展工程的意见》指出,规划建设一批国家文化公园,成为中华文化重要标识。同年 5 月,《国家"十三五"时期文化发展改革规划纲要》出台,要求大力强化全社会文物保护意识,加强世界文化遗产、文物保护单位、大遗址、国家考古遗址公园、重要工业遗址、历史文化名城名镇名村和非物质文化遗产等珍贵遗产资源保护,推动遗产资源合理利用。随后,中央相继出台《关于加强文物保护利用改革的若干意见》《大运河文化保护传承利用规划纲要》等文件,对遗址、遗迹、历史文化名城等文化资源进行传承保护和开发。《长城、大运河、长征国家文化公园建设方案》提到,国家文化公园建设旨在整合具有突出意义、重要影响、重大主题的文物和文化资源,并通过对这些文物和文化资源进行公园化管理运营,集中打造中华文化重要标志,使其成为公共文化载体。经过近几年的探索与实践,我国的国家文化公园建设已经形成了良好的政策环境,为新时代文物和文化资源的保护、传承、利用奠定了坚实的基础(见图 14)。

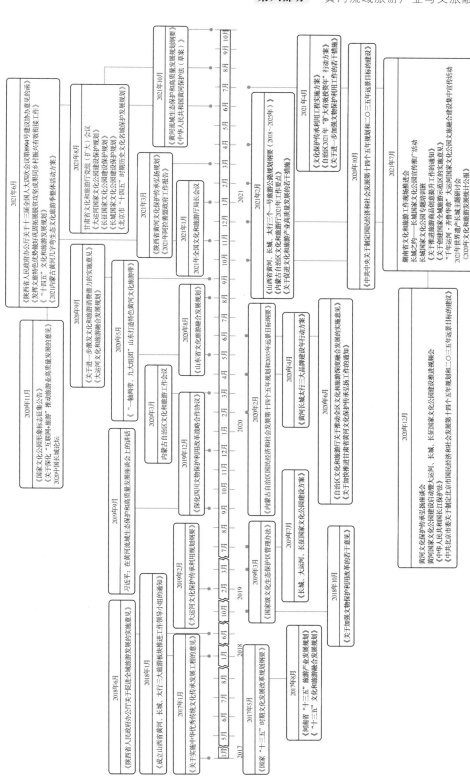

图14　国家文化公园政策文件汇总

2.国家文化公园基本布局

2019 年 7 月,习近平总书记主持召开中央全面深化改革委员会会议。会议通过了《长城、大运河、长征国家文化公园建设方案》(见表 27),该方案不仅对国家文化公园的功能和内容进行了详细界定,而且也成为国家文化公园建设的重要指南。该方案指出,到 2023 年年底基本完成建设任务,使长城、大运河、长征沿线文物和文化资源保护、传承、利用协调推进局面初步形成。同时,期望借鉴其管理模式与成果经验,为全面推进国家文化公园建设创造良好条件。

表 27 《长城、大运河、长征国家文化公园建设方案》相关内容

	具体内容
指导思想	以长城、大运河、长征沿线一系列主题明确、内涵清晰、影响突出的文物和文化资源为主干,生动呈现中华文化的独特创造、价值理念和鲜明特色
建设内容	根据文物和文化资源的整体布局、禀赋差异及周边人居环境等情况,重点建设四类主体功能区
主要任务	修订、制定法律法规,推动保护传承利用协调推进理念入法入规
	按照多规合一要求,结合国土空间规划,分别编制长城、大运河、长征国家文化公园建设保护规划
	完善国家文化公园建设管理体制机制,构建中央统筹、省负总责、分级管理、分段负责的工作格局

2020 年 10 月,中国共产党第十九届中央委员会第五次全体会议通过了《中共中央关于制定国民经济和社会发展第十四个五年规划和二〇三五年远景目标的建议》,指出传承弘扬中华优秀传统文化,加强文物古籍保护、研究、利用,强化重要文化和自然遗产、非物质文化遗产系统性保护,加强各民族优秀传统手工艺保护和传承,建设长城、大运河、长征、黄河等国家文化公园。至此,长城、大运河、长征、黄河四大国家文化公园建设布局基本形成(见图15)。

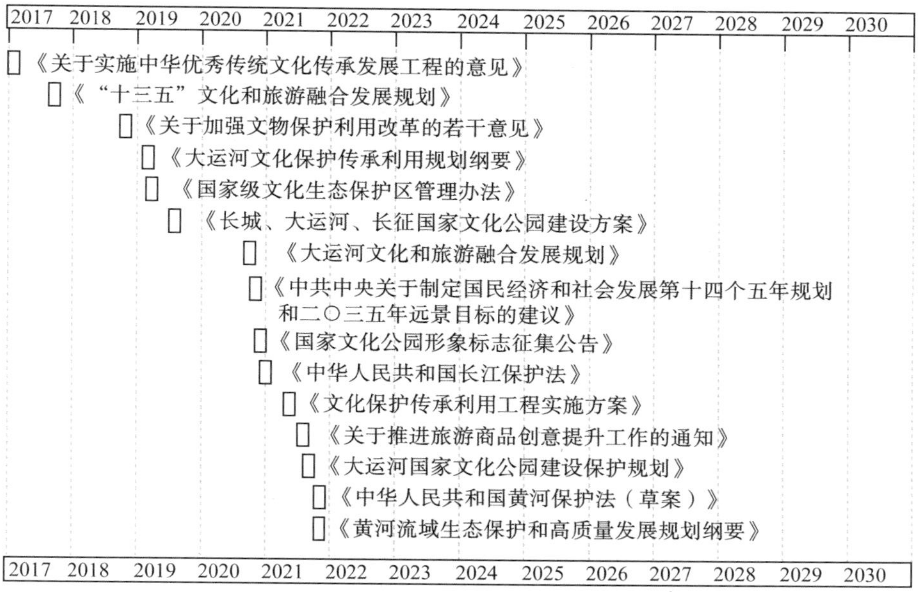

| 2017 | 2018 | 2019 | 2020 | 2021 | 2022 | 2023 | 2024 | 2025 | 2026 | 2027 | 2028 | 2029 | 2030 |

《关于实施中华优秀传统文化传承发展工程的意见》
《"十三五"文化和旅游融合发展规划》
《关于加强文物保护利用改革的若干意见》
《大运河文化保护传承利用规划纲要》
《国家级文化生态保护区管理办法》
《长城、大运河、长征国家文化公园建设方案》
《大运河文化和旅游融合发展规划》
《中共中央关于制定国民经济和社会发展第十四个五年规划和二〇三五年远景目标的建议》
《国家文化公园形象标志征集公告》
《中华人民共和国长江保护法》
《文化保护传承利用工程实施方案》
《关于推进旅游商品创意提升工作的通知》
《大运河国家文化公园建设保护规划》
《中华人民共和国黄河保护法（草案）》
《黄河流域生态保护和高质量发展规划纲要》

| 2017 | 2018 | 2019 | 2020 | 2021 | 2022 | 2023 | 2024 | 2025 | 2026 | 2027 | 2028 | 2029 | 2030 |

图 15　中共中央国家文化公园布局

2020 年 12 月，黄河国家文化公园建设启动暨大运河、长城、长征国家文化公园建设推进视频会进一步明确了各地发展改革部门推进国家文化公园建设的总任务和总要求，并就启动黄河国家文化公园建设作具体部署。会议强调，长城、大运河、长征、黄河是中华民族的代表符号和中华文明的典型象征，各地要认真学习、深刻领会习近平总书记关于国家文化公园建设的重要指示批示精神，把国家文化公园建设作为一项重要的政治任务。文旅部、中宣部、国家发改委等部门联合成立了国家文化公园建设工作领导小组，中央统筹、地方布局，共同促进国家文化公园建设。

2021 年 10 月，中共中央、国务院印发了《黄河流域生态保护和高质量发展规划纲要》，指出要着力保护沿黄文化遗产资源，延续历史文脉和民族根脉，深入挖掘黄河文化的时代价值，加强公共文化产品和服务供给，更好满足人民群众精神文化生活需要。该纲要不仅是指导当前和今后一个时期黄河流域生态保护和高质量发展的纲领性文件，而且是制定实施黄河国家文化公园相关规划方案、政策措施和建设相关工程项目的重要依据。

3.国家文化公园的法律保障

2020 年，第十三届全国人民代表大会常务委员会第二十四次会议通过了《中华人民共和国长江保护法》，提出中央与地方人民政府应采取措施，保护长江流域历史文化名城名镇名村，继承和弘扬长江流域优秀特色文化（见表 28）。

2021年10月,国务院常务会通过了《中华人民共和国黄河保护法(草案)》,该草案对于黄河流域的生态保护与修复、水资源节约集约利用、污染防治等制度规定做出了重点强调,明确了黄河流域的开发与治理相关的法律责任,以保障黄河安澜和黄河流域长治久安,保护传承弘扬黄河文化,推动高质量发展,让黄河成为造福人民的幸福河。

表28　国家文化公园建设相关法律法规

《中华人民共和国长江保护法》	国务院有关部门和长江流域县级以上地方人民政府及其有关部门应当采取措施,保护长江流域历史文化名城名镇名村,加强长江流域保护工作,继承和弘扬工江流域优秀特色文化。
《中华人民共和国黄河保护法(草案)》	国家统筹黄河国家文化公园、风景区、文化遗产地以及博物馆、展览馆、教育基地等建设,推动黄河文化与水利工程、科普教育、旅游观光、公共服务等深度融合,打造黄河文化标志性符号。

4.国家文化公园品牌建设及宣传

打造中华文化的重要标识,国家文化公园的品牌建设和宣传推广也同样重要。以互联网为载体,基于文旅融合理念,文化和旅游部、国家发展改革委等于2020年11月发布《关于深化"互联网＋旅游"推动旅游业高质量发展的意见》。该意见指出,要开展长城、大运河、长征、黄河等国家文化公园以及丝绸之路等重要主题旅游线上推广行动,打造一批世界级旅游线路。2021年7月,文旅部颁布《关于推进旅游商品创意提升工作的通知》,指出要围绕长城、长征、大运河、黄河等国家文化公园建设,以及红色旅游、乡村旅游、工业旅游、休闲度假、非遗传承等主题,推动开发一批如长城主题文创产品、乡村创意产品、特色非遗产品、工业旅游纪念品等多种类型的系列旅游商品,进一步丰富旅游商品供给,形成百花齐放格局。除了旅游商品之外,对国家文化公园的符号凝练也是品牌价值的重要体现。国家文化公园形象标志是国家文化公园的品牌形象和公园景观的重要组成部分。推出国家文化公园形象标志,是将长城、大运河、长征、黄河国家文化公园沿线文物和文化资源串珠成线、连线成片,打造广为人知的视觉形象识别系统的基础。国家文化公园办公室于2020年11月26日开始面向社会征集国家文化公园形象标志设计方案,要求形象标志要符合国家文化公园的国家标准、文化特色、地区特点,体现长城、大运河、长征、黄河的文化特性、历史特征、资源特色等,突出创新性、公益性、开放性和国际性。

2021年4月,国家发展和改革委员会、文化和旅游部等颁布《文化保护传承利用工程实施方案》。该方案指出,到2025年,大运河、长城、长征、黄河等国家文化公园建设基本完成,打造形成一批中华文化重要标志,相关重要文化遗产得到有效保护利用。遵循习近平总书记关于国家文化公园建设的重要指示和中共中央关于国家文化公园建设的规划方案,长征、长城、大运河以及黄河四大国家文化公园建设取得了初步进展(见图16、图17)。

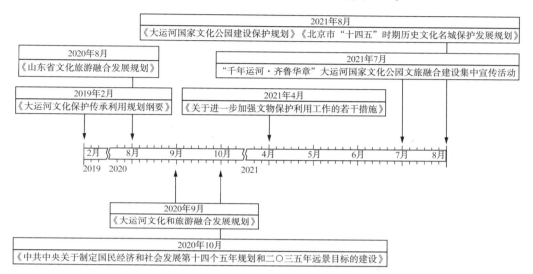

图 16 大运河国家文化公园建设进展

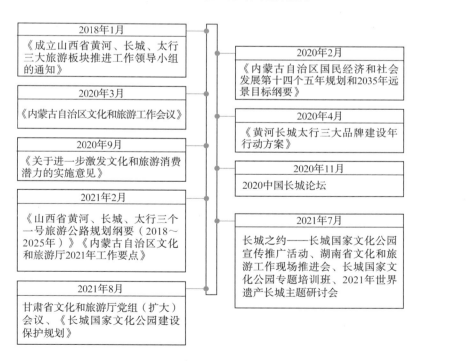

图 17 长城国家文化公园建设进展

自中央发布《关于实施中华优秀传统文化传承发展工程的意见》《长城、大运河、长征国家文化公园建设方案》等指导意见和建设方案后,各省市纷纷根据当地的历史文化传承、资源分布、地理位置、风土人情等实际情况开展了国家文化公园建设与推广活动,如河北迁安长城国家文化公园、河南郑州黄河国家文化公园等。河北省文化和旅游厅、北京市文化和旅游局还开展了长城之约——长城国家文化公园宣传推广活动。

建设国家文化公园是实现中华民族伟大复兴和传承优秀历史文化的重要途径和载体,中宣部、文旅部等国家公园建设小组和沿线各省市的高度重视为国家公园建设提供了重要指引和核心支撑。

(二)地方规划与建设

按照中央抓统筹、省市负总责、地方抓落实的工作方针,黄河上游青海省、四川省和甘肃省在黄河国家文化公园建设过程中发挥生态环境优势,并统筹黄河旅游资源开发,打造特色旅游。宁夏回族自治区、内蒙古自治区加强与沿黄其他省区的合作,其黄河沿岸地级市的发展引人注目。黄河中游的陕西省、山西省积极打造旅游品牌,以点带面,实现全域旅游的发展。黄河下游的河南省和山东省,以文旅融合深度发展推动黄河流域文化传承与创造性转化、创新性发展。

1.黄河上游

青海省、四川省、甘肃省重点推动黄河生态环境保护、治理与旅游的可持续发展。青海省大力推动省域内自驾游建设,例如,以"民和三川—循化—化隆群科新城—尖扎李家峡—贵德清清黄河—共和龙羊峡"为主的黄河水上明珠旅游线,以百里黄河旅游经济带的自然生态和多民族文化为核心,重点突出民和南部三川地区"喇家遗址、大禹故里、土族风情、黄河风光"四位一体旅游区,以及循化、化隆、尖扎、贵德、共和龙羊峡旅游区,形成"清清黄河"水上生态体验与度假旅游精品走廊,以辐射带动青海东部区域自驾旅游发展。四川省阿坝州以筑牢黄河上游重要生态屏障为首要目标,在黄河流域生态环境治理方面提出了四个主要举措:规划引领,保障治理;项目支撑,分类治理;重点施策,流域治理;科学管控,有效治理。甘肃省则印发了《黄河经济协作区联合协作互惠办法》,联合开展黄河流域的综合治理,强调在合理开发利用黄河水资源、优化黄河流域生态环境的同时,统筹开发黄河旅游资源。

宁夏回族自治区、内蒙古自治区在建设黄河国家文化公园方面发力明显。宁夏回族自治区以旅游带动其他行业发展,加强与沿黄其他八省区联动的同时,合力推出黄河联线旅游产品,全力推动黄河文化旅游带精品段工程建设,积极打造全域旅游。2020 年 6 月,宁夏回族自治区文化和旅游厅印发了《自治区文化和旅游厅关于推动全区文化和旅游深度融合发展的实施意见》,全力实施重大规划建设项目,统筹黄河国家文化公园建设。2021 年 4 月,宁夏出台了《2021 年"扩大有效投资年"行动方案》,提出实施宁夏引黄古灌区世界灌溉工程遗产展示中心、吴忠市利通区牛家坊民俗文化村现代服务业集聚区、中卫市黄河文化公园大湾段、青铜峡市黄河文化公园古渠首重要遗产保护管理和配套基础设施等文化旅游项目 30 个。宁夏回族自治区地级市发展亮眼,位于黄河流域的青铜峡市与中卫市是积极发展黄河文化旅游的典型代表。青铜峡市布局"黄河岸边、稻花香里、贺兰山下"三大精品线路,打造"印象黄河·彩虹之上"文化旅游品牌,构建"全景、全业、全时、全民"的全域旅游新格局;依托黄河楼、中华黄河坛、黄河大峡谷等核心景区,将 108 塔、大禹文化园、青铜古镇、鸟岛等黄河金岸十大景点串珠成线,形成集水上观光、生态度假、文化体验、户外运动等于一体的黄河旅游文化精品区。中卫市坚持生态旅游,以黄河为轴线,以卫宁标准堤防为纽带,将沙坡头区与中宁县连为一体,形成横贯中卫市的绿色经济增长带和黄河旅游精品线路;同时结合黄河中卫城市过境段水生态治理与保护项目实施,在黄河堤防滩涂地打造 6900 亩高标准水生态治理景观区,为全市生态修复、黄河湿地保护、全域旅游发展奠定坚实基础。

内蒙古自治区注重黄河流域生态带建设以及黄河文化遗产数字化保护与传承,同时着眼于打造黄河"几"字弯文化旅游带。2021 年 2 月,内蒙古自治区人民政府印发《内蒙古自治区国民经济和社会发展第十四个五年规划和 2035 年远景目标纲要》,提出大力推进黄河生态带建设,统筹水环境、水生态、水资源、水安全、水文化,推进干支流一体化治理,大力推进黄河生态带建设,加强林草保护修复和水土流失综合治理,强化黄河流域环境污染系统治理,科学推进黄河流域水资源节约集约利用,保障黄河长久安澜,推动黄河流域高质量发展,实施黄河文化遗产系统保护工程,加强黄河文化遗产数字化保护与传承弘扬。加快建设黄河"几"字弯国家公园和黄河文化遗产廊道,打造黄河"几"字弯文化旅游带。实施重大文物保护工程,推进长城、黄河国家文化公园和大窑、辽上京、和林格尔土城子等国家考古遗址公园建设,建设内蒙古黄河文化博物馆。内蒙古自治区文化和旅游厅印发《内蒙古自治区级文化生态保护区管理办法》《内蒙古自治区级非物质文化遗产代表性传承人认定与管理办法》《内蒙古自治区级非物质文化遗产代表性传承人传承活动评估实施细则》等,强调自治区级文化生态保护区保护总体规划要纳入盟市国民经济与社会发展总体规划，与黄河文化公园等专项规划相衔接。地级市阿拉善盟和鄂尔多斯市积极落实内蒙古自治区关于黄河"几"字弯文化旅游带的建设要求。阿拉善盟提出深化文化旅游融合发展，加快创建国家级全域旅游示范区和巴彦浩特自治区级旅游度假区。鄂尔多斯市旨在全力构建"三区两地一节点"，建设黄河"几"字弯生态优先、绿色发展示范旗。

2.黄河中游

陕西省积极对接建设黄河国家文化公园战略，着力构建"一廊两地四带多园"文化保护传承弘扬格局，对黄河区域统一规划，以建设中国文化旅游名片、中华文明的精神家园、晋陕第一旅游目的地，以及陕西省文旅融合与脱贫攻坚发展试验区为目标，打造自身旅游品牌。陕西省还出台《陕西省黄河文化保护传承弘扬规划》，编制《黄河国家文化公园（陕西段）建设保护规划》等，以黄河流域文物及文化资源分布、山形水势为基础，结合黄河国家文化公园建设，着力构建具有国际影响力的黄河文化和旅游廊道，以关中文化高地和红色文化高地为引领，形成渭河文化发展带、红色文化发展带、边塞文化发展带和秦岭生态文化带协同发展的"一廊两地四带多园"的文化保护传承弘扬格局。

山西省在加强黄河文化传承保护的同时，积极推动黄河一号旅游公路等旅游配套设施建设。黄河一号旅游公路以"踏访黄河、文明探源"为文化旅游主题，以交通为纽带，带动山西全域旅游发展。山西省还相继印发《关于进一步激发文化和旅游消费潜力的实施意见》《山西省黄河、长城、太行三个一号旅游公路规划纲要（2018～2025年）》，明确要发挥旅游公路在促进文化和旅游消费中的重要作用，把文化旅游业作为战略性新兴产业、支柱产业大力培育，锻造黄河、长城、太行三大旅游板块，打造国家全域旅游示范区，进一步推进黄河、长城、太行三个一号旅游公路建设。

3.黄河下游

河南省提出要积极构建"一核两带四区"旅游产业发展格局，打造沿黄旅游带，即打造商丘黄河故道国家森林公园、黄柏山国家森林公园，以沿黄河、太行山、伏牛山、大别山区为重点，建设3～5条国家级非机动车旅游风景道，培育5～8条国内知名的徒步游览线路。同时积极融入黄河中下游生态旅游片区，参与陕蒙晋豫黄河大峡谷和大别山生态旅游协作区发展，加快太行山、伏牛山、大别山、黄河小浪底等重点生态旅游目的地建设，打造太行山山水生态旅游线路、黄河中下游华夏文明生态旅游线路、大别山生态旅游线路等跨省生态旅游线路。

山东省提出围绕黄河文化旅游构建"一轴两带、九大组团"战略布局，并以黄河流域旅游推动生态文明建设、新旧动能转换与乡村振兴建设。以黄河干流文化旅游融合发展为轴,形成齐鲁优秀传统文化两创示范带和黄河故道生态文化协同发展带,并在其中贯穿九大文化集群;以新型业态实现资源转化,以融合业态实现消费增值,推动黄河文化旅游高质量发展;推动黄河流域文化旅游业发展与生态文明建设、新旧动能转换、乡村振兴等战略相结合;促进黄河文化与儒家文化、齐文化、泰山文化、海洋文化、红色文化、现代文化等文化形态的融合发展。山东省明确要对接大运河、长城、黄河国家文化公园等重大工程,并完成大运河、长城、黄河国家文化公园山东段等重大工程文物资源调查。统筹推进文化内涵挖掘与数字技术应用,以黄河国家文化公园(山东段)等为重点,逐步推进国家文化公园数字化展示管理,推动中华优秀传统文化创造性转化、创新性发展。同时,做好黄河滩区迁建后续工作,做好沿黄各市黄河滩区脱贫迁建村帮扶工作,围绕黄河国家文化公园、黄河文化旅游带建设,以资源保护、生态优化为前提,以"黄河入海"旅游品牌为引领,以沿黄自驾景观廊道为主干,以沿黄旅游景区、乡村旅游点和文化遗产为支点,挖掘黄河丰富的生态资源和文化资源,培育精品乡村旅游线路,打造黄河绿色旅游长廊,开展黄河国家文化公园(山东段)重要主题旅游线上推广行动,形成乡村振兴的亮丽风景线。

(三)黄河国家文化公园建设进展

建设黄河国家文化公园是构建黄河文化价值体系、黄河文化地标体系,挖掘黄河治理文化,讲好"黄河故事",保护传承黄河非物质文化遗产的关键。这就要求必须全面贯彻新发展理念,系统推进黄河保护传承、研究挖掘、环境配套、文旅融合、数字再现重点基础工程建设,加强黄河文化管控保护力度,发挥主题展示功能,促进文旅融合发展,提升文化资源利用水平(见表29)。

表 29　黄河国家文化公园重点工程建设与进展

	管控保护	主题展示	文旅融合	传统利用
保护传承	黄河流域博物馆联盟	黄河文化主题展	黄河文化品牌	黄河文创产品
研究挖掘	黄河文化传承项目	黄河文化主题活动	黄河特色文旅资源	黄河文化演艺
环境配套	黄河生态保护与修复	黄河生态示范区	生态旅游开发	沿黄古村落开发
文旅融合	黄河旅游市场推广联盟	黄河文化展示示范带	黄河文化旅游示范区	黄河传统文化生态保护
数字再现	沿黄九省媒体联盟	媒体专题报道	文旅产业数字化转型	黄河文化+科技

1.保护传承

第一,发挥博物馆、遗址公园的主题展示功能,宣传黄河文化、传承黄河精神。2019 年 12 月,在国家文物局和黄河流域九省区文物局指导下,河南博物院倡议组建黄河流域博物馆联盟,旨在系统性推进黄河文化遗产的研究保护,挖掘黄河文化精神内涵。黄河流域博物馆联盟涵盖沿黄九省区 45 家各级、各类博物馆,秉持着共同保护、共同发展的理念,紧密结成"黄河文化共同体",共同磋商黄河文化保护传承措施,围绕黄河文化组织学术交流、开展技能培训、开办展览展会,加强成员之间资源的沟通和共享,通过实物标本、图片、文字记录、录像等向世界展示源远流长的黄河文化。此外,沿黄各省市也规划新建一批博物馆、遗址公园等保存保护黄河文化工程项目。郑州在建的黄河国家博物馆、大河村国家考古遗址公园等作为黄河文化的保护基地,后续将成为黄河沿岸地区的文化新地标,也为黄河文化的展示展览提供交流平台。

围绕黄河文化,黄河流域博物馆联盟成员精选出众多文物珍品,组织开展了各类黄河文化主题展览。在郑州黄河文化月期间,郑州博物馆举办了"黄河珍宝——沿黄九省(区)文物精品展"及"妙相艺境——馆藏古代造像艺术陈列展",汇集了众多宝贵文物。河南博物院的"黄河故事——全国金石传拓作品邀请展"让观众从中感受到了厚重的黄河文化和金石艺术。在鄂尔多斯博物馆开幕的"黄河从草原上流过——内蒙古黄河流域古代文明展"更是道尽黄河文化与河套文化、草原文明的交融。陕西历史博物馆携手甘肃省博物馆创作的"共述黄河故事"线上活动则呈现黄河流域不同地区的文化差异。宁夏博物馆的"长渠流润宁夏川"摄影展讲述了黄河流经宁夏地区的历史和文化故事。

提升黄河文化资源利用水平,不仅要挖掘黄河文化传统资源,还要结合时代进行创新性发展。黄河流域博物馆联盟联合文旅、非遗、民俗、文创等多种业态,共同打造多样的黄河文化品牌。在第七届中原(鹤壁)文化产业博览交易会上,河南博物院联合沿黄九省 28 家博物馆举办了"我的黄河,我的家"文化文物 IP 衍生品设计联展,共展出千余件带有地方特色的博物馆文创产品,如三星堆博物馆的青铜面具眼罩、甘肃博物院镇馆之宝铜奔马衍生的文创产品、陕西历史博物馆的唐妞团扇等。"科技＋文化"的深入融合也为黄河文化的挖掘利用提供多样途径。2020 年 3 月,沿黄九省区博物馆联盟携手腾讯开展了"云探国宝"在线直播活动,展出 31 件(套)镇馆之宝,吸引了 1253 万网友围观,此次活动借用直播的形式拉近了青年与博物馆的距离,不仅让广大网友了解了沿黄九省区共同的文化基因,还为公众和博物馆之间的互动架设了时代新桥梁。

第二,积极探索黄河文旅深度融合新路径,打好黄河文化保护传承弘扬组合拳。山西省为了推动优秀历史文化资源的创造性转化,整理挖掘山西历史文化资源,通过开展主题旅游路线、建设文化示范基地等措施丰富当地旅游产品,增强山西旅游吸引力。其中,"游山西·读历史"活动围绕"黄河·长城·太行"三大文化品牌,对具有历史文化资源的区域进行深度开发,对小有名气但缺乏内容的景区进行升级改造,同时推出优质主题旅游线路、建设多个国宝级文物活化利用试点、培育特色研学项目,致力于把"游山西就是读历史"培育成为全国知名的旅游品牌,提升山西文旅知名度和竞争力,吸引更多游客来山西感受三晋文化。

第三,在黄河文化保护传承过程中,黄河文化遗产的保护传承无疑是最为浓墨重彩的一笔。提升保护意识是管控保护黄河文化遗产的关键。"黄河流域文化遗产保护与传承大会""黄河流域农业文化遗产动态保护与国际发展交流论坛""黄河源非遗保护与铸牢中华民族共同体意识论坛"等活动的举办为黄河非遗保护、保存、传承、传播以及文旅融合发展的新路径做出了积极探索。陕西省成立黄河文化遗产研究中心,开展陕西省黄河文物资源调查研究,建立黄河文物分级分类档案及文化线上资源数据库,并在此基础上实施"互联网+黄河文化行动"。借用互联网宣传平台,推动黄河文化遗产系统性、综合性研究,同时启动"陕西省黄河流域革命文物调查",对全省革命文物进行一次全面梳理调查工作,保护陕西境内遗存的黄河文化相关的革命文物。河南明确做好黄河文化遗产的内涵和类别划分,规划布局黄河文化遗产利用区域,以文旅融合让黄河文化遗产"活起来"。目前"河南老家"已经成为河南有代表性的文旅品牌,围绕寻根所依托的名人遗迹、古城资源、重要陵墓等进行布局,形成了极具特色的文化园区。除此之外,河南省还成立夏文化研究中心,启动九项黄河文化重大考古,对黄河流域的夏文化等早期中国文明进行深入研究,进一步挖掘黄河文化蕴藏的深厚内涵。宁夏、甘肃、青海等其余沿黄各省区也纷纷开展全域文化遗产调查工作,摸查黄河文化相关的传统村落、工业遗产、水利遗产、人文景观等,实施黄河文化系统保护工程,运用现代信息技术和多种调查工作方式,系统掌握黄河非物质文化遗产的整体情况。

应将黄河文化遗产保护传承融入黄河生态建设、经济建设、文化建设,展示主题丰富的黄河文化。文化遗产的保护弘扬,离不开对传统民俗文化资源的发掘保护。例如,陕西省佳县坑镇赤牛坬村村民将日常生活中的耕种、打夯、娶亲等生活场景编成原生态实景演出《高高山上一头牛》,村民还组织筹建了乡村民俗博物馆,吸引了众多游客。河套非遗小镇有9条街、50个院、200个非遗博物馆,每个院载入多个非遗项目,还建设了多个非遗文化传习所、展示馆、体验馆,计划成为内蒙古黄河流域最大的国家级研学旅游、文化示范与旅游观光基地。热贡文化生态保护实验区旨在保护热贡艺术,包含热贡六月会、黄南藏戏等非遗项目,并设立保护区管委会,统筹各项保护工作,因地制宜制定各类规划,还结合当地旅游业的发展,积极举办热贡唐卡艺术博览会、热贡文化旅游节等活动推动非遗的传承发展。宁夏组织了"非遗进万家·文旅展风采——2021年宁夏黄河流域非遗作品创意大赛暨系列活动",包括非遗作品创意大赛、非遗技艺比拼大赛和非遗作品进景区等八项活动,其中非遗作品进景区活动以宁夏黄河流域非遗作品创意大赛获奖作品为主,配合当地秦腔、口弦演奏、宁夏小曲等表演项目,在各个景区、校园、公共服务场所等进行展演,旨在打造宁夏非遗品牌,推动非遗和文旅产业的融合发展。

2.研究挖掘

在研究挖掘方面,沿黄各省区多方面开展黄河文化传承项目,以文化传承、文化演艺、专题文艺创作及各类活动创新挖掘黄河精神内涵。陕西省以"黄河文化记忆"为主题,建设"黄河文化文献资源主题图书馆"和"黄河记忆数字资源主题图书馆",并围绕陕西境内的黄河祖根文化、黄河农耕文化、黄河红色文化、黄河治理文化、黄河旅游文化等进行文化建设,收集其影像、文献等资源,建立"黄河文化记忆"数据库,宣传陕西黄河文化,推动当地文化旅游产业长足发展。青海省展演大型原创生态舞剧《大河之源》,旨在体现黄河文化源头的源远流长、人与自然和谐相处之美;川剧《苍生在上》再现清代廉吏张鹏翮治理黄河,为民担当、清正廉洁的形象,具有时代意义;甘肃创新发展文化演艺形式,创作国内首部三维4K超高清动画片《大禹治水》,意在展现中华民族不屈不挠的奋斗精神;内蒙古通过《黄河从草原走过》展现地域风情与多元文化整合的黄河流域图景;山东省泰安市则通过"互联网+非遗""文化+双创"的融合发展路径,将皮影与实验艺术相结合,并融入动漫、影视等要素,通过动漫、游戏等新兴业态讲述皮影艺术内涵的黄河文化、运河文化、泰山文化;河南不断创新发展文化演艺形式,基于其丰富的文化遗产,编排了《唐宫夜宴》《祈》《龙门金刚》等大型舞蹈,将传统文化巧妙融合在生动有趣的舞蹈演出中,使文物与传统文化故事以一种幽默轻松的方式"活"起来,走进当代青年人的生活中。同时,河南还通过人文纪录片《三座城·三百里·三千年》展现郑、汴、洛历史景观,挖掘黄河文化、中原文化,拓宽黄河文化展示的受众面,诠释黄河文化的时代价值。

沿黄各省区协同合作,通过摄影、美术、IP创作等方式展现黄河生态与黄河文化。例如,第十二届"大河上下"黄河流域九省区获奖摄影作品展、宁夏书画院和陕西国画院共同承办黄河主题中国画作品巡展等,都以中华民族对黄河流域壮美山河的钟爱、黄河传统文化的薪火相传、新时代黄河文化的演绎发展为主题,展现了黄河流域人与自然和谐相处的美好图景;四川以熊猫形象打造吉祥物 IP"安逸",生动活泼地展现四川黄河流域的人文风光和生态图景,助力四川文旅品牌加以推介;内蒙古以"畅游几字弯,感悟黄河魂"为主题,在黄河流经的七个盟市的传统利用区内,基于其特色的文旅资源,举办呼和浩特市第五届民俗文化节、敕勒川音乐美食季、鄂托克帐篷音乐节等活动,深度挖掘当地美食、民俗、音乐文化等,力求从多方面讲述黄河故事。

3.环境配套

黄河流域是我国重要的生态屏障,为实现黄河生态保护,沿黄各省区开展生态廊道建设、湿地修复保护、自然保护地和防护栏建设、滩涂地治理等多项措施。山西实施"九河"综合治理工程,五策并举从控污、增湿、清淤、绿岸、调水等方面来改善沿黄生态环境,同时进行黄河流域重点地区废弃露天矿山生态修复工作,利用科学手段和技术恢复生态环境。甘肃筹建黄河流域治理保护大数据库,涵盖国内治黄治水的政策、技术、代表项目,科学治理黄河生态问题。内蒙古实施黄河滩湿地植被恢复工作,在黄河滩地退耕还草,因地制宜种植生态牧草。另外,各省市还加快建设沿黄生态保护实验区和示范区,例如,川西北阿坝生态示范区、青海省三江源国家公园体制试点、藏族文化(玉树)生态保护实验区、河洛文化生态保护实验区作为国家重点生态功能区,能够提升区域内整体生态功能,激发群众尊重自然、保护环境的生态意识,推动沿黄生态绿色发展、建设美好生态家园。

沿黄各省市还加快黄河生态文明展示宣传工作以及黄河生态公园和黄河生态带建设。内蒙古大力推进黄河生态带建设,以推进呼、包、鄂沿黄生态廊道和河套区域高质量发展;济南实施黄河生态风貌带打造行动,沿岸将建多个山体公园,同时推进黄河堤内滩涂、湿地修复,形成流域"绿网";若尔盖国家公园建设被纳入国家规划,四川、甘肃两省携手打造全球高海拔地区重要的湿地生态系统;陕西将建设黄河大峡谷地质公园群落、黄河湿地公园群落等,积极推进地质地貌保护公园的新建工作。这些生态带和各类生态公园集中展示了沿黄生态环境和治理成果,兼具水源涵养、休闲观光、防洪护岸的功能,提升沿黄生态空间的质量。在此基础上,各省市根据沿黄特色生态景观开发特色旅游观光业务,推进黄河生态旅游业发展。青海加速打造黄河旅游景观廊道,通过黄河水上明珠旅游线建设,在开发沿黄旅游资源的同时完善当地旅游网,推进风景道及自驾车旅游示范省建设,全面打造"生态、绿色、低碳、环保"的全新旅游业态。郑州、焦作建设郑焦黄河生态文化旅游廊道,将两市沿黄 149 个景点文物遗址、黄河景观、美丽乡村等旅游点串联起来,挖掘沿黄文化旅游点的文化故事,设计黄河文化游、黄河研学游、黄河康养游等多种旅游产品,在为当地居民提供休闲旅游、健身康养服务的同时,带动区域沿线一二三产业系统发展,打造焦作黄河生态旅游品牌。山西投入超 870 亿元规划汾河流域生态景观,力图将优质的生态资源转换为绿色的旅游资源,走出一条特色生态保护和高质量发展道路。

此外,各省市以沿黄古村落和自然生态区为载体,加强对黄河文化传统的开发利用。例如,河南省台前县留存着全国唯一的堤内村——姜庄,但由于贫困和饱受水患摧残,当地居民陆续搬到河堤西边,村子逐渐被废弃。2017 年,中国扶贫基金会与中石油共同筹划了"百美村宿"项目,联手当地政府,盘活村中废弃的宅基地,将老房改造成民宿,加强村子基础设施建设,引入专业的管理机构,对村里的百余古树、古碑、庙宇进行保护修复,发展特色种植、特色饮食、庭院经济等乡村旅游业态。

4.文旅融合

"以文塑旅,以旅彰文",推动黄河成为产业融合发展的标杆、展现中华民族精神的实践窗口,也是黄河国家文化公园建设与黄河文化保护与传承的助推器。沿黄九省区通过此先成立的"中国黄河旅游市场推广联盟",根据旅游资源进行整体布局,在协同合作的同时,彰显自身特点,不断推进黄河文化旅游带建设,发挥旅游在传播和弘扬黄河文化上的积极作用,同时在各类主体功能区充分推动文旅融合的进程。

沿黄各省区利用其特色文物和文化资源及周边区域组成核心展示园、集中展示带、特色展示点及文旅融合发展示范区等。例如,山西省与陕西省跨区域合作,在壶口瀑布景区进行设施升级和服务升级,在壶口瀑布景区新建游客集散中心、黄河风情小镇等,形成黄河文化核心展示园,使其成为黄河旅游的新标杆;同时不断推进沿黄旅游公路建设,发挥乾坤湾、壶口景区的辐射效应,以核心展示园为中心,利用周边省、市、县文旅资源,形成山西黄河文化集中展示带。山西还以关公文化、酒文化等文化旅游资源为中心,开发关公文化产业园区、金村文化创意产业园、山西杏花村酒文化文旅融合项目等,形成特色展示点布局。

河南鹤壁市围绕黄河非遗传承这一主题,推动非遗旅游发展。其依托龙岗人文小镇,建立主题文创休闲(鹤壁)街区项目,着力打造将黄河文化与大运河文化有机结合的全要素文旅融合综合体,并推出多种系列旅游文创商品。项目还依托黄河周边旅游景点,着力整合泥咕咕、正月古庙会、河南传统饮食文化等非物质文化遗产,建立集潮玩、文创、美食、体验等于一体的文旅深度融合街区。例如,将黄河流域非物质文化遗产木版年画的元素与潮流玩具创意结合,以黄河鲤鱼为原型,设计出主题街区形象IP——鱼文,实现潮流文化对优秀传统文化的活化;街区坚持市场导向,以大学生为对象,通过"黄河之礼"小程序整合打造河南省"九地八礼"产品,并在此基础上增加有河南特色、黄河特色的文创潮玩、手工艺品,激发大学生挖掘黄河文化的兴趣;当地还以小镇赏花秘境奇域季活动、高校学生自媒体视频制作推广培训等活动,进行黄河文化、黄河文创与当地非遗主题旅游的推广。

甘肃致力于将黄河文物资源和文旅资源连珠穿线,打造"黄河之滨也很美"的黄河国家公园品牌形象。其中,兰州借助黄河之滨的地理优势,将敦煌研究院、兰州黄河水车博览园等体现兰州城市性格和黄河文化特性、历史特征、资源特色的文化资源统一整合,并汇聚文旅精品要素,打造"读者印象"精品文化街区。街区设计融合了读者情怀线、文化漫游线、艺术潮玩线、炫彩夜游线等多个体验线路,实现了文旅资源的多元化、创新化展示。兰州遵循"城市双修"即生态修复和城市修补的理念,对城市景观进行更新织补,对城市生态进行保护修复,在文旅融合过程中注重城市生态保护与非物质文化遗产的传承,致力于建设符合国家文化建设标准的甘肃黄河品牌形象。

此外,九省区还在黄河周边生活生产区域内合理保存传统文化生态,助力文化旅游可持续发展。宁夏加快推进古村落的修复与升级,例如,中卫市大湾村黄河·宿集项目的建设,即在开发中保留乡村原有的生态、人文和道路,并对村内老旧的设施进行修复,在恢复乡村原有风貌与保护的基础上开发与古村落原风貌相契合的民宿群,以呈现原生态、独具特色的沿黄文化。该项目还与《亲爱的客栈》综艺合作,发挥综艺IP效应,使其成为宁夏的热门旅游地、网红打卡地,实现黄河文化在传统利用区的有机传承。山东推动"黄河入海""黄河入城""黄河古风""黄河入鲁"四大片区的打造,注重片区生活区域内的生态恢复和规划升级,对不符合建设规划要求的设施、项目进行逐步疏导。例如,滨州西纸坊村以当地湿地田园、文化遗产资源为基础,对村内基础设施及周边生态进行功能性升级改造,并积极对接高端文化项目,开展民俗文化节、民族泼水节等系列活动,再现当地黄河渡口、传统农事、古法造纸等传统文化,打造具有深厚黄河底蕴的乡村文旅融合示范基地。

5.数字再现

沿黄九省区协同融合发展,共同开展数字媒体联动报道和专题推介。2020年8月,山东省委网信办主办筹建了沿黄九省区网络媒体联盟,整合流域网络媒体资源,发挥平台优势,并在新闻宣传、技术培训、业务合作等方面携手共进。例如,每日甘肃网推出 H5"这里是黄河""黄河的独白"等创意策划活动,讲述黄河历史故事;《大众日报》推出"黄河入海流"大型融媒报道,首次采用 VR、AR 技术展示澎湃黄河景观,读者通过扫描纸版图片,就可观看有山东黄河流域报道的视频等;来自中央和内蒙古自治区的 20 余家网站媒体举办了"壮美黄河行"网络主题活动,线上线下联动报道,走访沿黄自然风光、生态保护区、休闲观光旅游区和特色农业区;山东移动 5G 网络助力《黄河入海》大型交响音乐会,让人民能够聆听新时代黄河故事。联盟还启动"网·观九省,云·看黄河"云采风活动,关注沿黄民生高质量发展。例如,河南广播电视台映象网联合中国甘肃网等多家沿黄省市网站推出"我家住在黄河边"特别企划,深入沿黄基层农村,探访通过努力奋斗实现幸福生活的黄河故事。与此同时,联盟持续关注黄河生态保护和脱贫攻坚造福黄河百姓的事迹。例如,人民网报道了宁夏中卫市加强黄河流域治理,以"一带两廊"发展规划为统领,大力实施黄河流域防沙治沙工程,推动沿黄生态保护;大渡河大峡谷腹地的古路村,两座悬崖中间实现"电车"通行,吸引不少游客,成为"网红打卡村",村里也实现了从木梯到钢梯、从茅草屋到砖瓦房的转变。

此外,各省区推动数字文旅融合发展,实现黄河流域文旅产业数字化转型。2020 年 9 月,黄河文化旅游品牌推广大会以"数游大黄河,共筑文化根"为主题,启动建设黄河文化旅游研究(大数据)中心,为建设黄河流域数字文旅项目提供新思路、新方法。黄河流域文旅数字化建设包括黄河文化和旅游数字资源库,其全面收录各类国家级、地方级以视频、图片、音频等形式存在的数字化资源,并通过大数据分析、人工智能服务、物联网控制、5G 艺术体验等手段提供多样化全过程的文化内容服务。河南文旅厅联合腾讯文旅推出了首个黄河非遗数字馆,用户可以通过小程序"老家·黄河之礼"体验有趣的"数字多宝阁"和数字化非遗创意互动,不仅在家就可以游览黄河非遗世界,还可以在线购买非遗文创产品。

参考文献

[1]杭栓柱,张志栋.推动黄河流域"几字弯"文化旅游生态经济带建设研究[J].前沿,2020(3):16-24.

[2]李立,朱海霞,权东计.后疫情时期的遗址保护和文化旅游产业发展策略研究——以黄河流域陕西段为例[J].中国软科学,2020(S1):101-106.

[3]刘敏,任亚鹏,王萍.山西黄河文化:内涵、符号与旅游开发——基于晋西沿黄旅游景区比较研究[J].晋中学院学报,2018,35(4):39-43.

[4]山西省社会科学院课题组,高春平.山西省黄河文化保护传承与文旅融合路径研究[J].经济问题,2020(7):106-115.

[5]史敏,袁晓红.文旅融合背景下山西黄河文化旅游开发浅析[J].山西广播电视大学学报,2021,26(1):108-112.

[6]汪克会,高硕.宁夏黄河文化旅游发展浅析[J].当代经济,2021(1):96-98.

[7]王娟,聂云霞,张广海.山东省四大经济区域的旅游空间联系能力研究[J].山东大学学报(哲学社会科学版),2014(5):151-160.

[8]辛倬语,马晓军.内蒙古沿黄"几字弯"城市旅游经济空间结构优化研究[J].新西部,2020(16):50-53.

[9]毕竞.文旅产业升级换挡需做足"特色"讲好"故事"[N].华兴时报,2021-07-16(4).

[10]共谱黄河旅游开发新曲[N].联合日报,2019-11-18(2).

[11]郭戈、秦川.第七届中原(鹤壁)文化产业博览交易会闭幕[N].河南日报,2020-10-20(2).

[12]姜继鼎.大力弘扬黄河文化筑牢文化旅游强省之魂[N].河南日报,2020-09-16(21).

[13]梁旺兵,高璐.促进甘肃黄河文化与旅游融合发展[N].中国社会科学报,2018-10-10(8).

[14]石培华,申军波.文旅融合视野下黄河长江文化保护传承弘扬思考[N].中国旅游报,2021-02-26(30).

[15]孙丛丛.黄河边,西纸坊村的"古韵新唱"[N].中国文化报,2020-12-11(2).

[16]唐金培.根植黄河文化推动文化旅游融合发展[N].河南日报,2020-12-16(11).

[17]王少斐.弘扬黄河文化促进文旅融合[N].山西日报,2019-12-06(4).

[18]王生晖、丁生智、孙海玲等.同饮黄河水共奏大合唱——沿黄九省区省级党报联动采访报道关注黄河流域生态保护和高质量发展[N].甘肃日报,2020-05-25(4).

[19]王文华."游山西·读历史"活动启动[N].中国旅游报,2020-08-11(1).

[20]温小娟.沿黄九省区 45 家博物馆成立黄河流域博物馆联盟[N].河南

日报,2019-12-24(5).

[21]熊圆.兰州新地标:读者印象精品文化街区　未来非同凡响[N].兰州晨报,2019-12-20(B01-B05).

[22]杨亚东.开辟黄河两岸旅游一体化发展新路径[N].中国旅游报,2021-08-13(4).

[23]阿坝州生态环境局.阿坝州推进黄河流域生态环境治理工作[EB/OL].(2020-08-12)[2021-12-12].http://www.abazhou.gov.cn/abazhou/c101955/202008/5236677c970e40b3ad0593c2c509b271.shtml.

[24]阿拉善盟行政公署.阿拉善盟2021年政府工作报告[EB/OL].(2021-03-22)[2021-12-12].http://www.als.gov.cn/art/2021/3/22/art_122_358717.html.

[25]达拉特旗人民政府.达拉特旗2021年政府工作报告[EB/OL].(2021-03-23)[2021-12-12].http://www.dlt.gov.cn/dltzc2015b_80397/zfxxgk/fdzdgknr/gzbg2020/202103/t20210317_2859158.html.

[26]甘肃省人民政府办公厅.黄河经济协作区联合协作互惠办法[EB/OL].(2020-06-02)[2021-12-12].http://www.gansu.gov.cn/art/c103795/c104320/c104341/202006/208663.shtml.

[27]国家发展改革委员会.黄河国家文化公园建设启动暨大运河、长城、长征国家文化公园建设推进视频会[EB/OL].(2020-12-30)[2021-12-12].https://www.ndrc.gov.cn/fzggw/jgsj/shs/sjdt/202012/t20201231_1261338.html?code=&state=123.

[28]国家发展和改革委员会,文化和旅游部等.文化保护传承利用工程实施方案[EB/OL].(2021-04-25)[2021-12-12].http://www.gov.cn/zhengce/zhengceku/2021/04/29/content_5603770.htm.

[29]国家文化公园建设工作领导小组办公室.国家文化公园形象标志征集公告[EB/OL].(2020-11-26)[2021-12-12].http://www.xinhuanet.com/politics/2020-11/26/c_1126790648.htm.

[30]河南省人民政府办公厅.河南省旅游产业转型升级行动方案(2017-2020年)[EB/OL].(2017-08-26)[2021-12-12].http://www.henan.gov.cn/2020/03-27/1310098.html.

[31]内蒙古自治区人民政府.内蒙古自治区国民经济和社会发展第十四个五年规划和2035年远景目标纲要[EB/OL].(2021-02-07)[2021-12-12].https://www.nmg.gov.cn/zwgk/zfxxgk/zfxxgkml/202102/t20210210_887052.html.

[32]内蒙古自治区文化和旅游厅.内蒙古自治区级文化生态保护区管理办

法、内蒙古自治区级非物质文化遗产代表性传承人认定与管理办法、内蒙古自治区级非物质文化遗产代表性传承人传承活动评估实施细则［EB/OL］.（2021-06-10）［2021-12-12］.https：//www.nmg.gov.cn/zwgk/zfgb/2021n/202122/202112/t20211222_1983316.html.

［33］宁夏回族自治区文化和旅游厅.2021年"扩大有效投资年"行动方案［EB/OL］.（2021-04-16）［2021-12-12］.http：//fzggw.nx.gov.cn/tzgg/202104/t20210416_2782998.html.

［34］宁夏回族自治区文化和旅游厅.自治区文化和旅游厅关于推动全区文化和旅游深度融合发展的实施意见［EB/OL］.（2020-06-19）［2021-12-12］.http：//whhlyt.nx.gov.cn/content_t.jsp？id＝53381.

［35］青海省人民政府办公厅.青海省加快提升旅游业发展行动方案的通知［EB/OL］.（2017-03-30）［2021-12-12］.http：//www.maqin.gov.cn/html/3142/255411.html.

［36］三条精品线串起青铜峡全域旅游［EB/OL］.（2016-10-19）［2021-12-12］.http：//travel.people.com.cn/n1/2016/1011/c41570-28769272.html.

［37］山东省人民政府办公厅.关于进一步加强文物保护利用工作的若干措施［EB/OL］.（2021-04-30）［2021-12-12］.http：//www.shandong.gov.cn/art/2021/5/26/art_100623_38392.html.

［38］山东省文化和旅游厅.关于加快推进文旅重点项目建设扩大有效投资的若干措施［EB/OL］.（2021-09-18）［2021-12-12］.http：//whhly.shandong.gov.cn/art/2021/9/18/art_100579_10293102.html.

［39］山东省文化和旅游厅.山东省文化和旅游厅等十二部门关于推动山东省文化和旅游数字化发展的实施意见［EB/OL］.（2021-09-18）［2021-12-12］.http：//whhly.shandong.gov.cn/art/2021/9/18/art_100579_10293101.html.

［40］山西省人民政府办公厅.山西省黄河、长城、太行三个一号旅游公路规划纲要（2018～2025）年［EB/OL］.（2021-06-26）［2021-12-12］.http：//www.shanxi.gov.cn/sxszfxxgk/sxsrmzfzcbm/sxszfbgt/flfg_7203/bgtgfxwj_7206/202009/t20200914_856653.shtml.

［41］山西省人民政府办公厅.山西省人民政府办公厅关于进一步激发文化和旅游消费潜力的实施意见［EB/OL］.（2020-09-05）［2021-12-12］.http：//www.shanxi.gov.cn/sxszfxxgk/sxsrmzfzcbm/sxszfbgt/flfg_7203/bgtgfxwj_7206/202009/t20200914_856653.shtml.

［42］陕西省文化和旅游厅,陕西省发展和改革委员会.陕西省黄河文化保

护传承弘扬规划［EB/OL］.（2021-03-10）［2021-12-12］.http://sndrc.shaanxi.gov.cn/mobile/news/content.chtml? id＝3MzIfm.

［43］王芳.“黄河之礼”主题文创休闲（鹤壁）街区项目签约［EB/OL］.（2021-03-29）［2021-12-12］.https://henan.china.com/news/dsxy/2021/0329/2530162794.html.

［44］文化和旅游部.关于推进旅游商品创意提升工作的通知［EB/OL］.（2021-07-05）［2021-12-12］.http://www.gov.cn/zhengce/zhengceku/2021-07/08/content_5623367.htm.

［45］文化和旅游部等.关于深化“互联网＋旅游”推动旅游业高质量发展的意见［EB/OL］.（2020-12-01）［2021-12-12］.http://www.gov.cn/xinwen/2020-11/30/content_5566041.htm.

［46］中共中央,国务院.黄河流域生态保护和高质量发展规划纲要［EB/OL］.（2021-10-13）［2021-12-12］.http://www.gov.cn/zhengce/2021-10/08/content_5641438.htm.

［47］中共中央办公厅,国务院办公厅.大运河文化保护传承利用规划纲要［EB/OL］.（2019-05-19）［2021-12-12］.http://www.gov.cn/xinwen/2019-05/09/content_5390046.htm.

［48］中共中央办公厅,国务院办公厅.关于加强文物保护利用改革的若干意见［EB/OL］.（2018-10-08）［2021-12-12］.http://www.gov.cn/zhengce/2018-10/08/content_5328558.htm.

［49］中共中央办公厅,国务院办公厅.关于实施中华优秀传统文化传承发展工程的意见［EB/OL］.（2017-01-05）［2021-12-12］.http://www.gov.cn/zhengce/2017-01/25/content_5163472.htm.

［50］中共中央办公厅,国务院办公厅.国家“十三五”时期文化发展改革规划纲要［EB/OL］.（2017-05-07）［2021-12-12］.http://www.gov.cn/zhengce/2017-05/07/content_5191604.htm.

［51］中共中央办公厅,国务院办公厅.长城、大运河、长征国家文化公园建设方案［EB/OL］.（2019-07-24）［2021-12-12］.http://www.gov.cn/xinwen/2019-12/05/content_5458839.htm.

［52］中共中央关于制定国民经济和社会发展第十四个五年规划和二〇三五年远景目标的建议［EB/OL］.（2020-10-29）［2021-12-12］.http://www.gov.cn/zhengce/2020-11/03/content_5556991.htm.

［53］中国共产党阿坝州第十一届委员会.中共阿坝州委关于加快建设川西

北阿坝生态示范区的决定［EB/OL］.（2018-08-29）［2021-12-12］. http://www.abadaily.com/abrbs/abrb/201809/01/c64456.html.

［54］中卫市政府办公室.中卫市加强黄河"水生态"治理实现水利环保旅游互促共进［EB/OL］.（2018-09-18）［2021-12-12］. https://www.nx.gov.cn/ztsj/zt/hjbhdc/201809/t20180918_1055870.html.

第七部分 | 黄河流域区域合作:政策实践[*]

　　黄河流域是中国重要的"生态屏障""经济地带"和"打赢脱贫攻坚战的重要区域",以及第二亚欧大陆桥和"丝绸之路经济带"的腹地(张贡生,2020)。党的十八大以来,习近平总书记十分重视黄河流域的生态保护和发展工作。尤其是 2019 年以来,习近平总书记多次实地考察甘肃、河南、陕西、山西、宁夏和山东等沿黄省区,足迹遍布黄河上中下游,并多次强调"治理黄河,重在保护,要在治理"的理念,提升了黄河治理的战略地位。

　　2019 年 9 月 18 日,习近平总书记在河南主持召开了黄河流域生态保护和高质量发展座谈会。针对黄河流域洪水风险、生态环境脆弱、水资源保障形势严峻和发展质量不高的问题,习近平总书记明确提出,黄河流域生态保护和高质量发展,同京津冀协同发展、长江经济带发展、粤港澳大湾区建设、长三角一体化发展一样,是重大国家战略。时隔两年,2021 年 10 月 22 日,习近平总书记在山东济南主持召开深入推动黄河流域生态保护和高质量发展座谈会。会议名称增加"深入推动",不仅意味着黄河流域规划战略从初步谋划到督导落实阶段的过渡,更体现出实现"让黄河永远造福中华民族"治理目标的坚定追求。黄河流域生态保护和高质量发展战略得到中央的高度关注和支持。"高层推动"赋予黄河流域治理自上而下的"政治势能",战略具备初始动力。在战略实施阶段,根据黄河流域特点选择合适的战略落实方式,关系到战略的成败。

　　流域是以水为纽带,连接起上、中、下游的复杂生态和社会系统。流域行政区划治理会带来价值整合、资源与权力分配以及政策制定和执行方面的碎片化问题(任敏,2008)。针对此问题,学界普遍认为构建区域地方政府跨界公

---

[*] 承担单位:山东大学黄河国家战略研究院;课题负责人:王佃利;课题组成员:张熙炜、张凯。

· 406 ·

共事务的合作模式可有效解决区域治理中的"碎片化"问题(崔晶,2012)。此外,两次座谈会以及《黄河流域生态保护和高质量发展规划纲要》在实践层面提供了解决流域治理"碎片化"、适应黄河流域复杂性的治理路径。2019年,习近平总书记在黄河流域生态保护和高质量发展座谈会上强调,"上下游、干支流、左右岸统筹谋划,共同抓好大保护,协同推进大治理",注重保护与治理的系统性、整体性和协同性。2021年,习近平总书记在深入推动黄河流域生态保护和高质量发展座谈会上强调,关键要"统一思想、坚定信心、步调一致、抓好落实"。《黄河流域生态保护和高质量发展规划纲要》强调坚持统筹谋划、协同推进原则,完善黄河流域管理体系,健全区域间开放合作机制,健全生态产品价值实现机制。学界探索形成的科学手段和实践层面对流域治理协同性和整体性的要求,加之考虑黄河流域上中下游的经济社会发展差距和生态问题全域性等特点,区域合作成为匹配上述要素的治理手段,也是黄河流域治理目标实现的关键。通过流域内各级行政主体在生态保护和社会治理等领域展开区域合作,发挥流域整体协同作用,实现黄河治理的整体性和系统性。

自2019年黄河流域生态保护和高质量发展战略提出两年多来,国家层面出台《黄河流域生态保护和高质量发展规划纲要》,各部委及沿黄各省区基于管辖领域和地区特点,制定形成丰富的区域合作政策文件并展开大量相关政策实践。在国家战略的框架下,阶段性总结黄河流域区域合作在国家和省层面的政策进展,详述典型政策实践,进而分析和评价黄河流域生态保护和高质量发展的政策成效和落实举措,展望推进黄河流域区域合作的机制和优化路径,对于实现黄河流域生态和经济价值、稳步推进黄河流域的生态保护和高质量发展具有至关重要的作用。

一、战略规划:黄河流域区域合作的定位和要求

2014年以来,国家先后对珠江—西江、长江、淮河和汉江等大江大河流域进行针对性规划,黄河是第五条由国家进行针对性规划的大江大河,并且黄河流域生态保护和高质量发展战略被列为国家战略,其重要性可见一斑。黄河流域生态保护和高质量发展是在新发展理念要求下,解决黄河流域发展不协调、流域发展速度缓慢等问题的治理之策。黄河流域在全国发展中的格局得到明确,黄河流域区域合作得到重视。

(一)黄河流域区域合作的时代要求

1.黄河流域区域合作是新发展理念的生动体现

2017年,习近平强调要贯彻创新、协调、绿色、开放、共享的新发展理念,注重解决发展动力、发展不平衡、人与自然和谐、发展内外联动、社会公平正义的问题。新发展理念的本质内涵是满足人民日益增长的美好生活需要。黄河流域区域合作贯彻协调、开放、共享等新发展理念,整合协调流域内外资源,提高公共服务供给水平和社会治理水平,协同提高流域人民生活质量,解决流域发展不平衡问题,促进实现社会公平正义。

2.现实问题的加剧迫切需要黄河流域区域合作

具有重要的生态价值和经济作用的黄河流域,同样面临生态环境脆弱、水资源短缺、流域发展不协调、南北方经济分化加剧等问题。黄河流域生态环境的脆弱性体现在,黄河上游以高山草原为主的自然生态系统与黄河中游以黄土高原为主的地质构造,使得黄河流域自然承载力较低,人类生产生活行为极易造成生态系统退化。黄河流域发展最大的短板是水,水是黄河流域生态保护和高质量发展战略的基础性、先导性、战略性要素。黄河以仅占全国2.6%的平均年径流总量供给全国12%的人口、17%的耕地,水资源供需矛盾尖锐。黄河流域发展不协调具体表现在两个方面:地区之间发展的不协调——黄河流经九省区,流域东部省份经济较发达,流域中西部绝大部分是经济欠发达或是发展不充分地区,如2018年甘肃省人均GDP仅为山东省的41.09%;城乡发展不协调——青海、宁夏、陕西、甘肃四省区中心城市的经济集中度均位于全国前八位,城市与农村地区发展差距较大。黄河流域与南方经济差距进一步拉大。"十三五"期间,中国南北方经济差距迅速扩大,黄河流域所在的北方地区经济份额下降5.81%,人均GDP仅相当于南方地区的82%。由此可见,区域合作是解决黄河流域面临问题的根本路径。

黄河流域面临发挥重要生态屏障作用与生态环境脆弱的矛盾以及作为重要经济腹地但经济发展速度却落后于全国平均水平的现实的矛盾,与生态文明建设和高质量发展的新时代发展要求不符。因此,黄河流域区域合作通过增强上中下游间在生态环境保护、水资源利用、流域经济发展方面的沟通合作,提高流域整体治理水平,缩小东中西部差距,实现社会发展成果流域内全民共享。

(二)黄河流域区域合作的战略价值

黄河流域横跨我国东中西部,连接南北方,地理位置关键,战略价值突出,是我国人类活动和经济发展的重要区域。推进黄河流域区域合作是实现区域协调发展、提升流域公共服务供给水平和社会治理水平的伟大契机。

1.黄河流域区域合作助推区域协调发展

黄河流域区域合作是黄河流域生态保护和高质量发展国家战略的重要组成部分。国家战略高位推动凝聚各省区共识,成为区域协同治理的核心驱动力并可长期引导治理主体开展政策协同、重塑治理主体的角色定位(魏巍,2021)。黄河流域区域合作把各省区的发展同整个流域的发展统一起来,各省区不能继续自己受益而流域受损的发展模式,而要以实现整个流域的发展为目标。在此基础上,各省区围绕流域公共事务开展政策协同,实现流域利益最大化。例如围绕黄河水资源分配的问题,上中下游省区间达成水权交易协定,在有限水量的情况下,发挥黄河水的最大生产价值。各省区根据资源禀赋、社会经济特点和发展阶段的差异,重塑自身在黄河流域高质量发展中的功能定位和角色作用,开展合作。黄河下游省份经济较发达,处于传统制造业向服务业转变的关键环节,部分低端制造业急需转移。而中上游省份多是经济不发达或发展不充分地区,可以承接下游制造业转移,实现经济发展和劳动力充分就业。同时,中上游省份能源储量充足,可为下游资源消耗量巨大的山东、河南等省份供给能源。突破行政区资源不足的约束,在流域内配置资源要素,解决发展短板,实现区域协同发展。黄河流域区域合作弥合各省区利益分歧,达成黄河流域发展利益最大化的共识;实现流域内资源、产业的最优配置,合理分工,优化下游产业配置,拉动中上游经济发展,实现区域间协同发展,利益共享。

2.黄河流域区域合作提升流域社会治理水平

黄河流域各区域由于经济发展水平差异等原因产生社会治理水平差异。总体上,经济发展水平较好的区域,在社会组织发展、公共服务供给、公共安全、应急管理等方面的社会治理水平较高于经济不发达区域。黄河流域区域合作可以密切不同区域之间的合作交流,通过社会治理模式的学习、社会组织跨域服务等方式,实现优秀社会治理实践的扩散,提升经济不发达区域的社会治理水平。此外,区域合作催生公共服务跨域供给,最大限度鼓励各个地区的资源要素和公共服务流动,必然能够做到在最高的层次和水平上为区域所有的民众服务。社会治理合作将有助于提升流域应急管理能力,降低风险损害。现代社会风险来源日益多样化,制度风险日益突出,社会的快速变迁导致风险诱发因素大量增加,风险的突发性和偶然性时刻考验着社会治理能力。黄河流域区域合作助力打造流域应急管理联防联控体系,提升流域的风险应对和抵御能力。

二、发展目标:黄河流域区域合作存在的提升空间

当下,促进区域合作联动是新时代国家区域战略的关键指向。黄河流域区域合作是新生事物。目前,国家已经制定京津冀协同发展、长江经济带发展、粤港澳大湾区建设、长三角一体化发展等区域合作战略,以及珠江—西江经济带发展、长江经济带发展、淮河生态经济带发展、汉江生态经济带发展等流域合作战略,这都为黄河流域区域合作提供了可以借鉴的经验。通过比较黄河流域与区域合作较为成熟的区域和流域,可以发现黄河流域区域合作目前存在的提升空间。

(一)区域合作的推动力量

区域合作是区域内政府、社会组织等多元治理主体,跨越行政区划的界限,通过协同合作来治理社会公共事务的方式。面对区域竞争加剧、治理资源流动性加剧的现状,以及实现人民对美好生活向往的治理目标,区域合作在解决治理"碎片化"、整合配置治理资源、协同供给区域公共服务等方面的作用逐渐放大,也越来越受到学者们的重视。学者们基于国内外理论与中国区域合作展开对话,针对区域合作的动因、推进机制、合作主体模式以及治理内容进行了深入研究。

1.区域合作的理论和实践动因

理论上,社会公共事务的跨域性和负外部性导致属地管理的治理模式失灵。合作治理的思想逐渐被视为解决复杂化、跨边界公共问题的有力工具(Lubell,2010)。实践上,首先,全球经济一体化、国家和区域间的竞争加剧、区域政治安全等全球性社会经济发展趋势迫使传统治理向区域合作模式转变(杨爱平,2007)。其次,为了实现人民对美好生活向往的治理目标,一方面,地方政府需要区域合作带来发展红利,增强自身实力(柳建文,2017);另一方面,要采用区域合作的方式,调和区域发展的不均衡,缩小区域间的发展差距(汪伟全,2012)。最后,随着我国新型城镇化建设的提速与城市群的发展,规划、交通、环境、生态等区域公共问题正陆续出现,区域内各城市间关系面临重塑,需要探索区域协调机制,以更好地推动我国新型城镇化建设(冯俏彬等,2014)。而且,在统筹城乡发展的过程中,要实现城乡资源共享和均衡发展,必须推进区域协作体制机制创新(王东强等,2013)。

2.区域合作的推进机制

推进机制是区域合作开启并稳步推进的动力。由于各地区资源禀赋、发展条件等因素的不同,推进机制也有差异。珠三角和长三角地区在自由发展形成一定市场化协作后,为了进一步提升效率、共同发展而形成区域协同治理(赵峰等,2011)。党中央、国务院为解决区域发展难题、疏解北京非首都功能而提出京津冀协同发展战略(魏巍,2021)。同一区域在不同时期面对的内部基础、外部环境不同,推进机制呈现动态变化。改革初期,长三角经过最初的竞争磨合,自主探索互惠互利机制,建立互补性的横向协作机制;浦东开发开放后,竞争与合作需求同步增加,形成多种自发性的竞合联盟;在"长三角区域一体化发展"的国家战略下,形成"区域共同体"新模式(徐琴,2019)。此外,周凌一(2020)认为纵向干预本质上通过重塑地方主体的协作意愿以促进协作深化发展,能够强化参与者间的横向互动,而非只是自发协作动机不足时的补充。

3.区域合作主体模式

由于区域合作双方在行政层级、合作治理内容、合作治理目的等方面存在不同,区域合作主体模式呈现多样化。王东强等(2013)认为我国区域协作主体关系可分为五类:长三角政府主导式的区域协作"全方位"模式、京津冀地区区域协作的"开放式"模式、川渝政府—商会推动式的区域协作"示范市"模式、省际跨区域部门应急协作的"规范化"模式、黄河金三角地区突破行政区划的"抱团化"模式。汪伟全(2012)更加关注多元主体和社群意识的表达,将治理模式概括为科层式、市场机制、社群治理、网络治理四种模式。张成福等(2008)从跨域治理维持时间、主导权力态势、达成平衡趋势、合作范围深度等七个维度搭建分析框架,把握合作模式的内涵,将区域协同治理模式凝练为中央政府主导、平行区域协调、多元驱动网络三种模式。杨龙(2008)从利益分配方式、权力结构考虑,提出互利模式、大行政单位主导模式和中央政府诱导模式。

4.区域合作的内容

具有较强外部性、跨域的社会公共事务更可能成为区域合作的内容。其中,区域间的环境治理占有极大比重。胡佳(2015)研究区域环境治理中地方政府协作的碎片化困境与整体性策略。李牧耘等(2020)通过梳理京津冀大气污染防治的制度内容、组织框架和保障机制,分析现有治理框架的问题,提出京津冀区域大气污染联防联控的发展路径。此外,除了造成负外部性的社会公共事务成为区域社会治理的内容外,具有正外部性的社会公共事务也是区域合作的组成部分。长三角地方政府在区域一体化进程中,以建立完善的区域社会信用体系为切入点,开展了相应的合作与治理(申剑敏等,2016)。长三角通过实现区域高等教育一体化,提升区域人力资源和智力资源水平、实现区域科技协同创新,满足经济社会发展需求,增强区域综合实力(崔玉平等,2013)。张永领(2011)认为应急资源的区域联动是区域应急联动的核心,建立应急资源的区域联动是弥补应急资源不足、提高应急资源的利用效率、有效应对跨行政区重大突发事件的需要。

(二)流域合作的特色

流域的真正意义是一个以水为核心要素,由土地、生物等自然要素以及与此相关的经济、社会等人文要素所构成的复合系统(冯慧娟等,2010)。因而,流域是由自然和人文等各要素组成的系统性、整体性极高的共同体,上中下游、干支流以及两岸之间相互联系、相互影响。然而,流域治理一般实行行政区划与职能部门管理相结合的管理模式,带来治理的碎片化问题,使得流域难以有效适应流域的系统性、整体性以及准公共物品的治理要求,从而容易基于利益冲突引起流域公共问题,尤其是生态环境问题,以及一系列经济社会发展问题。

为解决此类问题,近年来我国注重流域整体规划建设,依次对珠江—西江经济带、长江经济带、淮河生态经济带、汉江生态经济带做出针对性规划。针对广泛的流域治理实践,学者围绕生态环境保护和经济发展两大模块展开研究。生态环境保护方面,汤学兵(2019)以长江经济带为例,提出构建跨区域生态环境治理联动共生体系和改革路径。王树义等(2019)把中国特色协商共治理念融入长江流域生态环境治理,构建政府、企业和社会公众共担治理责任的流域环境保护协商共治模式。经济发展方面,曹玉华等(2019)在分析区域发展的时空分异特征和区域差异程度后,提出推进淮河经济带协同发展,既要顺应流域的自然规律,又要根据空间分异特征实施差异化策略。曾刚等(2018)认为长江经济带上中下游间城市协同能力存在差异,要加快构建以重要城市为核心的分层协同发展机制,提升经济带协同发展水平。

流域治理与区域治理相比,时空分异的多元复杂性使之产生更大的治理难度,显示出其与区域治理的区别。但在治理动因、推进机制、主体间合作模式和治理内容等方面,两者大同小异,不再赘述。

(三)当前黄河流域区域合作的提升空间

黄河流域区域合作在黄河流域生态保护和高质量发展战略提出之前就已

存在，战略提出后得到更广泛的关注，并被视为战略落实的有效手段。总体来讲，黄河流域区域合作还处于发展不成熟阶段，可通过分析区域、流域治理的关键因素和成熟举措，探索黄河流域区域合作的理想状态，并结合黄河流域区域合作的实际状态，寻找黄河流域区域合作的提升空间。

黄河流域区域合作的动因在理论层面呈现为化解流域生态环境问题带来的负外部性和发挥高质量发展带来的流域正外部性；在实践层面表现为两个方面，一是黄河流域面临生态环境脆弱、水资源短缺、流域发展不协调、南北方经济分化加剧等现实问题，二是黄河流域具有重要的生态价值和经济发展地位。黄河流域区域合作的推进机制整体上体现出明显的纵向层级干预的特点，区别于市场化的自发机制。纵向层级干预的模式虽可迅速聚集战略执行所需的资源和注意力，但在合作动力的可持续性和自发性方面稍有欠缺，会影响战略实行的最终结果。值得注意的是，黄河金三角区域合作是地方政府间自发形成的。学习、总结、扩散区域合作的市场化形成机制，丰富区域合作的推进动力，是区域合作需要进一步提升的动力空间。黄河流域区域合作主体模式主要是政府间合作，企业、社会组织围绕黄河流域公共事务展开合作的情况较少，因此，积极鼓励、支持、引导多元主体参与区域合作，是区域合作需要提升的主体空间。黄河流域区域合作的内容多集中在容易产生环境污染等负外部性的领域，在区域公共服务供给、应急管理协作等正外部性领域合作较少。合作内容广泛融入正外部性公共事务，惠及流域人民，是区域合作需要提升的内容空间。

三、政策进展：黄河流域区域合作政策的内容分析和特征描述

2019 年 9 月 18 日，习近平总书记主持召开黄河流域生态保护和高质量发展座谈会，此次会议将黄河流域生态保护和高质量发展列为国家战略。中央各部委以及各省区积极响应国家政策号召，根据职能范围和地方实际出台落实黄河流域生态保护和高质量发展的规划和政策，其中部分涉及区域合作。通过梳理国家及沿黄九省区的黄河流域区域合作政策，整体性把握黄河流域区域合作的政策进展情况，探寻黄河流域不同区域合作的特色。

本研究利用北大法宝数据库进行政策文本的检索和分析。搜索政策文本的方法如下：

在中央法规中，选择国务院、国务院各机构、党中央部门机构为发布部门；在地方法规中，选择山东省、河南省、陕西省、山西省、内蒙古自治区、宁夏回族

自治区、甘肃省、青海省、四川省为发布部门;以"黄河流域生态保护和高质量发展"为关键字段进行全文检索;检索时间范围选择黄河流域生态保护和高质量发展提出的 2019 年 9 月 18 日至 2021 年 9 月 18 日。

剔除重复数据以及仅含有关键词"黄河流域生态保护和高质量发展"但是与区域合作关联性较低的政策文件后,共收集到中央政策 9 项、山东省政策 4 项、河南省政策 9 项、陕西省政策 2 项、山西省政策 4 项、内蒙古自治区政策 3 项、宁夏回族自治区政策 4 项、甘肃省政策 4 项、青海省政策 1 项、四川省政策 1 项。

(一)国家层面政策:内容分析和特征描述

2020 年,国务院编制出台《黄河流域生态保护和高质量发展规划纲要》。该纲要结合黄河流域实际和上、中、下游不同特点,围绕加强生态环境保护、保障黄河长治久安、推进水资源节约集约利用、推动黄河流域高质量发展以及保护传承弘扬黄河文化等重点任务,做出规划安排。中央和国家机关是贯彻落实党中央决策部署的"最初一公里",国家发展改革委、生态环境部、水利部等主要职能部门协同发布落实政策,政策内容主要涉及资金支持、黄河流域水资源保护等方面(见表 1)。国家发改委为更好地发挥中央预算内投资对推动黄河流域生态保护和高质量发展战略实施的支撑作用,制定《重大区域发展战略建设(黄河流域生态保护和高质量发展方向)中央预算内投资专项管理办法》。财政部和生态环境部等部门联合印发《支持引导黄河全流域建立横向生态补偿机制试点实施方案》,以建立黄河流域生态补偿机制管理平台、中央财政安排引导资金、鼓励地方加快建立多元化横向生态补偿机制的方式建立黄河流域全流域生态补偿机制,构建上中下游齐治、干支流共治、左右岸同治的格局。国家发改委和工信部办公厅等部门联合发布《关于"十四五"推进沿黄重点地区工业项目入园及严控高污染、高耗水、高耗能项目的通知》,要求严控高污染、高耗水、高耗能项目,推进黄河流域生态保护和高质量发展。

表 1 国家层面政策

发文机构	政策名称
国务院	《黄河流域生态保护和高质量发展规划纲要》
国家发展改革委	《重大区域发展战略建设(黄河流域生态保护和高质量发展方向)中央预算内投资专项管理办法》

续表

发文机构	政策名称
财政部、生态环境部、水利部、国家林草局	《支持引导黄河全流域建立横向生态补偿机制试点实施方案》
国家发展改革委、住房城乡建设部	《"十四五"黄河流域城镇污水垃圾处理实施方案》
水利部	《关于实施黄河流域深度节水控水行动的意见》
水利部、司法部	《关于开展黄河流域水行政执法专项监督的通知》
国家发展改革委办公厅、工业和信息化部办公厅、生态环境部办公厅、水利部办公厅	《关于"十四五"推进沿黄重点地区工业项目入园及严控高污染、高耗水、高耗能项目的通知》
水利部办公厅	《关于黄河流域水资源超载地区暂停新增取水许可的通知》
水利部办公厅	《关于开展黄河岸线利用项目专项整治的通知》

资料来源:笔者根据相关政策整理而成。

(二)省级层面政策:内容分析和特征描述

沿黄九省区是黄河流域生态保护和高质量发展实施层面的最高政府层级,是落实战略的关键环节。自 2019 年黄河流域生态保护和高质量发展战略提出以来,沿黄九省区以落实黄河流域生态保护和高质量发展为目标,制定出台大量区域合作政策文件。但是,黄河流域面积广,社会发展差距较大,沿黄九省区在黄河流域区域合作推进进度方面存在差异。所以,下文把九省区按照上、中、下游分成三部分,进而梳理各省区区域合作的政策进展。

1.下游省份:全面擘画、综合推进

黄河下游的山东、河南两省份是黄河流域人口集中区和经济较发达地区,具有较高的社会治理水平。2019 年 9 月 18 日,习近平总书记在黄河流域生态保护和高质量发展座谈会上指出,郑州、济南等中心城市和中原等城市群加快建设,河南和山东积极制定和落实推进黄河流域高质量发展和社会治理实践相关政策,基本形成"1+N+X"的政策体系,总体规划,全面擘画,制定专项规划和政策举措,综合推进黄河战略。

2020 年 1 月,在中央财经委员会第六次会议上,习近平总书记强调,要发挥山东半岛城市群龙头作用,推动沿黄地区中心城市及城市群高质量发展,意味着山东在国家重大战略和发展布局中作用更加凸显。为发挥龙头带动作用,山东省委、省政府已于 2021 年 3 月印发实施《山东省黄河流域生态保护和高质量发展规划》,九个专项规划将陆续印发,黄河流域(豫鲁段)生态补偿协

议、黄河流域高质量发展专项债券等政策措施相继出台，初步建立起"总体规划＋专项规划＋政策措施"三位一体的规划政策支撑体系（见表 2）。具体政策层面，山东高度重视都市圈在黄河流域中的重要作用。《山东省人民政府关于加快省会经济圈一体化发展的指导意见》指出，要充分发挥济南、淄博、泰安、聊城、德州、滨州、东营等七市在黄河流域生态保护和高质量发展中的作用，协同推进下游的生态保护修复、水污染综合治理、河道滩区综合整治，统筹谋划产业布局。《山东省人民政府关于加快鲁南经济圈一体化发展的指导意见》指出，要积极抢抓黄河流域生态保护和高质量发展战略机遇，打造黄河流域高质量协作发展先行示范区。山东注重省内涉黄生态环境保护区域合作，推动沿黄九市一体打造黄河下游绿色生态走廊。山东省举办黄河流域产教联盟成立大会、九省区高素质技术技能人才合作交流研讨会、发展国际论坛、巾帼论坛、黄河协作区联席会议等，助力推进黄河流域区域合作。除此之外，黄河上下游突发水污染事件联防联控机制等跨区域重大合作事项正在稳步推进，提供资金保障支持的黄河流域生态保护和高质量发展基金正在探索建立。

表 2　山东省相关政策

发文机构	政策名称
山东省委、省政府	《山东省黄河流域生态保护和高质量发展规划》
山东省、河南省	《黄河流域（豫鲁段）横向生态保护补偿协议》
山东省政府	《山东省人民政府关于加快省会经济圈一体化发展的指导意见》
山东省政府	《山东省人民政府关于加快鲁南经济圈一体化发展的指导意见》

资料来源：笔者根据相关政策整理而成。

2021 年河南省委、省政府出台的《黄河流域生态保护和高质量发展规划》是实施黄河流域生态保护和高质量发展重大国家战略的纲领性文件，包括基本思路、战略定位和任务举措等，体现了国家战略中的河南特色和河南价值。除此之外，河南省制定"一揽子"政策，涵盖金融支持、司法保障、生态环境保护等（见表 3）。金融支持方面，《河南银行业保险业支持郑州市高质量发展的指导意见》提出，积极推动环境污染责任险，助力黄河流域生态稳定建设和绿色持续发展。司法保障方面，河南省司法厅出台《关于充分发挥职能作用服务保障黄河流域生态保护推动我省高质量发展的意见》推出 20 条举措，为黄河流域区域合作提供有力的法治保障和优质的法律服务。《法治河南建设规划（2021～2025 年）》《河南省法治社会建设实施方案（2021～2025 年）》强调提升"河南黄河法治文化带"建设水平，打造服务黄河流域生态保护和高质量发展国家战略的普法品牌,依托黄河文化传承创新区建设,挖掘传统法律文化精神内涵和时代价值。生态环境保护方面,河南省政府与山东省政府签订《黄河流域(豫鲁段)横向生态保护补偿协议》。同时,河南省加强其他方面的区域合作。《关于加快推进气象强省建设的意见》提出,建设黄河流域生态保护和高质量发展气象保障中心,健全运行机制,促进流域协同联动发展;完善流域一体化气象服务平台,提供流域水文气象、气候变化应对、气象灾害联防等一体化气象服务。《关于推进中国(河南)自由贸易试验区深化改革创新打造新时代制度型开放高地的意见》强调,推动共建黄河流域自贸试验区发展联盟,在制度创新、多式联运、文化旅游、生态保护、国际园区建设等方面提升合作联动水平,打造沿黄地区要素流动和产业合作新平台,研究制定服务黄河流域生态保护和高质量发展的创新举措。

表3　河南省相关政策

发文机构	政策名称
河南省委、省政府	《黄河流域生态保护和高质量发展规划》
山东省、河南省	《黄河流域(豫鲁段)横向生态保护补偿协议》
河南银保监局	《河南银行业保险业支持郑州市高质量发展的指导意见》
河南省委、河南省政府	《关于推进中国(河南)自由贸易试验区深化改革创新打造新时代制度型开放高地的意见》
河南省委	《法治河南建设规划(2021～2025年)》 《河南省法治社会建设实施方案(2021～2025年)》
河南省政府	《关于加快推进气象强省建设的意见》
河南省中原城市群建设工作领导小组	《郑州都市圈交通一体化发展规划(2020～2035年)》
河南省委办公厅、河南省政府办公厅	《关于加快改革创新促进高新技术产业开发区高质量发展的实施意见》
河南省司法厅	《关于充分发挥职能作用服务保障黄河流域生态保护推动我省高质量发展的意见》

资料来源:笔者根据相关政策整理而成。

2.中游省份:宏观把脉、生态优先

陕西和山西位于黄河中游,黄河是其地理分界线。陕西、山西为落实黄河流域生态保护和高质量发展战略,出台了相应的政策文件,总体上较为宏观(见表4)。

表 4　黄河中游省份相关政策

发文机构	政策名称
陕西省委、省政府	《陕西省黄河流域生态保护和高质量发展规划》
陕西省委、省政府	《陕西省国民经济和社会发展第十四个五年规划和二〇三五年远景目标纲要》
山西省委、省政府	《山西省黄河流域生态保护和高质量发展规划》
山西省财政厅、生态环境厅、水利厅	《汾河流域上下游横向生态补偿机制试点方案》
山西省林业和草原局办公室	《关于推进黄河流域国土绿化高质量发展的通知》
国家开发银行、山西省发改委	《山西黄河流域生态保护和高质量发展融资规划》

资料来源:笔者根据相关政策整理而成。

陕西出台《陕西省黄河流域生态保护和高质量发展规划》,涵盖黄河流域水生态环境保护、水安全保障、文物保护、文化传承等重点领域的规划体系。《陕西省国民经济和社会发展第十四个五年规划和二〇三五年远景目标纲要》提出加强与黄河流域省区战略合作,发挥黄河流域生态保护和高质量发展协作区联席会议作用,搭建合作平台,加强与黄河流域省区全方位合作;加强与山西黄土高原交接地区协作,共同保护黄河晋陕大峡谷生态环境;深化晋陕豫黄河金三角区域经济协作,完善体制机制和政策体系。

2021 年 5 月,山西印发《山西省黄河流域生态保护和高质量发展规划》,范围涵盖黄河干支流流经的县级行政区,将推进汾河保护与治理、实施五水综改和五湖治理、开展国土绿化彩化财化行动、推进黄土高原水土流失综合治理工作等作为重点任务。此外,《汾河流域上下游横向生态补偿机制试点方案》《关于推进黄河流域国土绿化高质量发展的通知》是落实黄河流域生态保护战略的重大举措。国家开发银行与山西省发改委联合编制的《山西黄河流域生态保护和高质量发展融资规划》就生态修复、乡村振兴、城市更新等领域做好顶层设计,共同策划一批项目,为区域合作提供资金支持。

3.上游省份:生态为主、差异化推进

黄河上游流经青海、甘肃、四川、宁夏、内蒙古五省区,相似的自然条件和社会经济发展状况创造了相似的政策环境。黄河上游省份在黄河流域区域合作政策出台上具有内容相似性和进展差异性两方面内容,各省份紧紧围绕黄河流域生态环境保护的区域合作做文章,不同省份政策的覆盖面和全面性存在差异(见表 5)。宁夏奋力打造黄河流域生态保护和高质量发展先行区,面向全区全域擘画黄河战略,但较少涉及区域合作政策;甘肃、内蒙古高度重视城市群发展和区域合作的作用;青海和四川区域合作的政策内容多限于生态环境保护方面。

表5 黄河上游省份相关政策

发文机构	政策名称
内蒙古自治区区委、区政府	《内蒙古自治区黄河流域生态保护和高质量发展规划》
内蒙古自治区区委、区政府	《关于建立更加有效的区域协调发展新机制的实施意见》
内蒙古自治区人民政府办公厅	《关于实施城市更新行动的指导意见》
宁夏回族自治区区委	《关于建设黄河流域生态保护和高质量发展先行区的实施意见》
宁夏回族自治区政府办公厅	《自治区支持建设黄河流域生态保护和高质量发展先行区的财政政策(试行)》
宁夏回族自治区政府办公厅	《自治区支持九大重点产业加快发展若干财政措施(暂行)》
宁夏回族自治区政府办公厅	《自治区人民政府2021年立法工作计划的通知》
甘肃省委、省政府	《甘肃省黄河流域生态保护和高质量发展规划》
甘肃省政府办公厅	《关于进一步支持兰州新区深化改革创新加快推动高质量发展的意见》
甘肃省政府办公厅	《关于加强财政资金统筹力度支持打造"五个制高点"的意见》
甘肃省政府办公厅	《关于印发新时代甘肃融入"一带一路"建设打造文化枢纽技术信息生态"五个制高点"实施方案的通知》
青海省委、省政府	《黄河青海流域生态保护和高质量发展规划》

资料来源:笔者根据相关政策整理而成。

内蒙古印发《内蒙古自治区黄河流域生态保护和高质量发展规划》,作为黄河流域生态保护和高质量发展的统领性文件。具体政策落实方面:《关于建立更加有效的区域协调发展新机制的实施意见》强调推动开展黄河流域横向生态保护补偿试点,完善基本公共服务均等化机制,建立健全区域政策联动机制;《关于实施城市更新行动的指导意见》提出统筹黄河流域生态保护和高质量发展,推进区域重大基础设施和公共服务设施共建共享,建立功能完善、衔接紧密的城市群综合立体交通等现代设施网络体系。以上两个意见均强调通过区域合作实现公共服务均等化,密切区域联系,推进黄河战略。

2020年6月,宁夏出台《关于建设黄河流域生态保护和高质量发展先行区的实施意见》,提出"一带三区"总体布局,协同促进生态保护修复、国土绿化和湿地保护修复、水安全保障。自治区人民政府办公厅印发《自治区支持建设黄河流域生态保护和高质量发展先行区的财政政策(试行)》,为先行区跨区域合作提供财政支撑。

2020年12月,《甘肃省黄河流域生态保护和高质量发展规划》正式印发实施。《关于进一步支持兰州新区深化改革创新加快推动高质量发展的意见》指出要深度融入兰西城市群建设。支持兰州新区加强与西宁、白银等周边城市合作,共同向国家申报跨区域的交通基础设施、黄河流域生态保护和高质量发展等领域重大项目。支持兰州新区在职业教育、培训、专业技术人才培养、产教融合等方面加强与周边城市合作,争取获批国家产教融合试点城市。《关于印发新时代甘肃融入"一带一路"建设打造文化枢纽技术信息生态"五个制高点"实施方案的通知》围绕推动黄河流域生态保护和高质量发展,打造联动陕西的祭祖、红色、秦源、黄河文化旅游圈。甘肃与四川签订《黄河流域(四川—甘肃段)横向生态补偿协议》,推动黄河上游川甘青水源涵养区生态保护和高质量发展。

青海编制出台《黄河青海流域生态保护和高质量发展规划》,以重在保护、要在治理为主线,以涵养水源、创造更多生态产品为重心,以造福人民、永葆母亲河生机活力为目标,着力构建"两屏护水、三区联治、一群驱动、一廊融通"黄河青海流域生态保护和高质量发展格局。青海省"十四五"规划提出,促进流域经济社会生态协同发展,以黄河、湟水河流域为重点,统筹谋划上下游、干支流、左右岸全流域生态保护和高质量发展,打造黄河上游千里保护带。稳固提升水源涵养功能,科学确定重要江河湖泊生态流量和生态水位,强化水利水电工程下泄生态流量监管,加强黄河干流、重要湿地和湖泊生态补水。

围绕《黄河流域生态保护和高质量发展规划纲要》,国务院各部委统筹规划政策部署,区域合作内容涵盖生态环境保护、保障黄河长治久安、推进水资源节约集约利用、推动黄河流域高质量发展以及保护传承弘扬黄河文化等。沿黄九省区除四川(黄河流域面积较小)外均出台黄河流域生态保护和高质量发展的纲领性文件。山东、河南、内蒙古、甘肃等省区区域合作政策内容较全面,涉及生态保护、基础设施建设、都市群协同发展等方面;宁夏、陕西、山西、青海、四川区域合作政策内容大多仅限于生态保护方面,政策覆盖面狭窄,对黄河流域生态保护和高质量发展战略的支撑力度不够。总体来看,国家层面以及各省区关于黄河流域区域合作的政策更多围绕生态保护领域,社会治理合作内容狭窄,与各省区间丰富的社会治理合作实践的现状不符。因此,要加强黄河流域社会治理合作领域政策制定,扩展黄河流域社会治理合作政策内容,固化优秀社会治理合作机制和体制,推进黄河流域生态保护和高质量发展。

四、黄河流域合作治理的领域拓展与工具创新

"黄河宁,天下平。"作为世界上地形最复杂、治理难度最大的河流之一,黄河流域的治理自古有之,黄河的安危事关国家盛衰与民族复兴。新中国成立以来,黄河流域治理主要可以分为以下三个阶段:流域洪涝灾害综合治理、点源污染与水土流失治理、流域生态文明建设(王金南,2020)。2019 年 9 月黄河流域生态保护和高质量发展战略提出以来,流域上中下游借力国家战略东风,积极响应并落实行动,调动各方面要素资源,进行机制体制创新,综合运用多种政策工具,吸纳国内外流域治理的成功经验,进行了一系列政策学习和实践创新。

(一)流域治理中的"鲁豫有约":省际合作助力黄河流域生态共赢

《国务院关于印发全国主体功能区规划的通知》(国发〔2010〕46 号)指出,生态产品指维系生态安全、保障生态调节功能、提供良好人居环境的自然产品,包括清新的空气、清洁的水源、茂盛的森林、适宜的气候等。河流作为一种生态公共物品,具有典型的非排他性与非竞争性,同时河流是不可分割的,其各个组成部分之间关联非常密切,具有整体性。流域治理具有跨越边界的外部性及不可分割的公共性、政治性、层次性等特点(王佃利等,2013)。因此对流域的治理要突破单一的行政区壁垒,破除"各扫门前雪"的思想桎梏,实现不同层次、等级的政府之间合作,吸引并吸收包括政府、企业、社会组织和公民在内的多元主体共同参与,通过跨域治理和协同治理,积极开展民主协商、多元对话、责任共担、利益共享等多种方式的实践,才能真正实现流域生态的提升与高质量发展。

山东、河南两省水质"对赌"、实现生态共赢协议的提出是在长久以来尤其是十八大以来黄河流域开发与治理的基础上进行的,是对黄河流域生态保护和环境提升工作的延续、继承和发展,也是贯彻落实黄河流域生态保护和高质量发展战略的具体体现。

1.黄河战略推动的鲁豫合作

2019 年 9 月 18 日,习近平总书记在考察完黄河流域的内蒙古、甘肃、河南后,在郑州主持召开黄河流域生态保护和高质量发展座谈会并发表重要讲话,提出了黄河流域生态保护和高质量发展国家战略,指出要加强对黄河流域生态保护和高质量发展的领导,发挥我国社会主义制度集中力量干大事的优越

性,牢固树立"一盘棋"思想,尊重规律,更加注重保护和治理的系统性、整体性、协同性,抓紧开展顶层设计,加强重大问题研究,着力创新体制机制,推动黄河流域生态保护和高质量发展迈出新的更大步伐。

2020 年 4 月 20 日,财政部、生态环境部、水利部、国家林草局四部门研究制定了《支持引导黄河全流域建立横向生态补偿机制试点实施方案》,鼓励黄河流域各省区探索建立具有示范意义的全流域横向生态补偿模式,强化联防联控、流域共治和保护协作,搭建起"全面覆盖、权责对等、共建共享"的合作平台,加快实现高水平保护,推动流域高质量发展,保障黄河长治久安。同时,该方案指出,四部门应当会同有关部门和地方建立黄河流域生态补偿机制工作平台,中央财政每年从水污染防治资金中安排一部分资金,支持引导沿黄九省(区)探索建立横向生态补偿机制,推动邻近省(区)加快建立流域横向生态补偿机制,同时鼓励各地在此基础上积极探索开展综合生态价值核算计量等多元化生态补偿机制创新探索。

2.鲁豫两省合作机制及政策效益探析

为贯彻落实习近平总书记"共同抓好大保护,协同推进大治理"的指示精神,扎实推进黄河流域生态保护和高质量发展,河南省与山东省抓住机遇,积极行动。2021 年 5 月,山东省与河南省经过多轮磋商会谈,最终签订了"鲁豫有约"——《黄河流域(豫鲁段)横向生态保护补偿协议》(简称《补偿协议》)。该协议规定将生态补偿标准分为水质基本补偿和水质变化补偿两个部分,在水质基本补偿部分,若考核断面水质全年均值类别达到Ⅲ类标准,山东省、河南省互不补偿;水质年均值在Ⅲ类基础上每改善一个水质类别,山东省给予河南省 6000 万元补偿资金;水质年均值在Ⅲ类基础上每恶化一个水质类别,河南省给予山东省 6000 万元补偿资金。在水质变化补偿部分,若年度关键污染物指数同比下降 1 个百分点,山东省给予河南省 100 万元补偿;每上升 1 个百分点,河南省给予山东省 100 万元补偿。该项补偿最高限额 4000 万元。

山东、河南两省之间《补偿协议》的签订标志着黄河流域政府间生态补偿机制的正式启动。作为黄河流域第一份跨行政区的地方政府之间生态补偿协议,这是黄河流域政府间合作的实践创新。该实践对推动黄河流域政府间合作起到良好的示范效应,对于强化流域政府间通过生态合作提升环境质量和发展质量具有重大意义。

第一,打破了以往一区一域一段的生态环境治理模式,不断强化黄河流域上中下游、流域与陆地环境共治。河南横跨黄河流域上、中游,山东省位于黄河流域下游地区,即《补偿协议》贯穿黄河流域上、中、下游。虽然河南和山东签订的这份协议涉及的是黄河干流，但是河南省需要在干支流、上下游、左右岸等方面统筹治理；在治理的领域中，需要对工业污染、生活污染、农业污染等污染源制定全方位的措施和办法。同时，山东与河南两省的合作治理激发了黄河流域其他省份之间的合作动力，也加快了省内黄河流域城市（县城）间生态效益补偿的步伐。省级层面，四川和甘肃两省政府签订《黄河流域（四川—甘肃段）横向生态补偿协议》；河南省与陕西、山西两省的横向补偿协议正在积极商讨中，并探索在黄河主要支流以及污染较重的河流建立省内横向生态补偿试点。省内层面，河南省于 2021 年 1 月发布《河南省建立黄河流域横向生态补偿机制实施方案》，明确了黄河流域河南段横向生态补偿机制实施范围为沿黄十市，具体包括郑州、开封、洛阳、安阳、鹤壁、新乡、焦作、濮阳、三门峡、济源示范区。2021～2023 年，河南省将开展试点，探索建立流域生态补偿标准核算体系，完善目标考核体系，改进补偿资金分配办法，规范补偿资金使用。山东省于 2021 年 8 月印发《关于建立流域横向生态补偿机制的指导意见》，规定在现行纵向生态补偿体系的基础上，建立流域横向生态补偿机制，并在 2021 年 10 月底前完成县际横向生态补偿协议签订工作，实现县际流域横向生态补偿全覆盖。这都为黄河流域生态补偿长效机制的建立和生态环境效益的提升奠定基础。

第二，以生态补偿为手段，以水质提升为支点，撬动黄河流域生态环境完善升级，实现山水林田湖草沙综合改善、系统改善、整体改善。《补偿协议》的签订并非"一日之寒"，而是一个厚积薄发的过程。虽然该协议对河南省水质要求较高，但长期以来，尤其是"十三五"以来，河南省为黄河流域生态保护和治理做了很多工作，因此才有能力和意愿签订这个协议。协议的本质目的是两省共同抓好大保护，协同推进大治理，遵循的原则就是"谁保护谁受益，谁污染谁治理"。但在现实中这一原则难以落地，因此需要通过生态补偿措施来实现激励约束，进一步激发各地的积极性和主观能动性，从水质提升入手，促进各地政府严格落实环境保护主体责任。根据新安江模式的经验，吸纳省内的水环境生态补偿，不断完善山水林田湖草沙的综合治理目标，实现各个流域和系统环境持续改善，而不只是黄河流域。

第三，设置了一条使绿水青山能转化为金山银山的途径，为流域内各省区拓展生态合作领域提供示范。经河南省财政厅初步测算，《补偿协议》的生态和经济效益初步显现：2021 年，河南省共可获得山东省 7600 万元补偿资金（其中，水质基本补偿 6000 万元，水质变化补偿 1600 万元）。因推进横向生态补偿工作有力，按照"早建早补、早建多补、多建多补"的原则，河南省还可获得中央财政安排的横向生态补偿引导资金。"赋值绿水青山,实现价值转换"的生态和经济效益初步显现。

3.黄河流域政府间生态补偿机制有待进一步拓展

第一,黄河流域生态补偿机制实施起步较晚,且协商难度大。从主体维度来看,黄河流域首个生态补偿机制方案提出晚于长江流域实践十年之久。就时间维度而言,2020 年 5 月,财政部、生态环境部、水利部、国家林草局四大部委就联合出台了《支持引导黄河全流域建立横向生态补偿机制试点实施方案》(财资环〔2020〕20 号),要求 2020~2022 年在沿黄九省区之间开展横向生态补偿机制试点工作。而一年后黄河流域第一个省际横向生态补偿协议才在中央部委的激励和引导下协商落地。在流域间横向生态补偿过程中,水质标准和补偿金额是其中最难商榷的问题,因此山东省和河南省多次对接,协商三稿才最终达成一致意见。这一方面说明黄河流域生态补偿机制实施起步较晚,同时也说明了这一横向补偿机制协商难度之大。

第二,豫鲁之间横向生态补偿协议资金规模不大,激励效果如何也有待观察。《补偿协议》的落地有助于获取中央的资金支持,虽然实际上用于激励和生态保护的资金预计要远大于协议中的规模,但与其他流域相比,补偿规模有限,协议的激励效果和可持续性也有待观察。中央财政将按照"早建早补、早建多补、多建多补"的原则,对开展生态补偿机制建设成效突出的省(区)安排奖励,鼓励地方早建机制、多建机制。黄河流域其他省区也应当降低生态补偿协议谈判难度,通过简化相关考核指标设置、降低协议补偿金额的方式,尽早尽快达成协议,以获得中央更大支持,进而加快实施本区域内的黄河流域生态保护工作。

第三,黄河流域地方政府生态合作与补偿范围有待进一步拓展,补偿方式有待进一步创新。当前横向生态补偿和转移支付普遍发生在水质层面,但是现实中,黄河流域最大的问题恰恰是水量的问题。黄河从 1972 年开始断流,1972~1988 年的 26 年中,下游共发生 21 年断流。1991~1998 年连年断流,其中 1997 年断流 9 次,累计 226 天,断流河段长度约 700 千里,并且首次出现汛期断流(见图 1)。习近平总书记提出"以水而定,量水而行,因地制宜,分类施策",最根本最核心的问题还是要有水。因此,在提高水质的同时,如何保证水量也是个大问题。同时,排污权交易、碳排放交易等方式有待在黄河流域各省区进一步探索。

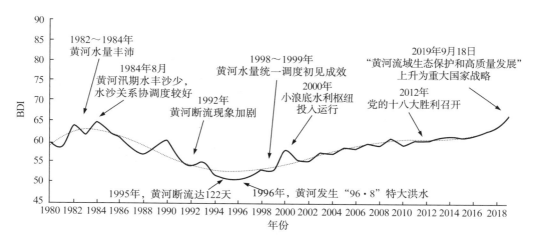

图1 1980～2019年黄河流域BDI值变化和相关联的历史大事件

资料来源:张金良等(2021)。

第四,合作缺乏特色,尚未凸显黄河流域生态补偿和修复机制的独特风格。黄河流域与长江流域、珠江流域各有不同,但是目前的补偿方式近乎相同,缺失母亲河特色。新安江模式是当前国内首批也是最成功的生态补偿实践,因此当前黄河流域横向生态补偿制度更多的是学习和借鉴新安江模式。"鲁豫有约"结合黄河流域特征制定,但内容仅限于水质标准和补偿金额的制定,因为黄河流域毕竟属于相对不发达地区,无法和财力相对雄厚的东南沿海(浙江)相提并论,所以更多的是根据实际情况考虑。同时,河南也作为(相对)下游在和其上游的山西和陕西对接省际补偿事宜。黄河流域各省区之间以及各省区内部应当形成覆盖全流域的生态补偿机制,并将这个生态补偿机制作为一种长效机制,结合地方特色,不仅仅用于治理,更要用于刺激发展。

(二)政府合作联盟:流域政府间关系的重构

流域政府间的联盟,就是通过建立一种组织化形态的相对稳固的契约安排,促进流域政府间协调,进而实现对流域水资源配置使用负外部性的共同治理。这种联盟关系有利于应对当前日益严峻的区域公共问题,实现流域治理公平和效率两种价值目标的融合(王勇,2010),充分体现了政府间协作和协同的智慧与力量。

1.黄河流域政府间联盟的类型及功能

自2019年黄河流域生态保护和高质量发展战略提出以来,流域各省区都为践行这一战略做出诸多尝试,其中流域政府联盟涉及政务服务、教育、文化、产业、旅游、经济发展等多个方面(见表6)。通过构建多领域、多层次、多元化的政府间联盟,创新合作机制体制,充分利用新的技术和平台,共同推进黄河流域"大保护、大治理"。

表 6　黄河流域政府间联盟的类型与机制

联盟名称	成立时间及地点	主要内容及功能
黄河流域博物馆联盟	2019 年 12 月 23 日,河南郑州	①黄河流域博物馆联盟,由河南博物院提出倡议,由青海博物馆、四川博物院、甘肃博物馆、宁夏博物馆、内蒙古博物院、陕西历史博物馆、山西博物院、河南博物院和山东博物馆共同发起成立。 ②联盟致力于组织开展黄河文化研究、宣传、保护、展示、利用等活动,全方位、多视角诠释黄河文化的物质内涵、精神实质和时代价值,扩大黄河文化的国际知名度和影响力;加强联盟成员间人员培训、学术研究、展览合作、社教推广、文创开发等交流与合作,促进共同发展,推动黄河文化的保护、传承与弘扬;开展符合联盟宗旨的其他活动。 ③2020 年联合策划推出"大黄河文明"系列展览;2020 年春节期间在中央广播电视总台综艺频道《国家宝藏》栏目推出"黄河之水天上来"国宝音乐会,联盟各省区分别选出一件代表黄河文化的国宝文物,并请国家级表演艺术家演绎国宝的今生乐章,进一步拓展黄河文化的传承载体和传播渠道。
黄河流域苹果产业联盟	2020 年 10 月 23 日,陕西西安	①苹果产业既是黄河流域重要的富民特色产业,也是重要的生态屏障,成立黄河流域苹果产业联盟有助于加快中国苹果产业高质量发展步伐。该联盟由中国绿色食品协会和青海省、四川省、甘肃省、宁夏回族自治区、内蒙古自治区、陕西省、山西省、河南省、山东省等黄河流域地区农业农村部门、林业和草原部门等共同筹建。 ②黄河流域苹果产业联盟将从坚持贯彻黄河流域生态大保护要求、深入推进供给侧结构性改革等方面着手,加强各苹果产区间的交流与合作,推进苹果产业绿色发展,持续实施化肥、农药减量化行动,持续优化区域布局、调整品种结构,充分发挥黄河流经地区适宜苹果树生长发育的得天独厚的地理优势、优质土壤和气候条件,发挥好国家级苹果大市场示范带动效应,共同搭建黄河流域苹果产业发展联动效应,助推东西合作、南北交流,推进黄河流域生态保护和苹果产业高质量发展,为巩固脱贫攻坚成果、促进乡村振兴做出贡献。
黄河流域职业教育联盟	2020 年 11 月 15 日,河南开封	黄河流域职业教育联盟致力于统筹谋划职业教育发展,建立黄河流域职业教育高质量发展的长效机制及合作发展工作机制,探索区域职业教育协同发展的新路径,打造职业教育发展新高地,加快推进黄河流域职业教育现代化,为黄河流域生态保护和高质量发展提供技术技能人才支撑。

续表

联盟名称	成立时间及地点	主要内容及功能
行政审批服务联盟	2020年11月19日,山东济南	①济南、太原、呼和浩特、郑州、西安、兰州、银川等沿黄省会城市的审批服务管理机构正式签订《黄河流域生态保护和高质量发展审批服务联盟合作协议》和《黄河流域生态保护和高质量发展审批服务联盟宣言》,推动黄河流域省会城市企业登记等审批服务事项正式进入"跨省通办"新模式。通过全程网办为主、专窗代办为辅、多地联办相结合的工作机制,打破时间和地域限制,实现个体工商户设立、变更和注销登记,内资企业及分支机构设立、变更和注销登记,农民专业合作社设立、变更和注销登记,营业执照遗失补领、换发等10项商事登记高频业务事项互通互办,为企业提供更加多元化、立体式的登记服务。 ②通过"跨省通办"工作模式,申请人可通过网络以全程电子化的形式进行申报,也可以选择到联盟各市政务服务大厅现场申请,受理或代办地的登记机关与企业所在地的登记机关即时联系、邮寄材料,远程审核发照;同时,联盟各市在政务服务大厅设置"异地通办"窗口或帮办席,为投资者实施全方位的帮代办服务。 ③"跨省通办"的实施,不仅打破了行政区划的限制,还为企业平均节约3～5天的来回时间,对降低企业运行成本、释放市场活力、促进各省市经济协同发展起到了积极的推动作用,对促进黄河流域省会城市带经济深度融合、优势互补、合作共赢具有重要意义,也为政务服务事项"跨省通办"先行探索提供了有益经验。
黄河流域产业教育联盟	2021年5月21日,山东济南	①山东、河南、山西、陕西、内蒙古、宁夏、甘肃、四川、青海黄河流域九省(区)共同签署《黄河流域职教联盟济南宣言》,通过《黄河流域产教联盟章程》。 ②联盟将依托黄河流域九省(区)教育行政部门,联合区域内职业院校、行业协会、企业等,按照"产教合作、统筹发展、资源共享、优势互补、合作共赢"的原则,立足黄河流域产业结构调整和转型升级,深化黄河流域职业教育办学模式创新,推动产业资源和办学资源整合优化,推动校企校地深度合作,推动现代职业教育体系科学发展,全面提升黄河流域职业教育服务经济社会发展能力。 ③黄河流域产教联盟成立之后,主要任务包括构建区域高层次人才共享共用机制,构建黄河流域职业院校教学(技能)大赛体系,打造区域产教融合、校企合作人才培养平台,打造黄河流域产业职业教育集群化发展平台等。

续表

联盟名称	成立时间及地点	主要内容及功能
公共资源交易跨区域合作联盟	2021年5月21日,陕西西安	①西安、乌鲁木齐、成都、济南、兰州、银川、郑州、太原、呼和浩特、贵阳等省会城市公共资源交易中心等联合举办"黄河流域高质量发展公共资源交易跨区域合作座谈会",共同发起成立"黄河流域高质量发展公共资源交易跨区域合作联盟"。 ②联盟旨在以公共资源交易全流程电子化为基础,以"互联网＋"为路径,以"公开、公平、公正"为目标,优化交易服务,创新交易监管,提升营商环境,推动黄河流域公共资源交易一体化高质量发展。 ③联盟将建设区块链底层支撑平台,开发具有跨区域合作特色的"区块链＋公共资源交易"应用系统;建立合作联盟区块链信息共享标准、信用标准、业务协同标准。通过统一信用标准实现联盟范围内投标人信用共享,实现投标人"一处失信、处处受限";通过与电子营业执照对接,实现投标人身份跨区域一证互认、业务一证通办;实现区域联盟内投标人在金融机构"一次授信、重复使用、一键出函";通过交易全数据上链,保证各类交易行为动态留痕、可追溯,有力推动"阳光交易"。 ④联盟的建立有利于联盟成员之间深入交流、取长补短,将依托大数据、云计算、区块链、5G网络等信息技术,加快推进交易全流程电子化,实现交易跨区域合作和信息共享,建立跨区域一体化发展战略合作,带动黄河流域公共资源交易高质量协同发展。
黄河流域青少年研学联盟	2021年6月1日,山东东营	①黄河流域研学联盟搭建了一个合作交流平台,让沿黄各省资源优势互补、共建共享;畅通一条社会实践路径,让青少年学生增长见识、启智润心。 ②联盟成立后将积极组织开展黄河文化研究、宣传、保护等活动,深入挖掘黄河文化蕴含的时代价值,建立黄河流域研学区域性协调机制;加强联盟成员间人员培训、学术研究、社教推广等方面的交流与合作,促进共同发展;研发主题鲜明的黄河文化研学精品课程,协同组织跨区域中小学生黄河流域研学实践活动,打造优秀研学品牌线路;吸引更多优秀黄河文化研学基地(营地)加入联盟,辐射带动周边研学实践活动,建设黄河流域研学示范带等。 ③围绕黄河文化、石油文化、兵家文化等主题,东营市深入开发研学课程,每所中小学至少打造一项研学精品课程,已累计开发300多项;大力开展劳动教育实验区、实验校建设;积极探索大德育理念下的"文化课、思政课、研学、劳动、体育、美育"六位一体的全链条育人模式,每年参加东营研学活动的在校中小学生近50万人次。

联盟名称	成立时间及地点	主要内容及功能
沿黄九省(区)地理标志协会联盟	2021年9月16日,山东济南	①联盟以地理标志的创造、保护、运用、管理、服务和宣传推广为基本手段,以地理标志产品的开发和利用为主要抓手,重点发展具有文化底蕴、传统技艺、独特品质、地域特色的产业,大力促进九省的乡村经济的发展,助力国家乡村振兴战略的实施。②《黄河流域生态保护和高质量发展规划纲要》提出,布局建设特色农产品优势区,打造一批黄河地理标志产品。为此,可把沿黄城市地理标志产品的交流作为黄河国家战略的一个突破口,先行启动,串联沿黄城市的协同发展。③通过多种手段和方式,促进流域内多个产业系统发展,包括建设黄河流域地理标志产品互通平台,打造线上销售平台,实现各省区地理标志产品互通有无,形成共享供应链。开展黄河流域地理标志"直播行"活动:从山东开始逆流而上,对沿黄地理标志产品原产地进行直播探访,促进产品的销售;对接电商平台开设黄河流域地理标志产品专区,拓宽销售渠道,推动沿黄地理标志产业的发展;建立黄河流域地理标志展馆或产品旗舰店,提升黄河流域地理标志品牌的知名度,策划沿黄城市地理标志品牌博览会,策划举办黄河流域地理标志文化节、旅游节,深入挖掘地理标志产品背后的历史故事,完善丰富黄河文化;通过打造地理标志生态旅游线路,促进生态旅游和地标产业的融合发展。

资料来源:笔者根据相关报道整理而成。

2.流域政府间联盟的作用

黄河流域当前成立的联盟主要可以分为两大类:政务服务类联盟以及产业类联盟,涉及行政、生态、公共服务、经济发展的方方面面。联盟的动议方遍布黄河流域上中下游,起到了全流域、全方位的调动作用,也促进流域间沟通协商机制、信息共享机制、冲突化解机制等重要机制的建构。

第一,强化黄河流域合作的品牌意识,通过打造合作平台,塑造政务服务品牌和产业品牌,提高经济发展效益和规模。以沿黄九省(区)地理标志协会联盟为例,黄河流域是中华文明的发祥地,地理标志具有独特的地域文化和特色品质,如青海冬虫夏草、四川郫县豆瓣、宁夏枸杞、山西老陈醋、平阴玫瑰、章丘大葱等都是国内知名品牌。但是由于沿黄城市对相互之间的地理标志产品知晓度不高、交易量不大,并且缺乏统一的平台或中心来主动引领,导致黄河流域地理标志产品的流通受阻。事实上,在地理标志的运用、管理和保护中,沿黄各省区都积累了大量经验。例如四川泡菜,如今已成为地理标志产品,每年的创收达200亿元。又如龙山小米,通过发掘龙山小米系列延展产品后,龙山小米从原来每斤 5～10 元的价格提升至 45 元/斤。再加上一些深加工产品，诸如锅巴、酒、煎饼等产品，如今 1 斤小米产值已经能达到 100 多元，与原来 5 元价格相比，提高了 20 倍。因此，通过打通流通通道、坚持抱团发展模式，流域内经验和技术都可以为其他地区特色产业发展提供借鉴，促进品牌互惠流通，挖掘自身优势，实现区域产业协同发展。从长远来看，可以将该联盟作为黄河国家战略的突破口，以产业联盟为抓手进一步协调流域内资源，响应国内国际双循环的国家号召，打造流域竞争优势和示范区，助力民族品牌走向世界，实现跨域治理和流域治理的目标，也为其他地区的发展贡献属于自己的"黄河经验"。

第二，黄河流域各省区以平等的身份参与政府间联盟，有助于调动各个主体之间的积极性和主动性，通过民主协商的方式，在互相信任的基础上，通过联盟关系强化"承诺"，实现"互惠"，并最终推动政府间合作向纵深发展。就现实操作层面而言，地方政府间关系虽然可以通过科层制的力量进行协调，但是随着社会经济技术的发展，地方政府作为个体的合作意愿、合作能力以及合作技术会对合作效果产生更加重要、更加深远的影响。政府间通过多元化、多中心、多层次、多类型的联盟，以提高黄河流域生态环境、推动流域高质量发展为目标，以解决问题为导向，充分利用现代化的信息技术，促进流域内资本、人力、商品等多种要素的流通，可最终实现"共赢"和"多赢"。

第三，降低了流域政府间合作的交易成本，减少区域内同质化、低效率的竞争，提高流域政府间协作的效率和效能。从本质上看，流域内各个政府都是单个个体利益的代表，不论是资源还是市场，彼此之间都存在竞争关系。在政府间竞争中，往往存在地方封锁与保护、合作与协调不够、产业结构雷同、外部性问题突出等现象(汪伟全，2005)。但是在现代经济发展中，一个区域的发展仅仅依靠自身内部资源与要素的投入产出循环是远远不够的，它必须借助于区域之间的互补和协作(陈瑞莲等，2002)。然而合作也是需要成本的，交易成本理论认为区域地方政府间低效合作甚至冲突的根源在于交易费用太高，作为有限理性交易主体的各地方政府倾向于选择对抗而非合作。美国经济学家约翰·罗杰斯·康芒斯将交易解释为权利的让渡，即交易不是实际"交货"那种意义上"物品"的交换，它们是个人与个人之间对物质的东西的未来所有权的让与和取得，一切取决于社会集体的业务规则(史霞，2020)。通过参与各方让渡一定的权利，促使流域政府间联盟关系产生，降低不确定性和复杂性，从而降低了交易成本和费用。这对于规避合作风险，将同质化、低效率的竞争转为高效率、高效能的合作，推动流域一体化发展起到积极作用。

五、黄河流域合作治理中存在的问题

在经济全球化和区域一体化的背景下，任何单打独斗式的发展都难以取得真正的进展，只有在开放、合作、绿色发展理念引导下，才能增强风险抵御能力，实现单个孤立的市场和行政区域无法达到的发展效应。但是不论是区域合作还是流域合作，都需要一定的条件作为基础，包括政治制度、法律规范、空间布局、基础设施、公共服务、市场培育等各个方面。然而截至目前，黄河流域没有一部法律法规统领整个流域发展，流域发展呈现碎片化、零散化的特征，同质化竞争、行政壁垒等问题依然存在，政府、市场、社区、公民等多元参与机制尚未形成，加之流域水量紧缺、水资源利用效率低、水土流失严重等问题的存在，导致高质量发展出现梗阻，具体体现为以下几方面。

（一）政府职能在黄河流域区域合作治理中发挥不到位

第一，黄河流域社会治理与区域合作过程中缺乏一部综合性、系统性、权威性的法律法规，从而不能为黄河流域有效开发与保护提供法理依据。从国际上看，英国是世界上第一个实现河流立法的国家。早在 1876 年，英国政府就制定了一部水环境保护法，即《河流污染防治法》，使英国泰晤士河流域的水质得到有效改善，通过与其他法律法规配合使用，泰晤士河水质基本已达到饮用水标准。欧洲于 1994 年制定《多瑙河保护和可持续利用合作公约》，在原有组织基础上正式建立多瑙河保护国际委员会，沿岸多国共同参与河流的综合保护与开发利用（王楠，2021）。美国第一大河田纳西河也拥有《田纳西流域管理局法》，通过充分发挥田纳西河管理局的职能，将田纳西河流域从贫困落后地区转变为生态、经济双重效益的示范地区。从国内来看，《长江保护法》于 2017 年动议制定，2021 年 3 月 1 日起已正式实施，该法案连通湖北、江西、安徽、江苏等长江中下游沿线省、市，涉及退捕禁捕、流域污染企业转型、长江生态多样性调查评估、动植物系统修复等各个方面（胡月，2021）。京津冀地区的滦河流域也出台流域管理法规。河北省于 2020 年 9 月通过了《河北省人民代表大会常务委员会关于加强滦河流域水资源保护和管理的决定》，针对流域内水资源供需矛盾凸显、空间分布不均、生态水量不足、农业面源污染、水土流失严重等问题，做出具体的规定和协调举措。以上政策法案的落地都为相关流域治理与保护开发提供了有力支撑。

反观黄河，作为中华民族的母亲河，中华文明的摇篮，迄今为止没有一部可以统揽整个黄河流域的法律。虽然 2013 年国务院批复的《黄河流域综合规划(2012～2030年)》要求加强流域综合管理,陕西省和山西省人大常委会也分别制定了《陕西省渭河流域水污染防治条例》《山西省汾河流域水污染防治条例》,但是这些法律法规较分散,且有些条款规定得较为模糊,缺乏可操作性,或者相互之间缺乏协调统一,甚至存在冲突,从长远来看不利于黄河流域的长治久安、生态保护以及沿线人民的幸福生活(何艳梅,2021;姚文广,2020)。因此,黄河流域的生态保护和高质量发展需要一部上位法和综合法。

第二,当前黄河流域治理依然呈现碎片化治理的特征,治理模式单一,产业结构落后,创新驱动发展能力较低。虽然目前黄河流域九省区开展了相对丰富多样的合作,但是就合作机制而言(见图2),主要集中在操作层面(灵活多样的合作实践)和集体选择层面(制度化的组织结构体系),尚未涉及最高层次,也就是法律政策体系的建构,即立宪层面的选择,这不利于流域政府间长远合作和可持续合作。同时,黄河流域生态保护和高质量发展作为国家战略尚在起步阶段,虽然各省区积极开展各种尝试,但黄河流域整体属于北方地区,经济发展基础较弱,内部发展不平衡,传统以单一政府为主导的水利工程建设已经愈难满足流域功能多重性、效用外溢性的要求。因此黄河流域治理模式的选择必须超越传统流域治理模式,应以流域问题为导向,推进市场、社会团体、公民个体的广泛参与与协同治理,才能多措并举促进黄河流域生态保护和高质量发展(何文盛等,2021)。流域内部要统一规划和引领,转变产业结构,提升创新能力,协调好短期利益和长远利益、流域整体利益和局部利益之间的关系,"既要谋划长远,又要干在当下",有计划、分步骤地将黄河流域生态保护和高质量发展战略落到实处。

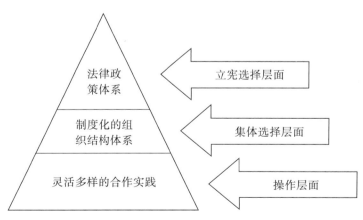

图2　合作机制的具体层面

资料来源:王佃利(2018)。

（二）黄河流域分水方案严重滞后于现实需求，需要创新发展

目前黄河流域使用的"八七"分水方案，是 1987 年由黄河水利委员会规划提出的。该方案根据当时各省区需要与可能，在节约用水的原则下统筹安排。但是随着经济社会发展，该方案远远落后于实际需求，"八七"分水方案在制定时仅仅考虑了工业用水和农业用水，没有考虑生态用水、生活用水以及地下水资源的分配。与"八七"分水方案相比，近 10 年来，黄河流域用水量平均值甘肃超额 46％，宁夏超额 86％，内蒙古超额 71％，陕西超额 65％，山西超额 4％，河南超额 26％，山东超额 24％。各省区超额用水一方面说明社会经济发展速度快，用水量增加，另一方面也反映出流域水资源利用效率太低。

（三）黄河流域区域合作治理过程中多元互动不足

目前，黄河流域区域合作的社会参与力度不够充分，除政府部门外，民众、企业、市场等力量尚未被充分挖掘出来。高质量发展是一个庞大的社会集合系统，社会要素的全方位参与可有效克服市场机制与政府机制的不足之处（宋洁，2021）。但是当前黄河流域社会治理与区域合作依然是政府主导，缺乏多元化、多样化的参与主体，协同发展的市场化机制尚未建立，网络化结构不够明显，未能给黄河流域"大气力、大保护、大治理"注入源源不断的动力。

六、新时期推进黄河流域区域合作的行动指南

流域治理从根本上来说是一个跨域治理的问题，具有跨域治理的基本特征，如主体的多元性、治理对象的跨域性、主体之间的互动性、动态性、前瞻性和战略性等，同时又具有独特性。流域作为一种地理要素和公共资源，是自然和人文相互融合的整体。流域本身蕴含了较高的生态效益和经济价值，也会影响到地方的气候、资源、交通等与人们生产生活息息相关的要素，因此对流域的开发、保护和治理的研究都需要具有系统性和协调性，任何流域治理都需要统筹考量上下游、左右岸的关系和特质。流域资源并非取之不尽用之不竭，但是流域作为一种公共物品又具有非排他性和非竞争性。因此，为了避免流域资源过度开发浪费而造成"公地悲剧"，就需要更加注重对流域的综合保护与统筹规划。与其他区域的合作治理相比，流域治理对融合性和协同性的依

赖更高,任何单独的行动都会影响整个流域的健康和可持续。再者,流域除了跨行政区之外,还会跨越多个区域、城市群等,在治理主体上,既需要地方政府的合作,又涉及多个政府职能部门。

(一)流域间政府合作的协同治理思路

协同治理理论是针对治理主体各自为政、各行其是、互不配合而提出的理论建构。根据协同治理理论,公共部门之间推进跨部门治理,既需要一定的资源条件、政策法律情景,也需要建立激励机制,从而达成原则性的承诺,形成联合行动(杨宏山等,2018)。这一理论为流域间政府合作提供了良好的理论基础和制度规划,创造性发展并应用这一理论可以为黄河流域生态保护和高质量发展提供新的思路。

协同治理理论作为一种新兴的交叉理论,建立在治理理论的基础之上,是为了应对 20 世纪 80 年代以来公共管理领域产生的各种问题而提出的,如科层制体系带来政府行政管理"碎片化"以及公共部门服务提供过程中的跨部门、跨组织合作等。协同学中的协同效应指在复杂开放系统中,各子系统通过相互非线性作用而产生的整体效应(哈肯等,1989)。

全球治理委员会对"治理"这一概念的定义为:治理是个人、各种公共或私人机构管理其共同事务的诸多方式的总和。它是使相互冲突的不同利益主体得以调和并且采取联合行动的持续的过程。其中既包括具有法律约束力的正式制度和规则,也包括各种促成协商与和解的非正式的制度安排(俞可平,2000)。协同治理兼具协同学和治理理论的双重属性,建立在对世界理性的信仰之上,具有治理主体(权威)的多元化、各自协同的协同性、自组织间的协同、共同规则的制定等特征(李汉卿,2014)。

罗伯特·阿格拉诺夫和迈克尔·麦奎(2007)在解释协同治理时,曾反复强调协同治理是一个动态的过程,即通过特定的管理方式来协助多组织安排,从而解决单个组织难以轻松完成难题和边界性议题的过程。协同公共管理是一个概念,描述了在多组织安排中促进和操作以解决问题的过程,这些问题不是单个组织能够轻易解决的(Mcguire,2006)。授权、吸纳、参与、动员都是协同治理有效运作必不可少的关键要素(Vangen & Huxham,2003),同时,美国行政科学院院士爱默森·科克等(2012)指出这一过程不局限于政府和非政府部门之间,还包括政府与政府之间的合作以及政府不同机构之间的合作。合作的目的是增进公共价值(Bardach,1998)。

协同治理理论致力于强化实现共同目标的合力，塑造"1＋1＞2"的现实效果。进入 21 世纪以来，国内学者也结合对治理理论的理解，提出了对协同治理理论的本土化解释。李汉卿（2014）认为协同治理就是寻求有效治理结构的过程，这一过程虽然也强调各个组织的竞争，但更多的是强调各个组织行为体之间的协作，以实现整体大于部分之和的效果。张仲涛和周蓉（2016）将协同治理看作处于同一治理网络中的多元主体间通过协调合作，形成彼此啮合、相互依存、共同行动、共担风险的局面，产生有序的治理结构，以促进公共利益实现的机制安排；并指出协同治理是在治理理论的基础上强调合作治理的协同性，是对治理理论的一种"复审"。国内学者对协作治理的关注主要集中在组织性层面，作为一种研究组织间关系的管理理论，协作性公共管理的理论基础来源于交易成本理论、资源依赖理论、政府间管理理论、治理理论和政策网络理论等（刘亚平，2010）。

通过借鉴国内外学者对协同治理理论的研究，在提取协同治理关键要素的基础上，本课题构建出流域政府间协同治理的分析框架（见图 3）。根据该分析框架，流域间地方政府通过吸纳合适的成员，通过成员之间的承诺、信任、互惠，可以从协同理念走向协同治理实践，从而提高治理效能。同时，根据在协同治理过程中主导者的不同，又可以分为三种不同类型模式的治理，即层级结构、联盟结构和网络结构。具体而言，在层级机构中，中央（高层级）政府起到重要的协调和引导作用，在中央政府的支持下，通过政策、财政福利来吸引、激励地方政府进行合作，从而实现互惠发展、持续发展的目标。当前黄河流域正在进行的上中下游城市之间的生态补偿机制正是属于这种类型。在联盟结构中，地方治理主体更多的是通过自主发起联盟，以平等身份参与治理过程，在民主和效率双重导向下，开展协商对话、互相支持、联合发展。在网络结构中，政府之外的治理主体如社会组织或者市场起到主导和调节作用，例如建设生态银行、创造生态产品及其衍生品买卖的市场等，这种模式在当前国内实践中比较罕见，属于协同治理高级形态，为未来黄河流域高质量发展指明了方向。

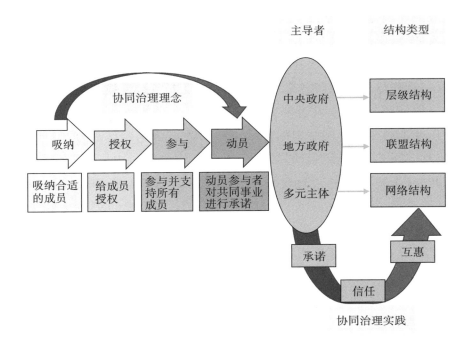

图 3　从协同理念到协同实践:流域政府间协同治理的实现

(二)新时期推进黄河流域合作机制完善的路径

协同治理综合考虑了政府、社会和市场的不同功能,通过实现不同人群、社会和产业的合作,促进不同领域和各个环节的友好衔接,从而减少大量的内部冲突和制约,提高管理效率,降低社会成本。协同需要在战略、组织、机制、资源和文化等方面形成共识和默契,因而需要确定长期目标和制度上的顶层设计(山仑等,2021)。未来在推进黄河流域区域合作和社会治理过程中,应当在协同治理理论指导下进行实践,充分发挥政府部门"元治理"的作用,同时积极吸纳市场、企业、社会组织、公民等多元主体的力量,通过搭建各种各样的合作平台,实现"共同治理、共同受益",为落实黄河流域生态保护和高质量发展战略注入源源不断的动力。

1.政府的力量:顶层设计与规划

作为公共物品和公共服务的提供主体,政府部门在黄河流域生态保护和高质量发展中承担主要责任,从中央到地方各级政府部门都要强化对黄河流域的关注,综合利用多种政策工具,强化政策法规和制度规章的作用。

第一,政府部门应当从黄河流域整体性和系统性的角度出发,加快流域立法，坚持中央统筹、省负总责、市县落实的工作机制；理顺中央与地方、部门与部门、流域与区域、区域与区域之间的关系；抓住水沙关系调节这个"牛鼻子"，严格落实以水定需制度，将水资源、水环境、水生态、水文化和高质量发展纳入调整范围，强化流域管理机构统筹协调职能和水利行业管理职能，加强防洪保安、水资源保障、生态环境保护和高质量发展方面的制度设计（吴浓娣等，2020）。建立黄河流域统一管理与行政区域管理相结合的法律制度，统筹考虑上下游、左右岸、干支流、水域与陆域、山水林田湖地、保护与发展等关系（沈开举，2020）。黄河法可以为解决黄河治理、开发、管理和保护中存在的各种问题提供法理依据，确保上中下游共同践行流域治理理念，切实执行好黄河流域生态保护和高质量发展国家战略，依法将习近平总书记提出的"以水定城、以水定地、以水定人、以水定产"要求落到实处。

第二，出台黄河流域"多规合一"的中长期高质量发展规划，综合运用多种政策工具，逐步推进黄河流域协同治理格局的形成。水利部门应当对 75 万平方公里的黄河流域进行综合考察，全面摸清全流域生态环保、工业、农业、文化旅游、经济社会发展现状与资源禀赋，在考察的基础上，尽快制定黄河流域"多规合一"中长期发展规划，系统布局工业、农业、生态、生活、旅游、文化等一揽子事宜，并且要落实到位。国土与规划部门和生态保护等部门要从空间规划角度开展黄河流域地质条件与生态空间分布特征及其内在关系的研究，构建黄河流域整体生态安全格局。按照"保护优先、自然恢复为主""轻重缓急"的要求，结合经济发展情况，减少二氧化碳排放量，科学确定生态保护修复重大工程，分区分阶段对黄河流域的生态环境进行保护修复。继续深入探索建立流域内生态补偿机制，共同推进流域生态保护修复工作。研究建立黄河流域自然保护地分区分级管控体系、跨省区和省内区域间生态环境保护修复协同治理机制等，为实施黄河流域生态环境保护修复提供体制机制保障。财政部门应当加大对上游水源保护区转移支付力度，鼓励探索推进对口协作、产业转移、人才培训、技术指导、共建生态园区等补偿方式，支持开展流域水权交易、排污权交易和异地开发等市场化补偿，建立多层次、多元化的生态补偿体系、建立保护责任共担、流域环境共治、生态效益共享机制。教育、文化和旅游部门要联合起来，形成合力，实行黄河文化一线牵，打造黄河文化旅游长廊，将黄河文化发扬光大。黄河流域是中华文明的孕育地，塑造了中华民族自强不息的民族品格，是中华民族坚定文化自信的重要根基。将黄河文化与中原文化以及沂蒙山区、陕北等地的红色文化进行统一规划，避免各地区为了争夺旅游资源而相互拆台，避免争抢"祖先"的闹剧再次发生，维护中华民族在国际上的形象,筑牢中华优秀文化根基。

黄河流域各省区都要遵循"系统治理、源头治理、综合治理、整体治理"的原则,在落实规划的基础上,提出针对不同区域生态保护和生态修复的措施建议,分段施策。上中下游的政策重点应顺应黄河流域的自然环境和地形地势,黄河流域发源地的水源涵养区要"固本增元",上中游地区要"治养结合",下游三角洲地区要"避免感染"。从实际出发,宜水则水,宜山则山,宜粮则粮,宜农则农,宜工则工,宜商则商,探索富有地域特色的高质量发展新路子。例如在晋陕豫金三角地区,着力发展高质量的苹果产业;宁夏地区河套平原着力发展西瓜产业、枸杞产业,打造一批享誉国内外的产业品牌。

2.企业的力量:发挥专长和特色

黄河水利委员会要在当前经济社会发展实际的基础上,优化水资源配置,实现效益最大化。不仅要更新并制定新的分水方案,还要充分利用市场机制,建立水权交易制度。

第一,更新并优化分水方案。在优化调整"八七"分水方案中应解决好以下几个关键问题:确保黄河生态流量,适度调整分水总量及各地区分水比例,明确分水约束措施,精细化分水并科学核算,保持方案的长期稳定性;同时要减少分水方案对环境变化的敏感性,增加稳定性,提高抗力,提升恢复力(杨柠等,2020;王煜等,2019)。

第二,建立水权交易制度。黄河主要流经半干旱半湿润地区,总体水量较少,各省区都对黄河具有很高的依赖性,用水需求量大,水资源不足。因此需要进行水权交易,遏制浪费,从而达到节约水资源的目的;促进省与省之间、省内各地市之间、企业之间、农业灌溉区之间等水权交易,合理安排流域各地区的用水,减少水资源浪费,提高水资源使用效率。

3.多元主体的力量:共同奏响"黄河大合唱"

黄河流域的保护与治理应当充分吸纳除政府之外的企业、市场、非营利组织、媒体、民众等力量,发挥社会中多元主体的优势,共同为黄河流域生态保护和高质量发展做出贡献。

第一,积极开展政社合作。政府要及时公开黄河流域发展规划及重大项目引进的相关信息,征求公众意见,确保公共决策的民主化和科学化。同时,公众也要自觉提高自身参与公共政策过程的能力,环保组织要提高组织能力和公信力,社会志愿者要提高自身专业化水平和宣传号召力,只有这样才能从根本上提高社会要素参与黄河流域治理工作的频度和质量,提高其在多元治理格局中的话语权(宋洁,2021)。

第二,深入开展政企合作,强化企业的社会责任,鼓励并引导企业积极参与污染治理项目和生态环保项目,充分发挥"使用者付费"和"治理者受益"的原则,以市场化运作机制推动生态效益转变为经济效益。一方面,企业要主动淘汰落后产能,通过技术升级、创新驱动等方式减少污染物的排放;另一方面,企业要主动研发新的生态产品,将生态环境与绿色产业作为发展的重点,充分利用大数据和物联网技术,在新旧动能转换之间搭建起"生态桥梁",实现"智慧生态",助力黄河流域高质量发展。

第三,充分发挥新闻媒体在节水用水知识宣传方面的作用,同时强化媒体监督,发挥舆论监督优势。利用新媒体搭建群众举报监督平台,建立流域间传媒联动机制,以更加便捷、高效、快速的方式推送和披露流域信息。

第四,强化公民个人环境保护观念,实现生活垃圾分类处理,生活废水统一排放,提高节水意识。生态环境不是经济,不能以经济发展的思路和逻辑来衡量和思考,一定要回到生态环境最本真的价值观。只有将环境治理和生态保护的观念和行动落实到每一位公民身上,才能真正实现保障黄河长治久安、促进全流域高质量发展、改善人民群众生活、保护传承弘扬黄河文化,让黄河成为造福人民的幸福河的目标。

结 语

2019年,习近平总书记主持召开黄河流域生态保护和高质量发展座谈会。2021年,习近平总书记主持召开深入推动黄河流域生态保护和高质量发展座谈会。会议名称增加"深入推动"意味着战略从规划设想进入监督落实阶段,其间中央及地方政府围绕黄河流域区域合作出台大量政策并进行实践创新,取得一定成效。同时,黄河流域区域合作处于起步阶段,也存在部分问题。

政策进展方面,中央政府围绕黄河流域区域合作形成"1+X"的政策体系,纲领性政策与专项政策结合,政策内容覆盖区域合作领域及财政支持等方面。沿黄九省区因处黄河不同位置,呈现出不同的发展特色:下游地区经济发展水平较高,政策进展呈现全面擘画、综合推进的特点;中游地区呈现宏观把脉、生态优先的特点;上游地区呈现生态为主、差异化推进的特点。整体上看,黄河流域区域合作的政策内容主要涉及生态保护方面,覆盖面较为狭窄。

实践创新方面,黄河流域区域合作具备后发优势,在实践方式方面体现多样化的特点。纵向层级推动的"鲁豫有约"弃用行政问责等强制手段,采用经济性激励手段,以改善黄河水质。此外,沿黄省区创造性地推行区域间的合作联盟,鼓励政府间开展横向协作。黄河流域区域合作初期展现出的合作机制和合作工具的多样性,充分显示出未来黄河流域合作的光明前景。但是,区域合作中政府部门在一些领域功能发挥不够完善、区域合作治理尚未形成多元合力等因素制约合作的深入推进。

协同治理理论提供了解决问题的两个路径:

一是各主体协同扩充区域合作内容。生态保护领域的区域合作政策在生态环境问题整治和生态保护修复方面取得一定成就,一定程度上实现了黄河流域生态保护的战略目标。在"深入推动"的视角下,在积极推进落实生态保护领域区域合作政策的同时,也应聚焦黄河流域如何通过区域合作实现高质量发展。高质量发展关系"黄河永远造福中华民族"这一伟大治理目标的实现,关系黄河流域人民幸福感、满意度的提升。各主体要提高政治站位,围绕黄河流域基本公共服务区域合作供给政策达成共识,创新制定解决黄河流域区域发展不均衡的区域合作机制,努力实现黄河战略政策落实的全覆盖。

二是协同多元化的区域合作主体。政策内容的丰富给黄河流域治理资源造成压力,急需发挥多元主体作用,链接流域治理资源。黄河战略是一个庞大的社会集合系统,多元主体的全方位参与可有效克服市场机制与政府机制的缺陷。首先,通过政策鼓励吸引企业、社会组织广泛参与提供区域性公共服务。其次,应当在协同治理理论指导下进行实践,充分发挥政府部门"元治理"的功能作用,强化顶层设计与规划;利用企业的力量,发挥市场的专长和特色;促进政社合作,发挥社会组织提供公共服务的优势。通过搭建各种各样的合作平台,实现"共同治理、共同受益",为落实黄河流域生态保护和高质量发展战略注入源源不断的动力。

参考文献

[1]阿格拉诺夫,麦圭尔.协作性公共管理:地方政府新战略[M].李玲玲,鄞益奋,译.北京:北京大学出版社,2007.

[2]哈肯,郭治安.高等协同学[M].郭治安,译.北京:科学出版社,1989.

[3]王佃利.跨域治理:城市群协同发展研究[M].济南:山东大学出版社,2018.

[4]王勇.政府间横向协调机制研究[M].北京:中国社会科学出版社,2010.

[5]俞可平.治理与善治[M].北京:社会科学文献出版社,2000.

[6]曹玉华,夏永祥,毛广雄,等.淮河生态经济带区域发展差异及协同发展

策略[J].经济地理,2019,39(9):213-221.

[7]曾刚,杨舒婷,王丰龙.长江经济带城市协同发展能力研究[J].长江流域资源与环境,2018,27(12):2641-2650.

[8]陈瑞莲,张紧跟.试论区域经济发展中政府间关系的协调[J].中国行政管理,2002(12):65-68.

[9]崔晶.区域地方政府跨界公共事务整体性治理模式研究:以京津冀都市圈为例[J].政治学研究,2012(2):91-97.

[10]崔玉平,陈克江.区域一体化进程中高等教育行政区划改革与重构——基于长三角高等教育协作现状的分析[J].现代大学教育,2013(4):63-69+112.

[11]冯慧娟,罗宏,吕连宏.流域环境经济学:一个新的学科增长点[J].中国人口·资源与环境,2010,20(S1):241-244.

[12]冯俏彬,侯君邦.我国新型城镇化进程中的区域协作机制新探[J].经济研究参考,2014(63):33-38.

[13]何文盛,岳晓.黄河流域高质量发展中的跨区域政府协同治理[J].水利发展研究,2021,21(2):15-19.

[14]何艳梅.黄河法中生态保护制度的构建[J].中国环境管理,2021,13(2):110-118+9.

[15]胡佳.区域环境治理中地方政府协作的碎片化困境与整体性策略[J].广西社会科学,2015(5):134-138.

[16]李汉卿.协同治理理论探析[J].理论月刊,2014(1):138-142.

[17]李牧耘,张伟,胡溪,等.京津冀区域大气污染联防联控机制:历程、特征与路径[J].城市发展研究,2020,27(4):97-103.

[18]刘亚平.协作性公共管理:现状与前景[J].武汉大学学报(哲学社会科学版),2010,63(4):574-582.

[19]柳建文.区域组织间关系与区域间协同治理:我国区域协调发展的新路径[J].政治学研究,2017(6):45-56+126-127.

[20]任敏.我国流域公共治理的碎片化现象及成因分析[J].武汉大学学报(哲学社会科学版),2008(4):580-584.

[21]山仑,王飞.黄河流域协同治理的若干科学问题[J].人民黄河,2021,43(10):7-10.

[22]申剑敏,陈周旺.跨域治理与地方政府协作——基于长三角区域社会信用体系建设的实证分析[J].南京社会科学,2016(4):64-71.

[23]史霞.治理视域下的区域地方政府间合作探析[J].河北大学学报（哲学社会科学版），2020,45(6):122-128.

[24]宋洁.双循环新发展格局下黄河流域协同治理研究——基于网络文本分析的视角[J].价格理论与实践，2021(7):159-162.

[25]汤学兵.跨区域生态环境治理联动共生体系与改革路径[J].甘肃社会科学，2019(1):147-153.

[26]汪伟全.论府际管理：兴起及其内容[J].南京社会科学，2005(9):62-67.

[27]汪伟全.区域合作中地方利益冲突的治理模式：比较与启示[J].政治学研究，2012(2):98-107.

[28]汪伟全.区域一体化、地方利益冲突与利益协调[J].当代财经，2011(3):87-93.

[29]王佃利，史越.跨域治理视角下的中国式流域治理[J].新视野，2013(5):51-54.

[30]王东强，钟志奇，文华.城乡统筹视角下的区域协作体制机制创新研究[J].城市发展研究，2013,20(12):45-49.

[31]王金南.黄河流域生态保护和高质量发展战略思考[J].环境保护，2020(1):18-21.

[32]王树义，赵小姣.长江流域生态环境协商共治模式初探[J].中国人口·资源与环境，2019,29(8):31-39.

[33]王煜，彭少明，郑小康，等.黄河"八七"分水方案的适应性评价与提升策略[J].水科学进展，2019,30(5):632-642.

[34]魏巍."高位推动"模式下区域协同治理政策的时空演进——以2014-2019年京津冀协同发展的政策文本分析为例[J].长白学刊，2021(1):82-90.

[35]吴浓娣，刘定湘.《黄河法》的功能定位及立法关键[J].人民黄河，2020,42(8):1-4＋10.

[36]习近平.在黄河流域生态保护和高质量发展座谈会上的讲话[J].新华月报，2019,(21):26-29.

[37]徐琴.从横向协作、竞合联盟到区域共同体的长三角一体化发展[J].现代经济探讨，2019(9):25-28.

[38]杨爱平.论区域一体化下的区域间政府合作——动因、模式及展望[J].政治学研究，2007(3):77-86.

[39]杨宏山，石晋昕.跨部门治理的制度情境与理论发展[J].湘潭大学学

报(哲学社会科学版),2018,42(3):12-17.

[40]杨龙.地方政府合作的动力、过程与机制[J].中国行政管理,2008(7):96-99.

[41]杨柠,李淼,刘汗,等.优化调整黄河"八七"分水方案的初步思考[J].水利发展研究,2020,20(10):102-104.

[42]张成福,李昊城,边晓慧.跨域治理:模式、机制与与机制[J].中国行政管理,2008(7):96-99.

[43]张贡生.黄河流域生态保护和高质量发展:内涵与路径[J].哈尔滨工业大学学报(社会科学版),2020,22(5):119-128.

[44]张金良,曹智伟,金鑫,等.黄河流域发展质量综合评估研究[J].水利学报,2021,52(8):917-926.

[45]张永领.应急资源的区域联动研究[J].经济与管理,2011,25(6):91-95.

[46]张仲涛,周蓉.我国协同治理理论研究现状与展望[J].社会治理,2016(3):48-53.

[47]赵峰,姜德波.长三角区域合作机制的经验借鉴与进一步发展思路[J].中国行政管理,2011(2):81-84.

[48]周凌一.纵向干预何以推动地方协作治理?——以长三角区域环境协作治理为例[J].公共行政评论,2020,13(4):90-107+207-208.

[49]胡月.一部河流保护法产生的连锁效应[N/OL].今日中国,2021-03-11[2022-04-13]. http://www.chinatoday.com.cn/zw2018/rdzt/2021lh/jzzj/202103/t20210311_800239915.html.

[50]沈开举.《黄河法》应解决的几个重大问题[N].中国环境报,2020-07-10(6).

[51]王楠.国外流域保护法律制度的特点[N].人民法院报,2021-02-26(8).

[52]姚文广.黄河法立法必要性研究[N].黄河报,2020-10-13(3).

[53]Bardach E. Getting Agencies to Work Together:The Practice and Theory of Managerial Craftsmanship. Washington D.C.:Brookings,1998.

[54]Emerson K,Nabatchi T,Balogh S. An Integrative Framework for Collaborative Governance[J]. Journal of Public Administration Research & Theory,2012(1):1-30.

[55]Vangen S,Huxham C. Enacting Leadership for Collaborative Ad-

vantage：Dilemmas of Ideology and Pragmatism in the Activities of Partnership Managers[J]. British Journal of Management，2003，14（Supplement s1）：S61-S76.

［56］Lubell M . Collaborative environmental institutions：All talk and no action? ［J］. Journal of Policy Analysis & Management，2010，23（3）：549-573.

［57］Mcguire M . Special Issue：Collaborative Public Management Collaborative Public Management：Assessing What We Know and How We Know It ［J］. Public Administration Review，2006，66：33-43.